中国轻工业"十三五"规划教材

肉品科学与技术

（第三版）

孔保华　陈　倩　主编

牟光庆　主审

中国轻工业出版社

图书在版编目（CIP）数据

肉品科学与技术 / 孔保华，陈倩主编．—3 版．—北京：中国轻工业出版社，2024.1

中国轻工业“十三五”规划立项教材

ISBN 978－7－5184－1766－7

Ⅰ.①肉…　Ⅱ.①孔…　②陈…　Ⅲ．①肉制品—食品加工—高等学校—教材　Ⅳ．①TS251.5

中国版本图书馆 CIP 数据核字（2018）第 053068 号

责任编辑：马　妍　　责任终审：劳国强　　整体设计：锋尚设计
策划编辑：马　妍　　责任校对：晋　洁　　责任监印：张　可

出版发行：中国轻工业出版社（北京鲁谷东街 5 号，邮编：100040）
印　　刷：三河市万龙印装有限公司
经　　销：各地新华书店
版　　次：2024 年 1 月第 3 版第 4 次印刷
开　　本：787×1092　　1/16　　印张：21.25
字　　数：450 千字
书　　号：ISBN 978－7－5184－1766－7　定价：55.00 元
邮购电话：010－85119873
发行电话：010－85119832　010－85119912
网　　址：http://www.chlip.com.cn
Email：club@chlip.com.cn

232248J1C304ZBQ

本书编审委员会

主　　编　孔保华（东北农业大学）
陈　倩（东北农业大学）

副 主 编　陈洪生（黑龙江八一农垦大学）
武俊瑞（沈阳农业大学）
夏秀芳（东北农业大学）
吴汉东（锦州医科大学）

参编人员（以姓氏笔画为序）
王存堂（齐齐哈尔大学）
刘　骞（东北农业大学）
刘学军（吉林农业大学）
孙承峰（烟台大学）
朱迎春（山西农业大学）
杜洪振（东北农业大学）
李芳菲（东北农业大学）
李君珂（鲁东大学）
张明成（渤海大学）
周凤超（莆田学院）
赵玉红（东北林业大学）
赵俊仁（广东石油化工学院）
赵百忠（黑龙江省民族职业学院）
郝教敏（山西农业大学）
黄　莉（滨州学院）
崔旭海（枣庄学院）
彭新颜（鲁东大学）
韩　齐（黑龙江八一农垦大学）
靳　烨（内蒙古农业大学）
戴瑞彤（中国农业大学）

主　　审　牟光庆（大连工业大学）

第三版前言 | Preface

我国是肉类生产和消费的大国，经过近 30 年的发展，我国肉类科技无论是在企业技术创新，还是在基础科学攻关、引进技术消化吸收与创新、科技成果推广应用等方面都取得了长足发展。肉类产业集中度不断提高，肉制品深加工比重逐年上升，肉制品安全得到有效保障。但目前与国外发达国家相比，在新技术、新工艺、新设备方面相对薄弱，有着大量的新技术需要引进、创新；有着众多的原材料需要处理、加工；有着广阔的市场等待发展、开拓。随着人民生活水平的提高，肉制品的消费数量和质量也随之不断提高。

为了提高食品科学与工程专业学生和肉类行业研究人员对肉类相关知识的掌握程度，提高肉制品的加工水平，加大精深加工肉制品的比例，缩短与发达国家在肉品科学与加工技术水平上的差距，我们组织长期从事相关领域与教学工作的教师，在原有教材基础上，翻阅了大量的相关资料、补充了最新的肉类相关知识，再版了这本教材。同时，为了满足肉品科学与技术实验课程教学的基本要求，满足国内对肉及肉制品检测及加工技术的需求，本教材结合当前生产过程中的行业最新标准、新技术、新方法，编写了相应的实验指导内容。

本教材由孔保华、陈倩主编，陈洪生、武俊瑞、夏秀芳、吴汉东副主编，牟光庆主审。编写分工如下：绪论由孔保华编写；第一章和第二章由陈倩、孔保华、韩齐编写；第三章由陈倩、韩齐和吴汉东编写；第四章由黄莉、吴汉东编写；第五章和第六章由武俊瑞和吴汉东编写；第七章和第八章由夏秀芳、刘学军、吴汉东、孙承峰、韩齐编写；第九章和第十章由陈洪生、吴汉东、朱迎春、赵玉红编写；第十一章和第十二章由刘骞、韩齐、李君珂、赵百忠、崔旭海、彭新颜编写；第十三章由王存堂、吴汉东、周凤超、赵俊仁、郝教敏、靳烨和戴瑞彤编写，实验指导部分由陈倩、韩齐、张明成编写。全书由孔保华、陈倩、李芳菲和杜洪振统稿。

本教材的宗旨在于满足学生学习和工作的需要，培养肉类研发人员和高级技能工人，适应产业发展的实际需要，培养生产、服务、管理第一线实用人才。本教材的编写将理论与生产实践系统结合，以理论为依据，以社会需求为导向，以实践操作为根本来实施的。在编写过程中力求理论简单化，操作简洁、实用化，便于学生的学习和实际的操作应用。

本教材的读者对象为食品加工及相关专业的本科生和专科生，以及肉制品加工企业的研发和技术人员。希望通过对教材的学习，掌握肉制品加工原理、工艺和技术，了解肉制品加工趋势，加深对肉制品加工行业的理解。

本教材在编写过程中得到中国轻工业出版社的大力支持，出版社的编辑对于本教材的出版做出了指导性工作，在此表示衷心的感谢。此外，感谢各位编写人员付出的辛苦和汗水。由于编者水平有限，书中不足之处在所难免，恳请各位专家、读者提出宝贵的意见和建议。

孔保华
东北农业大学
2018年1月

第二版前言 Preface

我国是肉类生产和消费的大国，特别是近 20 年的发展非常迅速，现代化的肉类加工业体系已具有一定规模，肉类科学的研究和发展也带动了相应产业的进步。我国的肉制品加工业虽然历史悠久，但是其现代化加工尚处于初级阶段，有着大量的新技术需要引进、创新，有着众多的原材料需要处理、加工，有着广阔的市场等待发展、开拓。随着人民生活水平的提高，肉制品的消费数量和质量也随之不断提高。

为了提高食品科学与工程专业学生和肉类行业研究人员对肉类相关知识掌握程度，提高肉类制品的加工水平，缩短与发达国家在肉品科学与加工技术水平上的差距，我们组织了在肉类食品方面较有造诣的教师，在第一版教材基础上，翻阅了大量的相关资料，补充了肉类加工技术最新的科学知识，再版了这本教材。本教材的宗旨在于满足学生学习和工作的需要，培养肉类研发人员和高级技能工人，适应产业发展的实际需要，培养生产、服务、管理第一线需要的实用人才。本教材将理论与生产实践系统结合，以理论为依据，以社会需求为导向，以实践操作为根本，在编写过程中力求理论简单化，操作简洁、实用化，便于学生的学习和实际的操作应用。

本书面向的读者为食品科学与工程及相关专业本科生和专科生，以及肉制品加工企业的研发和技术人员。希望通过对本书的学习，能掌握肉制品加工原理、工艺、技术，了解肉制品加工趋势，对肉制品加工行业有较深了解。

本书在编写过程中得到了中国轻工业出版社的大力支持，出版社的同志对于书的出版做出了指导性工作，在此表示衷心的感谢。此外，感谢各位编写人员付出的辛苦和汗水。

由于编者水平有限，书中不足之处在所难免，敬请各位同学、读者、专家批评指正，以便我们及时改正。

孔保华
东北农业大学

目录 Contents

绪　论

一、 肉品科学与技术的主要研究内容

肉品科学与技术属于应用技术学科，是食品科学专业的专业课，以畜禽胴体为主要研究对象，以肉类科学为理论基础，综合有关学科知识，研究肉类基本特性、加工贮藏特性、肉制品加工工艺技术、产品质量特性变化规律的一门交叉学科。它与我们日常生活息息相关，餐桌上食肉量的多少、肉制品质量的高低，直接反映消费者的生活水平，以及一个国家的经济发展状况。

从广义上讲，肉是指可食用的动物组织的总称，包括肉尸、头、血、蹄和内脏部分。在大多数情况下，肉类来源于驯养的家畜，主要的物种是牛、猪和羊。而在肉品工业生产中，从商品学观点出发研究其加工利用价值，把肉理解为胴体，即家畜屠宰后除去血液、头、蹄、内脏后的肉尸，即俗称的白条肉，它包括肌肉组织、脂肪组织、结缔组织和骨组织。狭义的讲，肉主要是指由肌肉组织、脂肪组织以及附着于其中的结缔组织、微量的神经和血管。作为整体的肉可分为红肉（Red meat）、白肉（White meat）、海洋肉类和野味四类：红肉包括牛肉（Beef、Veal）、猪肉（Pork）、羊肉（Lamb、Mutton）、马肉（Horse）、水牛肉（Water buffalo）、小羚羊肉（Eland）；白肉主要是指家禽及兔肉，如鸡肉（Chickens）、鹅肉（Goose）、鸭肉（Ducks）、飞禽肉（Fowl）、火鸡肉（Turkey）；海洋肉类包括鱼肉、虾、蛤及蟹类等。

以肉为原料，运用物理或化学的方法、配以适当的辅料和添加剂，经过加工工艺过程处理后，得到的产品即为肉制品。从原料肉到肉制品这一加工过程有着重要的意义，主要包括：杀灭原料肉中的微生物，以保证食用的安全性；破坏或抑制酶类的活性，以延长制品的贮存期；改善风味、改进组织结构，以提高制品的色、香、味；增加营养成分、弥补原料肉某些营养缺陷，以提高制品的营养价值；由于经过了加工，使原料肉成为可直接食用的方便食品，以促进消费，增加生产；综合利用畜禽副产品、减少环境污染，以提高经济效益和社会效益。

肉品科学与技术这门课程主要包括两个大方面的研究内容：一是肉品加工的基本理论（即Meat science）；二是肉制品加工技术（即Meat technology）。具体研究的内容如下：

（1）肉用畜禽的选购；

（2）畜禽的屠宰加工；

（3）肉的组织结构、化学成分及理化性质；

（4）屠宰后肉的生物化学变化；

（5）肉的贮藏保鲜；

（6）肉的分级与分割利用；

（7）肉制品加工辅助材料；
（8）肉制品加工厂的建立及常用设备；
（9）肉制品加工的基本原理和方法；
（10）各类肉制品的加工工艺；
（11）肉及肉制品的卫生标准及检测方法。

二、我国肉类工业的发展历史、现状和趋势

1. 我国肉类工业的发展历史

我国肉类工业是从传统的“一把刀杀猪、一口锅烫毛、一杆秤卖肉”的模式演变而来。20世纪50年代，全国只有2000多家肉联厂，生猪屠宰实行国有企业“一把刀”杀猪，生猪屠宰企业原料靠计划调进，产品靠计划调出，亏损靠政府补贴，企业机制不活，产业发展缓慢。80年代中期，我国的肉类实行自主经营、自负盈亏，生猪屠宰全面放开，“一把刀”变为“多把刀”，一大批个体、私营企业进入屠宰业，肉类加工业进入完全市场竞争的发展阶段，肉类食品的产品、规模、市场、质量呈现“小、散、乱、差”等局面，肉品的质量和安全成为社会关注的焦点。

进入21世纪，我国肉类加工业掀起了一场屠宰业产品创新、产业提升的大变革。大型肉类加工企业大量引进发达国家先进的生猪冷分割生产线，按照国际标准建设了现代化的屠宰和分割基地，大力推广“冷链生产、冷链配送、冷链销售、连锁经营”的肉类经营新模式，用“冷却肉”取代“热鲜肉”和“冻肉”，用品牌化的“连锁经营”取代“沿街串巷、设摊卖肉”的售卖方式，同时还引进肉制品加工工艺技术、引进先进设备、引进管理模式，不断消化吸收发达国家100多年工业化的成果，改造传统的肉类工业，缩小了与发达国家的距离；通过技术创新、管理创新、产品创新和品牌化建设，推动了肉类工业进步，满足了市场需求，促进了肉类工业蓬勃发展。完成传统肉制品工业化，加大低温肉制品、功能性肉制品比例，实施肉类的品牌化经营，我国肉类行业进入了全新的发展阶段。

2. 我国肉类工业的发展现状

我国是世界肉类生产大国，拥有全世界最具潜力、增长快速的肉类市场。2016年全年肉类总产量8540万t，比上年下降1.0%。其中，猪肉产量5299万t，下降3.4%；牛肉产量717万t，增长2.4%；羊肉产量459万t，增长4.2%；禽肉产量1888万t，增长3.4%。禽蛋产量3095万t，增长3.2%。我国是牛羊肉生产消费大国，羊肉产量稳居世界第一位，牛肉产量仅次于巴西和美国，居第三位。近年来，我国牛羊肉生产量持续稳定增长。2016年，我国牛肉产量717万t，羊肉产量459万t，同比分别增长2.4%、4.2%。人均牛肉占有量5.6kg，约是世界平均水平的一半，人均羊肉占有量3.48kg，约是世界平均水平的1.74倍。肉类工业总资产达到了6864.21亿元，比上年增长了12.22%。屠宰和肉类加工规模以上企业已经达到了4089家，比上年增加了303家。除肉类产量外，肉类工业的发展主要体现在以下几个方面：

（1）引进先进的技术和设备，改造传统的肉类工业　我国的肉类企业从发达国家引进国际先进水平的生产设备和工艺技术装备，使肉制品的加工技术水平上了一个大台阶。据统计，我国先后引进了1000多台灌肠机、200多条畜禽屠宰线。引进高低温肉制品生产设备，包括斩拌机、自动灌装机、盐水注射机、乳化机等近万台，在引进硬件装备的同时，把世界肉类前沿的腌制技术、乳化技术、冷分割技术应用到肉类工业的生产上。近两年我国肉类工业投资进一

步扩大，年固定资产投资增长都在40%以上，一些大中型肉类加工企业设备成龙配套，技术与国际接轨，大大提高了肉类加工的工业化水平。

（2）引进先进的管理，实现管理与国际接轨　肉类企业在用先进技术设备武装生产的过程中，也不断引进先进的管理和质量控制手段，缩小与国际先进水平差距。为确保产品的质量和安全，肉类行业广泛引用国际先进的ISO9001、ISO14001、HACCP等管理体系，并实施认证。用ISO9001规范质量管理，用HACCP建立危害分析制度，控制食品安全，用ISO14001实现清洁生产和环保治理，大型肉类企业还把信息化引入生猪屠宰和肉制品加工业，利用信息化进行流程再造，整合资金流、物流、信息流，实现订单采购、订单生产、订单销售，使肉类管理水平与世界同步。

（3）实施产品创新，引导消费　我国传统的猪肉是热鲜肉和冻肉，传统的肉制品大多是区域性地方风味产品。肉类加工企业不断进行产品创新，一是把冷却肉引入国内，实现热鲜肉、冻肉向冷却肉转变，白条肉向调理产品转变；二是实施西式产品的引进，大力开发高、低温肉制品；同时把现代保鲜技术应用到肉类工业，把保鲜膜应用到冷却肉，把拉伸膜应用到低温肉制品，把具有阻氧、阻湿、耐高温的聚偏二氯乙烯（PVDC）包装材料应用到高温肉制品，新型包装材料延长了产品货架期，保证了肉品的质量和安全，实现了肉品的全国大流通和规模化大生产，熟肉制品产量由20世纪90年代初的不足10万t，发展到2013年的1000万t。目前，中国市场上高低温、中西式肉类产品品种齐全，满足了广大消费者的需求。

（4）实施品牌化经营，企业的规模不断扩大　我国肉类品牌经历了市场的风雨洗礼，涌现了一批知名的企业，造就了价值几亿元、几十亿元、上百亿元的品牌。截至2014年，21家企业的商标成为“中国驰名商标”，18家企业19个产品成为“国家质量免检”产品，随着品牌化企业的不断发展，行业的集中度也在不断提高，2014年肉类行业前50强企业的销售收入占到规模以上企业销售收入的40%以上，我国正在进入一个品牌整合市场的新时期。

经过20多年的发展，我国肉类工业取得了快速发展，但仍然存在一些不容忽视的问题，集中表现在大企业少、小企业多，行业集中度不高。中国肉类加工企业有3万多家，规模以上企业2000多家，不到10%。产品深加工少，粗加工多，附加值低，资源综合利用率不高。肉品结构不合理，热鲜肉、冻肉多，冷却肉少，高温肉制品多，低温肉制品少。肉类产业的熟肉制品深加工仅占总产量的10%左右，冷却肉的比例不到猪肉产量的10%。全国统一、开放、竞争、有序的大市场还远没有形成，影响行业的发展和整合。产业化经营水平不高，分散的小规模生猪饲养模式与肉类的大市场不相适应，肉类的生产呈现周期性的大波动，影响产业的发展，这些问题需要我们高度关注和认真研究。

3. 我国肉类工业的发展趋势

我国是发展中的大国，经济高速发展和小康社会建设，为肉类企业的发展创造了条件和机遇，同时也提出了新的要求。目前我国肉类加工行业运行发展形势良好，该行业企业正逐步向产业化、规模化发展，专业、高效、节能是我国肉类加工行业运行的发展方向，我国肉类加工行业运行生产的产品品质具备国际市场竞争力。随着我国肉类加工行业运行下游需求市场的不断扩大以及出口增长，我国肉类加工行业运行迎来一个新的发展机遇。

第一，我国是人口大国，地域广，市场大。我国拥有13亿人口，是欧洲的2倍，美国的4倍，日本的10倍，不断增长的肉类消费，将为肉类行业提供巨大的内需市场。

第二，随着我国经济发展和居民收入水平的提高，在饮食上已不满足于食品数量的增加，而是希望食品更加安全、营养、方便、卫生、快捷、多样化，我国肉类行业进入了消费转型、内需拉动的新时期。

第三，食品安全成为社会关注的焦点。我国政府加大对食品安全的监管，一是实行肉品的市场准入制度，二是实行严格的产品出厂检验制度，三是加强食品的诚信体系建设，褒奖守信、惩戒失信，为企业的健康发展提供了外部环境。

把握我国经济给肉类工业带来的机遇，未来中国肉类加工企业将着重做好以下几项工作，推动行业的发展：

（1）产学研结合，提高科研成果转化率　《国家中长期科学和技术发展规划纲要(2006—2020年)》和全国科技大会明确提出，把建立以企业为主体、市场为导向、产学研结合的技术创新体系作为中国特色国家创新体系建设的突破口，成立产业联盟，为行业科技发展良性循环提供平台。2009年以前，一方面，企业为了提高自身生产能力与水平，侧重于从国外引进技术、装备，但由于自身创新能力不足，主要从事生产活动，缺乏研发机构设置，加工关键技术难以突破；另一方面，科研院所和大专院校对企业、市场的生产和消费需求缺乏了解，研发项目、技术、产品主要侧重于基础研究和重大的行业共性技术研究，更多地表现为追求先进的技术指标和技术上的突破，成果本身不适用于生产实践，科研成果转化率低下。2010年，肉类加工产业技术创新战略联盟已被正式纳入科技部第一批批准成立的试点联盟名单中，相信我国肉类工业技术定会在这一优势平台上收获更多实用型科研成果。

（2）利用原料差异化解决产品同质化问题　要避免同质化竞争，就必须走差异化发展道路，这是形成企业竞争优势、实现发展战略目标的必然选择。差异化的本质是创新，只有通过创新，在技术、制造、采购、销售、服务等领域找到突破口，形成自己的特色，才能在市场上与别人不同，真正走上差异化的发展之路。各企业可以考虑在一些产品领域，尤其是高端产品领域，实施原料差异化战略，占据市场空白点，即稳定发展生猪业，加快牛羊禽肉生产，在稳定数量的基础上，加快同畜禽种间或不同畜禽种间品种改良，优化种间结构，增加适合市场需求品种的比重，利用种间的差异化丰富肉类产品的种类，市场上的“黑猪”肉，因其特殊品种改良方式，其优质生猪肉价格是普通猪肉的10倍左右。

（3）生产技术标准化，冷却肉逐步占领生肉消费市场　冷却肉是市场上最健康的生鲜肉，具有热鲜肉和冷冻肉无可比拟的优点。但是目前我国一些中小企业冷却肉生产技术水平仍然偏低，生产过程中温度控制不够科学合理、冷链物流系统不完善、全程质量控制体系不健全，导致冷却肉品质差、卫生和安全性低，阻碍了冷却肉市场的健康发展，但这并不能改变在生产技术标准化管理、科学监管、大力宣传后冷却肉终将以“放心肉”的身份成为生肉消费潮流的必然趋势。

（4）完善技术储备，高档低温肉制品市场份额增大　低温肉制品是目前国际上肉制品的发展趋势，更符合消费者对食品营养健康的新追求。低温肉制品因其加工技术先进，科技含量高，营养价值损失少，产品风味独特，色泽鲜亮，早已风靡欧美市场。在我国，低温肉制品起步较晚，与国外发达国家相比，技术和流通环节还存在一定的差距。从目前来看，我国高温肉制品的市场份额大大高于低温肉制品，但从长远来看，随着人们认识和生活水平的提高，高档发酵低温肉制品将会成为我国肉制品未来发展的主要趋势。低温肉制品加工过程中原辅料加工性能及其控制技术、快速腌制技术、快速嫩化技术、高效乳化技术等技术装备集成技术将成为研究开发的热点。

（5）消费“绿色化”，功能性肉制品研发技术悄然崛起　利用肉类资源开发具有调节机体功能、提高免疫力和智力、延缓人体衰老、增强体质和抵抗力的功能肉制品将是未来几年研究的重要课题，特别是开发适合老年人、儿童的功能性肉制品和绿色肉制品具有广阔的前景。近几年来，国内消费者越来越追求具有多种营养功能的功能性肉类制品。“三低一高”即低脂肪、低盐、低糖、高蛋白功能性肉制品的开发，已引起社会各界的重视，并纳入《国家食品营养发展纲要》进行引导和规范。我国肉类食品综合研究中心已研制成功一种脂肪替代物，添加到香肠中使香肠中的脂肪含量低于3%，且在感官上与对照组无显著性差异。

（6）研发理念国际化，国产机械走向国际市场　我国肉类工业科技的不断发展促进了肉类加工机械制造业快速发展。我国的肉类加工机械已从大批量进口转变为大批量出口，甚至进入了肉类机械最先进的德国市场。中国肉类协会于2011年提供的资料显示，我国肉类机械的出口量每年都在持续递增，且增量至少在25%以上，可以推断，中国制造的肉类机械将被国际市场完全接受。为了达到这个目标，在现代肉类加工设备的设计中，除了机械性能、安全、材质外，国内研发人员还应吸收欧美的肉类加工机械制造企业的设计理念，将一个人操作一台设备的传统理念深入到一个人操作一条生产线，将机械的自动化、零件的使用寿命及对产品是否产生危害性等诸多方面都纳入考虑范畴。

（7）做好产品的精深加工，适应消费转型的需要　我国肉类产品总体发展趋势将体现在三个转变：一是白条肉向调理产品转变，二是高温肉制品向低温肉制品转变，三是家庭厨房向工业化转变。要大力推广冷却肉和调理产品，结合中国消费的特点，把生猪产品从头到尾、从内到外全部开发出来，实现产品的加工增值，达到集约化生产。要大力发展低温肉制品，围绕不同消费渠道开发品种多样化、规格系列化、档次差异化的产品群，把西式产品注重营养、方便和中式产品注重色、香、味、形的特点有机结合起来，实现高低温、中西式产品的规模化、标准化、工业化大生产，满足广大消费者的需求，把肉类工业做成国人的大厨房。

（8）做好产业化经营，实现订单农业　欧美国家的养猪业比较稳定，波动不大，主要得益于规模化养殖、产业化经营。美国年出栏1000头以下的养猪场出栏份额不足5%，年出栏5万头以上的达到37%。我国的养殖业也正在发生着一场变革。受风险大、投资多、成本高、与打工收入比较效益低的影响，我国的生猪散养户逐渐减少，受政府扶持政策的影响，加上我国鼓励企业走资源节约型、环境友好型的发展道路，规模化养殖场正在兴起。

（9）改革创新经营理念和模式　肉类企业要参与和推动这场变革，向上游发展养殖业和饲料业，向下游发展现代物流业和商业连锁，通过完善的产业链实现工业的加工优势、农业的资源优势和市场优势有机结合。要建立“公司＋基地”产业化发展模式，在农村把一批有文化、懂技术、会经营的新型农民武装起来，通过合同、合作、股份合作的模式，推进规模化、集约化和标准化的养殖，实现订单农业，为企业提供均衡和安全的原料，同时实现工业反哺农业，促进新农村的建设。

（10）抓好食品安全，保证肉品的质量　肉制品企业始终要把产品的质量和安全当成企业的头等大事，一旦食品质量和安全出了问题，就像火山爆发一样，会使企业遭受灭顶之灾。

食品安全是一个系统工程，一是认真从源头抓产品质量，控制好疫病和农残、药残，指导基地科学养殖，合理用药；二是加工环节要严格检验检疫监管，控制好食品添加剂，严格执行生产工艺规程；三是流通环节控制好产品的保质期，建立好完善的冷链配送系统，确保肉制品的安全；四是建立质量管理和追溯制度，落实好ISO9001、ISO14001、HACCP体系认证，把信息自动识别技术广泛应用到企业采购、生产、销售的质量控制全过程，确保产品的质量和安全。

做好品牌化经营，赢得消费者。我国肉类工业品牌化发展的历史不长，与世界同行相比，在品牌的推广建设以及在品牌的知名度上尚有差距，必须下大功夫加快发展，缩小差距。

品牌化发展的基础是产品，要做好产品，赢得消费者；品牌化持续发展的关键是诚信经营，不讲诚信、不守信用的企业不可能做大，更不会做久；我国肉类品牌要走向世界，就要用世界先进的标准来要求自己，比如要注重动物福利，按照动物福利的标准来组织生产、运送、宰杀，打造符合国际标准的肉类健康营养品牌，实现在养殖、屠宰、运输等方面与国际接轨。

目前我国政府和行业协会在评价中国名牌的时候，已经把“高温肉制品”“低温肉制品”“鲜冻分割猪肉”等肉类产品纳入评价范围，为肉类的品牌化建设创造了一个有利的外部环境，我们肉类加工企业不仅要创中国名牌，也要靠自己的实力争创世界名牌，提升中国肉类的品牌形象和在国际上的影响力。

三、 世界肉类工业的发展

据世界粮农组织发布的食品前景报告显示，2016 年全球肉类的生产总量约为 3.207 亿 t，这个产量基本上与去年持平。最大的 4 个肉类生产国分别是中国、美国、巴西和德国，产量分别达到 8743 万、5181 万、2658 万和 1105 万 t。上述四国的肉类产量占世界总产量的 48.59%。四个国家肉类生产结构也发生了明显的变化，美国和巴西的肉类生产结构发生变化：鸡肉快速增长、取代原有的第一肉类——牛肉，成为两国肉类产量第一的品种；中国和德国仍然基本保持原有的肉类生产结构特征，即猪肉在肉类总产量中占据绝对第一的位置，但在肉类生产结构上，中国的猪肉占肉类总产量约下降了 6.1%，禽肉产量占肉类总产量的比例增加了 4.2%，而德国猪肉产量占肉类总产量的比例增加了 7.2%。从世界总的发展状况看，水禽肉在肉类总产量中所占的比例增长最快，增长率为 68.9%，其次是鸡肉增长了 49%，10 年间猪肉增长率为 31%。除中国外，世界主要肉类生产国的牛肉产量占肉类总产量的比例都在逐年下降。根据美国农业部公布的统计数字，2015 年世界上排名前五的牛肉和小牛肉生产国分别为美国、巴西、欧盟、中国、印度（见表 1）。世界排名前三位的猪肉生产国分别为中国、欧盟和美国（见表 2）。这些数据中值得一提的是，中国的猪肉产肉量几乎占了世界猪肉供应的一半。

表 1　　2015 年世界各国牛肉和小牛肉生产概况　　单位：kt

国家	产肉量
美国	10861
巴西	9425
欧盟	7540
中国	6750
印度	4200
阿根廷	2740
澳大利亚	2550

续表

国家	产肉量
墨西哥	1845
巴基斯坦	1725
俄罗斯	1355
加拿大	1025
其他	8427
总计	58443

表2 2015年世界各国猪肉生产概况 单位：kt

国家	产肉量
中国	56375
欧盟	23000
美国	11158
巴西	3451
俄罗斯	2630
越南	2450
加拿大	1450
菲律宾	1370
墨西哥	1335
日本	1270
韩国	1210
其他	5369
总计	111458

四、 肉类工业研究的热点

1. 原料肉生产

家禽和家畜饲养除原来过多关注生长性能，如饲养周期短、饲料利用率高、瘦肉率高外，以后将更加关心肉的品质（质地、风味）和营养价值。畜禽品种的生长性能虽好，但是容易出现白肌肉（PSE）或黑干肉（DFD）；最近几年根据研究肌纤维类型对宰后初期新陈代谢和猪肉品质的影响等，也在逐步探讨如何从育种环节减少PSE肉的出现几率。利用基因组学（基因调节）技术提高猪肉的脂肪酸含量和肌间脂肪的含量，即找到调控肌间脂肪酸表达的基因和调控具体生产性能的基因，以设计和选育更好的品种。

肉属于高营养食品，但肉中的某些成分，如饱和脂肪酸摄入过多，对人体健康可能存在危害。改变饲料配方，可以改善动物肉中沉积的脂肪酸比例，增加单不饱和脂肪酸和多不饱和脂肪酸等有益人体的脂肪酸含量；肉类食品加工贮藏过程中，容易发生脂肪和蛋白质氧化，降低食用品质和蛋白质的加工特性，并不利于人类健康，通过改善饲料配方可以增加肉类的抗氧化能力；动物养殖环境对肉质的影响非常大，笼养、散养（草地、林地、沼泽地）、养殖面积、密度、光照、饲养天数等因素，都会影响肉的品质和性能，养殖条件（国外习惯称为动物福利）对肉质的影响研究也非常多。

2. 肉品质量与营养（质量分级、功能特性）

质量标准和肉的分级体系一直是国际研究热点，主要集中在两方面：不同国家和地区肉的质量标准的统一，以及肉的自动化分级。随着全球一体化和国际肉类贸易的增加，肉的质量标准的统一显得很有必要。另外，分级属于屠宰的一个步骤（屠宰环境差，需要自动化），因此，对分级自动化的研究也非常多，例如，用近红外光谱在线检测不同胴体部位的脂肪含量和脂肪酸组成，用超声和 CT 图像分析，进行猪胴体的快速分级等。

肉是人类营养的主要蛋白质来源，其生物价非常高；肉也是一些矿物质和维生素的重要提供源，如铁、维生素 B_{12}、叶酸等；这些营养最好由肉来提供，因为其他食物中有的不含有，有的生物利用率很低。随着对健康的关注，人们对肉类中功能成分的开发研究也越来越多。肉本身或通过加工，含有多种功能成分，如肌肽、肌酸、L－肉毒碱、共轭亚油酸、鹅肌肽（anserine）、谷胱甘肽、牛磺酸等。这些生理活性物质，可以调节人体生理功能，预防疾病，如抗癌、抗诱变、抗氧化、延缓衰老等。

3. 肉类加工与包装（加工技术、高附加值产品开发、包装技术）

肉制品的加工技术研究，主要集中在以下三个方面：传统肉制品的现代化生产工艺、安全性高且利于人类健康的生产新技术、自动化加工和质量在线检测技术。传统肉制品大都具有悠久的历史和较大的消费群体，但多为传统的作坊式生产，不利于工业化生产与现代化管理。过去几年，我国在金华火腿、南京盐水鸭等传统制品的工业化研究与技术推广方面取得了可喜成绩，但总体上来说我国传统肉制品现代化技术改造的任务仍然很重，在研究酱卤肉制品、烧烤肉制品质量品质评价技术，以及新型解冻、投放、连续蒸煮等一体化生产技术和装备等方面还有巨大的技术和设备开发潜力。例如，西班牙的传统肉制品（干腌火腿）的加工，只需要在传统工艺基础上加入一套 pH 和电阻光谱（EIS）在线测量系统，通过改变和控制猪腿肉的 pH 和电导率，即可快速进行原料腿分级、腌制、后熟和干燥，花费更短的时间，生产出更安全、质量更好的火腿产品；当然，如果能够在生产线上加入全身电导率检测仪、双能 X－射线扫描仪、超声设备、低场核磁共振（NMR）在线检测、CT 扫描和近红外辐射，加工自动化程度会更高，安全性更有保证，获得的产品质量会更好。传统肉制品中的脂肪含量尤其是饱和脂肪酸含量高，盐（NaCl）的含量也高，长远来看这些都不利于人的健康，影响消费者的购买选择；但是，盐使蛋白溶解，使脂肪的乳化体系稳定，具有非常重要的加工意义。因此，很多研究集中在如何减少配方中的盐和脂肪含量，同时又使肉制品的品质不受影响（如采用高压处理、pH、蛋白含量等参数的改变）。采用欧姆和射频技术（电加热）生产肉制品，李斯特菌等微生物被完全抑制，而且不产生杂环胺等致癌成分，产品安全性会更好；采用高压技术，生产低盐的肉制品；采用微波和超声技术，使肉的嫩度更优；建立猪肉品质的数据库，只需将胴体重、肥瘦比例输入即可在线快速得出猪胴体的质量指标。

生产高附加值的肉类产品，既可以满足消费者的需要，又可以提高肉类行业的经济效益，因此，在该方向的研究也非常多。目前的研究，主要集中在五个方面：生产天然、有机、绿色的肉类食品；通过添加或使肉产生有益于人类健康的生理活性成分，在此基础上得到功能型肉制品；低热量、低胆固醇的健康食品；副产品的综合利用；以及发酵肉制品。消费者喜欢天然的、有机或绿色食品，因此如何生产以及鉴定有机肉制品很有研究意义。将肉酶解，可以得到具有保健功能的小肽；肉中的饱和脂肪酸被替代，同时加入其他天然成分，以生产低热量肉制品；骨头本是下脚料，没有多少实际价值，还造成环境污染，但是，鸡腿骨骨蛋白被酶降解，可以得到具有生理活性功能的小肽（如血管紧张素转化酶抑制肽），可以据此生产药品或保健肉制品；肉中加入特定微生物发酵，可以降解饱和脂肪酸和大分子蛋白质，产生更易于人体吸收的小分子物质，同时还能消除肉中不利于健康的饱和脂肪酸等成分。

包装技术的研究，可以分为包装和贮藏两个方面。比如，新鲜肉和肉制品的货架期的不同要求；新鲜肉的货架期模型的建立；如何保持新鲜肉的色泽稳定性；气调包装对成熟不同时间的牛肉的氧化和微生物增殖的影响；冻藏的禽肉熟制品，加入酒类生产的下脚料作为抗氧化剂，进行真空包装；澳大利亚出口的真空包装牛肉，如何延长保质期；生产和贮藏火腿（手工生产的产品，气调包装）期间，主要腐败微生物的抑制；为保持鲜肉色泽，需要采取高氧气调包装，但是高氧容易导致冷藏期间蛋白的氧化，不利于肉的嫩度，因此需要加入合适的抗氧化剂；干腌火腿需经过微生物发酵，但如果包装不当，会使微生物菌群发生变化，不利于货架期，因此需要选择合适的包装材料和气调比例。

4. 肉类食品安全（物理、化学和微生物污染的在线检测和可追溯系统的建立）

肉类食品安全是关系国民健康和消费者权益的大事，也是全球性的研究热点，涉及食品安全的各个要素几乎都在被研究。简单而言，目前的研究主要集中在五个方面：微生物污染防治；减少加工中产生的亚硝酸盐、生物胺、杂环胺、多环芳烃等致癌化学成分；抗氧化；危害分析关键控制点（HACCP）和在线检测；可追溯系统。

5. 节能减排共性技术产业化

随着肉类加工产业升级以及节约型社会构建的日益推进，对节能减排、综合利用共性技术的需求日趋凸显，未来几年，我国科技工作者将通过开展高效节能降耗技术与装备、水污染物减排技术和副产物精深加工技术的研究与产业化示范，提升企业资源能源利用效率、减少污染物排放，提高副产物的附加值和利用率，降低企业的生产成本，增强企业的市场竞争力，为企业参与国际市场竞争奠定技术基础，促进行业循环经济的发展。

五、 本学科与其他学科的联系

肉品科学与技术不是一门独立的学科，在形成自己的理论基础和学科体系过程中，与其他学科有着密切的联系。肉品工业原料来源于畜牧业生产，原料品质的优劣，直接影响加工用途和产品质量。因此，首先要有畜牧学基础，对肉用畜禽生产和品质有所了解并提出要求。在不同层次的加工中，掌握不同产品性状和质量变化因素，需要畜禽解剖学和组织学、家畜生理学、生物化学、食品化学、营养学等学科知识。肉是易腐食品，如何保持营养卫生，提高其食用价值和贮藏性，还必须了解食品微生物学、家畜病理学、人畜共患病学、动物性食品卫生学、食品冷藏学及有关物理化学方面的知识。现代肉品工业生产实行机械化、自动化，这又与食品工程原理、机械设备和电子技术等学科发生了联系。只有具备生物类、理化类及机械工程类各学科的知识基础，才能学好本门专业课。通过本学科的理论学习和生产实践，使学生在获得广泛知识的基础上，掌握肉品加工的理论知识和基本技能，成为理论联系实际，具有独立工作能力和开拓精神的专门技术人才。

思考题

1. 简述肉品科学与技术这门课程的主要内容。
2. 简述肉类工业今后研究的重点。
3. 试述肉制品发展的现状及发展趋势。

第一章

肉用畜禽的选购

内容提要

本章主要介绍肉品工业中常用的畜禽品种，主要包括猪、牛、羊、鸡等肉用品种，介绍它们的生长特性、体态特征、出肉率及肉的品质等情况。

透过现象看本质

1－1. 如果读者居住在东北地区，去超市会买到什么品种的猪肉?

1－2. 加工干腌火腿通常选择什么品种的猪后腿?

肉品工业生产原料主要是家畜和家禽，简称肉用畜禽。我国用于肉品生产的畜禽有猪、牛、羊、鸡、鸭、鹅、家兔、驴、骆驼及某些野生动物。由于品种等因素直接影响肉和肉制品加工的质量，因此对肉品工业生产的原料必须提出一定的要求。

第一节　猪的品种

一、　世界猪的品种

世界上以大白猪和长白猪在世界各国分布最广，其次杜洛克、汉普夏等瘦肉型猪种也有较广的分布，各国多以这些猪种直接或杂交用以培育专门化品系生产商品猪。根据人们的需要及加工用途的不同，经过人工定向选育而形成不同类型和品种，以适应各种加工用途的要求。

1. 大约克夏种猪

大约克夏种猪（Large yorkshire）原产于英国英格兰的约克夏州，是大型的作为加工腌肉用的白色猪，也称大白猪，是目前国外所有猪种中分布最广的品种。其特点是：猪头颈较长，颜面凹陷，鼻端宽阔，耳大稍直立向前，体背线稍呈弓形，腹线平直，胸深，背腰伸长而坚实，四肢较其他品种稍长。12 月龄体重可达 160 ~ 190kg。该猪种适合我国水土情况，20 世纪 50 年代曾输入我国，用来改良本地猪种。加拿大培育的大白猪日增重 700g 以上，料重比为

2.8，胴体瘦肉率为65.6%，腿臀比例为34%～35%。大白猪抗应激能力强，PSE肉（苍白的、柔软的、渗水性的肉）发生率低，肉质较好。

2. 长白猪

长白猪（Landrace）又称兰得列斯，是北欧玻利维亚地方土产种猪，特别是丹麦的兰得列斯种为世界所知名，是目前世界上分布最广的瘦肉型品种。其特点是：头小清秀，颜面直，耳大前倾覆盖眼睛，背腹线平直肩紧凑，后躯丰满，体长，四肢长，全身皆白。皮薄毛细，瘦肉多，脂肪少，屠宰率高。该猪种平均日增重724.3g，料重比为2.8，90kg体重屠宰率为75.3%，瘦肉率为65.1%。长白猪易发生应激反应，各国长白猪抗应激能力不同。

3. 杜洛克猪

杜洛克猪（Duroc）产于美国纽约州和新泽西州，原为脂肪型，是由西班牙、非洲西部输入的红猪与英国的巴克夏猪杂交育成，现在已成为世界著名的瘦肉型猪种之一。杜洛克猪毛色为红棕色，体重达100～104kg时，平均日增重为1039g，料重比为2.51，90kg体重屠宰率为74%，瘦肉率为63%。杜洛克猪抗应激能力强，氟烷测验阳性反应发生率为零，未发现PSE肉发生。

4. 巴克夏猪

巴克夏猪（Berkshire）原产英国巴克夏州，原属脂肪型猪，现已转向为肉用型猪。该猪种于1950年以前即开始输入我国，用来改良土种猪。其特点是：头中等，鼻短，颜面微凹，耳直立稍前倾，颈短，胸宽深，背腹线平直，四肢短而直。该猪种平均日增重738g，屠宰率为73.9%，最后肋膘厚2.87cm，眼肌面积为34.90cm^2，腰肌内脂肪2.70%。巴克夏猪的肉质优良，几乎不产生PSE肉。

5. 汉普夏猪

汉普夏猪（Hampshire）原产于英国汉普夏州，后被引进美国，在伊利诺伊州、印第安那州广泛饲养，成为肉脂兼用型猪种。其特点是：头颈中等，颜面稍直而嘴长，耳大小中等直立，背线稍弓而腹线较平直，肩部充实，臀部稍倾斜，肌肉丰满，体长中等。毛黑而在肩部到前肢色白呈带状（宽10～13cm），为该品种的特征，又称“银带猪”。汉普夏猪前期增重较慢，平均日增重726g，屠宰率为73.05%，最后肋膘厚为2.77cm，眼肌面积为37.54cm^2，肌内脂肪为2.59%，氟烷测验阳性反应率为2%左右，较少发生PSE肉。

6. 苏白猪

即苏联大白猪，系由英国大白猪（即大约克夏种猪）改良而成。1950年开始输入我国，1965年东北、西北和华北地区又引进一批。其特点：头中等，额宽嘴直，耳直立，下颔及肩部丰满，胸宽深，后躯肌肉发达，四肢健壮。瘦肉占体重50%，屠宰率为76%。

二、中国猪的品种

我国猪的种类多、分布广，按地区可分为华南、华中、华北、西南、东北、高原等类型，地方猪种有东北民猪、内江猪、淮猪、梅山猪、湖南花猪、浙江猪、云贵猪等。引进的外来猪种有巴克夏猪、约克夏猪、苏联大白猪、杜洛克猪、波中猪等。以本地种与外来种杂交改良的猪种有新金猪、定县猪、昌黎猪、哈白猪、三江猪等品种。长江、黄河流域产的花猪近似腌肉型，内江猪、宁乡猪、新金猪近似脂肪型，荣昌猪、梅山猪、哈白猪属于肉脂兼用型，而新育成的三江猪为瘦肉型。现将主要猪种加以介绍：

1. 四川猪

四川猪有黑白两种，黑猪产于内江一带称为内江猪，特点是体躯硕大，鬃毛粗长，头肥耳大，背腰宽直，腹大下垂，四肢强健。白猪主要产于泸水、重庆及成都等地，特点是被毛洁白，体躯短深，面额微凹，背宽直或微下凹，四肢短，后躯不够丰满。四川猪体型较大，出肉率较高（70%左右）。除供本地需要及加工腌腊制品外，以活猪输往外省加工冻肉。

荣昌猪以原产重庆市荣昌县而得名，是我国著名的三大地方良种之一。荣昌猪体型较大，两眼周围及头部有大小不等的黑斑，全身被毛白色，也有少数在尾根及体躯处出现黑斑。头大小适中、面微凹，耳中等大、下垂，额部皱纹横行，有毛旋。体躯较长，发育匀称，背部微凹，腹大而深，臀部稍倾斜，四肢细致、结实，以7～8月龄体重80kg左右为屠宰适期，屠宰率为68.9%，瘦肉率为46.8%。

2. 江苏淮猪

江苏淮猪主要产于苏北地区，全身黑色，头部较长，耳大下垂，凹背垂腹，四肢较长，臀部丰满，较耐粗饲。繁殖力强，肉质优良，出肉率一般（65%左右）。供本地加工火腿咸肉及运往上海、南京等城市，如金华火腿（南腿）和如皋火腿（北腿）驰名全国，与该猪肉质有很大关系。

苏太猪是以杜洛克猪做父本、太湖猪做母本，通过杂交、横交，固定选育出的瘦肉率高、生长速度快、耐粗饲、肉质鲜美的新瘦肉型猪种。猪头中等、嘴微长而直、体型中等、背腰平直、腹小、后躯丰满、全身被毛淡黑色。苏太猪胴体肉色鲜红，背最长肌pH为6.0～6.5，肌肉颜色评分为3～4分，系水力较高，肌肉表面无水分渗出（无PSE肉）和干燥现象（无DFD肉）。氟烷基因检测，苏太猪全部为阴性。尤其是肌内脂肪为3%，肉嫩味香，其瘦肉率可达62%。

3. 两广猪

猪种较多，以梅花猪最为有名。特征是体型较小，背宽腹圆，头适中，脸短而直，耳小前竖，毛色黑白相间，生长快，早熟易肥，骨细皮薄肉嫩，出肉率65%以上。但不耐粗饲，繁殖力低。主要销往广州、香港等地，为加工广东腊肉的良好原料。

4. 浙江猪

浙江猪以金华猪质量为好，体型较小，早熟易肥，毛色为中间白两端黑，故称“金华猪两头乌”。出肉率为65%，一般长至50kg即行屠宰，皮薄肉鲜，金华、义乌等地多加工为火腿和腌肉。

5. 河北猪

河北猪主要有定县猪和昌黎猪。定县猪是由本地猪与波中猪杂交而成。特点是嘴鼻直长，耳小下垂，额宽而皱纹少，背腰平直，毛稀色黑，耐粗饲，生长快。昌黎猪是由本地猪与巴克夏猪杂交而成，外貌似巴克夏猪，具有“六白”特征，噘嘴立耳，面凹颈粗，背平直，臀部丰满，四肢短，皮薄毛稀，生长快，膘肥肉厚，出肉率为70%。多用于加工冻肉，供应京津市场。

6. 云贵猪

云贵猪以宣威猪出名，生长在高原山区，多牧放，惯吃生食，体质结实，四肢强健，鬃毛粗长，有黑色和棕色，脸直长，噘嘴，背线微呈弓形，腿部肌肉特别发达，为加工宣威火腿的良好原料。

7. 东北民猪

东北民猪分大中小三型，即大民猪、二民猪和荷包猪，是300年前由河北小型华北黑猪和山东中型黑猪随移民带到东北。其特点是耐粗饲，耐寒，繁殖力强。中等大小，面直长，耳大下垂，背腰较平，四肢粗壮，后躯斜窄，全身黑色，属肉脂兼用型。体重 99kg 时，膘厚 5. 14cm，皮厚 0. 48cm，屠宰率为 75. 6%。

8. 新金猪

新金猪产于辽宁新金县，是由本地猪与巴克夏猪杂交而成，外貌近似巴克夏，被毛黑色，具有“六白”特征，体躯圆长，背腰平直，出肉率为 75% 以上，膘厚皮薄，肉质良好，10 月龄达 150kg。

9. 哈白猪

哈白猪产于黑龙江省南部地区，哈尔滨市及其周围各县，现在广泛分布于省内外。哈白猪及其杂种猪占全省猪总头数的一半以上。该品种是由东北农学院和香坊实验农场经过长期选育，于 1975 年培育的我国第一个新品种，其特点是毛色洁白，也有的黑白相间，头宽面凹，嘴短，胸宽深，背宽平直，腹线微弧而不下垂，臀腿丰满，四肢健壮，体形美，肥育快，肉质好，11 月龄体重达 100kg 以上，屠宰率高达 78%，属肉脂兼用的优良品种。

10. 黑花猪

黑花猪是黑龙江省西部地区的优良品种，是由克米洛夫公猪与当地改良母猪杂交，于 1979 年正式育成的肉脂兼用型品种。其特点是体质坚实，头大小适中，嘴长中等而宽，两耳直立或前倾，胸宽体长，背腰平直，后躯丰满，四肢健壮，各部匀称。10 月龄体重可达 135. 5kg，6 月龄 97. 5kg 体重时，膘厚 4. 5cm，屠宰率为 74. 4%。

11. 三江白猪

三江白猪在黑龙江省三江地区和牡丹江地区国营农场及附近村镇养猪场饲养较多，是由本地猪与长白猪杂交育成的我国第一个瘦肉型品种。其特点是鼻长，耳下垂，后躯丰满，体躯呈流线形，四肢强健，毛密全白。90kg 体重时，膘厚（2. 82 ±0. 16）cm，瘦肉率达 58%，屠宰率为 70. 66% ±0. 45%。

12. 松辽黑猪

松辽黑猪是由吉林中型猪的黑系与杜洛克、长白猪杂交育成。松辽黑猪全身被毛黑色，耳前倾，头大小适中，背腰平直，中躯较长，腿臂较丰满，四肢粗壮结实。它具有生长发育快、瘦肉率高、肉质好的特点。胴体瘦肉率可达 57. 53%，眼肌面积达 35. 58cm^2。肉色评分 3. 25，大理石纹评分 3. 25，失水率 11. 94%，肌内脂肪 3. 6%，放牧条件下肌内脂肪达 4. 91%。

第二节 牛的品种

一、世界肉牛的品种

1. 海福特牛

海福特牛（Hereford）产于英格兰，是英国古老的肉牛品种之一。海福特牛体格较小，肌肉发达，身体为红色，头、四肢下部为白色。成年体重，公牛为 900 ~ 1000kg，母牛为 520 ~ 620kg。海福特牛一般屠宰率为 60% ~65%，在良好肥育条件下可达 70%，净肉率为 60%。脂肪主要沉积在内脏，皮下结缔组织和肌肉间脂肪较少，肉质细嫩多汁、风味好。

2. 夏洛来牛

夏洛来牛（Charolais）产于法国，体格大，全身肌肉发达，毛白色或浅奶油色。成年体重，公牛为1100～1200kg，母牛为700～800kg。在良好饲养管理条件下，6月龄公犊牛平均日增重为1300g，母犊牛为1060g，8月龄公犊牛、母犊牛平均日增重相应为1170g和940g。3岁阉牛宰前活重830kg，屠宰率为67.1%，胴体重557kg。净肉占胴体重的80%～85%。肉质好，瘦肉多，含脂肪少。

3. 利木赞牛

利木赞牛（Limousin）产于法国，被毛为鲜艳的浅黄色。公牛的成年体重为1100kg，母牛为600kg。利木赞牛早熟，生长快，在良好的饲养条件下，8月龄平均日增重公牛为1040g，母牛为860g。利木赞牛屠宰率为63%，瘦肉占胴体的73.9%，脂肪占胴体的9.5%，骨骼占胴体的13.4%。利木赞牛在年龄很小时就能形成成熟的一等牛肉，为生产早熟小牛肉的主要品种。利木赞牛肉质好，细嫩，味美。

4. 安格斯牛

安格斯牛（Angus）产于英国，是英国古老的小型肉用品种。全身被毛黑色，无角是其重要的外貌特征。公牛的成年体重为800～900kg，母牛为500～600kg。安格斯牛早熟，易肥育，胴体品质好，出肉率高。8月龄平均日增重为900～1000g，以放牧为主肥育的牛开始活重214.5kg，肥育期350d，平均日增重为680g，宰前活重527.5kg（19月龄），胴体重268.2kg，屠宰率为63.3%。

5. 西门塔尔牛

西门塔尔牛（Simmental）产于瑞士西部，法国、德国和奥地利等国的阿尔卑斯山区，分肉乳兼用和乳肉兼用类型。全身被毛为黄白花或淡红白色，头、胸部、腹下和尾帚多为白色，肩部和腰部有条状白毛片。公牛的成年体重为1000～1100kg，母牛为700～750kg。西门塔尔牛易肥育，在放牧肥育或舍饲肥育时平均日增重为800～1000g，18月龄时体重达440～480kg。公牛肥育后屠宰率为65%左右，在半肥育状态下的母牛屠宰率为53%～55%。肉品质好，胴体脂肪含量少，高等级切块肉所占比率高。

6. 短角牛

短角牛（Shorthorn）产于英格兰的达勒姆、约克等地，有肉用和乳肉兼用两种类型。毛色多为棕红色，少数为红白花或红色，白色者极少。公牛的成年体重为800～1200kg，母牛为500～800kg。短角牛增重快，早熟，易肥育，利用粗饲料能力强，400d体重可达410kg，屠宰率为65%～68%。据内蒙海金山牛场测定，18月龄肥育牛平均日增重为614g，宰前体重396kg，屠宰率为55.9%，净肉率为46%，眼肌面积为82cm^2。短角牛肉质好，肉纤维细，沉积脂肪均匀，肉呈大理石状。肥育良好的牛的肉中脂肪含量多。

7. 婆罗门牛

婆罗门牛（Bmhman）育成于美国，是由四种印度瘤牛和一些纯种英国牛杂交培育而成的肉牛品种，是适于热带、亚热带饲养的优良肉牛品种。婆罗门牛体格高大狭窄，四肢较长，皮较松弛，大垂耳、大垂皮、高瘤峰，长脸。常见毛色为灰色，其次为红色，也有棕色、黑色等。成年婆罗门牛的体重，公牛为780～1060kg，母牛为500～700kg，产肉性能很好，屠宰率大于60%，净肉率可高达53%，胴体品质好。

8. 黑毛和牛

黑毛和牛在日本是具有代表性的役肉兼用型品种，是在日本原和牛的基础上改良形成的一个品种。体态特征是毛色呈黑色，皮肤呈暗灰色，角呈黑蓝色。公牛的体高为 139 ~ 146cm，母牛为 125 ~ 131cm。公牛的体重为 890 ~ 990kg，母牛为 510 ~ 610kg。体躯结实，四肢强壮，前中躯发育良好，后躯稍差。肉质好，肌间脂肪沉积好，分布匀称，大理石花纹明显。胴体重占体重的 64%，是日本人喜欢的肉牛品种。

二、中国牛的品种

我国的肉用牛多为役肉兼用，无特定的肉用型。种类有黄牛、水牛、牦牛，黄牛分布广，多在华北、西北、东北地区，水牛多在华南，牦牛分布在青藏高原地带。以黄牛作为肉用的大宗原料，其次是水牛和牦牛。

（一）黄牛

黄牛是中国对牦牛和水牛以外的所有家牛的统称。黄牛有 28 个品种，分布于全国各地，其中秦川牛、南阳牛、鲁西牛、晋南牛、延边牛和蒙古牛品种分布最广，数量最多。

1. 秦川牛

秦川牛产于陕西省关中地区，不少省、县引入作为改良种牛，属大型役肉兼用品种。秦川牛体格高大，骨骼粗壮，肌肉丰满，体质强健。毛色多为紫红色或红色。成年牛体重，公牛近 600kg，母牛近 400kg，阉牛近 500kg。18 月龄的公牛、母牛、阉牛平均宰前体重为 375.7kg，屠宰率平均为 58.3%，净肉率为 50.5%，胴体重 218.4kg，净肉重 189.6kg，胴体产肉率 86.8%，骨肉比为 1∶6，脂肉比为 1∶6.5。秦川牛产肉指标已基本接近国外的一般水平。

2. 南阳牛

南阳牛产于河南省西南部的南阳地区，属大型役肉兼用品种。南阳牛体格高大，骨骼结实，肌肉发达，背腰宽广，皮薄毛细。毛色有黄、红、草白三种，以深浅不等的黄色为最多。公牛的成年体重为 650kg，母牛为 410kg。南阳牛产肉性能好，对育成公牛进行一般肥育达 18 月龄时体重达 441.7kg。在以粗饲料为主的条件下，平均日增重 813g，屠宰率为 55.6%。

3. 鲁西牛

鲁西牛产于山东省西部、黄河以南、运河以西一带，属役肉兼用品种。鲁西牛有肩峰，被毛从棕红到淡黄色，以黄色最多。公牛的成年体重平均为 450kg，母牛平均为 350kg。在以青草为主，掺入少量麦秸，每天补喂 2kg 混合精料的饲养条件下，对 12 ~ 18 月龄牛育肥，平均日增重 610g。18 月龄肥育牛平均屠宰率 57.2%，净肉率 49%，骨肉比 1∶6.0，脂肉比 1∶42.3，眼肌面积 89.1cm^2。

4. 晋南牛

晋南牛产于山西省西南部汾河下游的晋南盆地，包括运城和临汾地区，属大型役肉兼用品种。毛色以枣红色为主。公牛的成年体重为 600 ~ 700kg，母牛为 300 ~ 500kg。9 ~ 10 月龄阉牛在高、低两种营养水平下饲养 114d，平均日增重分别为 455g 和 293g。成年牛肥育效果较好，据测 10 头肥育牛的平均屠宰率为 52.3%，净肉率为 43.4%。

5. 延边牛

延边牛产于吉林省延边朝鲜族自治州，分布于东北三省，属役肉兼用品种。毛色为浓淡不同的黄色。公牛的成年体重为400~500kg，母牛为300~400kg。18月龄育成公牛，经180d肥育日增重813g，屠宰率为57.7%，净肉率为47.23%，胴体重265.8kg，眼肌面积为75.8cm²。

（二）水牛

水牛主要分布在华南及长江流域各省。体躯强壮，毛色灰青，头部平宽，眼大角粗长，胸宽深，背腰平直，腹圆大，臀部发达，腿短粗壮，公牛体高为130cm左右，母牛体高为120cm左右，体重为350~600kg，肉质不如黄牛。

（三）牦牛

牦牛产于西南、西北地区，是海拔3000~5000m高山草原上的特有牛种，有九龙牦牛、青海高原牦牛、天祝白牦牛、麦洼牦牛、西藏高山牦牛等品种。牦牛多为肉、乳、毛、皮、役兼用品种。因海拔高缺氧，肌肉内贮氧的肌红蛋白含量高，故其肉色呈深鲜红色，肉内蛋白含量为21.6%，脂肪为1.6%~4.7%。成年阉九龙牦牛，体重471.2kg时，屠宰率为54.6%，净肉率46.1%，骨肉比1∶5.5，眼肌面积为88.6cm²；青海高原牦牛，体重373.6kg时，屠宰率为53%，净肉率为42.5%；天祝白牦牛，成年公、母牛的屠宰率为52%，净肉率公牛为36.3%，母牛为39.6%；12月龄的麦洼牦牛去势后于草地放牧150d，体重为129.8kg，平均日增重417g，屠宰率为41.1%，净肉率30.8%，骨肉比1∶2.97，眼肌面积为31.7cm²；西藏高山牦牛中等膘情的成年阉牛，平均体重379.1kg，屠宰率平均55%，胴体重平均208.5kg，净肉率为46.8%，眼肌面积50.6cm²。牦牛与黄牛进行种间杂交产生犏牛，犏牛为雄性不育，但具有较好的杂种优势，产肉性能较好。

第三节　羊的品种

羊的品种分为绵羊、山羊两大类型，绵羊大多以产毛为主，有细毛羊、粗毛羊、半细毛羊等。山羊用途较多，以产乳为主的称为“乳山羊”，以产肉为主的称为“肉山羊”，以产绒毛为主的称“绒山羊”。本节主要介绍一些绵羊和山羊品种及其产肉性能。

一、绵　　羊

（一）世界绵羊的品种

1. 汉普夏羊

汉普夏羊（Hampshire）产于英格兰南部。体大胸深，背宽平直，臀部发育好，被毛白色。4月龄羔羊在好的饲养条件下，胴体重可达20kg，日增重400g。在美国用做生产肥羔的主要父系。

2. 特克塞尔羊

特克塞尔羊产于荷兰，已被引入法国、德国、比利时、捷克等国和非洲一些国家。羔羊生长快，4~5月龄体重达40~50kg，屠宰率为55%~60%。

3. 考力代羊

考力代羊产于新西兰，属毛肉兼用半细毛羊。胸宽深，背腰平直，体躯呈圆桶状，肌肉丰满，产肉性较好。成年公羊宰前活重66.5kg，胴体重为33.0kg，内脏脂肪重1.43kg，屠宰率为51.8%；成年母羊相应数据为60.0kg、29.0kg、1.20kg、52.2%。

4. 杜泊羊

杜泊羊产于南非，是驰名世界的肉用绵羊品种。杜泊羊体格大，体质坚实，肉用体型明显。杜泊羊生长发育和肥育性能好，以优质肥羔肉生产见长，胴体肉质细嫩，鲜香多汁，胴体为圆桶状，瘦肉率高，被誉为“钻石级肉”，在国际市场上备受青睐。4 月龄屠宰率 51.0%，净肉率 45.0% 左右，肉骨比 9.1∶1。

5. 美利奴羊

美利奴羊产于德国萨克森州，该羊被毛白色、呈毛丛结构。体型呈长方形，体躯宽深、胸围大、后躯丰满，肉用体型明显，呈圆筒状，具有良好的产肉性能，产肉多（屠宰率 50% ~ 55%），生长发育快（羔羊 8 月龄内平均日增重 300 ~ 350g），体大（成年公羊体重 140 ~ 160kg，母羊 80 ~ 90kg）。

6. 夏洛来羊

夏洛来羊原产法国中部的夏洛来丘陵和谷地。具有早熟（4 月龄羔体重 35 ~ 45kg）、体大（成年公母羊体重平均 125kg 和 90kg）、毛细（56 ~ 60 支）、肉质好的特点。产羔率 180% 以上，屠宰率 50%。耐粗饲，适应寒冷潮湿或干热气候，是生产肥羔肉的理想品种。

7. 波尔华斯羊

毛肉兼用细毛羊品种，原产于澳大利亚维多利亚的西部，该羊种无皱褶，少数公羊有角，母羊无角，鼻端、眼睑和唇有色斑。成年公羊体重 56 ~ 77kg，母羊 45 ~ 56kg，该羊繁殖力高，泌乳性好。

8. 罗姆尼羊

罗姆尼羊也称肯特羊，长毛型肉毛兼用半细毛羊品种，原产英国肯特郡，无角，眼、鼻、蹄均为黑色，早熟，毛质好，成年公羊体重 100 ~ 120kg，母羊 60 ~ 80kg，产羔率 120%，母性好。4 月龄公羔胴体重 22.4kg，母羔 20.6kg。

9. 南丘羊

南丘羊原产英格兰东南部，无角，毛短，公母羊体重分别为 84kg 和 64kg，屠宰率 60%，繁殖率 125% ~ 150%。具有早熟、易育肥、肉嫩、脂白、饲料利用能力强的优点。

10. 萨福克羊

萨福克羊原产于英国英格兰东南部的萨福克、诺福克、剑桥和艾塞克斯等地，是当今世界上体格、体重最大的肉用羊品种，体貌特征是无角，体躯白色，头和四肢黑色，体质结实，结构匀称，体躯肌肉丰满呈长桶状。成年公羊体重 100 ~ 110kg，母羊 60 ~ 70kg。4 月龄公羔体重 43.1kg，胴体重 24.2kg，屠宰率 56.1%；肉质细嫩，肉脂相间，肌肉的横断面呈大理石状花纹，胴体中脂肪含量为 16% ~ 18%。

此外，还有有角陶塞特羊、牛津羊、法兰西岛羊、褐头肉羊等著名的肉绵羊品种，肉质较好。

（二） 中国绵羊的品种

1. 乌珠穆沁羊

乌珠穆沁羊产于内蒙古的乌珠穆沁草原，属肉脂兼用短脂尾粗毛羊。毛色以黑头羊居多。乌珠穆沁羊成熟早，脂肪蓄积力强，产肉力高，且肉质细嫩。

2. 蒙古羊

蒙古羊产于蒙古高原，属短脂尾羊，体质结实，骨骼健壮，头略显狭长。公羊多有角，母羊多无角或有小角。鼻梁隆起，颈长短适中，胸深。肋骨不够开张，背腰平直，四肢细长而强健。体躯被毛多为白色，头与四肢则多有黑色或褐色斑块。蒙古羊的产肉性能较好。据内蒙古苏尼特左旗家畜改良站测定，成年羯羊宰前体重为67.6kg，胴体重36.8kg，屠宰率54.3%，净肉重27.5kg，净肉率40.7%。

3. 阿勒泰羊

阿勒泰羊产于新疆，属肉脂兼用粗毛羊品种。尾椎周围脂肪大量沉积而形成“臀脂”，毛色以棕红色为主。羔羊具有良好的早熟性，生长发育快，成年公母羊体重平均为93kg和68kg，产肉脂能力强，屠宰率52.9%，肉质鲜嫩可口、无膻味，适于进行肥羔生产。

4. 大尾寒羊

大尾寒羊产于河北、山东及河南一带，属长脂尾型羊。毛色大部为白色。大尾寒羊具有屠宰率和净肉率高、尾脂肪多的特点，由于脂肪蓄积在尾部，胴体内脂肪少。肉质鲜嫩多汁，味美，尤以羔羊较佳，脂尾出油多，炼油率可达80%。

5. 小尾寒羊

小尾寒羊产于河北、河南、山东及皖北、苏北一带。属短脂尾肉裘兼用品种。毛色为白色，少数羊眼圈周围有黑色刺毛。小尾寒羊生长发育快，产肉性能好。

6. 同羊

同羊产于陕西渭南、咸阳两地区。全身背毛纯白。同羊肉质鲜美，肥嫩多汁，瘦肉绯红，肌纤维细嫩，烹之易烂，食之可口。尾脂呈块状，洁白如玉，食之不腻。

7. 新疆细毛羊

原产新疆伊犁地区，具有采食力强、生活力强、耐粗饲的特点，其肉质细嫩，肥瘦适中。成年公羊体重平均93kg，母羊51kg。屠宰率47.82%～51.3%，产羔率133%。

8. 呼伦贝尔羊

呼伦贝尔羊属短脂尾型肉用绵羊品种，抓膘增重快。耐寒耐粗饲，适应性强，体格大，四肢粗壮，体躯丰满，屠宰率和净肉率高，成年羯羊屠宰率达52.1%，出净肉31.2kg，骨肉比1∶6.2，羊肉肌间脂肪分布均匀。肉质鲜美，无膻味，瘦肉率高，成年羯羊体重达成年羊的73.1%，此时羊肉含脂率低，肉质丰嫩，是吃手抓肉的最佳时期。8月龄羯羊体重达成年羊的55.0%，此时羊肉适口味美，多汁细嫩，是吃涮羊肉的最佳原料。

二、山　　羊

（一）世界山羊的品种

世界山羊的品种主要介绍波尔山羊。波尔山羊产于南非干旱亚热带地区，分布于世界各地，是迄今世界上唯一公认最好的肉用品种，被誉为“世界肉用山羊之父”。腿短，体型好，后躯发育好，丰满，肌肉多，毛色为白色，头耳棕色，在额中至鼻端有一条白色毛带，或有一定数量的棕斑。波尔山羊肉性能好，屠宰率、净肉率高。40kg活重时屠宰率达52.4%，未去势公羊可达56.2%，成年羊屠宰率达56%～68%，净肉率48%。胴体外形饱满浑圆，肉质细嫩，瘦肉率高。波尔山羊的上市时间一般在6～15月龄之间。

世界著名肉用山羊除波尔山羊外，还有产于西班牙的塞云娜山羊和产于印度的比特按羊等。

（二）中国山羊的品种

1. 太行山羊

太行山羊产于太行山东、西两侧的晋、冀、豫三省接壤地区。毛色主要为黑色，少数为褐、青、灰、白色。太行山羊肉质细嫩，膻味小，脂肪分布均匀。

2. 黄淮山羊

黄淮山羊分布于黄淮平原的广大地区，背毛白色。其肉质细嫩，膻味小。

3. 陕西白山羊

陕西白山羊产于陕西省南部地区，是早熟易肥、产肉性能好的山羊品种。被毛以白色为主，少数为黑、褐或杂色。羊肉细嫩，脂肪色白坚实，膻味较轻。

4. 马头山羊

马头山羊产于湖南省和湖北省，是南方山区优良肉用山羊品种之一。马头羊体形呈长方形，结构匀称，骨骼坚实，背腰平直。肋骨开张良好，臀部宽大，稍倾斜，尾短而上翘。被毛以白色为主，其次为黑色、麻色及杂色。6 月龄阉羊体重 21.6kg，屠宰率 48.99%，周岁阉羊体重可达 36.45kg，屠宰率 55.90%，出肉率 43.79%。其肌肉发达，肌肉纤维细致，肉色鲜红，膻味较轻，肉质鲜嫩。早期肥育效果好，可生产肥羔肉。

5. 成都麻羊

成都麻羊又名四川铜羊，原产于四川成都平原及其附近的丘陵地区，是我国优质肉用山羊地方品种，其肉用性能仅次于南江黄羊，是国家重点保护和推广的品种。全身被毛呈棕红色，色泽光亮，头部中等大，背腰平直宽，四肢粗壮。体型清秀，略呈楔形。周岁羊屠宰率 49% ~ 55%，净肉率 38.4%。其肉色红润，脂肪分布均匀，肉质细嫩多汁，膻味较小。

6. 南江黄羊

南江黄羊是在四川江县用多种杂交方法近 40 年培育而成的我国第一个肉用山羊新品种。大多数公母羊有角，头型较大，颈部较粗，体格高大，前胸深广，背腰平直，后躯丰满，体躯近似圆桶形，四肢粗长，结构匀称。被毛呈黄褐色，面部多呈黑色，鼻梁两侧有一条浅黄色条纹，从头顶部至尾根沿背脊有一条宽窄不等的黑色毛带，前胸、颈、肩和四肢上端着生黑而长的粗毛。羊最佳适宜屠宰期为 8 ~ 10 月龄，2 月龄屠宰胴体重 6.2kg，屠宰率达 47.5%。胴体肉质鲜嫩，无膻味。

7. 金堂黑山羊

金堂黑山羊于 2001 年 11 月在四川省金堂县选育成功。被毛黑色，具有光泽。体型大，头中等大，颈长短适中。耳有三种类型，包括垂耳、半垂耳和立耳。背腰宽平，四肢粗壮，蹄质坚实。周岁公羊胴体重 19.36kg，屠宰率 48.10%，净肉率 35.91%；成年公羊胴体重 36.39kg，屠宰率 51.52%，净肉率 39.91%。肉质细嫩、无膻味。

第四节　肉用家禽的品种

肉用家禽指鸡、鸭、鹅及近年来引进的火鸡，家禽可肉蛋兼用，经济实惠，为养禽场、专业户及农户广泛饲养。养鸡量最多，占总养禽量的 80% 以上，其次是鸭、鹅。南方各省份因气候水源适宜，故饲养鸭、鹅较多（鸭占30% ~40%，鹅占5% ~10%），而北方省份养鸡居多（占90%）。

一、肉　用　鸡

（一）世界肉鸡的品种

1. 艾维茵肉鸡

艾维茵肉鸡是由美国艾维茵国际禽场有限公司培育的白羽肉用鸡种。艾维茵父系增重快，成活率高，母系产蛋量高。商品代公母鸡平均体重和饲料转化率：1 周龄时为158g 和1. 13；3 周龄时为679g 和1. 42；7 周龄时为2287g 和1. 97；8 周龄时为2722g 和2. 12。

2. 爱拔益加鸡

爱拔益加鸡是由美国爱拔益加育种公司（AA 公司）培育而成的四系配套白羽肉鸡，又称AA 肉鸡。AA 肉鸡四系均为白洛克型，适应性和抗病力强，生长快、耗料少、屠体美观、肉嫩味美。7 周龄商品代肉仔鸡平均活重1987g，饲料转化率为1. 92，屠宰出肉率为81% ~84%。

3. 红波罗肉鸡

红波罗肉鸡是由加拿大雪佛公司培育而成的红羽肉用鸡种，又称红宝肉鸡。红波罗肉鸡抗病力强，生长较快，商品代仔鸡3 周龄体重410g，饲料转化率为1. 46；7 周龄体重1820g，饲料转化率为2. 10。屠体皮肤光滑，肉味较好。

4. 星布罗肉鸡

星布罗肉鸡是由加拿大雪佛公司培育的四系配套肉用鸡种。A、B 系为父本属白科尼什型，C、D 系为母本属白洛克型。适应性强，生长快，饲料转化率高。商品代肉鸡7 周龄体重达2170g，饲料转化率为2. 04。产肉性能好，半净膛屠宰率92. 1%，全净膛屠宰率79. 7%。

5. 狄高鸡

狄高鸡是由澳大利亚狄高公司培育的肉用鸡种。母系为隐性纯合体与父系TM70 白羽公鸡杂交产生的白羽肉鸡；与父系TR83 红羽公鸡杂交则产生红羽肉鸡。狄高肉鸡生长速度快，抗逆性强。商品代仔鸡3 周龄公鸡体重590g，母鸡体重450g，饲料转化率1. 7；7 周龄公鸡体重2410g，母鸡体重2020g，饲料转化率2. 1。

6. 海佩科鸡

海佩科鸡是由荷兰海佩科家禽育种公司培育的肉用鸡种，有白羽肉鸡和有色羽肉鸡。白羽肉鸡曾祖代来源于白科尼什和白洛克，商品代肉鸡抗病力强，生长快，饲料利用率高，3 周龄时体重555g，饲料转化率为1. 54；7 周龄时体重2040g，饲料转化率2. 02。有色羽肉鸡来源于红科尼什和红普利茅斯洛克，商品代肉鸡为红羽并掺杂一些白羽。3 周龄时体重510g，饲料转化率1. 55；7 周龄时体重1830g，饲料转化率2. 03。

（二）中国肉鸡的品种

1. 北京油鸡

北京油鸡原产于北京城北侧安定门和德胜门外的近郊一带，是肉蛋品质兼优的兼用型鸡种。黄羽油鸡体型略大，赤褐色油鸡体型较小，北京油鸡的“三羽”性状是其主要外貌特征。北京油鸡生长缓慢，4 周龄体重220g，8 周龄为549g，12 周龄960g，20 周龄公鸡可达1500g，母鸡为1200g。成年公鸡体重1760g，母鸡体重1640g 时屠宰，其半净膛屠宰率和全净膛屠宰率公鸡为83. 5% 和76. 6%，母鸡相对应为70. 7% 和64. 6%。

2. 大骨鸡（庄河鸡）

大骨鸡产于辽宁省庄河市，属兼用型品种。大骨鸡60、90、120、150、180日龄的体重，公鸡分别为：650、1040、1478、1771 和 2223g；母鸡相对应为534、881、1115、1202和1784g。

3. 边鸡

边鸡产于内蒙古自治区与山西省北部相毗连的长城内外一带。在山西又称右玉鸡。边鸡体型中等，公鸡羽毛主要有红黑或黄黑色，个别为黄白和白灰色；母鸡羽毛有白、灰、黑、浅黄、麻黄、红灰和杂色7种类型。成年公鸡体重1800g，母鸡1500g时屠宰，其半净膛和全净膛屠宰率，公鸡分别为79.0%和73.0%，母鸡相对应为73.8%和67.5%。屠体的胸、腿肌丰满充实，占屠体重的26.3%，肌纤维细嫩。

4. 峨眉黑鸡

峨眉黑鸡产于四川省峨眉山市、乐山市、峨边县。峨眉黑鸡体型较大，全身羽毛黑色。6月龄和成年的公、母鸡屠宰率高，胸腿肌发达。半净膛屠宰率，6月龄公、母鸡分别为74.6%和74.5%；成年公、母鸡为80.3%和71.0%。胸腿肌占全净膛重，6月龄公、母鸡为34.8%和36.9%；成年公鸡、母鸡为41.3%和39.2%。

5. 武定鸡

武定鸡产于云南省楚雄彝族自治州的武定、禄劝两县，属肉用型品种。武定鸡体型高大，公鸡羽毛多为赤红色，母鸡的翼羽和尾羽为黑色，其他部分则披有新月形条纹的花白羽毛。公鸡、母鸡均阉割肥育，公鸡在3月龄阉割，饲养5~7个月后强制肥育1~2个月，体重可达4~5kg，进行屠宰。母鸡在性成熟前体重800~900g时阉割。阉割的公、母鸡肉质均较肥嫩、味鲜美。5月龄阉公鸡体重1600g，其半净膛屠宰率为85.0%，全净膛屠宰率为77.0%。

6. 中原鸡

中原鸡产于黄河下游流域，以山东的寿光鸡为著名的肉用鸡，体大，肉肥，成年公鸡体重3kg，母鸡2.5kg左右。河南的固始鸡也是体型大、肌肉丰满，为加工德州扒鸡、道口烧鸡等名产的良好原料，同时加工成冻鸡运往各地。

7. 九斤黄鸡

九斤黄鸡在长江流域、合肥一带饲养较多。羽毛多黄色，头小，体型方圆，羽毛丰满，脚短多毛，生长快，易肥育。成年鸡体重4.5~6.0kg。是闻名于世的优良的肉用鸡。

8. 狼山鸡

狼山鸡产于江苏，为黑白两色，以黑羽居多，体型高大，胸长背短，头尾翘立，成年鸡体重公鸡3.5~4kg，母鸡2.5~3kg。它和上海的浦东鸡、浙江的肖山鸡都是国际市场上有名的肉用鸡种。皮白、骨细、肉嫩。常熟的“叫化鸡”、安徽的符离集烧鸡等名产都以该品种加工而成。

9. 惠阳鸡

惠阳鸡产于广东省的博罗、惠阳、惠东、龙门等地。该鸡胸深背短，后躯丰满，黄喙、黄羽，黄脚，其颌下有发达而张开的细羽毛，状似胡须，故又名三黄胡须鸡。头稍大，单冠直立，无肉髯或仅有很小的肉垂。皮肤淡黄色，毛孔浅而细，屠宰去毛后皮质细而光滑。放牧条件下，小母鸡6月龄达性成熟，体重约1.2kg，经笼养12~15d，可净增重0.35~0.4kg。料重比3.65∶1。肉质鲜美、皮脆骨细、鸡味浓郁、肥育性能良好，在港澳活鸡市场久负盛誉。

10. 清远麻鸡

清远麻鸡产于广东省清远市一带。母鸡全身羽毛为深黄麻色、头小、单冠、喙黄色、脚短细，有黄、黑色两种。公鸡羽毛深红色，尾及主翼羽呈黑色。成年公鸡平均体重 1.25kg，母鸡 1.0kg 左右。清远麻鸡以其体型小、骨细、皮脆、肉质嫩滑、鸡味浓郁而成为著名的地方肉鸡品种。

二、鸭

1. 北京鸭

北京鸭产于北京，又名白河鸭，头大，颈细，体长，背宽，胸部丰满，腹部下垂，腿短，羽毛洁白，生长快，易肥育，肉质好。50 日龄体重达 2～2.5kg。进行人工“填食”可促其生长，为世界著名的肉用种鸭，1974 年即输出国外，至今享誉不衰。肉质优良，脂肪蓄积多，肉嫩皮细，是闻名中外的“北京烤鸭”的良好原料。

2. 高邮鸭

高邮鸭产于江苏省高邮市、宝应县等地，是大型麻鸭品种，属肉蛋兼用型。公鸭体型较大，头、颈上端羽毛为深绿色，颈下部黑色，背、腰、胸上被褐色芦花羽，腹部白色。母鸭细颈长身，羽毛紧密，为淡棕褐色，花纹细小，主翼羽蓝黑色。

3. 天府肉鸭

天府肉鸭是利用从国外引进的肉鸭品种和我国地方优良鸭种为育种材料，经过 10 多个世代选育而成的肉鸭新品种。天府肉鸭白羽，喙、胫、蹼均为橙黄色。公鸭尾部有 4 根向背部卷曲的性羽，母鸭腹部丰满，脚趾粗壮。商品代肉鸭 7 周龄活重达到 3.02～3.22kg，料肉比 2.45∶1，胸肌率 10.3%～12.3%，腿肌率 10.7%～11.7%，皮脂率 27.5%～31.2%。

思考题

1. 简述我国肉用畜禽的品种及其出肉率、肉用品质。
2. 请举例说明我国传统肉制品加工中常用的肉猪品种。

扩展阅读

[1] 崔小平．常见畜禽肉类鉴别方法［J］．畜牧与饲料科学，2013（4）：73－73.

[2] 选购常见畜禽肉产品应该注意什么［J］．河北农业，2011（9）：55－55.

第二章

畜禽屠宰加工

内容提要

本章重点介绍屠宰厂的设计与设施，屠宰前品质管理，畜禽的屠宰加工工艺及畜禽屠宰后检验。通过本章学习要求学生掌握畜禽屠宰、分割、检验的基本要求及工艺操作要点。

透过现象看本质

2-1. 购买的猪肉中有时会有出血点，这是什么原因造成的？

2-2. 猪在宰后肌肉颜色苍白、质地松软没弹性，并且肌肉表面渗出肉汁，这是什么原因造成的？

肉用畜禽经过刺杀放血、解体等一系列处理过程，最后加工成胴体（即肉尸，商品学称为白条肉）的过程称为屠宰加工，它是进一步深加工的基础，因而也叫初步加工。优质肉品的获得，除了与原料本身因素有关外，很大程度上决定于屠宰加工的条件和方法。

第一节　屠宰厂设计要求及宰前管理

屠宰厂的设计与设施，直接影响到食品的产量与卫生质量，要求经济上合理、技术上先进，能满足生产出在产量和质量上均达到规定标准的产品，并在“三废”治理及环境保护等方面符合国家的有关法律规定。

一、屠宰厂设计原则

1. 厂址选择

屠宰厂应建在地势较高，干燥，水源充足，交通方便，无有害气体、灰沙及其他污染源，便于排放污水的地区。屠宰厂不得建在居民稠密的地区，距离至少在500m，应尽量避免位于居民区的下风向和上风向。

2. 布局

屠宰厂的布局必须符合流水作业要求，应避免产品倒流和原料、半成品、成品之间，健畜和病畜之间，产品和废弃物之间互相接触，以免交叉污染。具体要求如下：

（1）饲养区、生产作业区应与生活区分开设置。

（2）运送活畜与成品出厂不得共用一个大门和厂内通道，厂区应分别设人员进出、成品出厂和活畜进厂大门。

（3）生产车间一般应按饲养、屠宰、分割、加工、冷藏的顺序合理设置。

（4）污水与污物处理设施应在距生产区和生活区有一定距离（100m 以上）的下风处。

二、屠宰设施及其卫生要求

1. 厂房与设施

（1）结构　要求厂房与设施必须结构合理、坚固，便于清洗和消毒。必须设有防止蚊、蝇、鼠及其他害虫侵入或隐匿的设施，以及防烟雾、灰尘的设施。

（2）高度　厂房应能满足生产作业、设备安装与维修、采光与通风的需要，如屠宰车间的天棚高度应不低于 6m。

（3）地面　地面应使用防水、防滑、不吸潮、可冲洗、耐腐蚀、无毒的材料；坡度应为 1% ~2%（屠宰车间应在 2% 以上）；表面无裂缝、无局部积水，易于清洗和消毒；设明地沟且应呈弧形，设排水口且须设网罩。

（4）墙壁　墙壁应使用防水、不吸潮、可冲洗、无毒、淡色的材料；墙内面应贴高度不低于 2m 的浅色瓷砖；顶角、墙角、墙与地面的夹角均呈弧形，便于清洗。

（5）天花板　表面涂层应光滑，不易脱落，防止污物积聚。

（6）门窗　所有门、窗及其他开口必须安装易于拆卸和清洗的纱门、纱窗或压缩空气幕，内窗台须下斜 45°或采用天窗台结构。

（7）厂房楼梯及其他辅助设施　应便于清洗、消毒，避免引起食品污染。

（8）屠宰车间　屠宰车间流程的顺序如屠宰、放血、除内脏、修整胴体等必须是连续的流水作业。必须设有兽医卫生检验设施，包括同步检验、对号检验、旋毛虫检验、内脏检验、化验室等。

（9）待宰车间　待宰车间的圈舍容量一般应为日屠宰量的一倍。圈舍内应防寒、隔热、通风，并应设有饲喂、宰前淋浴等设施。车间内应设有健畜圈、疑似病畜圈、病畜隔离圈、急宰间和兽医工作室。

（10）待宰区　应设肉畜装卸台和车辆清洗、消毒等设施，并应设有良好的污水排放系统。

（11）冷库　生产冷库一般应设有预冷间（0 ~4℃）、冻结间（ -23℃以下）和冷藏间（ -18℃以下）。所有冷库应安装温度自动记录仪或温度湿度计。

（12）设备、工器具和容器　接触肉品的设备、工器具和容器，应使用无毒、无气味、不吸水、耐腐蚀、经得起反复清洗与消毒的材料制作；其表面应平滑、无凹坑和裂缝。便于拆卸、清洗和消毒。

2. 卫生设施

（1）废弃物临时存放设施　应在远离生产车间的适当地点设置废弃物临时存放设施。盛装废弃物的容器不得与盛装肉品的容器混用。废弃物容器应选用便于清洗、消毒的材料如不锈钢或其他不渗水的材料制作，能防止害虫进入，并能避免废弃物污染厂区和道路。不同的容器应有明显的标志。

（2）废水、废气处理系统　必须设有废水、废气处理系统，保持良好状态。废水、废气的排放应符合国家环境保护的规定。生产车间的下水道口须设地漏、铁箅。废气排放口应设在车间外的适当地点。

（3）更衣室、淋浴室、厕所　必须设有与职工人数相适应的更衣室、淋浴室、厕所。粪便排泄管不得与车间内的污水排放管共用。

（4）洗手、清洗、消毒设施

①生产车间进口处及车间内的适当地点，必须设置非手动式热水和冷水的流水洗手设施，并备有洗手剂。

②应设有工器具、容器和固定设备的清洗、消毒设施，并应有充足的冷、热水源。

③车库、车棚内应设有车辆清洗设施。

④活畜进口处及病畜隔离间、急宰间等处，应设有与门同宽，长3m，深10～15cm，能排放消毒液的消毒池，以便出入车辆消毒。

3. 采光、照明

车间内应有充足的自然光线或人工照明，生产车间的照度应在300lx以上，操纵台、检验台的照度不低于540lx。吊挂在肉品上方的灯具，必须装有安全防护罩，以防灯具破碎而污染肉品。

4. 通风和温控装置

车间内应有良好的通风、排气装置，及时排除污染的空气和水蒸气。空气流动的方向必须从非污染作业区流向污染作业区，不得逆流。车间换气量每小时1～3次，交换的次数决定于悬挂新鲜肉的数量和外部湿度。通风口应装有纱网或其他保护性的耐腐蚀材料制作的网罩。纱网或网罩应便于装卸和清洗。分割肉车间及其成品冷却间、成品库应有降温或调节温度的设施。

5. 供、排水的卫生要求

车间供水应充足，备有冷、热两种水，水质须经当地卫生部门检验，符合饮用水的卫生标准；为了及时排除屠宰车间的污物，保持生产地面的清洁和防止产品污染，必须建造完善的排水系统。地面斜度适中并有足够的排水孔，保证排水的畅通无阻，既保证污水充分排出，又要防止碎肉块及污物等进入排水系统，以利于污水的净化处理。屠宰厂排出的污水是典型的有机混合物，具有较高的生物需氧量（BOD），BOD值越高，说明水体污染越严重。屠宰厂污水必须经过处理后方可排放，其处理方法包括机械处理和生物处理，一般先经机械处理后，再经生物处理。水体经净化处理达到相应的质量标准后方可直接排入城市污水系统。

三、宰前检验与管理

（一）屠宰前的检验

1. 入场检验

当屠宰畜禽由产地运到屠宰加工企业后，在未卸车之前，由兽医检验人员向押运员索阅牲畜检疫证件，核对牲畜头数，了解产地有无疫情和途中病亡等情况。经过初步视检和调查了解认为正常时，允许将牲畜卸下车并赶入预检圈休息。病畜禽或疑似病畜禽赶入隔离圈，按照

《肉品卫生检验试行规程》中的有关规定处理。

2. 送宰前的检验

经过预检的牲畜在饲养场休息24h后，再测体温，并进行外貌检查，正常的牲畜即可送往屠宰间等候屠宰。对圈内的牲畜进行宰前检验，看有无离群现象，行走是否正常，被毛是否光亮，皮肤有无异状，眼鼻有无分泌物，呼吸是否困难，如有上述病状之一的，应挑出圈外检查。一般观察后再逐头测量体温，必要时检查脉搏和呼吸数。牲畜疑患传染病时，应做细菌学检验。确属健康的牲畜方准送去屠宰。

3. 检验方法

一般采用群体检查和个体检查相结合的办法。其具体做法可归纳为动、静、食的观察三个环节和看、听、摸、捡四个要领。首先从大群中挑出有病或者不正常的畜禽，然后逐头检查，必要时应用病原学诊断和免疫学诊断的方法。一般对猪、羊、禽等的宰前检验都应用群体检查为主，辅以个体检查；对牛、马等大家畜的宰前检验以个体检查为主，辅以群体检查。

（二）病畜处理

宰前检验发现病畜时，根据疾病的性质，病势的轻重以及有无隔离条件等做如下处理：

1. 禁宰

经检查确诊为炭疽、鼻疽、牛瘟等恶性传染病的牲畜，采取不放血法扑杀。肉尸不得食用，只能工业用或销毁。其同群全部牲畜，立即进行测温。体温正常者在指定地点急宰，并进行检验；体温不正常者予以隔离观察，确诊为非恶性传染病的方可屠宰。

2. 急宰

确认患有无碍肉食卫生的一般疾病而有死亡危险的病畜，应立即屠宰。

3. 缓宰

经检查确认为一般性传染病且有治愈希望者，或患有疑似传染病而未确诊的牲畜应予以缓宰。

（三）宰前管理

1. 宰前休息

运到屠宰场的牲畜，到达后不宜马上进行宰杀，须在指定的圈舍中休息。宰前休息的目的是恢复牲畜在运输途中的疲劳。由于环境改变、受到惊吓等外界因素的刺激，牲畜易于过度紧张而引起疲劳，使血液循环加速，体温升高，肌肉组织中的毛细血管充满血液，正常的生理功能受到抑制、扰乱或破坏，从面降低了机体的抵抗力，微生物容易侵入血液中，加速肉的腐败过程，也影响副产品质量。由于屠宰时间不同，其肌肉和肝脏中微生物含量也不同，见表2－1。

表2－1　宰后微生物污染情况　单位：%

屠宰时间	肝脏中有细菌的几率	肌肉中有细菌的几率
经5d运输后卸下即屠宰的	73	30
经过24h休息后屠宰的	50	10
经过48h休息后屠宰的	44	9

从表2－1可以看出，牲畜经过宰前休息，其肌肉和肝脏中被微生物污染的几率显著减少。另外牲畜宰前休息有利于放血和消除应激反应。所以牲畜宰前充分休息对提高肉品质量具有重

要意义。

2. 屠宰前断食和安静

屠畜一般在宰前 12 ~ 24h 断食，断食时间必须适当，其意义主要有以下几点：

（1）临宰前给予充足饲料时，则其消化和代谢功能旺盛，肌肉组织的毛细血管中充满血液，屠宰时如果放血不完全，肉容易腐败。

（2）停食可减少消化道中的内容物，防止剖腹时胃肠内容物污染胴体，并便于内脏的加工处理。

（3）保持屠宰时安静，便于放血。但断食时间不能过长，断食会降低牲畜的体重和屠宰率。

一般牛、羊宰前断食 24h、猪 12h、家禽 18 ~ 24h（喂干燥的谷粒即使断食 36h，胃肠中仍有内容物残留，喂糠麸需 12 ~ 15h，喂青饲料 8h 即完全消化）。饥饿会造成体重减损，体重 82kg 的猪禁食 24h 体重减损 3.8%，热胴体重减损 2.1%，禁食 48h 活重减少 7.2%，屠体减 4.4%。屠体重量的减损开始于停饲后 9 ~ 18h。猪的减重比牛羊发生早，反映出饲料通过猪肠道更快。

禁食可能耗竭畜禽体内的能量贮备，特别是肝糖原，禁食 9h 肝糖原被动用 50% 以上，18h 以后肝糖原浓度近乎零。但禁食对肌糖原贮备影响较小，禁食 24h 肌糖原损失约 20%，宰前肌糖原降低，使宰后最终 pH 升高，在极端情况下易产生肉质色暗、坚硬和发干现象，这种肉称为 DFD 肉（Dark firm dry）。牛在饥饿应激下肌肉切面颜色变暗，这种肉称为 DCB 肉（Dark cutting beef），并且使肝脏呈黏土色，肝细胞内出现大量脂肪浸润，称为“饥饿肝”。这些因素在禁食时均应考虑。据报道为避免失重，断食时间应不超过 16h，并提倡宰前喂糖以克服饥饿及疲劳的影响，不使胴体及肝脏减重，同时降低肌肉组织的最终 pH。在断食后，应供给充分的饮水，使畜体进行正常的生理功能活动，调节体温，促使粪便排泄，以放血完全，获得高质量的屠宰产品。如果饮水不足会引起肌肉干燥，造成牲畜体重严重下降，直接影响屠宰产品质量；饮水不足还会使血液变浓，不易放血，影响肉的贮藏性。但是为避免屠畜倒挂放血时胃内容物从食道流出污染胴体，在屠宰前 2 ~ 4h 应停止给水。

四、屠宰加工名词术语

1. 屠体

屠体（Body）指肉畜经屠宰、放血后的躯体。

2. 胴体

胴体（Carcass）指肉畜经屠宰、放血后，去皮（毛）、头、蹄、尾、内脏及四肢下部（腕关节以下）后的躯体部分。

3. 二分胴体（片猪肉）

二分胴体（片猪肉）（Half carcass）指屠宰加工后的胴体，沿背脊正中线纵向锯（劈）成的两个部分。

4. 牛四分胴体

牛四分胴体（Quarter carcass）指从牛二分胴体第十一至第十二肋骨间将牛二分胴体横截成的四个部分。

5. 内脏

内脏（Offals）指肉畜脏腑内的心、肝、肺、脾、胃、肠、肾等。

6. 挑胸

挑胸（Breast splitting）指用刀刺入放血口，沿胸部正中挑开胸骨。

7. 刁门圈

刁门圈（Cutting of around anus）指沿肛门外围，用刀将直肠与周围括约肌分离。

8. 分割肉

分割肉（Cut meat）指胴体去骨后，按规格要求分割成带肥膘或不带肥膘的各个部位的肉。

9. 同步检验

同步检验（Synchronous inspection）是生猪屠宰剖腹后，取出内脏放在设置的盘上或挂钩装置上并与胴体生产线同步运行，以便兽医对照检验和综合判断的一种检验方法。

10. 验收间

验收间（Inspection and reception department）是指活猪进厂后检验接收的场所。

11. 疑病猪隔离圈

疑病猪隔离圈（Hypochondriasis isolating pigsty）是指隔离可疑病猪，观察、检查疫病的场所。

12. 待宰间

待宰间（Waiting pens）是指宰前停食、饮水、冲淋的场所。

13. 急宰间

急宰间（Emergency slaughtering room）是指屠宰病、伤猪的场所。

14. 屠宰车间

屠宰车间（Slaughtering room）是指从致昏放血到加工成二分胴体的场所。

15. 分割车间

分割车间（Cutting and deboning room）是指剔骨、分割、分部位肉的场所。

16. 副产品加工间

副产品加工间（By－products processing room）是指心、肝、肺、脾、胃、肠、肾及头、蹄、尾等器官加工整理的场所。

17. 有条件可食用肉处理间

有条件可食用肉处理间（Edible processing room）是指采用高温、冷冻或其他有效方法，使有条件可食用肉中的寄生虫和有害微生物致死的场所。

18. 不可食用肉处理间

不可食用肉处理间（Inedible and waste processing room）是指对病、死猪、废弃物进行化制（无害化）处理的场所。

19. 非清洁区

非清洁区（Non－hygienic area）是指待宰、致昏、放血、烫毛、脱毛、剥皮和肠、胃、头、蹄加工处理的场所。

20. 清洁区

清洁区（Hygienic area）是指胴体加工、修整，心、肝、肺加工，暂存发货、分级、计量及分割车间所在的场所。

21. 预干燥机

预干燥机（Pre－dryer）是指猪屠宰脱毛后，在用火燎去残毛前先将猪屠体表面擦干的机器。

22. 燎毛炉（燎毛机）

燎毛炉（燎毛机）（Flaming machine）是指将猪屠体表面的残毛用火烧焦的机器。

23. 清洗刷白机（清洗抛光机）

清洗刷白机（清洗抛光机）（Washing machine）是指将燎毛后猪屠体表面的焦毛清洗掉，使其表面光洁的机器。

24. 热剔骨

热剔骨指未经冷却的胴体进行剔骨操作的过程。

25. 冷剔骨

冷剔骨指胴体经冷却后，胴体中心温度达到7℃以下时，再进行去骨操作的过程。

第二节 屠宰加工工艺

一、猪的屠宰加工

猪的屠宰加工流程如图2－1所示。

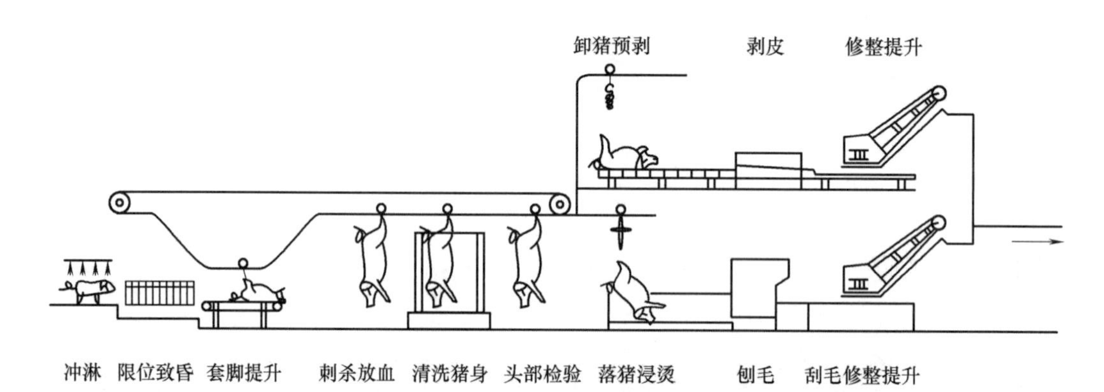

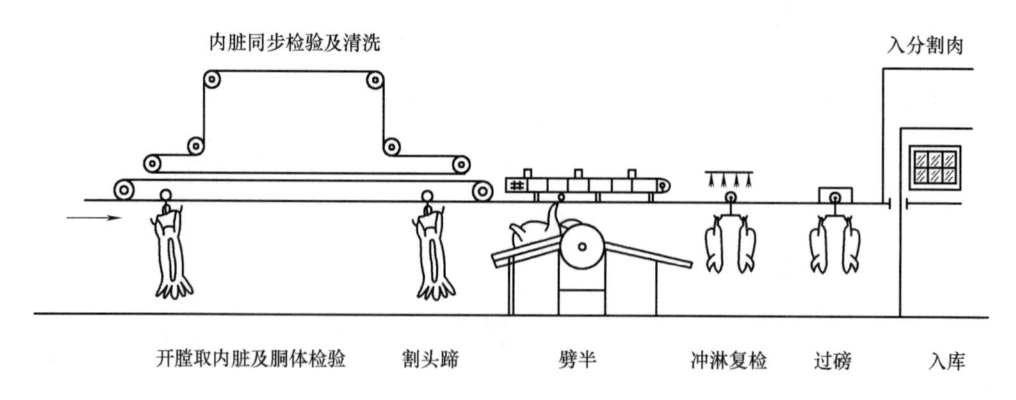

图2－1　猪屠宰加工示意图

（一）淋浴

生猪宰杀前必须进行水洗或淋浴，其主要目的是洗去猪体上的污垢，以减少猪体表面的病菌及污物和提高肉品质量。在淋浴或水洗时，由于水压的关系，对生猪则是一种突然的刺激，环境的突变引起生猪机体的应激性反映，表现为生猪的精神异常兴奋、心跳加快、呼吸增强、肌肉紧张、体温上升。由于毛细血管的收缩引起毛细血管中的血液量暂时减少，同时表现有毛孔的扩张及胃肠蠕动加快，排粪便多等。如果在这时麻电放血，则会造成肉尸放血不全、内脏淤血等，从而出现毛细血管扩张及暂时的生理性充血。为此在淋浴后要让生猪休息5～10min，再进行麻电刺杀为好。另外，生猪淋浴后，体表带有一定的水分，增加了导电性能，这就更有利于麻电操作。

淋浴的水温应根据季节的变化，适当加以调整，冬季一般应保持在38℃左右。夏季一般在20℃左右。淋浴的时间在3～5min。在淋浴时要保持一定的水压，不宜太急，以免生猪过度紧张，喷水应是上下左右交错地喷向猪体，将猪体表全面清洗干净。不宜过多或过度拥挤，要给予一定的活动余地，以免互相撞击或挤压、乱窜乱跳而造成过多的外伤。应以麻电宰杀的速度决定淋浴的批次，其间隔时间要求淋浴后休息5～10min后，但最长不应超过15min。

（二）致昏

应用物理的或化学的方法，使家畜在宰杀前短时间内处于昏迷状态称为致昏，也叫击晕。致昏的目的是使屠畜暂时失去知觉，因为屠宰时牲畜精神上受到刺激，容易引起内脏血管收缩，血液剧烈地流集于肌肉内，致使放血不完全，从而降低了肉的质量。同时避免宰杀时屠畜嚎叫、拼命挣扎消耗过多的糖原，使宰后肉尸保持较低pH，此外，击晕还可以保持环境安静、减轻工人的体力劳动和保证操作的安全。目前常用的击晕方法有电击晕和气体致昏。

1. 电击晕

国内目前普遍采用的是电力击昏法，也就是通常所说的“麻电”，在19世纪20年代西欧各国通过了“无痛宰杀法案”之后，法国生理学家傅督克通过试验证明微电流通过牲畜大脑时，可使牲畜完全麻醉昏迷。25年之后的德国科学家来米勒把这种方法运用到实际宰杀中。

（1）麻电原理　麻电时电流通过猪的脑部，造成实验性癫痫状态，猪心跳加剧，故能得到良好的放血效果。麻电效果与电流强度、电压大小、频率高低以及作用时间都有很大关系。采用低压高频电流电击其额部可获得较好的麻电效果，肌肉出血可大大减少。常用的电击晕的电流强度、电压、频率以及作用时间见表2－2。

表2－2　畜禽屠宰时的电击晕参数

种类	电压/V	电流强度/A	麻电时间/s
猪	70～100	0.5～1	1～4
牛	75～120	1.0～1.5	5～8
羊	90	0.2	3～4
兔	75	0.75	2～4
家禽	65～85	0.1～0.2	3～4

（2）麻电设备　有手握式麻电器和光电麻电机两种。手握式麻电器由调压器、导线、手握式麻电装置组成（图2－2）。调压器是由可调变压器组成，可调节不同的输出电压。麻电装

置和电话用的听筒相似，中间是木料手柄，两边为金属电极。其中一端长于另一端1/5，两端各接一根导线，电极上附有海绵，以吸存少量盐水溶液，增强导电性能，盐水浓度在5% ~ 33%，以15%为宜。光电麻电装置较为复杂，由光电管、活动夹板、活塞及大翻板等组成，外形像一只铁柜。当猪进入一个槽状的小隧道，猪头切断光源，产生信号，活动夹板夹住猪头，进行麻电。麻电时间为1 ~ 2s，活塞向下，大翻板做45°角的倾斜，麻电后猪落在传送带上。

（3）麻电操作　操作者戴上绝缘的橡皮手套，穿上绝缘的靴子和围裙。浸入盐水溶液时两端不要同时浸入，以防短路。将麻电器电极的一端揿在猪眼与耳根交界处，另一端揿在肩胛骨附近（这两个区域俗称太阳穴和前夹心）进行麻醉。一般说，麻电所需电压为75 ~ 80V时即可达到电麻醉目的，这种电麻的电流为0.5A，频率为50 ~ 60Hz。有时在电流频率不变的条件下，电压也可使用100V左右。一般需2 ~ 3s即可达到麻醉要求。

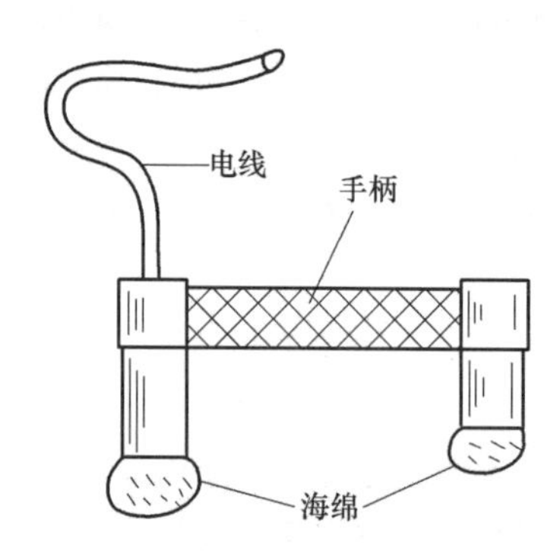

图2-2　手持式麻电器模式图

（4）操作要点

①不能擅自提高电压和延长麻电时间，电麻时间掌握在2s左右，最多不超过3s。允许使用电压是70 ~ 90V。

②手握式麻电器要使两端分别浸入盐水，以防电流短路。

③麻电后的生猪，要达到四肢颤抖、心跳不停、呈昏迷状态，严禁将猪麻电致死。

④无论使用何种麻电设备，都必须装有电表、调压器，经常注意电压变化，并及时调整电压。

⑤麻电工人应穿好绝缘靴，戴好绝缘手套。

据国外文献报道，电流频率高于猪心脏跳动频率，不干扰心脏跳动，一般不会出现出血灶，另外有些文献认为，高压可以对死后（放血后）猪肉胴体起嫩化作用，西欧共同体诸国已较为广泛采用高压高频麻电法。

用光电麻电机麻醉时，操作者接上电源，打开气泵产生6kg压力，检查光电管位置是否适当，活塞向上顶住大翻板，即开始工作。首先将光电麻电机后门打开，赶猪进入隧道，关门，防止猪连续进入，1 ~ 2s后麻醉结束。

（5）低压高频电击晕方法　图2-3所示为荷兰Stork公司生产的米达斯电击晕机，改进了电击晕的方法。这种机器采用低压高频，频率为800Hz，固定电流1.2 ~ 2.8A，低电压150 ~ 300V和3个击晕电极（头—头—心脏）。3个击晕电极如图2-4所示。

该设备采用HACCP管理的计算机监控系统，记录头部和心脏击晕电流，可以将加工数据

图2－3　荷兰Stork公司生产的米达斯电击晕机

图2－4　米达斯电击晕机3个击晕电极（头—头—心脏）

储存在个人电脑中，使每头猪的击晕数据可以追溯，还可以提供统计数据，同时提供曲线示意图。

使用该设备与传统方法相比具有以下优点：

①肉质好，没有血斑，没有骨折，减少PSE肉的发生，改善肉的嫩度。

②改善加工条件，采用腹部输送带输送，减轻了猪的紧张感。

③瞬间击晕，心脏跳动抑制，刺刀安全，加工成本较低。

2. 二氧化碳麻醉

二氧化碳麻醉方法是在1952年由位于美国奥斯汀的Hormel packing公司开始使用。1969年，瑞典的Scan kalmar lans slakterier公司开始使用吊笼式二氧化碳击晕机。二氧化碳麻醉是将猪赶入麻醉室，猪吸入二氧化碳一定时间后，意识即完全消失，然后通过传送带吊起刺杀放血。二氧化碳麻醉使猪在安静状态下，不知不觉地进入昏迷状态，因此肌糖原消耗少，最终pH低，肌肉处于弛缓状态，避免内出血。实验证明吸入的二氧化碳对血液、肉质及其他脏器影响较小。

二氧化碳麻醉分为三个阶段，即痛觉丧失阶段（10～12s）、兴奋阶段（6～8s）和麻醉阶段。传统二氧化碳麻醉见图2－5，猪在第一停留位置已吸入部分二氧化碳气体，有16%的猪此时出现紧张行为（丹麦肉类研究所调查结果）。

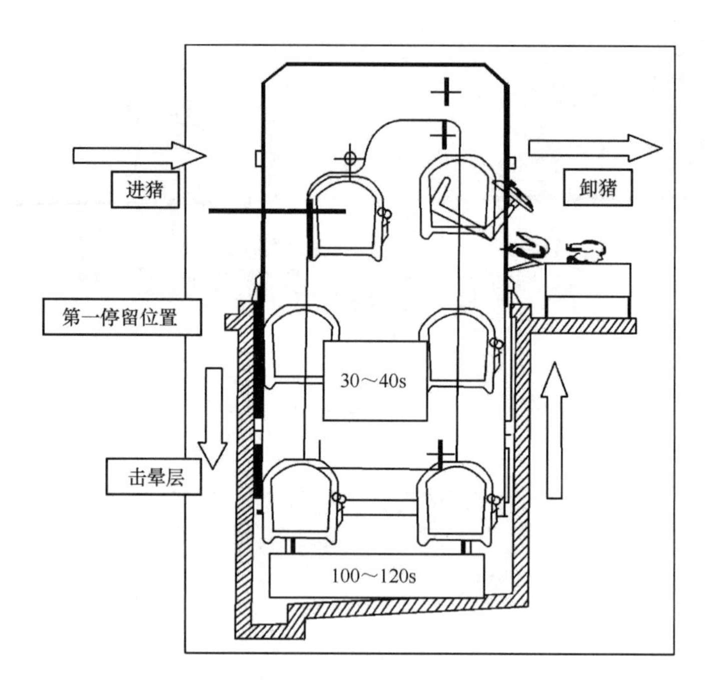

图2-5　传统二氧化碳麻醉设备示意图

新型二氧化碳击晕对传统设备进行了改良，取消了传统二氧化碳麻醉中的第一停留位置，而直接进入击晕层。具有以下几个特点：

（1）分组击晕（减轻猪的紧张程度）。

（2）猪直接进入到要求浓度的二氧化碳中（二氧化碳浓度大于90%）。

（3）足够的击晕时间（150s），保证击晕效果。

（4）缩短击晕至刺刀的间隔时间（小于60s）（德国BSLI调查结果）。

新型二氧化碳击晕的工作原理见图2-6，工艺过程见图2-7。

3. 致昏对肉质的影响

近十几年，许多研究者指出，几乎所有击晕法都将产生应激反应，击晕方法将导致肾上腺皮质突然释放儿茶酚胺进入血液而发生肌肉收缩，伴随临死前的挣扎使磷酸肌酸、糖原和三磷酸腺苷的水平降低，从而加速尸僵的发生及pH下降的速度，最终形成PSE肉。但因击晕方法不同其应激程度也不同。据报道电击法和二氧化碳麻醉法之间没有显著性差异，棒击法产生的应激最大，其次是二氧化碳麻醉法，电击法应激程度中等，不捆绑不击晕应激最小，主要表现为糖酵解速率增加，使血液pH大为降低。击晕会使肉尸产生血斑，特别是在腿部和肌肉处发生较多，这是因为血液中茶酚胺的积累，促进血压增高和纤维蛋白分解活性增强，伴随肌肉强烈收缩，使毛细血管破裂，而引起肌肉散布着许多淤血区。电击晕可引起小血管损伤和血压明显升高，也产生淤斑。另外的试验认为应用高电压（300V）极短时间击晕产生电休克，并快速放血，发生的淤斑比应用低电压少，电压在80～125V或240V击晕时，猪肺脏发生严重出血占20.6%。应用肌肉神经阻断剂胆胺可减少血斑发生，高电压高频率（矩形或梯形产流电）比低电压低频率的交流电击晕可减少80%淤斑，缩短从击晕到放血时间（不超过60s），也有降低血斑的效果。

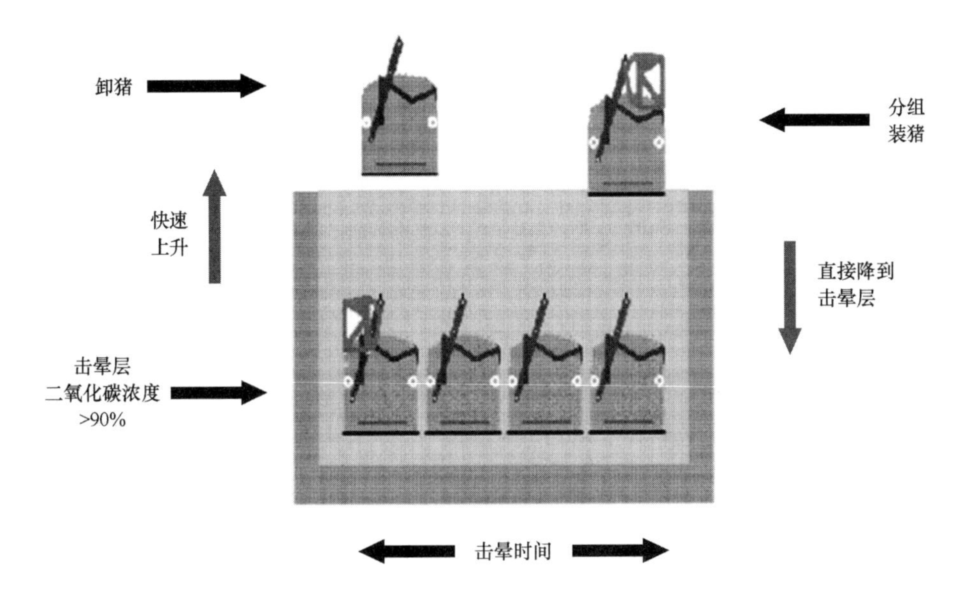

图2－6　新型二氧化碳击晕的工作原理图

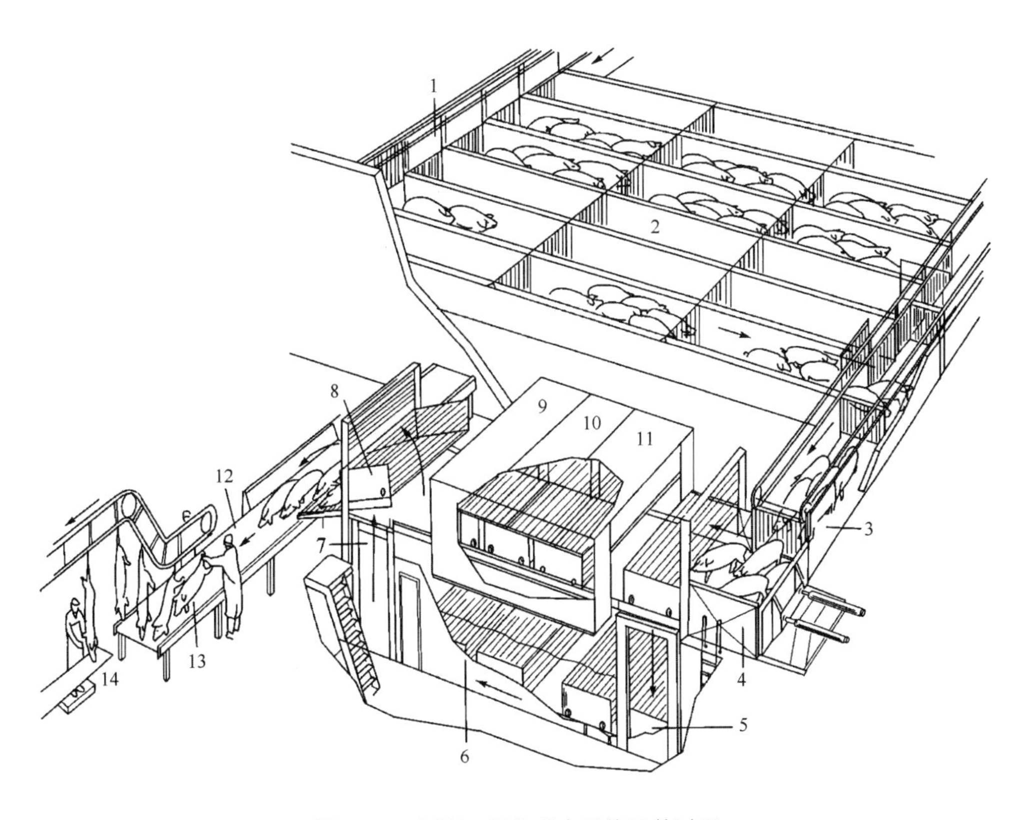

图2－7　新型二氧化碳击晕的工艺过程

1—入猪口　2— 待宰圈　3—猪分组移动　4—猪进入吊笼　5—吊笼直接降到击晕层　6—击晕层二氧化碳浓度大于90%　7—直接提升到卸载位置　8—猪卸载到输送带上　9、10、11—吊笼清洗（选择项）　12—输送机　13—吊挂　14—刺刀

（三）刺杀放血

致昏后的生猪通过吊蹄提升上自动轨道生产线，即进入刺杀放血工作。

1. 刺杀部位

进刀的部位是：纵的位置是在猪的颈部正中线及食道的左侧 2cm 处（左侧进刀是从安全生产上考虑，因操作时左蹄被手抓住，而右蹄任其自然活动易发生踢伤），横的位置是颈部第一对肋骨水平线下 3.5 ~4.5cm，这个纵与横的交叉点上就是进刀放血的部位。

2. 刺杀技术

生猪经拴链提升入自动轨道后，刺杀人员用左手抓住猪左前蹄，右手持刀，将刀尖对准应刺入的部位。握刀必须正直，大拇指压在刀背上，不得偏斜，刀尖向上，刀刃与猪体颈部垂直线形成 15° ~20°的角度，倾斜进刀。刺入后刀尖略向右斜，然后再向下方拖刀，将颈部的动、静脉切断，刀刺入深度按猪的品种、肥瘦情况而定，一般 15cm 左右。刀不要刺得太深，以免刺入胸腔和心脏，造成淤血。

3. 刺杀放血的方法

将刀刃向上，斜面要求 15° ~20°，按其刺杀部位准确刺入颈部并用刀往上捅，以切断颈部血管。这种刺杀放血的方法技术性要求较高，刺杀时略有不慎则易造成放血困难。这种刺杀放血的刀口小，污染面积小。

4. 空心刀刺杀采血

多刀旋转采血机是一项先进技术，该机性能比较先进，生产工艺简单，操作方便，放血安全，采集的血液符合卫生要求，适合中小型屠宰加工厂的连续生产使用。

（1）结构及工作原理　多刀旋转采血机是由旋转拨盘部分、负压抗凝剂自动启动关闭部分、空心刀固定装置和采血贮存罐等部分组成。

工作原理：生猪经淋浴、麻电、提升上自动轨道生产线之后，随同输送链条前进的采血机在运转前由真空泵抽为负压状态。传动链条带动采血机拨盘同步运转，猪进入采血机的操作范围内时，及时进行戳刀，空心刀在负压情况下刀口自然封闭，血液顺空心刀管路吸入缓冲罐，同时抗凝剂自动进入输血管路与血液一起进入缓冲罐，当拨盘转动半圈，生猪再进入生产轨道，空心刀自动脱落，缓冲罐的血液在负压情况下不断进入贮血罐，然后进行离心分离。该机每小时可处理 150 头。采血量每头猪平均 2.5 ~3.0kg。

（2）操作技术　要想使血液采出率高，必须保持采血机收集系统内有足够的负压，负压采血时还必须与抗凝剂自控装置协调一致。于是采血机旋转，空心刀刺入猪体后，采血时间内空心刀不脱落。应用空心刀刺杀时其部位仍和通常刺杀部位一样。另外，采血和刺杀放血设备的卫生消毒也很重要，如若有部分血液积留在设备内，容易发生变质，影响血液的质量和妨害车间卫生，为此要求在连续化生产过程中，要经常对刀具进行消毒洗刷，以减少污染。每日工人必须彻底完全清洗消毒一遍。

5. 卧式刺杀放血

在操作方便、安全的卧式放血平台进行刺杀放血，这种方法便于刺杀，易于收集血液，而且可以减少对后腿的拉伤。如图 2 -8 所示为刺杀后在放血平台上进行的卧式放血。无论哪种方法的刺杀放血采血，操作中必须做到持刀要稳，刺杀部位要准。注意安全，防止被猪踢伤。一般情况下，刺杀后的生猪全身血液在 6 ~10min 基本流尽。随着肉尸中血液排出体外，应及时进入“热烫”刮毛工序，其相距时间应控制在 10min 左右就应进行“热烫煺毛”，如果停留时间过长，猪尸容易僵硬，出现四肢僵硬、皮肤收缩，造成毛孔紧闭，给加工带来一些不必要的困难，如果相隔时间太短，这不仅会减少血的产量，主要是血液不能全部排出，使胴体皮肤发红，呈现有放血不全的现象，这样的肉尸不能长期贮存，色泽欠佳，给人一种不新鲜的感觉。放血不全肉尸还容易变质。严重放血不全时，还会造成“红膘肉”。

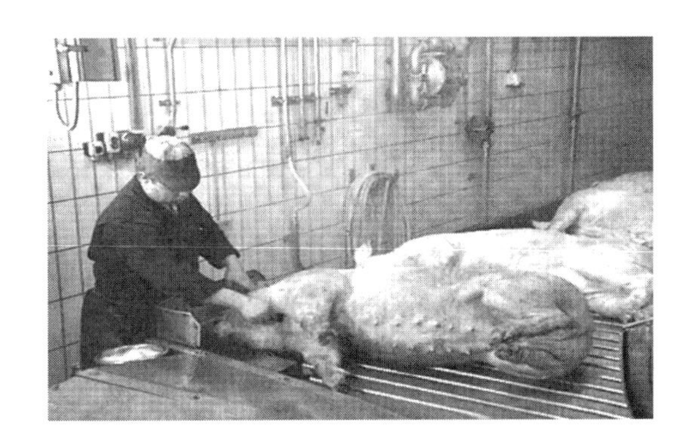

图2－8　卧式刺杀放血

6. 造成放血不全的原因

造成放血不全的原因主要有以下几点：

（1）宰前生猪未进行适当的休息和饮水，特别是商品猪在运输过程中造成机体疲劳过度，生猪机体内水分减少，血液循环缓慢，心力减弱，于是在刺杀后血液排出缓慢，机体内血液不能完全排出。

（2）由于麻电时间过长和电压过高，致使生猪衰竭死亡，宰杀时血液外流受阻而引起放血不全。

（3）病猪或体温高的生猪，由于受病理的影响，机体脱水，血液浓度增高，致使宰杀放血时血流缓慢，造成出血不全。

（4）将猪麻电致死或刺伤心脏，使心脏停止跳动，血液不能循环，为此刺杀后血液只能借助自身重力流出，但流速慢、血量少，部分血液仍淤积在各组织器官中而造成放血不全。

（5）刺杀时进刀部位选择不准，未能切断颈部动脉而引起放血不全。

（6）刺杀后马上进行热烫刮毛或剥皮，血液自流时间短，也会出现放血不全。

（四）洗猪与洗猪机

生猪麻电放血后，必须经过洗猪这一工序。虽然在麻电放血前已进行过淋浴，但因麻电前的淋浴生猪还是活的机体，不可能彻底清洗掉猪体上的污垢。在麻电放血之后洗猪，是强制性冲洗。如能使用温水，还会促使猪体残余血液的排出，这不但可提高产品质量，而且能减少沙门菌属的污染机会。

目前国内使用的大都是立式洗猪机。该机操作方便，节省人力，不需专人操作。该洗猪机为隧道式结构，机上也装有喷水管道两根。机器的开停和喷水均由行程开关和延时继电器、电磁阀自动控制。使用时，经头部检验后的猪体，由自动链条均匀送入洗猪机，当吊链碰到行程开关后，机器水管同时开启，在水洗和橡皮板的刮动下，将猪体上的污物冲洗干净。但在使用前，必须先调水温至40℃左右，并注意冷热水的调配。

（五）浸烫脱毛

浸烫脱毛是带皮猪屠宰加工中的重要环节，浸烫脱毛好坏与白条肉质量有直接关系。

1. 浸烫脱毛原理

猪宰后浸入一定温度（60℃以上）的水中，保持适当的时间，使表皮、真皮、毛囊和毛根的温度升高，毛囊和毛根处发生蛋白质变性而收缩，促使毛根与毛囊分离。同时毛经过浸烫后，变软，增加了韧性，脱毛时不易折断，可达到连根拔起的效果。水温过高或过低，都对脱毛的质量产生不利影响。如水温过低，毛根、毛囊、表皮与真皮之间不起变化，无法脱毛、脱皮；如水温过高，蛋白质迅速变性，皮肤收缩，导致毛囊收缩，无法脱毛，表皮与真皮结合在一起，无法分离。所谓“烫生烫熟”就是指浸烫时水温过低或过高而产生的质量较次的产品。

2. 浸烫水温与浸烫时间

浸烫水温与浸烫时间与季节、气候、猪品种、月龄有关。不同品种猪的毛稀密程度不同，皮厚度也不一样，对浸烫温度和时间有不同要求。月龄大的猪对水温要求比月龄小的猪高。一般浸烫水温为62～63℃，时间为3～5min。

3. 脱毛

脱毛分手工热烫脱毛和机器脱毛两种。

机器脱（刮）毛设备分烫猪机和刮毛机两部分。烫猪机安装在热水池内，它是一种边将猪拨动，边将其推向前进的水下传送装置。传送带上装有许多蝶形架，每两只蝶形架之间可以横放一头猪。盆（池）内右侧留有宽约40cm的一条狭弄，专供不能进烫猪机的约125kg以上的大猪浸烫使用。烫猪机右侧装有栅门，以防有些屠体被蝶形架卡住时，可以将猪体拖出。此外，池内还装有自来水管、蒸汽管和温度计。

刮毛机种类很多，常见的有三种类型：立式三滚轴刮毛机、卧式四轴滚动刮毛机和拉式刮毛机。

立式三滚轴刮毛机除支架外，机身内有3个滚筒，成“品”字形。滚轴上安装软硬刮刨，各朝不同方向旋转。机身外有温水箱，向机内喷水。猪尸烫好后，被翻进三个滚轴之间，边上下滚动，边刮去鬃毛，然后拉动操纵标，猪身从机内滚出，但四肢夹裆残毛仍需人工刮除。产量为200～250头/h。

卧式四轴滚动刮毛机分动力部分和机械部分，机内上下左右4个滚动轴都装有软刮板，有8排橡皮掌，下边的滚筒上装有螺旋形硬刮板，转动时可边刮毛边推动猪前进，然后进入冷水池。产量为350～400头/h。

拉式刮毛机形似一条隧道，机内按不同方向和角度安装了72～74副硬刮刨，下端装有5个滚筒，每个滚筒轴上都有6排带刮片的橡皮掌，朝相反方向转动。机内还有温水管，当猪尸被用特制的铁钩挂上链条，并被链条拖过所有刮刨的刨口时，周身鬃毛即被刮除，身上的血污也被冲净。产量为400～500头/h。

以上三种刮毛机各有优缺点：立式和卧式，大小猪均可使用，猪身基本都能刮到，但鬃毛均被打乱，因而经济价值大为降低；拉式所刮下的鬃毛整齐，大都呈片状，肉尸质量也好，但因机腔的大小是固定的，不能按需调整，因而作用也受到限制。

4. 温水池刮毛

为进一步将毛以及表皮、黑污刮得干净，需进一步将屠体在温水池内刮毛，或进行松香拔毛，以保证白条肉的卫生品质及产品质量。温水池要不断注入清水，使水保持一定流速和清洁度。猪体经机器脱毛后经整理台进入温水池，应立即用刨子、刀对猪体四肢、头、蹄等部位按顺序进行修刮。然后用刀在后肢跗关节上通一个口子，称刀眼，刀口不得超过5cm，并不得把肌肉露在皮外。最后盖上工号，盖在前肢前臂的外侧，以便查核其产品质量。最后用铁扁担穿好两边刀眼，挂入滑轮，经提升机上道，该工序即告结束。需注意的是，铁扁担要做到无油污、无锈。

5. 松香拔毛

所使用的松香是松香胶液，其制法是每90kg松香加上工业油脂10kg，在铁锅中加温至150～160℃，松香融化后，充分搅拌，保温使用。熬好的松香胶液呈麦芽糖状，浇在屠体上，再泼以冷水后，剥下的松香以柔软、不稀、不脆为度。屠体在松香拔毛前应浇湿。

6. 国外先进浸烫脱毛方法

使用烫池的不足之处是不符合卫生要求，烫池的水不洁净，造成猪体的污染。为解决这一问题，国外研制了一种吊挂式的烫洗法，是较理想的浸泡脱毛方法。吊挂式烫洗法是使处于吊挂状态的屠体进入隧道，以热喷淋方式达到猪的浸烫目的，同时还免除了一道摘钩操作，保证流水线速度。目前这种方法已在欧洲一些先进国家的大屠宰场使用。

（1）热水烫洗法　这种方法是用热水喷淋来实现屠体烫洗的目的。当屠体经过烫洗隧道时，隧道顶部的喷管向屠体喷淋62℃左右的热水，以完成烫洗操作。热水从隧道顶部喷下来后，经隧道底部的一个过滤器过滤以除去污物，经消毒后，再由泵抽到顶部的贮水缸，以备下一次使用。这种装置生产能力为360头/h。

（2）冷凝式蒸汽烫洗法　热蒸汽在胴体表面冷凝，形成60℃的湿热气流，喷射在胴体表面，达到烫毛的目的。该方法的优点为：改善肉质，避免胴体间交叉污染，胴体内部无污染，工艺更完美，污水均匀排放，无排水高峰，减少能源费用。节省加热费用30%、节省水费90%、减少污水90%，冷凝式蒸汽烫洗法的工作示意图见图2－9。

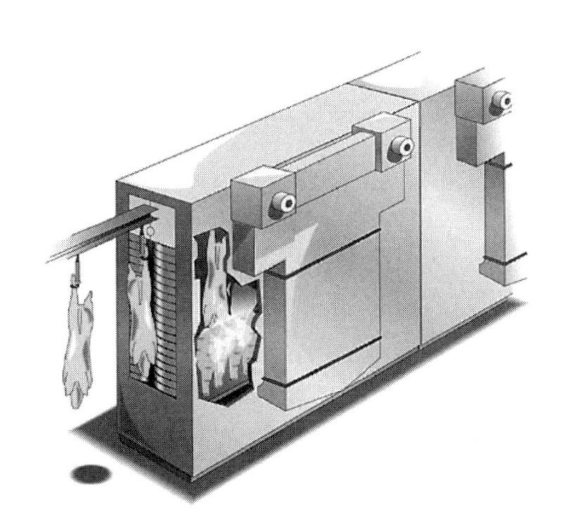

图2－9　冷凝式蒸汽烫洗法示意图

竖式吊挂烫洗法的最大优点在于降低了猪体表的细菌数量，消除了交叉污染，一般病原微生物在此烫洗温度下可被杀死，并被冲洗掉，达到了自然消毒的目的，这种设备与刮毛隧道连接在一起，可形成烫洗、刮毛一条线，达到生产连续化，并可较精确地控制烫洗热水温度，以利于脱毛。这种装置的主要问题是，设备与生产费用高，而且要求屠宰猪品种基本相类似。如品种复杂，烫洗温差较大，就会影响脱毛效果。

从烫洗隧道出来后的猪体直接进入打毛隧道。屠体进入打毛隧道后，橡皮棒打毛片自上而下、自下而上地运动，将毛打掉。这类设备有专门装置带动屠体转动，对屠体的各个部位进行有效脱毛。在打毛过程中，有一个装置向屠体不断喷淋37℃温水，将冷凝式蒸汽烫洗法打下的毛冲掉。打毛片的间距可根据猪体的大小随时进行调整。隧道的进出口配备有小的打毛爪，以打掉屠体前后腿和颈部的毛。该法最大优点不单是与烫洗隧道连为一体，构成打毛、烫洗连续化，更重要的是避免了交叉污染。与热水烫洗、打毛隧道相配合的燎毛装置，目的是除去残留下来的绒毛和对体表进行消毒。燎毛包括干燥、燎毛、刮黑、刷光四道工序。对于干燥装置，国外也仅欧洲一些大屠宰厂使用，一般脱毛后直接进入燎毛工序。

干燥装置有两种：

热气干燥法：这种方法是让猪屠体经过一个干燥装置，该装置内有600℃热气流过屠体，持续时间10～15s，将表面水分去掉。

红外线干燥法：即屠体通过带红外线装置的隧道。红外线热能使屠体干燥，此装置费用较高。

7. 燎毛设备（燎毛炉和火焰机）

燎毛炉：其内壁都衬有耐热材料。炉体由2个半圆的炉壁组成，炉中心装有燃烧器。炉体的开启与闭合由2个接触表同步控制。操作时，屠体进入燎毛炉，炉体自动闭合，炉温升至1000℃。屠体在炉内停留7s左右。然后炉体自动开启。屠体自炉内移出，用水喷淋冷却，整个过程为全自动化。

火焰机主要包括一个隧道，内装2排喷火管，屠体通过隧道，燎毛工序即完成。我国常用喷灯代替火焰机。

8. 刮黑与刷光

屠体经过燎毛后，外皮形成一层黑焦皮，这层黑焦皮通过竖式刮黑机被刮掉。刮黑机内部是由多组钢片组成，并配备有刮前腿、后腿和颈部的刮片，以便把屠体各个部位的黑焦皮打掉。在刮黑机的出口外面一般都设有刷光装置，刷光装置由数组尼龙刷子组成。其作用是把屠体的头、前腿、后腿的表皮刷光。

（六）剥皮

白条肉有带皮与不带皮之分，不带皮白条肉更易污染，操作时需特别注意卫生。

1. 洗猪

猪体在剥皮前，必须用净水洗去周身污垢，以免在剥皮时污染猪体表而影响肉品品质。洗猪分手工洗猪与机器洗猪两种。不论手工洗猪或机器洗猪，都需用水池。水池方形，宽约1.4m，深约0.8m，并配有猪体升降机。水池水温度30℃左右，这个温度利于微生物生长繁殖，因此水池需要消毒，水需要保持流动、清洁，以免交叉污染。

（1）手工洗猪　将猪屠体放入洗猪池后，浸泡一定时间，操作者戴上手套或用长柄毛刷将屠体背部、四肢、夹裆、腹、颈等部位洗干净。

（2）机器洗猪　洗猪机械有三种类型，一种是将屠体在水中经机器往复式均衡摆动，可洗去猪体大部分污物；二是竖式洗猪机，该机特点是，竖立滚筒，滚筒装有硬刮片，另一侧为挡板，挡板上端装有喷水管。屠体吊挂在灵活的链钩上，经过滚筒时，硬刮片刮其屠体的体表，一边转动屠体，一边喷水，从而达到清洗目的；三是圆筒式洗猪机，主要由机壳、主轴橡胶爪、进猪传送带组成。工作时橡胶爪不断摩擦，并不断翻动猪体，达到清洗目的。三种机械以竖式洗猪机最理想。

2. 剥皮前的辅助操作

（1）割头、割尾巴　洗净的屠体进入割头的传送带，侧卧放平，左侧面向上，并使头部超出割头传送带，割尾巴与割头同时进行。

（2）割前后爪。

（3）挑裆、挑门圈　挑裆前先要燎毛与刷焦。先用喷灯对屠体的胸腹部及前后肋部进行燎毛，随后进行刷焦。把烧焦的毛渣刷干净，使挑裆时少受毛的污染。所谓挑裆，是指在屠体胸腹腔部正中间，用刀挑破皮肤，直至离肛门1cm处。挑门圈就是用刀使皮肤与肛门分离。

3. 机器剥皮

（1）人工预剥　人工预剥是为了解决剥皮机不能剥到皮肤的问题。预剥时，操作人员站立在猪体的左右两侧，使猪仰卧，按程序首先沿胸腹中线（即两排乳头的中间）挑开胸腹部皮层，然后分别挑开四肢内侧皮层。

（2）机器剥皮　目前国内使用的剥皮机主要是立式滚筒剥皮机。无论哪一种剥皮机都需先进行人工预剥。

（3）割小皮、去浮毛　剥皮后的肉体必须再次进行整修，以便把肉体上的小皮全部割除。割小皮时，左手拇指与食指捏起角或皮上的长毛，右手持刀，用刀尖轻轻把皮角和紧贴小皮的皮下层慢慢割去。

（七）剖腹取内脏

剖腹取内脏主要包括编号，割肥腮（下腮巴肉），挑胸，剖腹，刁门圈，拉直肠割膀胱，取胃、肠、脾、胰、肝、心、肺，割肾脏，割尾巴，割头，劈半等内容。

1. 编号

编号人员对自动线输送的屠体，按顺序在每一屠体耳部和前腿外侧用屠宰变色笔编上号码，这有利于统计当日屠宰的头数。编号字迹要清晰、不重号、不错号、不漏号。

2. 割肥腮

操作人员右手持刀，左手抓住左边放血口肥腮，刀离颌腺3～5cm处入刀，顺着下颌骨平割至耳根后再在寰枕关节处入刀，入刀时刀刃横割，刀尖略偏上，刀柄略向下，顺下颌骨割至放血口离颌下3～5cm处收刀。要割深、割透，两侧肥腮肉要割得平整，一般以小平头为标准。左右肥腮与颈肉相连通，但不能有皮连接。

3. 挑胸

操作者以左手抓住屠体的左前腿，使其胸部与人相对略偏右，右手持刀，刀刃向下，对准胸部两排乳头的中间略偏左1cm（放血口在右侧就在右侧挑胸），由上而下切开胸部的皮肤、皮下脂肪、胸肌至放血口处，直至看见胸骨（俗称胸子骨），再将刀刃翻转向上，刀刃离胸骨中心线3～5cm，并与胸骨中线呈40°，与水平线呈70°，从胸前口（放血口）插入胸腔，刀往上挑，挑开左侧全部真肋、肋软骨，与胸骨分离，挑胸口与放血口对齐成一条直线。在入刀时，用力要先重后轻，防止用力过重，刺破肝、胆、胃，同时刀尖不宜刺得太深，以免刺破肺脏。

4. 剖腹

剖腹前必须先割除雄性生殖器。操作者将屠体腹部与人相对，左手抓住左后肋，右手持刀，沿腹白线（正中线）由上而下轻轻切开皮肤和皮下脂肪至包皮处，这时外生殖器——阴茎已露出部分，左手用食指、中指和拇指掐住阴茎，右手用刀尖分离阴茎周围的脂肪，左手随之拉开阴茎，从坐骨弓处割断，并与包皮同时切除，放入容器内。

剖腹时，屠体腹部与人相对，操作者用左手抓住左后肋，以起固定和着力作用。右手持刀，沿两股中间切开皮肤、脂肪层和腹壁肌，到耻骨缝合，然后刀柄和右手在腹腔内，右手拇指和食指紧贴在腹壁上，用力向下推割，一直割到与挑胸口的刀口形成一条直线，俗称三口成一线，即放血口、挑胸口、剖腹口成一条线。入刀时用力要适当，用力过重，会切破膀胱、直肠和其余肠子，污染肉尸和刀具；用力过轻，需要剖两三刀。如内脏破损，必须将污物排除，用水冲洗干净，刀具应消毒，以防止交叉污染而影响肉质。

5. 刁门圈

操作者面对肉尸背面，刀尖向下，从尾根下面落刀，轻轻划开该部位皮肉，然后以左手食指伸入肛门口，拉紧下刀部位皮层，右手刀刃沿肛门绕刀刁成圆形，刀尖稍向外，割开肛圈四周的皮肉，割断尿梗、筋络，使直肠（肛门圈）头脱离肉尸，操作时应注意勿使刀尖戳破内面的直肠，也不要戳入后腿肌肉、膘肉内，同时也应防止指甲划破肠壁。如肛门内粪便较稀且较多时，应在下刀前先排出粪便，以免刁开肛门圈时粪便随直肠落入腹腔，沾染肉尸。

6. 拉直肠、割膀胱

把直肠、膀胱从骨盆腔中拉出割除，称之为拉直肠割膀胱。操作时使屠体腹腔朝向操作者，左手抓住膀胱体，右手持刀，将左右两边两条韧带切断，然后左手用力一拉，使直肠脱离骨盆腔，同时用刀割开结肠系膜与腹壁的结合部分，直至肾脏处，最后在膀胱颈处切断，将膀胱放入容器内再做处理。拉直肠时注意用力要均匀，防止直肠被拉断或被拉出花纹而降低经济效益。同时，用刀时还要注意防止戳破直肠壁和膀胱。

7. 取胃、肠、脾、胰

操作时左手抓住直肠，右手持刀，割开直肠系膜与腹壁的固着部分直至肾脏处，然后左手食指和拇指再抓住胃的幽门部食管 1.5cm 处并切断，使其分离，并轻轻提放到内脏整理台上，防止胃、肠破裂，粪便和胆汁污染肉体。此外，如果肉尸已被污染，应立即冲洗肉尸，胃、肠也应冲洗干净。

8. 取肝、心、肺

操作时以左手拨开左边肝叶，右手持刀，从左膈肌处入刀，紧贴腹壁做逆时针方向运转，切开左侧膈膜的腱质部分，接着用左手拎起肝的尾叶，右手持刀在膈肌脚处入刀，切断膈肌脚与肝脏的连接，膈肌脚留在屠体上，大小适中，便于肉品检验时采样用。再用左手拨开肝的右侧叶，右手持刀从右膈肌脚处入刀，顺时针方向运转，切开右侧膈肌腱质部分，这时左手换抓肺的两叶向下按，右手持刀在肺的背缘和脊椎之间割开纵膈并切断主动脉弓，然后刀刃沿左胸壁向下割开心包膜（护心油），把气管拉到放血口下部即成。操作时注意不要弄破胆囊，以免污染肉尸。

9. 割肾脏

割肾脏俗称割腰子。操作时左手抓住肾脏，右手持刀，在肾门处割断血管、神经、输尿管，并放入容器内。要求肾脏不带输尿管和碎油、包膜。

10. 割尾巴

操作时，左手抓住尾巴，右手持刀在尾部关节将尾割下，要求尾根不突出、无残留。

11. 割头

一般有以下几种方法。

（1）锯头　用锯头机，可上下调节，升降自如，适合大生产需要。操作时，一人掌握升降圆盘锯，看准屠体大小，迅速调整锯片对准屠体头颈寰枕关节处。另一人左手抓住屠体左前腿，右手推胸骨处，可迅速割下猪头。不足之处是猪体过大影响锯头速度和直接影响出肉率。

（2）刀砍　操作者先割好猪头一侧槽头，左手抓住手钩钩起，使露出寰椎关节，然后右手持砍刀，对准寰枕关节猛砍，猪头即被砍下。该法缺点是劳动强度大。

（3）刀割关节　操作者右手抓起一侧肥腮，看准寰枕关节，右手用刀尖划破关节韧带，露出一道小口，然后左手抓下颌向下按，右手继续用刀尖切开关节周围全部韧带，猪头即被割下。该法缺点是大猪猪头离地面太近，割时有些困难。

12. 劈半

将整个屠体沿椎骨分成两半，术语称开片。劈半方法大致分下列三种。

（1）刀劈　在刀劈之前，先描屠体脊，俗称划脊，即左手扶住屠体，右手拿刀，从尾根部开始，顺脊椎向下划至颈部，划破皮肤和肌肉，然后用斩脊刀从荐骨椎开始向颈部斩。

（2）往复式电锯劈半　使用此电锯前仍需描脊。操作时需要两人协作，一人掌握，站在屠体腹面，一人扳锯头，站在屠体背面。由掌握者启动电锯，把锯头搭到屠体耻骨中间，扳锯头者右手握住锯头，左手掌握屠体，控制电锯沿描脊线从上而下，锯到颈部寰椎为止，不能推前拉后或两边摆动，以达到两边均匀、脊骨对开、整齐美观的要求。

（3）桥形圆盘式电锯劈半　此法可减轻劳动强度，减少操作人员数量，且操作速度快，但必须配有一套快速牵引设备，且肉的损耗较大。

（八）肉尸修整

肉尸修整包括修割与整理两部分。修割就是把残留在肉尸上的毛、灰、血污等，以及对人体有害的腺体和病变组织修割掉，以确保人身健康。修整则是根据加工规格要求或合同的需要进行必要的整理。

1. 割前后爪

手工割爪从后爪开始。左手握住爪尖，呈向下掰的姿势，右手持刀，拇指按紧刀背。割左边一片肉尸脚爪时，刀在跗关节处，从右向左划成半圆形裂口；割右边一片肉尸脚爪时，则从左向右划成半圆形裂口，并割断血管和韧带，左手用力将脚爪往下扳，右手沿关节将其割下。接着割前爪。前爪为腕关节处，后爪为跗关节处。

2. 摘除三腺

“三腺”系指对人体有害的三种腺体组织，即甲状腺、肾上腺和病变淋巴结，这三种腺体都能损害人的身体健康，故国家明文规定在屠宰加工中必须将“三腺”摘除。甲状腺和肾上腺及病变淋巴结，人吃了会发生腹痛、呕吐、休克等中毒现象，严重者会造成死亡。肉尸的淋巴腺体很多，分布面很广，这里主要指在剖检时暴露出来的病变淋巴腺体，如出现出血、化脓、肿大、结核等病理性变化，应该全部割除。

3. 割乳（奶）头

操作者左手用铁夹夹住乳头轻拉，右手持刀在乳头基部入刀，由上而下，顺序将乳头逐个割净。发现有黄色乳汁的乳头，要割深一点，如发现乳头部位有灰色色素时，必须把色素全部割掉。

4. 撕板油

板油是屠体的腹壁脂肪，又称大油。操作时先把应撕板油的肉尸理顺。撕左侧肉尸（胴体）板油时，左手用虎口夹住挑胸口的上方，右手用拇指撕开剖腹口交界与挑胸口、膈肌与腹壁脂肪连接呈三角之处的板油尖，然后左手抓住肉尸，右手抓住板油，手腕使劲向内卷曲，用第二手指关节顶住板油（防滑），像拉弹簧式地用力斜往上撕即可。撕右边肉尸时方法相同，但左手与右手操作方法要相互对调一下。

5. 割血污肉

操作时操作者左手拇指和食指捏住右边肉体接近第一肋骨处放血口表层的肉，使肉体固定，右手持刀，在第一肋骨处入刀，顺着颈椎割去槽头部位内表层被血和烫池水污染的肉血块和喉管等，然后左手抓住右边进刀部位的放血口，用刀割下被血污染的肉边子，约割到槽头末端时为止。割左边血污肉时，右手持刀，左手捏住左侧的血污肉，从颈椎处向外割，其余方法同上。

6. 割槽头和割里膜肉

槽头是指下颌后部第一颈椎之前的肉。操作时操作者左手抓住槽头下部的肉，稳住肉体，右手持刀，在第一颈椎下 1 ~ 2cm 处水平入刀，左手拉肉，右手推刀，水平向前，按照不同规格要求进行修割。里膜肉又称里肉，是膈肌肉的肌肉部分，应尽量割除。

7. 修刮

肉尸分级后，再修刮一次，从后肢开始逐渐下刮至腰部，再由腰部刮至前肢和颈部，直到把毛刮净为止。

8. 修斑与修病变组织

一定要把表皮上的红斑点、伤痕、疤痕、擦伤、病变组织认真修理干净。

9. 冲洗

在剖腹和肉尸整理过程中，由于大小血管内的残血外流和被不慎割破的脏器造成粪胆汁的外溢，使肉尸受到污染，如不及时冲洗，就会造成细菌繁殖，使肉品质和外观都受到影响，所以应反复冲洗，一般要求至少要冲洗 5 次。猪屠宰的关键生产线中的部分设备如图 2 - 10 所示。

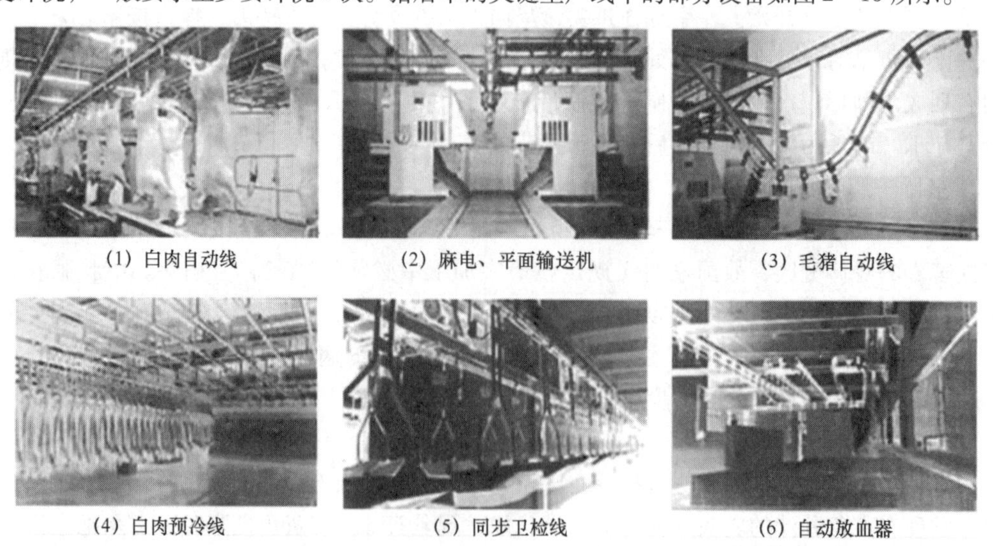

(1) 白肉自动线　(2) 麻电、平面输送机　(3) 毛猪自动线

(4) 白肉预冷线　(5) 同步卫检线　(6) 自动放血器

图 2 - 10　猪屠宰过程部分加工生产线

二、牛羊的屠宰加工

羊的屠宰加工与牛基本相同，所以本节以牛的屠宰加工为例。牛的屠宰加工流程如图 2-11 所示。

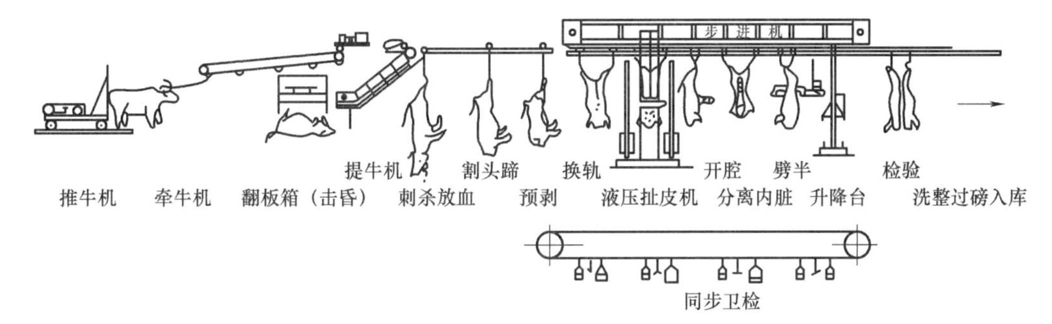

图 2-11　牛屠宰加工示意图

（一）宰前检疫与前管理

牛羊屠宰前要进行严格的检验，一般要测量体温和检视皮肤、口、鼻、蹄、肛门、阴道等部位，确认没有传染病方可屠宰。在屠宰前应停止喂食，断食期间给以足够的清洁饮水，但宰前 2~4h 应停止喂水。

（二）致昏

致昏主要有锤击致昏和电麻致昏两种。锤击致昏法是将牛鼻绳牢系在铁栏上，用铁锤猛击前额（左角至右眼，右角至左眼的交叉点），将其击昏。此法必须准确有力，一锤成功，否则，有可能给操作者带来很大危险。电击致昏法是用带电金属棒直接与牛体接触，将其击昏。此法操作方便，安全可靠，适宜于较大规模的机械化屠宰厂进行倒挂式屠宰。击晕的位置为牛额头中部，即两只眼睛与两侧牛角基部对角线的交叉点。这个位置大脑最接近头骨表层且头骨也最薄。使枪口以正确的角度接触牛的头骨，对准大脑的中心部位。图 2-12 所示分别为牛击晕枪和击晕箱的示意图。如图 2-13 所示，穿透式致昏枪口应置于牛前额中央，双眼与对面犄角的两条连线的交叉点。枪管与牛头盖骨必须成直角，枪口紧贴目标区域；非穿透式致昏枪口所在位置是穿透式致昏枪枪口所在位置上方约 2cm 处。穿透式击晕枪的枪栓需要最大限度地进入动物大脑来达到震荡效果并形成物理性损伤。

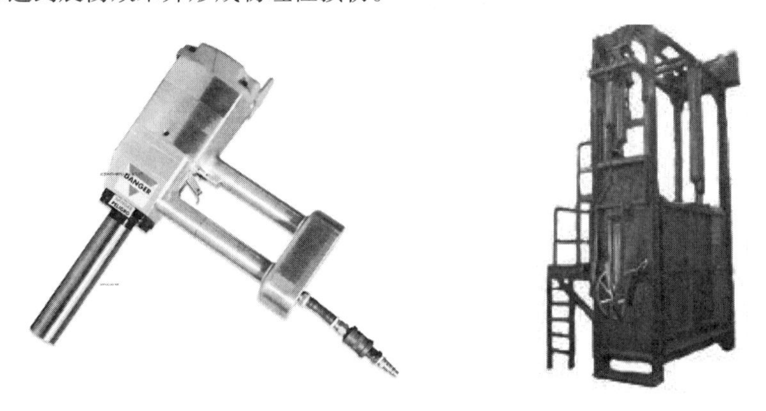

图 2-12　牛击晕枪和击晕箱示意图

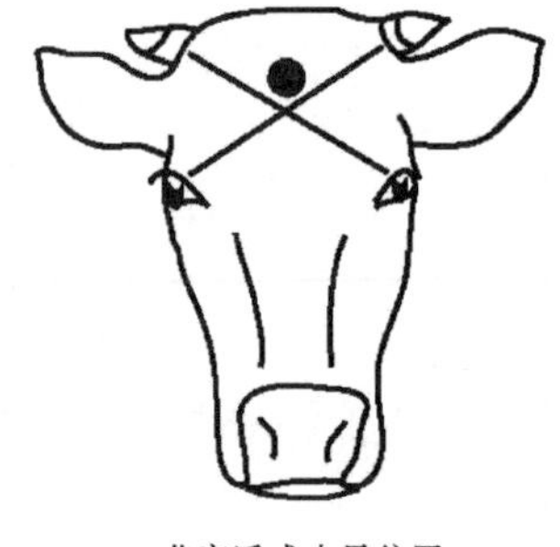

图2-13　牛击晕部位示意图

（三）放血

牛被击昏后，立即进行宰杀放血。用钢绳系牢处于昏迷状态的牛的右后脚，用提升机提起并转挂到轨道滑轮钩上，滑轮沿轨道前进，将牛运往放血池，进行戳刀放血。在距离胸骨前15~20cm的颈部，以大约15°角刺20~30cm深，切断颈部大血管，并将刀口扩大，立即将刀抽出，使血液尽快流出。入刀时力求稳妥、准确、迅速。真空刀采血如图2-14所示。真空刀采血可实现牲畜屠宰的血液在相对密封的环境中采集和暂存，保证血液的清洁不被污染以及肉的保质期、口味纯正等，容易实施推广应用。在实际应用中容易操作、清洗和消毒。

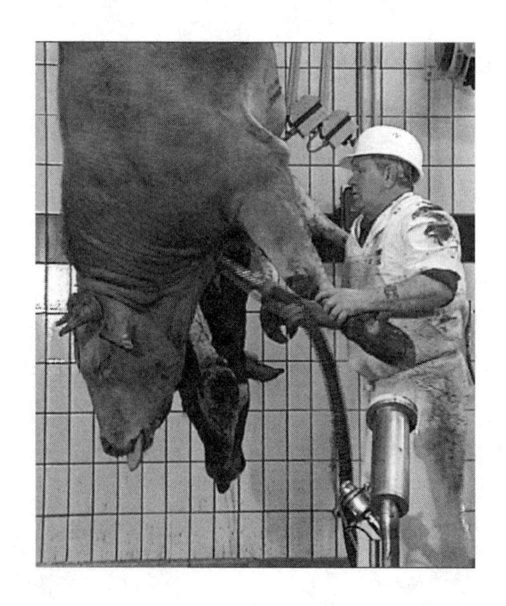

图2-14　真空刀采血图

（四）剥皮、剖腹、整理

1. 割牛头、剥头皮

牛被宰杀放净血后，将牛头从颈椎第一关节前割下。有的地方先剥头皮，后割牛头。剥头皮时，从牛角根到牛嘴角为一直线，用刀挑开，把皮剥下。同时割下牛耳，取出牛舌，保留唇、鼻，同时由卫生检验人员对其进行检验。

2. 剥前蹄、截前蹄

沿蹄甲下方中线把皮挑开，然后分左右把蹄皮剥离（不割掉）。最后从蹄骨上前节处把牛蹄截下。

3. 剥后蹄、截后蹄

在高轨操作台上的工人同时剥、截后蹄，剥蹄方法同前蹄，但应使蹄骨上部胫骨端的大筋露出，以便着钩吊挂。

4. 剥臀皮

由两人操作，先从剥开的后蹄皮继续深入到臀部两侧及腋下附近，将皮剥离，然后用刀将直肠周围的肌肉划开，使肛门口缩入腔内。

5. 剥腹、胸、肩部

腹、胸、肩各部都由两人分左右操作，先从腹部中线把皮挑开，顺序把皮剥离。至此，已完成除腰背部以外的剥皮工作。若是公牛，还要将其生殖器（牛鞭）割下。

6. 机器拉皮

牛的四肢、臀部、胸、腹、前颈等部位的皮剥完后，遂将吊挂的牛体顺轨道推到拉皮机前，牛背向机器，将两只前肘交叉叠好，以钢丝绳套紧，绳的另一端扣在柱脚的铁齿上，再将剥好的两只前腿皮用链条一端拴牢，另一端挂在拉皮机的挂钩上，开动机器，牛皮受到向上的拉力，就被慢慢拉下。拉皮时，操作人员应以刀相辅，做到皮张完整，无破裂，皮上不带膘肉。

7. 摘取内脏

摘取内脏包括剥离食道、气管、锯胸骨、开腔（剖腹）等工序。沿颈部中线用刀划开，将食管和气管剥离，用电锯由胸骨正中锯开。开腔时将腹部纵向剖开，取出胃、肠、脾、食管、膀胱、直肠等，再划开横膈肌，取出心、肝、胆、肺和气管。

8. 取肾脏、截牛尾

肾脏在牛的腹腔内部，被脂肪包裹，划开脏器膜即可取下。截牛尾时，由于其已在拉皮时一起拉下，只需要在尾部关节处用刀截下即可。摘取内脏时，要注意下刀轻巧，不能划破肠、肚、膀胱、胆囊，以免污染肉体。

9. 劈半、截牛

摘取内脏之后，要把整个牛体分成四体。先用电锯沿后部盆骨正中开始分锯，把牛体从盆骨、腰椎、胸椎、颈椎正中锯成左右两片。再分别从后数第二、三肋骨之间横向截断，这样整个牛体被分成四大部分，即四分体。

10. 修割整理

修割整理一般在劈半后进行，主要是把肉体上的毛、血、零星皮块、粪便等污物和肉上的伤痕、斑点、放血刀口周围的血污修割干净。然后对整个牛进行全面刷洗。

羊的屠宰加工和牛基本相同。吊羊时只需人工套腿，直接用吊羊机吊起，沿轨道移进放血池。羊头也在下刀后割下，但不剥皮、不取舌。对绵羊要加剥肥羊尾一道工序。另外，羊的带骨胴体，开剖整理时不必劈半分截和剔骨。图 2－15 所示为牛屠宰加工示意图。

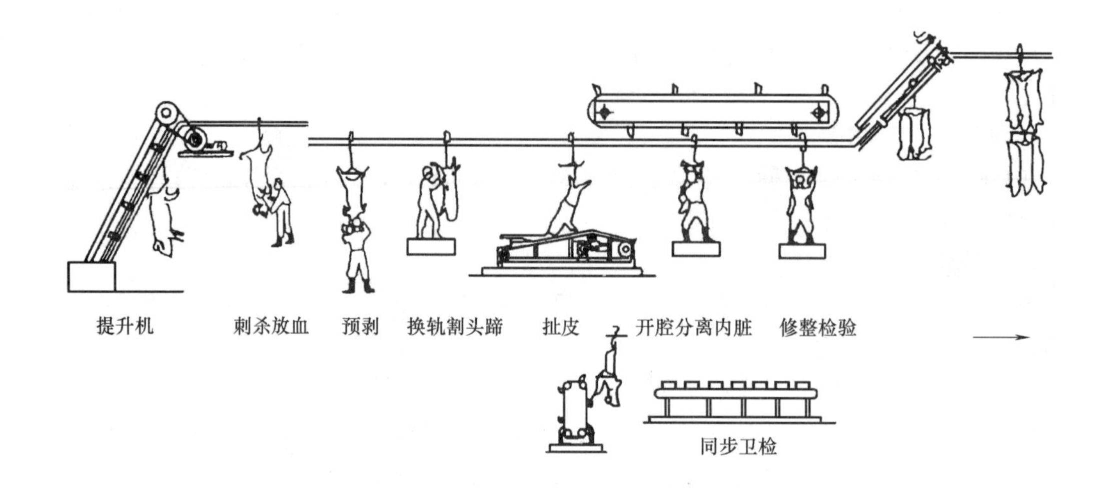

图2－15 牛屠宰加工示意图

三、家禽的屠宰加工

（一）电昏

用一个自动水溶式的电昏器，使禽的头经过设有一个沉浸式电棒的水槽中，屠宰线的脚扣会接触到另一个电棒，电流即通过整只禽体使其昏迷。电昏条件为电压35～50V，电流0.5A以下，时间（家禽通过电昏槽时间）鸡为8s以下，鸭为10s左右。电昏时间要适当，以电昏后马上将禽只从挂钩上取下，若在60s内能自动苏醒为宜。过大的电压、电流会引起锁骨断裂，心肝破坏，心脏停止跳动，放血不良，翅膀血管充血。

（二）刺杀放血

美国农业部建议电昏与宰杀作业的时间间距，夏天为12～15s，冬天则需增加到18s。宰杀可以采用人工作业或机械作业，通常有三种方式：

1. 口腔放血

电麻后的禽只，双脚向上挂在脚钩上。操作人员用手拉开下嘴壳，将刀伸入口腔，在靠近头骨底部，切断颌静脉的结合处。待血液自口腔流出时，立即抽回刀沿上颚斜刺入延脑，破坏神经中枢，使缩毛肌肉松弛。

2. 切颈放血

用刀切断三管（气管、食管、血管），目前国内通常采用此法。

3. 动脉放血

切断禽只颈动脉和颈静脉，但不能伤及颈椎骨或切断气管。禽只在放血完毕进入烫毛槽之前，其呼吸作用应完全停止，以避免烫毛槽内污水吸进禽体肺脏而污染屠体。放血时间鸡为90～120s，鸭120～150s。但冬天的放血时间比夏天长5～10s。工厂使用集血槽收集血液，其长度一般以能够使禽放血约150s为宜。血液一般占活禽体重的8%，放血时约有6%的血液流出体外。

（三）烫毛

水温和时间依禽体大小、性别、质量、生长期以及不同加工用途而改变。

（1）高温烫毛　71～82℃，30～60s。高温热水处理便于拔毛，降低禽体表面微生物。但由于表层受到热伤害，反而易导致皮下脂肪与水分的流失，故应尽可能不采用高温处理。

（2）中温烫毛　58.9～65℃，30～75s，国内烫鸡通常采用65℃，35s，鸭60～62℃，120～150s。中温处理羽毛较易去除，外表稍黏、潮湿，颜色均匀、光亮，适合冷冻处理。

（3）低温烫毛　50～54℃，90～120s。这种处理方法导致羽毛不易去除，必须增加人工去毛，而且部分部位如脖子、翅膀需再给予较高温的热水（60～62℃）处理。此处理禽体外表完整，适合各种包装，而且适合冷冻处理。

（四）脱毛

机械拔毛主要利用橡胶束的拍打与摩擦作用脱除羽毛，因此必须调整好橡胶束与屠体之间的距离。靠得太近，会过度拍打屠体而导致骨折、禽皮破裂或翅尖出血；若离得太远，可能导致脱毛不全，影响速度。另外应掌握好处理时间。禽只禁食超过8h，脱毛就会较困难，公禽尤为严重。若禽只宰前经过激烈的挣扎或奔跑，则羽毛根的皮层会将羽毛固定得更紧。此外，禽只宰后30min再浸烫或浸烫后4h再脱毛，都将影响脱毛的速度。

（五）去绒毛

禽体烫拔毛后，尚残留有绒毛，其去除方法有三种：一为钳毛，将禽体浮在水面（20～25℃）上，用拔毛钳子（一头为钳，一头为刀片）从颈部开始逆毛倒钳，将绒毛钳净，此法速度较慢；二为松香拔毛，挂在钩上的屠禽浸入溶化的松香液中，然后再浸入冷水中（约3s）使松香硬化。待松香不发黏时，打碎剥去，绒毛即被粘掉。松香拔毛剂配方：11%的食用油加89%的松香，放在锅里加热至200～230℃充分搅拌，使其溶成胶状液体，再移入保温锅内，保持温度为120～150℃备用。进行松香拔毛时，要避免松香流入鼻腔、口腔，并仔细将松香清除干净。三为火焰喷射机烧毛，此法速度较快，但不能将毛根去除。

（六）清洗、去头、切爪

1. 清洗

屠体脱毛后，在去内脏之前须充分清洗。一般采用加压冷水（或加氯水）冲洗。

2. 去头

应视消费者是否喜好带头的全禽而予增减。去头装置是一个“V”形沟槽。倒吊的禽头经过凹槽内，自动从喉头部切割处被拉断而与屠体分离。

3. 切爪

目前大型工厂均采用自动机械从胫部关节切下。如高过胫部关节，称之为“短胫”。“短胫”外观不佳，易受微生物污染，而且影响取内脏时屠体挂钩的正确位置；若是切割位置低于胫部关节，称之为“长胫”，必须再以人工切除残留的胫爪，使关节露出。

（七）取内脏

取内脏前需再挂钩。活禽从挂钩到切除爪为止称为屠宰去毛作业，必须与取内脏区完全隔开。此处原挂钩转回活禽作业区，而将禽只重新悬挂在另一条清洁的挂钩系统上。取内脏可分为四个步骤：切去尾脂腺；切开腹腔，切割长度要适中，以免粪便溢出污染屠体；切除肛门；扒出内脏，有人工抽出法和机械抽出法。

（八）检验、修整、包装

禽胴体掏出内脏后，经检验、修整、包装后入库贮藏。库温－24℃情况下，经12～24h使肉温达到－12℃，即可贮藏。

思考题

1. 动物屠宰前应进行哪些检验？如何检验？
2. 简述猪屠宰的基本工艺过程及操作要点。
3. 动物屠宰前为何要进行电击晕？常用的电击晕方法有哪些？
4. 简述宰前饲养管理和宰前禁食的作用。

扩展阅读

[1] 张黎利，刘国庆，陈鸿书，等．宰前管理和屠宰工艺对宰后猪肉品质的影响［J］．包装与食品机械，2015（4）：59－63.

[2] 李继珍，刘召乾．高档肉牛屠宰工艺流程及要点［J］．中国畜禽种业，2015（5）：58－60.

[3] 王守经，柳尧波，胡鹏，等．不同屠宰工艺对山羊肉品质的影响［J］．黑龙江畜牧兽医，2014（15）：14－16，20.

[4] 李苗云，周光宏，徐幸莲，等．不同屠宰工艺（剥皮和烫毛）对猪胴体表面微生物的多样性影响及关键点的控制研究［J］．食品科学，2006（4）：170－173.

CHAPTER 3

第三章 胴体的分级与分割

内容提要

本章主要介绍猪、牛、羊、禽胴体在分割技术中各部位的名称、分割方法、专业术语和定义；同时，在分级技术中，介绍了国内外对猪肉、牛肉、羊肉的分级标准，以及猪肉和牛肉的在线分级技术。

第一节 胴体的分级

透过现象看本质

3 -1. 为什么同一胴体上不同部位的牛肉的价格差别很大？

3 -2. 什么是大理石花纹？它与肉的品质有哪些关系？

肉在批发零售时，根据其质量差异，划分不同等级，按等论价。分级的方法和标准，每个国家和地区都不尽相同，一般都依据肌肉发育程度、皮下脂肪状况、胴体质量及其他肉质情况来决定，不同家畜肉要求也不同。

一、 猪胴体的分级

（一） 我国猪胴体分级

20 世纪 70 年代以前我国猪肉市场由国家统购统销，国营食品公司收购标准是按猪背膘厚定级，背膘越厚价格越高。1988 年我国建立 GB/T 9959. 1—1988《带皮鲜、冻片猪肉》和 GB/T 9959. 2—1988《无皮鲜、冻片猪肉》两项国家标准。2001 年进行修订，将两项国家标准合并为 GB 9959. 1—2001《鲜冻片猪肉》，2009 年制定了 NY 1759—2009《猪肉等级规格》，该标准中采用两套分级方案。

1. 胴体规格等级要求

根据背膘厚度和胴体重或瘦肉率和胴体重两套评定体系，将胴体规格等级从高到低分为

A、B、C 三个级别。胴体重分为带皮和不带皮两种。猪胴体规格等级图见图 3－1。

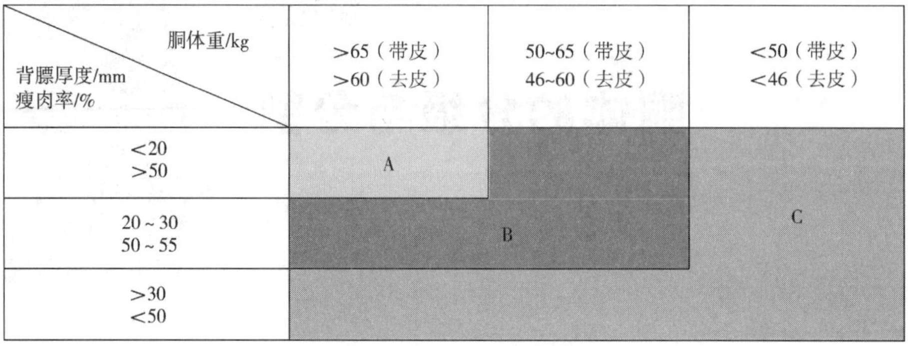

胴体重/kg 背膘厚度/mm 瘦肉率/%	>65（带皮） >60（去皮）	50~65（带皮） 46~60（去皮）	<50（带皮） <46（去皮）
<20 >50	A	B	C
20～30 50～55	B	B	C
>30 <50	C	C	C

图 3－1　猪胴体规格等级图

2. 胴体质量等级

根据胴体外观、肉色、肌肉质地、脂肪色将胴体质量等级从优到劣分为Ⅰ、Ⅱ、Ⅲ三个级别，具体要求应符合表 3－1 的规定。若其中有一项指标不符合要求，就应将其评为下一级别。根据表 3－1 的规定，若其中有一项指标不符合要求，就应将其评为下一级别。

表 3－1　胴体质量等级要求

指标	Ⅰ级	Ⅱ级	Ⅲ级
胴体外观	整体形态美观、匀称，肌肉丰满，脂肪覆盖情况好。每片猪肉允许表皮修割面积不超过 1/4，内伤修割面积不超过 150cm²	整体形态较美观、较匀称，肌肉较丰满，脂肪覆盖情况较好。每片猪肉允许表皮修割面积不超过 1/3，内伤修割面积不超过 200cm²	整体形态、匀称性一般，肌肉不丰满，脂肪覆盖一般。每片猪肉允许表皮修割面积不超过 1/3，内伤修割面积不超过 250cm²
肉色	鲜红色，光泽好	深红色，光泽一般	暗红色，光泽较差
肌肉质地	坚实，纹理致密	较为坚实，纹理致密度一般	坚实度较差，纹理致密度较差
脂肪色	白色，光泽好	较白，略带黄色，光泽一般	淡黄色，光泽较差

3. 胴体综合等级

根据胴体规格等级和胴体质量等级将胴体综合等级分为 AⅠ、AⅡ、AⅢ、BⅠ、BⅡ、BⅢ、CⅠ、CⅡ、CⅢ，其中 AⅠ为一级，AⅡ、AⅢ、BⅠ为二级，BⅡ、BⅢ、CⅠ为三级，CⅡ、CⅢ为四级，见表 3－2。

表3-2　胴体综合等级表

规格	质量		
	Ⅰ	Ⅱ	Ⅲ
A	AⅠ（一级）	AⅡ（二级）	AⅢ（二级）
B	BⅠ（二级）	BⅡ（三级）	BⅢ（三级）
C	CⅠ（三级）	CⅡ（四级）	CⅢ（四级）

（二）日本猪胴体分级标准

分为带皮和剥皮半胴体两种等级。主要以半胴体的重量、9~13胸椎处最薄的背部皮下脂肪厚度、外观和肉质作为判定要素，先判定半胴体质量和皮下脂肪厚度，再按外观（匀称性、背膘沉积和覆盖情况、有无损伤）、肉质状况（肉的质地、肉色、脂肪颜色）决定为极好、好、中等、差4个等级。

（三）加拿大猪胴体分级标准

加拿大于1922年建立猪胴体分级系统，于20世纪60年代出现第一个胴体等级标准，并在1986年政府强制每周屠宰量大于1000头猪的屠宰场使用电子胴体分级系统。并用背膘厚度和胴体重这两个指标定出胴体指数值，以此值决定活猪的价格。

1. 指数表

商品猪的平均胴体指数值在指数表（见表3-3）中定为100%。胴体的指数值是根据加拿大农业食品部定期进行的胴体分割研究数据制定的。

表3-3　加拿大安大略省猪胴体分级指数表

背膘厚/mm	胴体重/kg								
	40.0~64.9	65.0~69.9	70.0~74.9	75.0~79.9	80.0~84.9	85.0~89.9	90.0~94.9	95.0~99.9	100以上
<19	10	50	100	110	114	114	114	104	70
20~24	10	50	96	107	112	113	112	101	70
25~29	10	50	92	106	111	112	111	97	70
30~34	10	50	88	103	108	110	108	93	70
35~39	10	50	85	99	104	104	101	87	70
40~44	10	50	83	90	100	100	97	85	70
>45	10	50	82	88	94	94	94	82	70

2. 胴体评价及定价

通过测定胴体重和背膘厚，可以在指数表中找到指数值。如胴体重在80~90kg，背膘厚在40~44mm，则以100%付价，即付以平均价。同样的胴体重，背膘厚低于19mm则以高出平均价14%的价格收购。胴体重低于64.9kg，则按10%付价，等于拒绝收购。从这个指数表来看，鼓励生产具有70~95kg胴体重，背膘厚在40mm以下的商品猪，在这个范围内，胴体重越大，背膘越薄，价格越高。

养猪生产者可以根据屠宰场的胴体分级资料总结计算出适合自己的指数表，由此来指导养猪生产，以获取最高报酬。

（四）美国猪胴体分级标准

美国猪胴体分级标准分为质量等级和产量等级。首先按性别特征分为阉公猪、小母猪、母猪、小公猪、公猪共五类。其中只对阉公猪、小母猪和母猪进行分级，对公猪胴体不进行分级。

美国猪胴体的等级主要根据肉和脂肪的质量及4个主要分割部位肉块（后腿肉、背腰肉、野餐肩肉、肩胛肉）的产量包括最后肋骨处的皮下脂肪厚度和肌肉发育程度来综合确定。美国农业部标准将猪胴体分成5个等级：U. S. 1级、U. S. 2级、U. S. 3级、U. S. 4级和U. S. 实用级。

1. 质量等级评定

四个优质切块的质量性状都合格，胴体可参加评级（U. S. 1～4级），4个优质切块的质量性状不合格，胴体只能定为U. S. 实用级。

参加评级的胴体要求：①只能含有微量结膜；②背膘质地微硬；③肌肉质地微硬；④肉色介于浅红色和褐色之间。同时，腹肉的厚度（最薄的地方）不低于1. 52cm。

2. 产量等级评定

产量等级根据最后一肋背膘厚（包括皮）和肌肉发育程度来确定。猪胴体的产量等级可用下列公式计算：

$$\text{胴体产量等级} = (4 \times \text{背膘厚,cm}) - (1.0 \times \text{肌肉发育程度})$$

其中，发育程度以3 = 肌肉丰满，2 = 肌肉发育中等，1 = 肌肉较差表示。产量等级分为U. S. 1、U. S. 2、U. S. 3和U. S. 4四级。

（五）欧盟猪胴体分级标准

1989年欧盟开始实行统一的猪胴体分级标准，其主要依据是胴体瘦肉率和胴体重。欧盟依照瘦肉率不同分S、E、U、R、O、P六个等级，如表3－4所示。

表3－4 欧盟猪胴体分级等级标准

胴体等级	胴体瘦肉率/%
S	>60
E	55. 0～59. 9
U	50. 0～54. 9
R	45. 0～49. 9
O	40. 0～44. 9
P	<40. 0

欧盟组织各成员国根据各国情况使用不同分级仪器和不同估测瘦肉率的方法，但不管用何种方式测量，必须满足估测胴体瘦肉率和实测瘦肉率之间的相关系数R不小于0. 8，残差RSD不大于2. 5%，样本使用量不少于120头，且样本需具代表性。

二、牛胴体的分级

（一）我国牛胴体分级

我国肉牛养殖业是一个新兴产业，以前没有自己统一的牛肉等级标准。随着牛肉生产的迅速发展，制定出既符合我国国情，又能与国际接轨的牛肉等级标准已成为现实生产中的迫切要求。1998年我国出台了牛胴体分割标准GB/T 17238—1998《鲜、冻分割牛肉》。国家“九五”攻关课题又将其作为一个重要的专题，由南京农业大学、中国农科院畜牧所和中国农业大学承担，并得到了全国此领域内众多专家、有关科研院所、大专院校和企业的支持与协助，制定出了我国优质牛肉等级评定方法和标准，即NY/T 676—2003《牛肉等级行业标准》，现被NY/T 676—2010《牛肉等级规格》代替。

本标准规定了牛肉的术语与定义，技术要求、评定方法，适用于牛肉品质分级，但不适用于小牛肉、小白牛肉、雪花肉的分级。

1. 标准中引用的定义

特级牛肉：肥育牛按规范工艺屠宰、加工，按GB 18393—2001检验合格，符合胴体特级要求的牛肉。

优级牛肉：肥育牛按规范工艺屠宰、加工，按GB 18393—2001检验合格，符合胴体优级要求的牛肉。

良好级牛肉：肥育牛按规范工艺屠宰、加工，按GB 18393—2001检验合格，符合胴体良好级要求的牛肉。

普通级牛肉：肥育牛按规范工艺屠宰、加工，按GB 18393—2001检验合格，符合胴体普通级要求的牛肉。

生理成熟度：根据门齿变化或胴体脊椎骨棘突末端软骨的骨质程度评定牛年龄的指标。

大理石纹：反映背最长肌中肌内脂肪的含量和分布状态。

2. 牛胴体等级评定

（1）技术要求　牛肉品质等级主要由大理石纹等级和生理成熟度两个指标来评定，分为特级、优级、良好级和普通级。牛肉品质等级按图3－2评定，同时结合肌肉色和脂肪色对等级进行适当的调整。当肌肉色等级为3～7级，脂肪色等级为1～4级时，则不进行调整；当肌肉色等级为1～2级、8级或脂肪色等级为5～8级时，牛肉品质等级在评定等级的基础上下降一个等级。图3－2所示的等级为在11～13肋骨间评定等级，若在5～7肋骨间评定等级时，大理石花纹等级应再减去一个等级。例：如果在5～7肋骨间评定等级时，大理石花纹等级为4级，等同于在11～13肋骨间评定等级时的3级，评定大理石花纹等级时应选3级。

（2）评定指标及方法　胴体分割0.5h后，在660lx白炽灯照明条件下（白炽灯照明不改变肉的颜色）进行评定。在11～13肋骨（或5～7肋骨）背最长肌横切面处对下列指标进行评定。

①大理石纹：选取第5肋至第7肋间，或第11肋至第13肋骨背最长肌横切面进行评定，按照大理石花纹等级图谱评定背最长肌横切面处等级。大理石花纹等级共分为5级（丰富）、4级（较丰富）、3级（中等）、2级（少量）和1级（几乎没有）五个等级（见图3－3）。

②生理成熟度：以脊椎骨棘突末端软骨的骨质化程度（见图3－4）和门齿变化（见图3－5）为依据来判断生理成熟度。生理成熟度分为A、B、C、D、E五级（见表3－5和表3－6）。

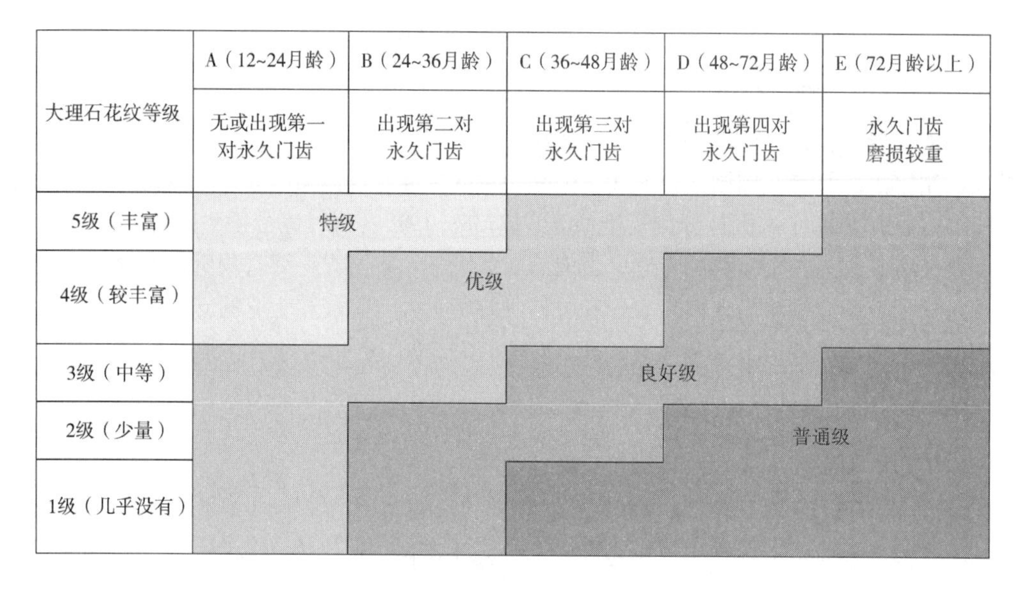

图3-2　牛胴体等级图

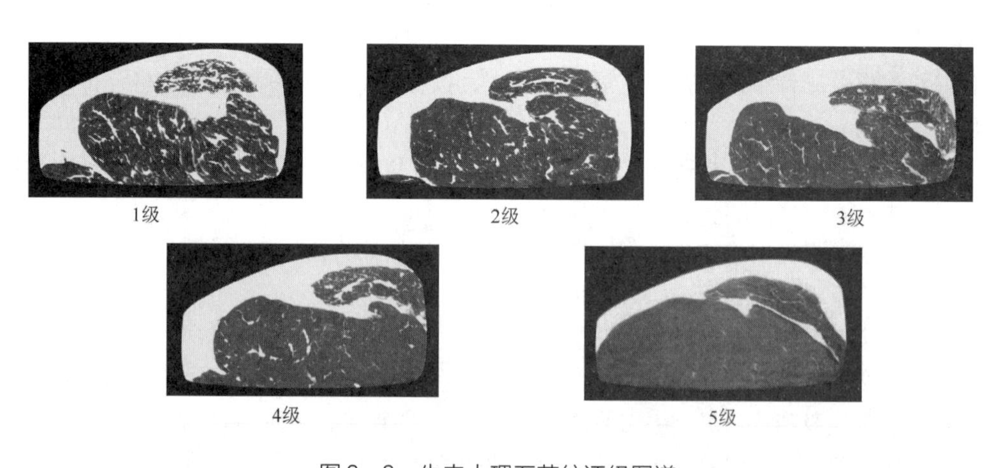

图3-3　牛肉大理石花纹评级图谱

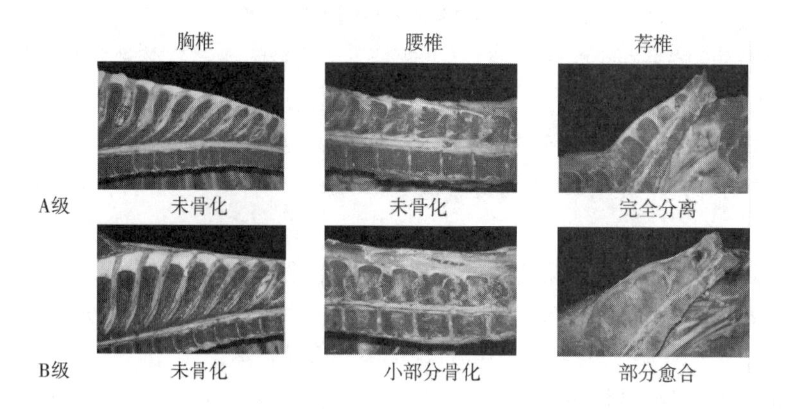

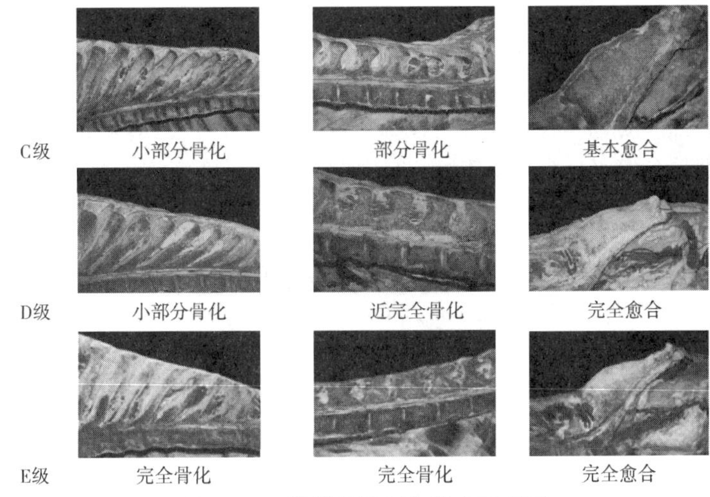

图3－4　脊椎骨骨质化程度示意图

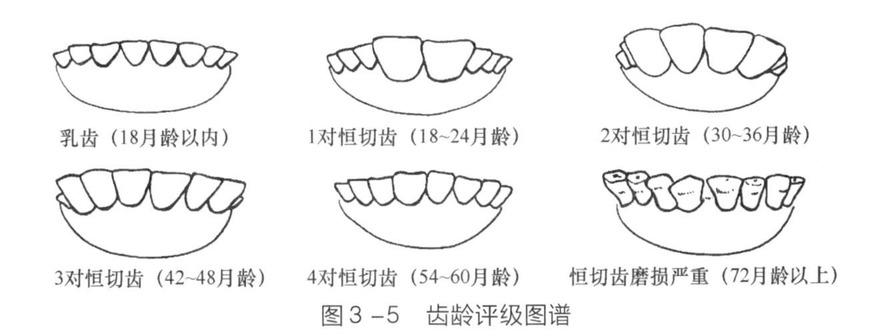

图3－5　齿龄评级图谱

表3－5　牛门齿变化与年龄的关系

年龄	门齿的变化
12 月龄	乳钳齿或内中间齿齿冠磨平，牙齿间隙增大
18～24 月龄	乳钳齿脱落，换生永久钳齿（出现第一对永久门齿）
30～36 月龄	乳内中间齿脱落，永久内中间齿长出（出现第二对永久门齿）
42～48 月龄	乳外中间齿脱落，永久外中间齿长出（出现第三对永久门齿）
54～60 月龄	乳隅齿脱落，换生永久隅齿（出现第四对永久门齿，也叫齐口）
66～72 月龄	钳齿与内中间齿磨损较重，钳齿珐琅质快磨完，齿面呈椭圆形
72 月龄以上	钳齿齿面呈长方形，内、外中间齿呈横椭圆形

表3－6　脊椎骨质化程度、门齿变化与生理成熟度的关系

脊柱部位	生理成熟度				
	A 24 月龄以下 无或出现第一对永久门齿	B 24 ～36 月龄 出现第二对永久门齿	C 36 ～48 月龄 出现第三对永久门齿	D 48 ～72 月龄 出现第四对永久门齿	E 72 月龄以上 永久门齿磨损较重
荐椎	明显分开	开始愈合	愈合但有轮廓	完全愈合	完全愈合
腰椎	未骨化	一点骨化	部分骨化	近完全骨化	完全骨化
胸椎	未骨化	未骨化	小部分骨化	大部分骨化	完全骨化

③肌肉色：对照肉色等级图片（见图3－6）判断背最长肌横切面处颜色的等级。肉色按颜色深浅分为八个等级，其中4、5两级的肉色最好。

④脂肪色：对照脂肪色等级图片（见图3－6）判断背最长肌横切面处肌内脂肪和皮下脂肪的颜色等级。脂肪色等级分为八个等级，其中1、2两级的脂肪色最好。

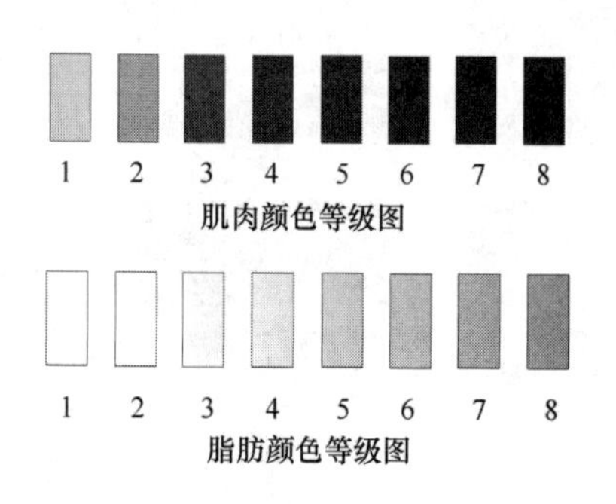

图3－6 肌肉色和脂肪色评级图谱

（二）美国牛胴体的分级标准

发达国家都有自己的牛肉分级标准，其中美国标准历史悠久，历经多次修订，体系比较完善，在国际上影响也较大。美国对牛肉采用产量级（Yield grade）和质量级（Quality grade）两种分级体系，既可单独对牛肉定级，也可同时使用，即一个胴体既有产量级别又有质量级别，主要取决于客户对牛肉的需求。

1. 质量级

阉牛、小母牛、母牛可分为八个级别；而母牛除了特等以外，其他等级都适用；小公牛的质量级只有特等、优选、精选、标准和可用五个级别。

美国依据牛肉的大理石纹和生理成熟度（年龄）将牛肉分为：特优（Prime）、优选（Choice）、精选（Select）、标准（Standard）、商用（Commercial）、可用（Utility）、切碎（Cutter）和制罐（Canner）八个级别。生理成熟度以年龄决定，年龄越小，肉质越嫩，级别越高，生理成熟度共分为A、B、C、D和E这五个级别。A级为9～30月龄；B级为30～42月龄；C级为42～72月龄；D级为72～96月龄；96月龄以上为E级。而年龄则以胴体骨骼和软骨的大小、形状和骨质化程度及眼肌的颜色和质地为依据来判定，其中，最末三根胸椎的软骨骨化程度为最重要的指标。年龄小的动物在脊柱的脊突末端都有一块软骨，随着年龄的增大，这块软骨逐渐骨质化而消失。这个过程一般从胴体后端开始，最终在前端结束，这个规律为判定胴体年龄提供了较可靠的依据。加上对骨骼形状、肌肉颜色的观察，即可判定出胴体的生理成熟度。

大理石纹是决定牛肉品质的主要因素，与嫩度、多汁性和适口性有密切的关系，同时又是最容易客观评定的指标，因而品质的评定就以大理石纹为代表。大理石纹的测定部位为12～13肋骨间的眼肌横切面，以标准为依据，分为丰富、适量、适中、少、较少、微量和几乎没有这七个级别。当生理成熟度和大理石纹确定以后就可判定其等级了，年龄越小，大理石纹越丰富，级别越高；反之则越低。它们的详细关系见表3－7。

表3-7 美国牛胴体大理石纹、生理成熟度与质量等级之间的关系

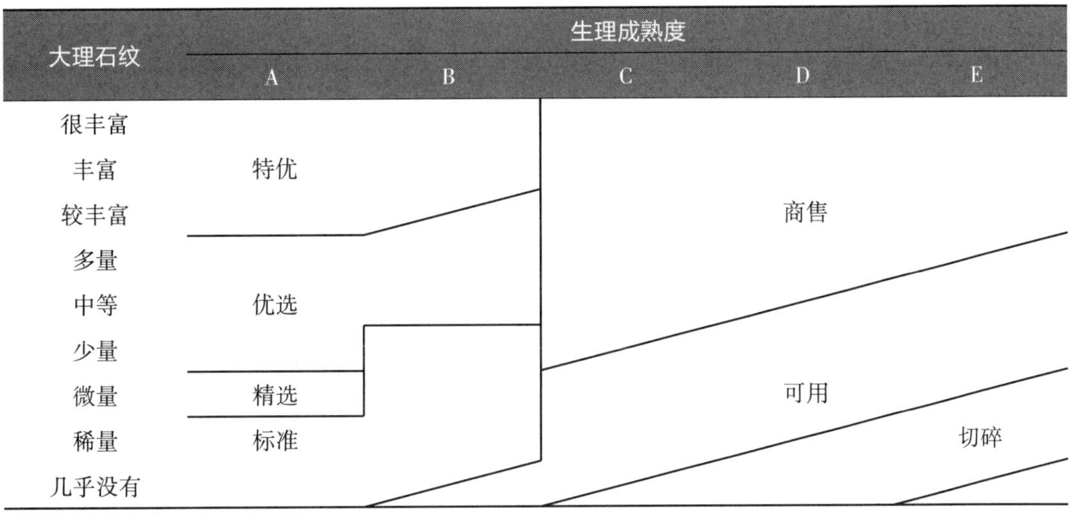

大理石纹	生理成熟度				
	A	B	C	D	E
很丰富					
丰富	特优				
较丰富				商售	
多量					
中等	优选				
少量					
微量	精选			可用	
稀量	标准				切碎
几乎没有					

2. 产量级

产量级以胴体出肉率为依据，后者定义为修整后去骨零售肉量与胴体的比例，可依据以下公式计算：

$$出肉率 = 51.34 - 5.784 \times 脂肪厚度 - 0.462 \times KHP(\%)(肾、盆腔和心脏占胴体重的百分数) + 0.74 \times 眼肌面积 - 0.0093 \times 热胴体重$$

出肉率与产量等级之间的关系见表3-8。

$$产量级 = 2.50 + 2.50 \times 脂肪厚度 + 0.2 \times KHP(\%) - 0.32 \times 眼肌面积 + 0.0038 \times 热胴体重$$

根据公式得出产量级数值，以其整数部分作为产量级的等级数，例如，3.9的产量等级是3。

表3-8 美国牛胴体出肉率与产量等级之间的关系

产量级（YG）	出肉率/%	产量级（YG）	出肉率
1	52.3以上	4	45.4~47.7
2	50~52.3	5	45.4以下
3	47.7~50		

（三）日本牛胴体分级标准

日本也有着自己比较详细而完善的牛胴体分级标准。1975年，由日本畜工业合作株式会社、地方政府和多家农场及肉类推销商协会联合成立日本肉品分级协会，承担肉品分级任务。也同样包括质量级和产量级两方面，最后将两者结合起来得出最终等级。

1. 质量级

质量级包括大理石纹、肉的色泽、肉的质地和脂肪色泽这四个指标。每个指标均分为5级。大理石纹从1级到5级越丰富越好；肉的色泽从1级到5级由劣到好；肉的质地由致密度和纹理两个因素决定，从1级到5级由劣到好；脂肪的色泽越白越好。四个指标经评定后定级，最终的质量等级要按照四个指标中最低的一个确定。

2. 产量级

产量级也是以出肉率为衡量标准，主要指标有：①背腰最长肌面积：在第6～7肋骨间切面处，背腰最长肌肌膜范围内的面积；②肋部厚度：在第6～7肋骨间切面处，约肋骨全长的中部，从胸腔膜内面到背阔肌外面的长度；③半片冷胴体重：区别于美国的热胴体，且只对半胴体进行评价；④皮下脂肪厚度：第6～7肋骨间切面处，由髂肋肌到胴体表面形成一个直角，在该直角线上测量从背阔肌到胴体表面的长度。日本的出肉率标准值可按以下公式计算：

$$出肉率(\%) = 67.37 + 0.13 \times 眼肌面积(cm^2) + 0.667 \times 肋部肉厚(cm) - 0.025 \times 左半冷胴体重(kg) - 0.896 \times 皮下脂肪厚度(cm)$$

另外，肉用种牛胴体的出肉率标准值要再加2.049；胴体如有下列情况之一者，即可降低一个等级：①切面的肌间脂肪与胴体重及背腰最长肌面积相比相对较厚；②臀肉肌肉丰厚度不够，前躯与臀腿比例显著不相称者。在此基础上，再结合肉质等级（共5级，5级最好，1级最差）最终将牛胴体规格分为15个等级。

根据产量百分数将胴体产量分为三级：A级在72%以上；B级在69%～72%；C级在69%以下。结合胴体质量级和产量级，最终牛胴体的等级标准见表3－9。

表3－9　　日本牛胴体最终等级的确定

产量评分	肉质的评分				
	5	4	3	2	1
A（胴体出肉率72%以上）	A5	A4	A3	A2	A1
B（胴体出肉率69%以上）	B5	B4	B3	B2	B1
C（胴体出肉率不足69%）	C5	C4	C3	C2	C1

（四）韩国牛胴体产量等级标准

韩国牛肉分级体系建立较晚，但发展很快，由于分级体系的应用，韩国已步入肉牛生产发达国家行列。1989年，韩国农林渔业部指派动物促进联合会负责肉类等级标准的制定，并于1993年6月颁布实施了牛肉分级标准。质量等级指标有花纹、肉色、脂肪色、嫩度和成熟度；牛肉产量等级标准采用三个指标：冷胴体重、眼肌面积和背膘厚。产量等级指数用下列公式表示：

$$产量等级指数(Yield\ grade\ index) = 74.80 - 2.001 \times 背膘厚(cm) + 0.075 \times 眼肌面积(cm^2) - 0.014 \times 胴体重(kg)$$

背膘厚是背最长肌长度的3/4处垂直于外表面所测脂肪的厚度，随着背膘厚的增加，零售肉块的产率下降；眼肌面积可以用网格板（每格1cm^2）测量，眼肌面积增加，零售产率增加；冷胴体重增加，零售产率下降。

三、羊胴体的分级

（一）我国羊胴体分级

我国羊胴体分级标准参照NY/T 2781—2015《羊胴体等级规格评定规范》进行，该标准规定了羊胴体等级规格的术语、定义、等级规格和评定方法，适用于羊胴体等级规定的评定。

1. 标准中引用的定义

羊羔胴体：屠宰 12 月龄以内，完全是乳齿的羊获得的羊胴体。

大羊胴体：屠宰 12 月龄以上，并已更换一对以上乳齿的羊获得的羊胴体。

肋脂厚度：羊胴体 12 ~ 13 肋骨间截面，距离脊柱中心 11cm 处肋骨上脂肪的厚度。

大理石纹：背最长肌中肌内脂肪的含量和分布状态。

2. 羊胴体等级评定

(1) 技术要求 羊胴体等级评定主要包括羔羊胴体等级、大羊胴体等级，根据肋脂厚度、胴体重量指标评定，从高到低分为特等级、优等级、良好级和普通级这四个级别，评定标准分别见表 3 - 10 和表 3 - 11。羊胴体等级以肌肉颜色和大理石纹为辅助分级指标，将特等级、优等级、良好级和普通级羊胴体分为 16 个规格，评定标准见表 3 - 12。

表 3 - 10 羔羊胴体分级标准

级别	羔羊胴体分级	
	肋脂厚度 (H)	胴体重量 (W)
特等级	8mm≤H≤20mm	绵羊 W≥18kg 山羊 W≥15kg
优等级	8mm≤H≤20mm	绵羊 15kg≤W<18kg 山羊 12kg≤W<15kg
良好级	8mm≤H≤20mm	绵羊 W<15kg 山羊 W<12kg
	5mm≤H<8mm	绵羊 W≥15kg 山羊 W≥12kg
普通级	H<8mm	绵羊 W<15kg 山羊 W<12kg
	H>20mm	绵羊 W≥15kg 山羊 W≥12kg

表 3 - 11 大羊胴体分级标准

级别	大羊胴体分级	
	肋脂厚度 (H)	胴体重量 (W)
特等级	8mm≤H≤20mm	绵羊 W≥25kg 山羊 W≥20kg
优等级	8mm≤H≤20mm	绵羊 19kg≤W<25kg 山羊 14kg≤W<20kg
良好级	8mm≤H≤20mm	绵羊 W<19kg 山羊 W<14kg
	5mm≤H<8mm	绵羊 W≥19kg 山羊 W≥14kg

续表

级别	大羊胴体分级	
	肋脂厚度（H）	胴体重量（W）
普通级	$H<8mm$	绵羊 $W<19kg$ 山羊 $W<14kg$
	$H>20mm$	绵羊 $W\geqslant19kg$ 山羊 $W\geqslant14kg$

表 3－12　羊胴体等级规格

等级	规格			
特等级	AA	AB	BA	BB
优等级	AA	AB	BA	BB
良好级	AA	AB	BA	BB
普通级	AA	AB	BA	BB

注：第一个字母表示肌肉颜色级别；第二个字母表示大理石花纹级别，如特等级 AA 表示色泽为 A 级、大理石纹为 A 级的特等级羊肉。

（2）评定方法

①生理成熟度：根据恒切齿数目、前小腿关节和肋骨形态确定。按照生理成熟度，羊胴体分为羔羊胴体和大羊胴体。羔羊胴体，五恒切齿，前小腿有折裂关节，折裂关节湿润，颜色鲜红，肋骨略圆；大羊胴体，有恒切齿，前小腿至少有一个控制关节，肋骨宽、平。

②胴体重量：用称量器具称重羊胴体的重量（kg）。

③肋脂厚度：用测量工具测量羊胴体 12～13 肋骨间截面，距离脊柱中心 11cm 处肋骨上脂肪的厚度（mm）。

④肌肉颜色：胴体分割 0.5h 后，在 660lx 白炽灯照明的条件下，按图 3－7 判断背最长肌 12～13 肋骨间眼肌横切面的颜色等级。共分为六个等级，其中 3 级、4 级划为 A 级，其余级别划为 B 级。

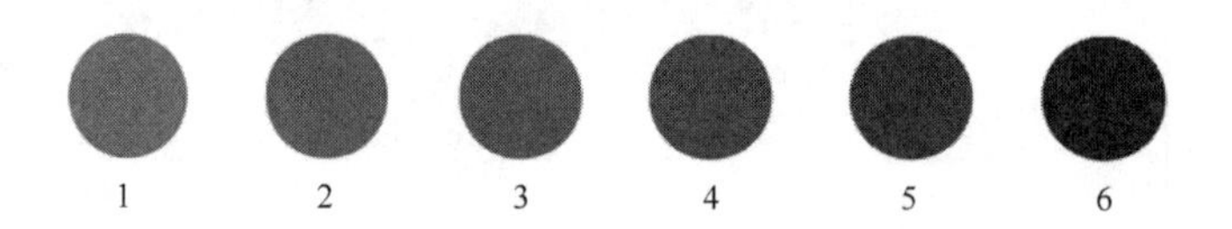

图 3－7　肌肉颜色标准板

⑤大理石纹：按照图 3－8 判断背最长肌 12～13 肋骨间眼肌横切面的大理石纹等级。大理石花纹等级共分为六个等级，其中 1 级（极丰富）、2 级（丰富）、3 级（较丰富）划为 A 级，4 级（中等）、5 级（少量）、6 级（几乎没有）划为 B 级。

（二）国外羊胴体分级

国外对羊肉质量评价标准，不同的国家和地区，标准差异较大。澳大利亚主要根据生理成熟度和性别划分了羊的类别，并以胴体重和膘厚确定等级；作为世界羊肉生产大国的新西兰，

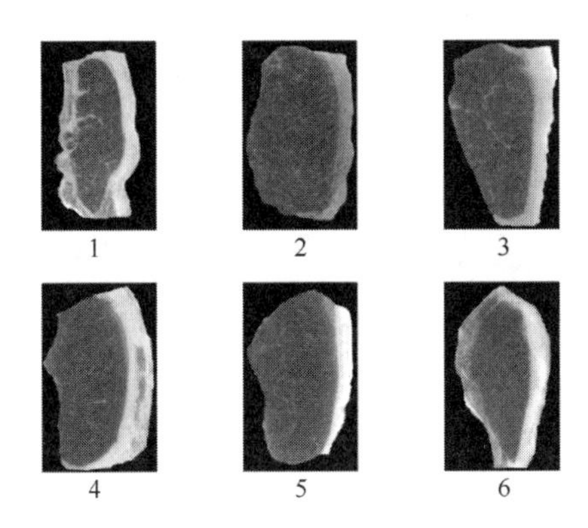

图3－8　大理石纹标准板

其羊肉分级标准主要根据胴体重和脂肪含量进行分级，划分地非常细致；美国对羊肉的分级标准，则划分了羊肉的类别，并确定了质量等级和产量等级。各国的具体标准见表3－13。

表3－13　世界羊肉主产国羊胴体分级表

国别	羊肉类别	各等级重量/kg			
		轻（L）	中（M）	重（H）	特重（X）
澳大利亚	羔羊肉	13或以下	13~16.5	16.5~20.0	20以上
	幼年羊肉	16.5或以下	16.5~20.0	20~24	24以上
	青年羊/成年羊	19或以下	19~26	26以上	
新西兰	羊肉类别	羊肉等级	胴体重/kg	脂肪含量	GR值[1]/mm
	羔羊肉	A级	9.0以下	不含多余脂肪	
		Y级　YL	9.0~12.5	含少量脂肪	6.1
		YM	13.0~16.0		<7.1
		P级　PL	9.0~12.5	含中等量脂肪	6~12
		PM	13.0~16.0		7~12
		PH	16.5~20.0		<12
		PX	20.5~25.5		<12
		T级　TL	9.0~12.5	含脂肪较多	12~15
		TM	13.0~16.0		12~15
		TH	16.5~25.5		12~15
		F级　FL	9.0~12.5	含过多脂肪	>15
		FM	13.0~16.0		>15
		FH	16.5~25.5		>15
		C级　CL	9.0~12.5		变化范围较大
		CM	13.0~16.0		
		CH	16.5~25.5		
		M级	胴体太瘦或损伤	脂肪呈黄色	

续表

<table>
<tr><td rowspan="2">国别</td><td rowspan="2">羊肉类别</td><td colspan="4">各等级重量/kg</td></tr>
<tr><td>轻（L）</td><td>中（M）</td><td>重（H）</td><td>特重（X）</td></tr>
<tr><td rowspan="12">新西兰</td><td rowspan="9">成年羊肉</td><td>MM 级</td><td>任何重量</td><td>没有多余脂肪</td><td>> 2</td></tr>
<tr><td rowspan="2">MX 级</td><td>< 22.0</td><td rowspan="2">含少量脂肪</td><td>2 ~ 9</td></tr>
<tr><td>> 22.5</td><td>2 ~ 9</td></tr>
<tr><td rowspan="2">ML 级</td><td>< 22.0</td><td rowspan="2">含中等量脂肪</td><td>9.1 ~ 17.0</td></tr>
<tr><td>> 22.5</td><td>9.1 ~ 17.0</td></tr>
<tr><td>MH 级</td><td>任何重量</td><td>含脂肪较多</td><td>17.1 ~ 25.0</td></tr>
<tr><td>MF 级</td><td rowspan="2">任何重量</td><td rowspan="2">含过多脂肪</td><td rowspan="2">> 25.1</td></tr>
<tr><td>MP 级②</td></tr>
<tr></tr>
<tr><td rowspan="2">后备羊肉</td><td>HX 级</td><td>任何重量</td><td>脂肪含量较少</td><td>< 9.0</td></tr>
<tr><td>HL 级</td><td>任何重量</td><td>脂肪含量中等</td><td>9.1 ~ 17.0</td></tr>
<tr><td>公羊肉</td><td>R 级③</td><td>任何重量</td><td></td><td>无</td></tr>
<tr><td rowspan="7">美国</td><td>产量等级</td><td colspan="4">羔羊肉、周岁羊肉、胴体羊肉的脂肪厚度要求一样，1 级为 0 ~ 0.15cm，2 级 0.15 ~ 0.25cm，3 级 0.26 ~ 0.35cm，4 级 0.36 ~ 0.45cm，5 级 ≥ 0.46cm</td></tr>
<tr><td rowspan="2">质量等级</td><td colspan="4">脂肪含量</td></tr>
<tr><td colspan="2">羔羊肉</td><td>周岁羊肉</td><td>羊肉</td></tr>
<tr><td>特等</td><td colspan="2">含有少量或限量的脂肪</td><td>含有适量的脂肪</td><td></td></tr>
<tr><td>优等</td><td colspan="2">轻量或微量的脂肪</td><td>少量的脂肪</td><td>含有限量的脂肪</td></tr>
<tr><td>优良</td><td colspan="2">几乎没有脂肪或含微量的脂肪</td><td>含轻量的脂肪</td><td>少量的脂肪</td></tr>
<tr><td>可用级</td><td colspan="2">几乎没有脂肪</td><td>几乎没有脂肪</td><td>几乎没有脂肪（淘汰）</td></tr>
</table>

注：①GR 值：胴体 12 ~ 13 肋骨间距背脊中线 11cm 处胴体厚度；②MP 级：胴体不符合出口标准，只能做切块或剔骨后出售；③R 级：所有公羊肉均属此级。

四、禽胴体的分级

我国目前只针对鸡和鸭胴体及分割产品进行了分级规定，颁布了 NY/T 631—2002《鸡肉质量分级》和 NY/T 1760—2009《鸭肉等级规格》行业标准，鹅胴体及分割产品尚未制定相关标准。

1. 鸡胴体分级

（1）评定方法　羽毛残留状态通过测量毛根和绒毛的数量来测定，皮下脂肪厚度用仪器测定，异常色斑的面积用刻度尺测量并计算，胸肌边缘脂肪带宽度用刻度尺测量；胴体完整程度、胴体肤色、胴体胸部形态、脂肪、皮下脂肪分布状态、肉色、分割肌肉间和皮下脂肪沉积状况、异常色斑数量、分割肉形态利用目测法进行判定。

（2）胴体分级及要求　按胴体完整程度、胴体胸部形态、胴体肤色、胴体皮下脂肪分布状态、羽毛残留状态将鸡胴体质量等级从优到劣分为 1、2、3 三个级别，具体要求应符合表 3 - 14 的规定。若其中有一项指标不符合要求，应将其评定为下一级别。

表3-14　鸡胴体等级及要求

	引进类			仿土类			土种类		
	1	2	3	1	2	3	1	2	3
胴体完整程度	胴体完整，皮肤无伤斑和溃烂破损，无脱臼和骨折	胴体较完整，皮肤修割伤斑和溃烂破损不影响外观，骨折与脱臼均不超过一处，无断骨突出	不符合1、2	胴体完整，皮肤无伤斑和溃烂破损，无脱臼和骨折	胴体较完整，皮肤修割伤斑和溃烂破损不影响外观，骨折与脱臼均不超过一处，无断骨突出	不符合1、2	胴体完整，皮肤无伤斑和溃烂破损，无脱臼和骨折	胴体较完整，皮肤修割伤斑和溃烂破损不影响外观，骨折与脱臼均不超过一处，无断骨突出	不符合1、2
胴体胸部形态	胸骨尖不显露，胸部呈梯形，胸背骨略弯曲	胸骨尖显露但不突出，胸部略呈梯形，胸背骨略弯曲明显	不符合1、2	胸骨尖显露，但不突出，胸部略呈梯形，胸背骨略弯曲明显	胸骨尖显露，胸角大于70°，胸背骨弯曲明显	不符合1、2	胸骨尖显露，胸角大于70°，胸背骨弯曲明显	胸骨尖显露，胸角大于60°，胸背骨弯曲明显	不符合1、2
胴体肤色	无黄衣、无异常色斑	胸腿异常色斑与破损不超过3处，总面积不超1cm²；整个胴体异常色斑与破损不超过6处，总面积不超过2cm²	不符合1、2	无黄衣、无异常色斑	胸腿异常色斑与破损不超过3处，总面积不超1cm²；整个胴体异常色斑与破损不超过6处，总面积不超过2cm²	不符合1、2	无黄衣、无异常色斑	胸腿异常色斑与破损不超过3处，总面积不超1cm²；整个胴体异常色斑与破损不超过6处，总面积不超过2cm²	不符合1、2

（3）鸡分割肉等级及要求　按照分割肉形态、肉色、分割肉脂肪沉积程度将鸡分割肉从优到劣分为1、2、3三个级别，具体要求应符合表3-15的规定。

表 3-15　鸡分割肉等级及要求

	引进类			土种类			仿土类		
	1	2	3	1	2	3	1	2	3
分割肉形态	块形完整，无缺损，无残存羽毛，无残留骨，无伤斑和溃烂，无剔割伤痕	块形较完整，无缺损，无残存羽毛。胸腿部剔割伤痕在 2 处以下，鸡翅与胸里脊均不超过 1 处，不得影响外形美观	不符合 1、2	块形完整，无缺损，无残存羽毛，无残留骨，无伤斑和溃烂，无剔割伤痕	块形较完整，无缺损，无残存羽毛。胸腿部剔割伤痕在 2 处以下，鸡翅与胸里脊均不超过 1 处，不得影响外形美观	不符合 1、2	块形完整，无缺损，无残存羽毛，无残留骨，无伤斑和溃烂，无剔割伤痕	块形较完整，无缺损，无残存羽毛。胸腿部剔割伤痕在 2 处以下，鸡翅与胸里脊均不超过 1 处，不得影响外形美观	不符合 1、2
肉色	肉色正常，无血肿、溃烂等异常色斑	胸肉、腿肉血肿色斑少于 2 处，最大长宽在 0.5cm 以下，胸里脊与鸡翅肿、色斑在 1 处以下，最大长宽不超过 0.3cm，无溃烂	不符合 1、2	肉色正常，无血肿、溃烂等异常色斑	胸肉、腿肉血肿色斑少于 2 处，最大长宽在 0.5cm 以下，胸里脊与鸡翅肿、色斑在 1 处以下，最大长宽不超过 0.3cm，无溃烂	不符合 1、2	肉色正常，无血肿、溃烂等异常色斑	胸肉、腿肉血肿色斑少于 2 处，最大长宽在 0.5cm 以下，胸里脊与鸡翅肿、色斑在 1 处以下，最大长宽不超过 0.3cm，无溃烂	不符合 1、2
分割肉脂肪沉积程度	胸肌脂肪带宽在 0.5～1cm，腿部与尾部切离处脂肪厚度在 0.3cm 以上	可见胸肌边缘脂肪带	不符合 1、2	胸肌边缘脂肪带宽在 1cm 以上，腿部与尾部切离处皮下脂肪厚度在 0.5cm 以上	胸肌边缘脂肪带宽在 0.5～1cm。腿部与尾部切离处脂肪厚度在 0.3～0.5cm	不符合 1、2	胸肌边缘脂肪带宽在 1cm 以上，腿部与尾部切离处皮下脂肪厚度在 0.5cm 以上	胸肌边缘脂肪带宽在 0.5～1cm。腿部与尾部切离处脂肪厚度在0.3～0.5cm	不符合 1、2

2. 鸭胴体分级

（1）评定方法　用目测法判定胴体放血口和开膛处刀口是否整齐，胴体有无缺损、断骨、脱臼等，用刻度尺测量放血口和开膛处刀口是否符合规定尺寸；用目测法判定胴体表皮的颜色，有无破损，有无淤血等异常色斑，其中破损面积和淤血面积用刻度尺进行测量并计算；通过对整个胴体上硬杆毛、毛根和绒羽毛的计数来评定羽毛残留状态；用称量器具称量出胴体重量；用称量器具称量小各分割产品重量。

（2）鸭胴体分级及要求

①胴体质量等级要求：按胴体完整程度、表皮状态、羽毛残留状态将鸭胴体质量等级从优到劣分为Ⅰ、Ⅱ、Ⅲ三级，具体要求见表3-16。若其中有一项指标不符合要求，应将其评为下一级别。

表3-16　鸭胴体等级及要求

	Ⅰ	Ⅱ	Ⅲ
胴体完整程度	胴体完整，脖颈放血门及开膛处刀口整齐，脖颈放血时脖下刀口尺寸不超过1cm，开膛处开门不超过5cm，无断骨，无脱臼	胴体完整，脖颈放血口不超过2cm，开膛处刀口不超过7cm，断骨和脱臼均不超过1处	胴体完整，脖颈放血口超过2cm以上，开膛处刀口超过7cm以上，断骨和脱臼超过2处
表皮状态	表皮完好，颜色洁白，无破皮、无淤血等异常色	表皮较完好，表皮颜色较白，无红头，无红翅，整个胴体破损不超过1处，总面积不超过$2cm^2$，淤血等异常色斑不超过2处，总面积不超过$2cm^2$	表皮颜色微黄，无红头，无红翅，整个胴体破损超过1处，总面积超过$2cm^2$，淤血等异常色斑超过2处，总面积超过$2cm^2$
羽毛残留状态	无硬杆毛，皮下残留毛根数不超过10根，无残留长绒毛	无硬杆毛，皮下残留毛根数10～30根，残留长绒毛数不超过5根	无硬杆毛，皮下残留毛根数超过30根，残留长绒毛数超过5根

②胴体规格等级要求：根据胴体重将鸭胴体从大到小分为L、M、S三个规格。

L：胴体重>2200g；

M：1800g≤胴体重≤2200g；

S：胴体重<1800g。

③胴体综合等级：根据胴体质量等级和规格等级将胴体综合等级分为LⅠ、LⅡ、LⅢ、MⅠ、MⅡ、MⅢ、SⅠ、SⅡ、SⅢ九个级别，见表3-17。

表3-17 鸭胴体综合等级表

规格	质量		
	Ⅰ	Ⅱ	Ⅲ
L	LⅠ	LⅡ	LⅢ
M	MⅠ	MⅡ	MⅢ
S	SⅠ	SⅡ	SⅢ

（3）鸭分割肉等级及要求　根据重量将鸭分割产品从大到小分为L、M、S三个规格。具体规定要求见表3-18。

表3-18 鸭分割肉基本要求及规格等级

分割产品	基本要求	规格等级		
		L	M	S
带皮鸭胸肉	带皮胸肉应肉块完整，表皮无破损、异常色斑、残留长绒毛、可见异物，无淤血及多余脂肪。不符合基本要求的带皮胸肉为级外品	带皮胸肉重>240g	180g≤带皮胸肉重≤240g	140g≤带皮胸肉重<180g
鸭小胸	鸭小胸应肉块完整，无脂肪，无淤血，无可见异物	鸭小胸不进行等级规格划分		
鸭腿	鸭腿应肉块完整，无断骨，表皮无破损、异常色斑、残留长绒毛、可见异物，无淤血及多余脂肪。不符合基本要求的鸭腿为级外品	腿重>250g	200g≤腿重≤250g	160g≤腿重<200g
鸭全翅	全翅应形状整齐，无断骨，表皮无破损、异常色斑、残留长绒毛、可见异物，无淤血及多余脂肪。不符合基本要求的全翅为级外品	全翅重>180g	140g≤全翅重≤180g	100g≤全翅重<140g
鸭二节翅	二节翅应形状整齐，无断骨，表皮无破损、异常色斑、残留长绒毛、可见异物，无淤血及多余脂肪。不符合基本要求的二节翅为级外品	二节翅重>65g	45g≤二节翅重≤65g	35g≤二节翅重<45g
鸭翅根	翅根应形状整齐，无断骨，表皮无破损、异常色斑、残留长绒毛、可见异物，无淤血及多余脂肪。不符合基本要求的翅根为级外品	翅根重>105g	75g≤翅根重≤105g	60g≤翅根重<75g

续表

分割产品	基本要求	规格等级		
		L	M	S
鸭脖	鸭脖肌肉完整，无断脖，无多余脂肪、淤血、可见异物。不符合基本要求的鸭脖为级外品	鸭脖重>160g	140g≤鸭脖重≤160g	110g≤鸭脖重<140g
鸭头	鸭头应完整，无破嘴，无淤血、可见异物。不符合基本要求的鸭头为级外品	鸭头重>120g	100g≤鸭头重≤120g	85g≤鸭头重<100g
鸭掌	鸭掌应完整，无断掌，无红掌，无残留脚垫、可见异物。不符合基本要求的鸭掌为级外品	鸭掌重≥30g		鸭掌重<30g
鸭舌	鸭舌要求舌体无断裂，舌根软骨保留完整，无淤血、残留舌皮、可见异物。不符合基本要求的鸭舌为级外品	鸭舌重≥12g		鸭舌重<12g

五、 胴体的在线分级技术

1. 猪胴体在线分级技术

猪胴体在线分级系统是利用图像采集卡获取猪胴体图像，经图像处理，提取与主等级相关的图像特征信息，实现屠宰线上的猪胴体等级评定系统。该系统由图像采集卡、摄像头、计算机硬件系统构成，光源照度为3200lx。该系统的工作路线图如图3-9所示。

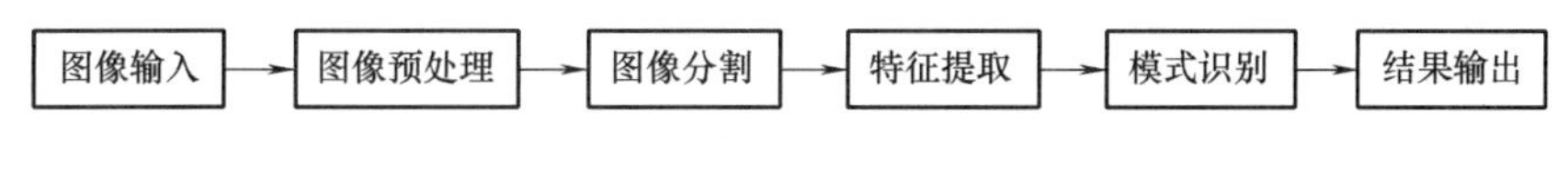

图3-9 猪胴体在线分级系统工作路线图

基于图像处理技术和神经网络技术的猪肉等级无损检测系统是在Windows XP操作系统下，利用VC++6.0开发的。主要分为六个模块：

（1）图像输入模块 将图像读入内存，可以实现对图像的存储和重载。

（2）图像预处理模块 利用中值滤波算法实现对图像去除噪声，不建议对所有图像使用该模块，对于没有噪声或噪声不影响分割效果的图像经过滤波处理反而会影响分割效果。

（3）图像分割模块 提供固定阈值、自适应阈值和迭代三种算法的分割，用于将胴体从背景中分离出来，为提取胴体边缘作准备工作。提供基于多种颜色特征，以及颜色与纹理相结合的区域生长算法，用于分割眼肌图像中的眼肌区域。

（4）特征提取模块 提供边界跟踪、拐点提取及区域填充功能，为进一步实现对图像特征的提取作准备。从二分体正侧面图像中提取6、7肋处背膘厚、腿横跃、腿竖长、腿臀围，从眼肌图像中提取眼肌面积、肉色和白红比。

（5）模式识别模块 提供Levenberg-Marquardt人工神经网络算法，对猪肉等级进行评定。事先已经通过大量样本对神经网络进行训练，利用训练后的网络模型进行等级评定。

（6）结果输出模块　输出评定出的等级，以及据实测指标与图像特征关系模型得出的瘦肉率、屠宰率、背膘厚、眼肌面积、肉色评分、脂肪评分等。

中国农业大学于铂和唐毅利用在线分级系统对三元杂交猪、杜长大猪等品种，以活体重、背膘厚、胴体重、眼肌面积及主要瘦肉重为指标，对眼肌色泽和肌内脂肪进行感观评分，计算出屠宰率和瘦肉率，利用图像处理技术对二分体图像和眼肌图像进行处理，提取图像特征，建立实测指标与相应图像特征的关系模型，并利用统计方法和人工神经网络方法分别评定猪肉等级，建立了实测指标与图像特征的关系模型，经测试，该基于计算机视觉技术的猪肉等级无损检测系统运行稳定。

2. 牛胴体在线分级技术

随着机器视觉和图像处理技术的发展，利用机器视觉系统对肉品品质进行自动检测和分级的技术在国内外已有很多的研究和应用，牛肉品质自动分级系统构架如图 3 - 10 所示。

美国最早将机器视觉技术引入到牛胴体检测的研究中，美国农业部 RMS 公司 VIAScan 系统是用来对牛胴体进行质量等级和产量等级评定的图像分析系统，它由两个摄像系统组成，一个摄像系统采集牛胴体的整体轮廓图像，经计算分析后用来预测牛胴体的产量等级，另一个摄像系统采集牛胴体第 12 ~ 13 肋骨处眼肌切面的图像，经过计算分析肉色和脂肪色、背膘厚度、眼肌面积、大理石花纹等指标来预测牛肉质量等级。1999 年，Cannell 等研究了 VIAScan 牛肉分级系统的实际使用效果，试验结果表明 VIAScan 系统的分级准确率远高于人工评级。

在国内，将机器视觉技术和图像处理技术应用于牛肉分级的起步较晚，但也取得了一定的研究成果。赵杰文等利用数学形态学的方法对牛胴体眼肌切面图像中背长肌区域进行分割，并提取大理石花纹信息，取得很好的效果。张海亮等利用图像处理技术，对肉牛形体参数检测技术进行了研究，结果表明使用机器视觉技术测量肉牛形体参数是可行的。李志运用机器视觉和图像处理的技术对牛胴体眼肌切面分级信息的自动化检测进行了研究，实现了在牛胴体分割线上对眼肌切面信息进行自动提取，并经过检验具有很好的处理效果。

牛肉品质自动分级系统由牛胴体分级信息自动检测系统、眼肌面分级信息自动检测系统、肉牛产业链信息系统和牛肉分级系统组成，使用数据库来实现信息的协同操作和分级信息共享。其中牛胴体分级信息自动检测系统安装于屠宰线上自动采集牛胴体整体图像，研发有效的图像处理算法自动检测牛胴体分级信息，并将该信息保存至数据库；眼肌切面分级信息自动检测系统安装于牛肉分割线上，自动采集牛胴体四分体第 12 ~ 13 肋眼肌切面图像，并使用有效的图像处理算法自动检测眼肌切面分级信息，并将该信息保存至数据库。自动检测牛胴体分级信息和眼肌切面分级信息后，融合活牛信息和屠宰信息，通过建立合理有效的牛肉分级模型实现牛肉品质评定。

吉林农业大学王樊静运用图像处理的方法自动提取牛胴体图像中胴体区域面积、胴体长、胴体宽、体表脂肪覆盖率四个牛胴体分级信息指标。首先用光线补偿、图像增强算法对原始图像进行预处理，然后运用背景颜色模型去除图像背景，并运用边缘检测法、轮廓跟踪法准确分割牛胴体区域，最后提取牛胴体区域形心点，并以此为基点自动提取胴体长、胴体宽、胴体区域面积指标，再利用迭代阈值分割法提取体表脂肪覆盖率指标。试验结果表明该图像处理法可以有效地提取牛胴体分级信息，牛胴体分级信息自动检测系统可以在 1 ~ 6s 内完成单个牛胴体分级信息的检测，并将胴体重、胴体长、胴体宽、背膘厚度指标作为自变量，将胴体产肉率作为因变量，建立回归方程模型，该模型的预测准确率为 80%。

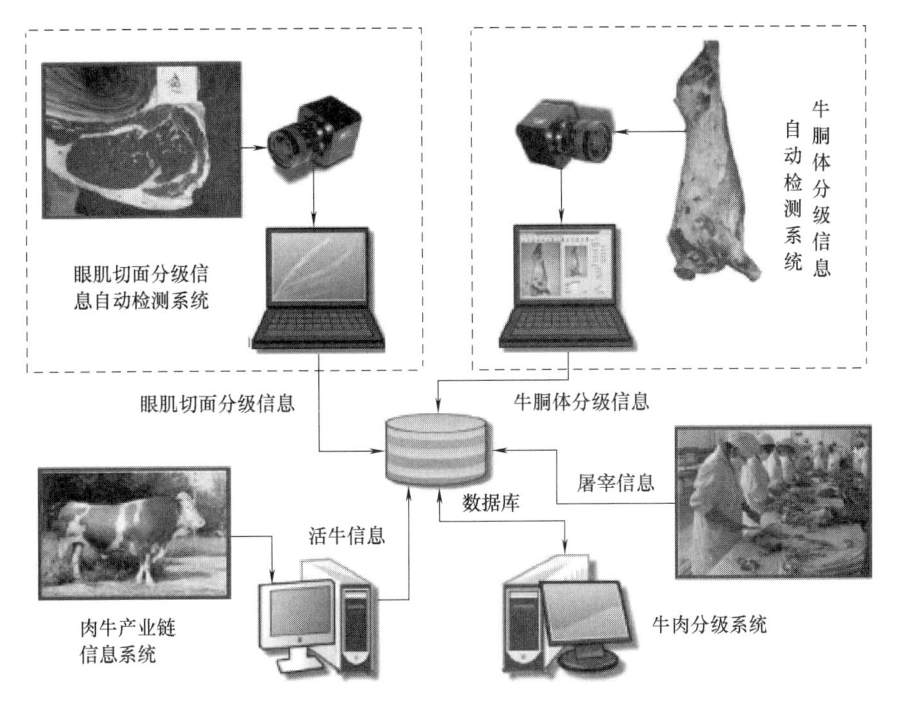

图3－10 牛肉品质自动分级系统构架

第二节 胴体的分割工艺

透过现象看本质

3－3. 我们常说的五花肉是猪胴体的哪部分？猪胴体是怎么进行分级的？

3－4. 制作菲力牛排、西冷牛排、肋眼牛排时，分别选择的是牛胴体的哪些部位？

3－5. 在进行酱卤制品加工时常采用腱子肉，腱子肉有什么特点？

一、 猪胴体的分割方法

（一） 我国猪胴体分割方法

分割肉是指按照销售规格的要求，将肉体按部位切割成带骨的或剔骨的、带肥膘的或不带肥膘的肉块。分割肉加工是指将屠宰后经过兽医卫生检验合格的胴体按不同部位肉的组织结构，切割成不同大小和不同质量规格要求的肉块，经修整、冷却、包装和冻结等工序加工的过程。胴体不同部位的肉质量等级不一样，其食用价值不同，加工方法的适应性有差异。因此，对肉体进行适当的分割，便于评定其价格，分部位销售和利用，提高其经济价值和使用价值。

不同品种和不同质量规格的分割肉其加工的具体要求不同，总体工艺过程：白条肉预冷→三段锯分→小块分割与修整→快速冷却→包装→冻结。

（1）白条肉预冷 将宰后的热鲜肉送至0℃的预冷间。在3h内将肉的中心温度降至20℃

左右，肉平均温度10℃左右，再进行分割加工。这种方法有诸多优点：

①抑制了微生物的生长繁殖，能保证产品的卫生质量。

②肌肉酶的活性受到抑制，肉的成熟及其他生化反应过程减慢，肉的保水性稳定，冻结时不易产生血冰，肌红蛋白的氧化受到抑制，保证了肉色泽艳丽。

③肉温在10℃左右，并在20℃以下的分割间加工，可保证操作方便，易于剔骨、去肥膘和修整，劳动效率高。因此，我国的大多数肉联厂采用这种方式加工分割肉。

（2）三段锯分　将预冷后的白条肉（即半胴体）传送至电锯处，胴体前部从第5、第6肋骨中间直线锯下，胴体后部从腰荐椎联接处直线锯下，从而将胴体锯分为前腿、中段和后腿三部分。

（3）小块分割及修整　不同品种和不同质量规格分割肉加工的差异主要体现在这道工序上。按照要求进行分割。我国供市场零售的猪胴体分成下列几个部分：臀腿部、背腰部、肩颈部、肋腹部、前后肘子、前颈部及修整下来的腹肋部。供内、外销的猪胴体分成颈背肌肉、前腿肌肉、脊背大排、臀腿肌肉四个部分。

市销零售带皮鲜猪肉分成六大部位三个等级，如图3－11所示。

一等肉：臀腿部、背腰部；

二等肉：肩颈部；

三等肉：肋腹部、前后肘子；

等外肉：前颈部及修整下来的腹肋部。

内、外销分割部位肉规格如下：

一号肉（颈背肌肉）0.80kg；

二号肉（前腿肌肉）1.35kg；

三号肉（脊背大排）0.55kg；

四号肉（臀腿肌肉）2.20kg。

每块肉要求去皮、皮下脂肪和骨骼，保留肌膜和腱膜，内销分割肉剔骨后露出的部分脂肪可不修整，外销分割肉允许存在的脂肪比例：一号肉为2%，二号肉为1%，三号肉为0.5%，四号肉为1%。

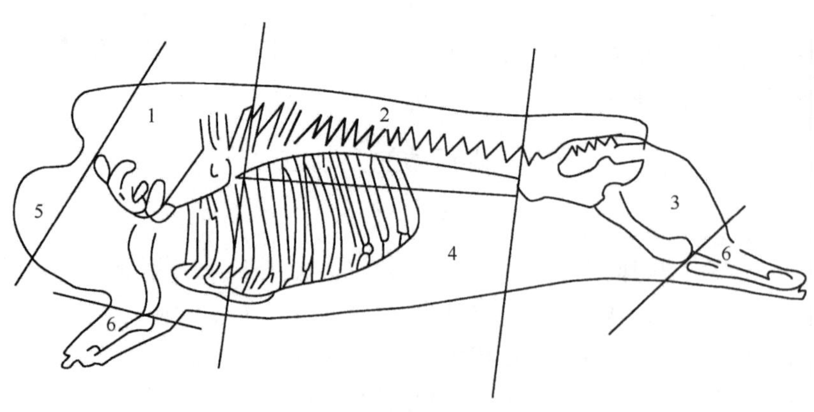

图3－11　我国猪胴体部位分割图

1—肩颈肉　2—背腰肉　3—臀腿肉　4—肋腹肉　5—前颈肉　6—肘子肉

①肩颈部（俗称胛心、前槽、前臀肩）分割方式　前端从胴体第一、第二颈椎切去颈脖肉，后端从第四、第五胸椎间或5、6肋骨中间与背线成直角切断，下端如做西式火腿，则从

腕关节截断，如做其他制品则从肘关节截断并剔除椎骨、肩胛骨、臂骨、胸骨和肋骨。

②背腰部（俗称通脊、大排、横排）分割方式 前去肩颈部，后去臀腿部，取胴体中段下端从脊椎骨下方4～6cm处平行切断，上部为背腰部。

③臀腿部（俗称后腿、后丘、后臀肩）分割方式 从最后腰椎与荐椎结合部和背线成直角垂直切断，下端则根据不同用途进行分割，如作分割肉、鲜肉出售，从膝关节切断，剔出腰椎、荐椎、髋骨、股骨并去尾，如做火腿则保留小腿、后蹄。

④肋腹部（俗称软肋、五花、腰排）分割方式 与背腰部分离的下部即是，切去奶脯。

⑤前颈部（俗称脖头、血脖）分割方式 从寰椎前或第1、2颈椎处切断，肌肉群有头前斜肌、头后斜肌、小直肌等。该部肌肉少，结缔组织及脂肪多，一般用来制馅及作灌肠充填料。

⑥前臂和小腿部（前后肘子、蹄）分割方式 前臂为上端从肘关节，下端从腕关节切断；小腿为上端从膝关节，下端从跗关节切断。

（二）日本猪胴体分割方法

日本将猪胴体分成七个部位：肩部、背部、腹部、臀腿部、肩背部、腰部、臂部，同时按照其质量及外观将每个部分分为上等和标准两个等级。

①肩部：从第四胸椎与第五胸椎之间切断，剔出臂骨、胸骨、肋骨、椎骨、肩胛骨及前臂骨，脂肪厚度不超过12mm，整形。

②背部：于肩部切断的内面最深部位，至腹侧外缘的1、3处与背线平行切断。剔除椎骨、肋骨及肩胛软骨。脂肪厚度要求在10mm以内，整形。

③腹部：切割部位同上，取出横膈膜及腹部脂肪，剔除肋骨、肋软骨及胸骨，大体呈长方形，脂肪厚度15mm以内，表面脂肪整形。

④臀腿部：在最后腰椎处切断。剔除股骨、髋骨、荐骨、尾椎、坐骨及小腿骨。脂肪厚度在12mm以内，整形。

⑤肩背部：肩关节上部与背线平行切断，于肩胛骨上端与背线平行切开，脂肪厚度12mm以内，整形。

⑥腰肌：从耻骨前下方后端，全部取出腰大肌（里脊），除去周围脂肪，整形。

⑦臂部：肩关节切离的下部，脂肪厚度不超过12mm，整形。

（三）美国猪胴体分割方法

美国将猪胴体划分为后蹄肉、腿部肉、肋腹肉、肋排肉、肩肉、前蹄肉和颊部肉、肩胛肉、通脊肉，见图3－12。

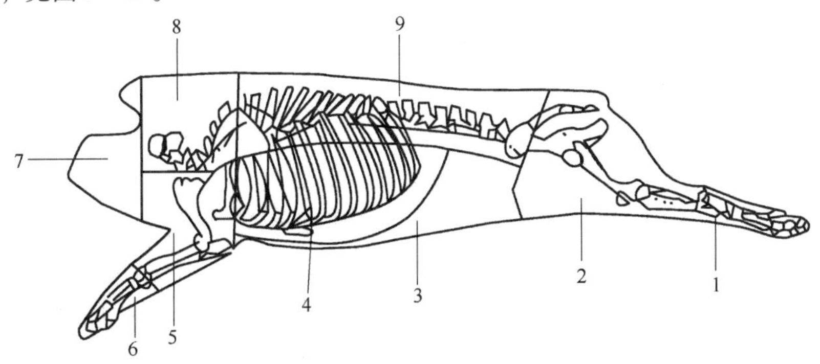

图3－12 美国猪胴体部位分割图

1—后蹄肉 2—腿部肉 3—肋腹肉 4—肋排肉 5—肩肉 6—前蹄肉 7—颊部肉 8—肩胛肉 9—通脊肉

二、牛胴体的分割方法

（一）我国牛胴体分割方法

本分割方法是在总结了国内不同分割方法的基础上，考虑到与国际接轨而制定的。首先是标准牛胴体的产生过程。主要包括活牛屠宰后放血、剥皮、去头蹄、内脏等步骤。其次是将标准的牛胴体二分体大体上分成臀腿肉、腹部肉、腰部肉、胸部肉、肋部肉、肩颈肉、前腿肉、后腿肉共八个部分（见图3－13）。在此基础上再进一步分割，最终将牛胴体分割成牛柳、西冷、眼肉、上脑、胸肉、腱子肉、腰肉、臀肉、膝圆、大米龙、小米龙、腹肉、嫩肩肉13块不同的肉块（见图3－14）。

（1）牛柳　牛柳又称里脊，即腰大肌。分割时先剥去肾脂肪，沿耻骨前下方将里脊剔出，然后由里脊头向里脊尾逐个剥离腰横突，取下完整的里脊。

（2）西冷　西冷又称外脊，主要是背最长肌。分割时首先沿最后腰椎切下，然后沿眼肌腹壁侧（离眼肌5～8cm）切下。再在第12～13胸肋处切断胸椎，逐个剥离胸、腰椎。

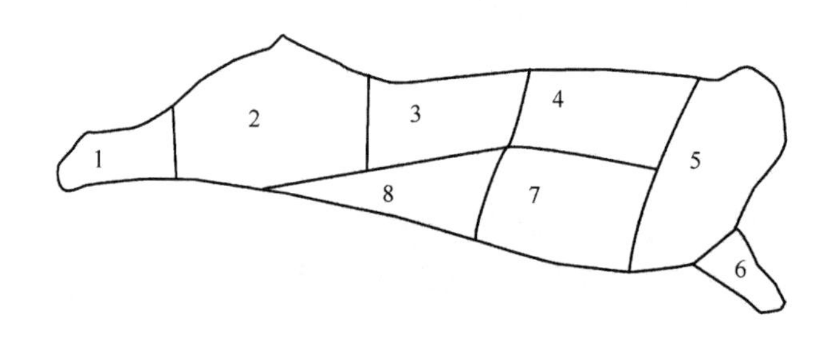

图3－13　我国牛胴体部位分割图

1—后腿肉　2—臀腿肉　3—腰部肉　4—肋部肉　5—肩颈肉　6—前腿肉
7—胸部肉　8—腹部肉

（3）眼肉　眼肉主要包括背阔肌、肋背最长肌、肋间肌等。其一端与外脊相连，另一端在第五至第六胸椎处，分割时先剥离胸椎，抽出筋腱，在眼肌腹侧距离为8～10cm处切下。

（4）上脑　上脑主要包括背最长肌、斜方肌等。其一端与眼肉相连，另一端在最后颈椎处。分割时剥离胸椎，去除筋腱，在眼肌腹侧距离为6～8cm处切下。

（5）嫩肩肉　嫩肩肉主要是三角肌。分割时循眼肉横切面的前端继续向前分割，可得一个圆锥形的肉块，即是嫩肩肉。

（6）胸肉　胸肉主要包括胸升肌和胸横肌。在剑状软骨处，随胸肉的自然走向剥离，修去部分脂肪即成一块完整的胸肉。

（7）腱子肉　腱子肉分为前、后两部分，主要是前肢肉和后肢肉。前牛腱从尺骨端下刀，剥离骨头，后牛腱从胫骨上端下切，剥离骨头取下。

（8）腰肉　腰肉主要包括臀中肌、臀深肌、股阔筋膜张肌。在臀肉、大米龙、小米龙、膝圆取出后，剩下的一块肉即是腰肉。

（9）臀肉　臀肉主要包括半膜肌、内收肌、腹膜肌。分割时把大米龙、小米龙剥离后便可见到一块肉，沿其边缘分割即可得到臀肉。也可沿着被切开的盆骨外缘，再沿该肉块边缘分割。

（10）膝圆　膝圆主要是臀股四头肌。当大米龙、小米龙、臀肉取下后，能见到一块长圆形肉块，沿此肉块周边（自然走向）分割，很容易得到一块完整的膝圆肉。

（11）大米龙　大米龙主要是臀股二头肌。与小米龙紧接相连，故剥离小米龙后大米龙就完全暴露，顺着该肉块自然走向剥离，可得到一块完整的四方形肉块即为大米龙。

（12）小米龙　小米龙主要是半腱肌，位于臀部。当牛后腱子取下后，小米龙肉块处于最明显的位置。分割时可按小米龙肉块的自然走向剥离。

（13）腹肉　腹肉主要包括肋间内肌、肋间外肌等，也即肋排，分无骨肋排和带骨肋排。一般包括4～7根肋骨。

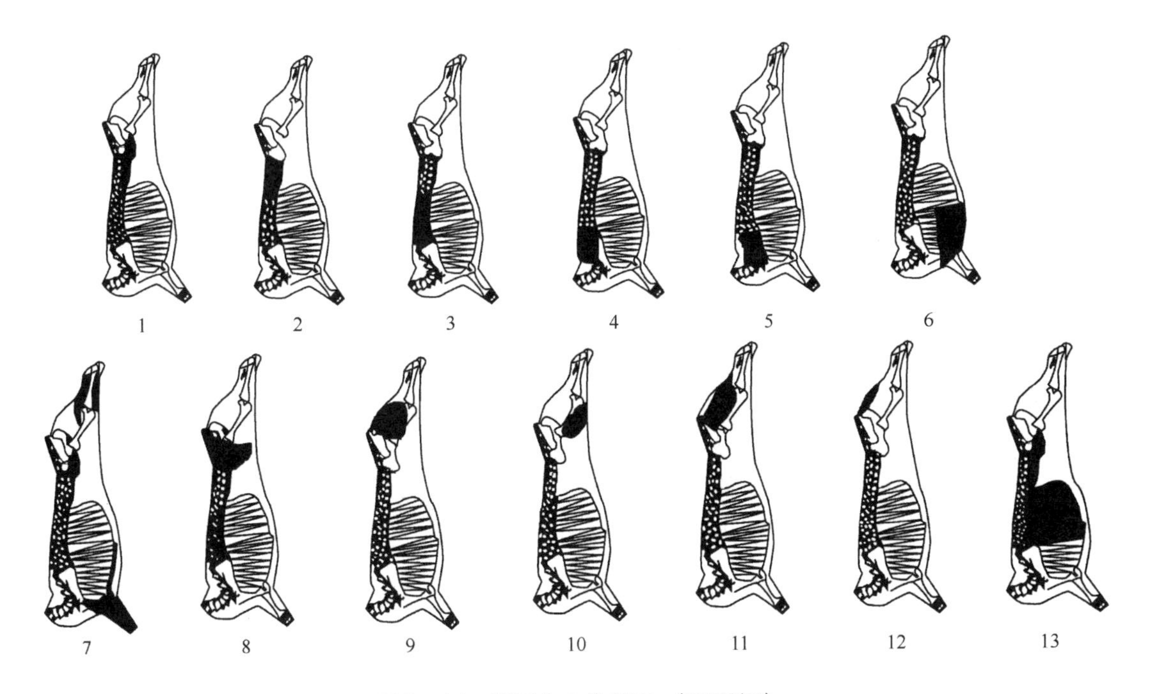

图3－14　我国牛肉分割图（阴影部）

1—牛柳　2—西冷　3—眼肉　4—上脑　5—嫩肩肉　6—胸肉　7—腱子肉
8—腰肉　9—臀肉　10—膝圆　11—大米龙　12—小米龙　13—腹肉

（二）美国牛胴体分割方法

美国将牛胴体分成以下几个部分：后腿肉、臀部肉、胸部肉、颈肩肉、前腰肉、肋部肉、后腰肉、前腿肉、腹部肉（见图3－15）。其零售肉切割方式是在批发部位的基础上进行再分割而得到零售分割肉块。

（三）日本牛胴体分割方法

日本牛胴体共分为以下部分：颈部、肩部牛排、肋排、背脊牛排、腹肋部、肩胸部、腰大肌、大腿里、大腿外及颈部等肉块。切割方式：

（1）前躯　包括臂部、胸部、肩部和颈部，在5～6肋骨间，沿第五肋骨前缘切断，将各部位肉分离整形。

（2）腹肋部　沿后肢外侧肋部三角的前缘至髋骨内角进行切断，从其内角和背线几乎平行横向切断，将腹肋部分离。

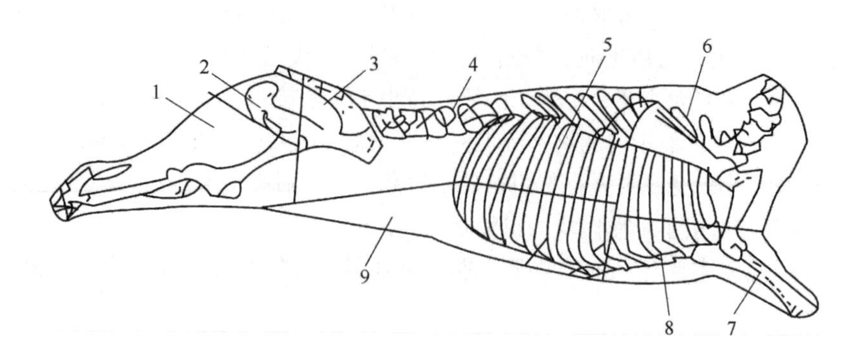

图 3－15　美国牛胴体部位分割图

1—后腿肉　2—臀部肉　3—后腰肉　4—前腰肉　5—肋部肉　6—颈肩肉
7—前腿肉　8—胸部肉　9—腹部肉

（3）臀腿部　除去肾脏脂肪，在耻骨的前下方，从后端到最后腰椎部把里脊（腰大肌）剥离，再在荐骨和最后腰椎接合部与椎骨呈直角切离，将脊背及大腿肉分离。

三、羊胴体的分割方法

（一）美国羊胴体分割方法

美国羊胴体可被分割成腿部肉、腹部肉、腰部肉、胸部肉、肋排肉、颈部肉、前腿肉、肩部肉。在部位肉的基础上再进一步分割成零售肉块。羊胴体的分割图见图 3－16。

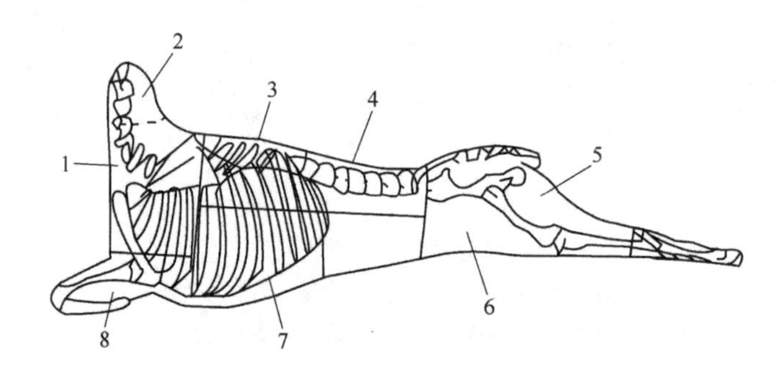

图 3－16　美国羊胴体的部位分割图

1—肩部肉　2—颈部肉　3—肋排肉　4—腰部肉　5—腿部肉　6—腹部肉
7—胸部肉　8—前腿肉

（二）我国羊胴体分割方法

我国于 2007 年发布了中华人民共和国农业行业标准 NY/T 1564—2007《羊肉分割技术规范》，明确了羊肉分割的部位名称及技术要求，具体分割图见图 3－17。羊肉分割主要分为带骨羊肉分割和去骨羊肉分割两部分内容，NY/T 1564—2007 标准中对 25 块带骨羊肉和 3 块去骨羊肉的分割做了说明。

1. 带骨羊肉分割

（1）躯干　主要包括前 1/4 胴体、羊肋脊排及腰肉部分，由半胴体分割而成。分割时经第 6 腰椎到髂骨尖处直切至腹肋肉的腹侧部，切除带臀腿。

（2）带臀腿　主要包括粗米龙、臀肉、膝圆、臀腰肉、后腱子肉、髂骨、荐椎、尾椎、坐骨、股骨和胫骨等，由半胴体分割而成，分割时自半胴体的第6腰椎经髂骨尖处直切至腹肋肉的腹侧部，除去躯干。

（3）带臀去腱腿　主要包括粗米龙、臀肉、膝圆、臀腰肉、髂骨、荐椎、尾椎、坐骨和股骨等，由带臀腿自膝关节处切除腱子肉及胫骨而得。

（4）去臀腿　主要包括粗米龙、臀肉、膝圆、后腱子肉、坐骨和股骨等，由带臀腿在距离髋关节大约12mm处成直角切去带骨臀腰肉而得。

（5）去臀去腱腿　主要包括粗米龙、臀肉、膝圆、坐骨和股骨等，由去臀腿于膝关节处切除后腱子肉和胫骨而得。

（6）带骨臀腰肉　主要包括臀腰肉、髂骨、荐椎等，由带臀腿于距髋关节大约12mm处以直角切去臀腿而得。

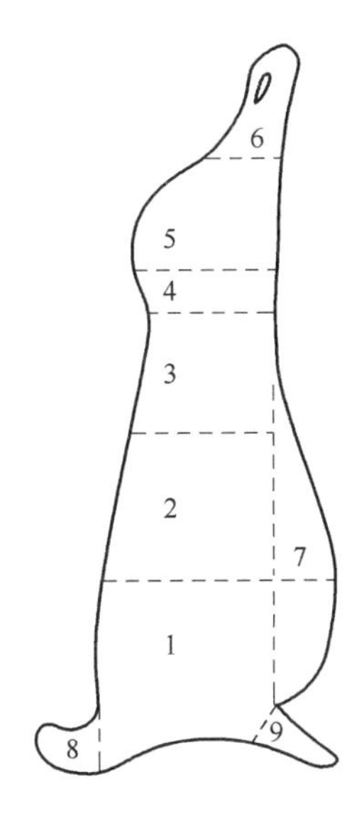

图3－17　羊肉分割图

1—前1/4胴体　2—羊肋脊排　3—腰肉　4—臀腰肉　5—带臀腿
6—后腿腱　7—胸腹腩　8—羊颈　9—羊前腱

（7）去髋带臀腿　由带臀腿除去髋骨制作而得。

（8）去髋去腱带股腿　由去髋带臀腿在膝关节处切除腱子肉及胫骨而成。

（9）鞍肉　主要包括部分肋骨、胸椎、腰椎及有关肌肉等，由整个胴体于第4或第5或第6或第7肋骨处背侧切至胸腹侧部，切去前1/4胴体，于第6腰椎处经髂骨尖从背侧切至腹脂肪的腹侧部而得。

（10）带骨羊腰脊（双、单）　主要包括腰椎及腰脊肉。在腰荐结合处背侧切除带臀腿，在第1腰椎和第13胸椎之间背侧切除胴体前半部分，除去腰腹肉。

（11）羊T骨排（双、单）　由带骨羊腰脊（双/单）沿腰椎结合处直切而成。

（12）腰肉　主要包括部分肋骨、胸椎、腰椎及有关肌肉等，由半胴体于第4或第5或第6或第7肋骨处切去前1/4胴体，于腰荐结合处切至腹肋肉，去后腿而得。

（13）羊肋脊排　主要包括部分肋骨、胸椎、腰椎及有关肌肉等，由腰肉经第 4 或第 5 或第 6 或第 7 肋骨与第 13 肋骨与第一腰椎之间的背腰最长肌（眼肌），垂直于腰椎方向切割，除去后端的腰脊肉和腰椎。

（14）法式羊肋脊排　主要包括部分肋骨、胸椎及有关肌肉等，由羊肋脊排修整而成。分割时保留或除去盖肌，除去棘突和椎骨，在距眼肌大约 10cm 处平行于椎骨缘切开肋骨，或距眼肌 5cm 处（法式）修整肋骨。

（15）单骨羊排/法式单骨羊排　主要包括单根肋骨、胸椎及背最长肌，由羊肋脊排分割而成。分割时沿两根肋骨之间，垂直于胸椎方向切割（单骨羊排），在距眼肌大约 10cm 处修整肋骨（法式）。

（16）前 1/4 胴体　主要包括颈肉、前腿和部分胸椎、肋骨脊背最长肌等，由半胴体在分割前后，第 4 或第 5 或第 6 肋骨处以垂直于脊椎方向切割得到的带前腿的部分。

（17）方切肩肉　主要包括部分肩胛肉、肋骨、肱骨、颈椎、胸椎及有关肌肉，由前 1/4 胴体切去颈肉、胸肉和前腱子肉而得。分割时沿前 1/4 胴体第 3 或第 4 颈椎之间的背侧线切去颈肉，然后自第 1 肋骨与胸骨结合处切割至第 4 或第 5 或第 6 肋骨处，除去胸肉和前腱子肉。

（18）肩肉　主要包括肩胛肉、肋骨、肱骨、颈椎、胸椎、部分桡尺骨及有关肌肉。由前 1/4 胴体切去颈肉、部分桡尺骨及部分腱子肉而得。分割时沿前 1/4 胴体第 3 或第 4 颈椎之间的背侧线切去颈肉，腹侧切割线沿第 2 和第 3 肋骨与胸骨结合处直切至第 3 或第 4 或第 5 肋骨，保留部分桡尺骨和腱子肉。

（19）肩脊排/（法式脊排）　主要包括部分肋骨、椎骨及有关肌肉，由方切肩肉（4 ~ 6 肋）除去肩胛肉，保留下面附着的肌肉带制作而成，在距眼肌大约 10cm 处平行于椎骨缘切开肋骨修整，即得法式脊排。

（20）牡蛎肉　主要包括肩胛骨、肱骨和桡尺骨及有关的肌肉。由前 1/4 胴体的前臂骨与躯干骨之间的自然缝切开，保留底切（肩胛下肌）附着而得。

（21）颈肉　俗称血脖，位于颈椎周围，主要由颈部肩带肌、颈部脊椎柱和颈腹侧肌所组成，包括第 1 颈椎与第 3 颈椎之间的部分。颈肉由胴体经第 3 和第 4 颈椎之间切割，将颈部肉与胴体分离而得。

（22）前腱子肉/后腱子肉　前腱子肉主要包括尺骨、桡骨、腕骨和肱骨的远侧部及有关的肌肉，位于肘关节和腕关节之间。分割时沿胸骨与盖板远端的肱骨切除线自前 1/4 胴体切下前腱子肉。后腱子肉由胫骨、跗骨和跟骨及有关的肌肉组成，位于膝关节和跗关节之间。分割时自胫骨与股骨关节之间的膝关节切割，切下后腱子肉。

（23）法式羊前腱/羊后腱　法式羊前腱/羊后腱分别由前腱子肉/后腱子肉分割而成，分割时分别沿桡骨/胫骨末端 3 ~ 5cm 处进行修整，露出桡骨/胫骨。

（24）胸腹腩　俗称五花肉，主要包括部分肋骨、胸骨和腹外斜肌、胸升肌等，位于腰肉的下方。分割时自半胴体第 1 肋骨与胸骨结合处直切至膈在第 11 肋骨上的转折处，再经腹肋肉切至腹股沟浅淋巴结。

（25）法式肋排　主要包括部分肋骨、胸升肌等，由胸腹腩第 2 肋骨与胸骨结合处直切至第 10 肋骨，除去腹肋肉并进行修整而成。

2. 去骨羊肉分割

（1）半胴体肉　由半胴体剔骨而成，分割时沿肌肉自然缝剔除所有的骨、软骨、筋腱、板筋（项韧带）和淋巴结。

（2）躯干肉　由躯干剔骨而成，分割时沿肌肉自然缝剔除所有的骨、软骨、筋腱、板筋（项韧带）和淋巴结。

（3）剔骨带臀腿　主要包括粗米龙、臀肉、膝圆、臀腰肉、后腱子肉等，由带臀腿除去骨、软骨、腱、淋巴结制作而成，分割时沿肌肉天然缝隙从骨上剥离肌肉或沿骨的轮廓剔掉肌肉。

（4）剔骨带臀去腱腿　主要包括粗米龙、臀肉、膝圆、臀腰肉，由带臀去腱腿剔除骨、软骨、腱、淋巴结制作而成，分割时沿肌肉天然缝隙从骨上剥离肌肉或沿骨的轮廓剔掉肌肉。

（5）剔骨去臀去腱腿　主要包括粗米龙、臀肉、膝圆等，由去臀去腱腿剔除骨、软骨、腱、淋巴结制作而成，分割时沿肌肉天然缝隙从骨上剥离肌肉或沿骨的轮廓剔掉肌肉。

（6）臀肉（砧肉）　又名羊针扒，主要包括半膜肌、内收肌、股薄肌等，由带臀腿沿膝圆与粗米龙之间的自然缝分离而得。分割时把粗米龙剥离后可见一肉块，沿其边缘分割即可得到臀肉，也可沿被切开的盆骨外缘，再沿本肉块边缘分割。

（7）膝圆　又名羊霖肉，主要是臀股四头肌。当粗米龙、臀肉取下后，能见到一块长圆形肉块，沿此肉块自然缝分割，除去关节囊和肌腱即可得到膝圆。

（8）粗米龙　又名羊烩扒，主要包括臀股二头肌和半腱肌，由去骨腿沿臀肉与膝圆之间的自然缝分割而成。

（9）臀腰肉　主要包括臀中肌、臀深肌、阔筋膜张肌。分割时于距髋关节大约12mm处直切，与粗米龙、臀肉、膝圆分离，沿臀中肌与阔筋膜张肌之间的自然缝除去尾。

（10）腰脊肉　主要包括背腰最长肌（眼肌），由腰肉剔骨而成。分割时沿腰荐结合处向前切割至第1腰椎，除去脊排和肋排。

（11）去骨羊肩　主要由方切肩肉剔骨分割而成，分割时剔除骨、软骨、板筋（项韧带），然后卷裹后用网套结而成。

（12）里脊　主要是腰大肌，位于腰椎腹侧面和髂骨外侧。分割时先剥去肾脂肪，然后自半胴体的耻骨前下方剔出，由里脊头向里脊尾，逐个剥离腰椎横突，取下完整的里脊。

（13）通脊　主要由沿颈椎棘突和横突、胸椎和腰椎分布的肌肉组成，包括从第1颈椎至腰荐结合处的肌肉。分割时自半胴体的第1颈椎、腰荐结合处剥离取下背腰最长肌（眼肌）。

四、禽胴体的分割方法

（一）鸡胴体分割方法

我国于2010年颁布的GB/T 248864—2010《鸡胴体分割》对肉鸡加工企业鸡胴体分割产品进行了规定，将其分为翅肉类、胸肉类和腿肉类。

1. 翅肉类

（1）整翅　切开肱骨与喙状骨连接处，切断筋腱，不得划破关节面或伤到里脊。

（2）翅根（第一节翅）　沿肘关节处切断，由肩关节至肘关节段。

（3）翅中（第二节翅）　切断肘关节，由肘关节至腕关节段。

（4）翅尖（第三节翅）　切断腕关节，由腕关节至翅尖段。

（5）上半翅（V形翅）　由肩关节至腕关节段，即第一节和第二节翅。

（6）下半翅　由肘关节至翅尖段，即第二节和第三节翅。

2. 胸肉类

（1）带皮大胸肉　沿胸骨两侧划开，切断肩关节，将翅根连胸肉向尾部撕下，剪去翅，修净多余的脂肪、肌膜，使胸皮肉相称、无淤血、无熟烫。

（2）去皮大胸肉　将带皮大胸肉的皮除去。

（3）小胸肉（胸里脊）　在鸡锁骨和喙状骨之间取下胸里脊，要求条形完整、无破损、无污染。

（4）带里脊大胸肉　包括去皮大胸肉和小胸肉。

3. 腿肉类

（1）全腿　沿腹股沟将皮划开，将大腿向背侧方向掰开，切断髋关节和部分肌腱，在跗关节处切去鸡爪，使腿型完整，边缘整齐，腿皮覆盖良好。

（2）大腿　将全腿沿膝关节切断，为髋关节和膝关节之间的部分。

（3）小腿　将全腿沿膝关节切断，为膝关节和跗关节间的部分。

（4）去骨带皮鸡腿　沿胫骨到股骨内侧划开，切断膝关节，剔除股骨、胫骨和腓骨，修割多余的皮、软骨、肌腱。

（5）去骨去皮鸡腿　将去骨带皮鸡腿上的皮去掉。

（二）鸭胴体分割方法

我国于2009年颁布的NY/T 1760—2009《鸭肉等级规格》对主要的鸭分割产品及分割方法进行了规定。

（1）带皮鸭胸肉　从翅根与大胸的连接处下刀，将大胸切下，并对大胸内的血筋、多余的脂肪、筋膜及皮外进行修剪，得到完整的带皮鸭胸肉。

（2）鸭小胸　将小胸与锁骨分离，紧贴龙骨两侧下划至软骨处，使小胸与胸骨分离，撕下完整小胸。

（3）鸭腿　在腰眼肉处下刀，向里圆滑切至髋关节，顺势用刀尖将关节韧带割断，同时用力将腿向下撕至鸭尾部，切断与鸭尾相连的皮，修剪掉淤血、多余的皮及脂肪，得到形状规则的鸭腿肉。

（4）鸭全翅　将大胸从翅胸上切下后，再将肩肉切下，即可得到剩余的鸭全翅。

（5）鸭二节翅　沿翅中与翅根的关节处将鸭全翅切断后得到的翅尖和翅中部分。

（6）鸭翅根　沿翅中与翅根的关节处将鸭全翅切断，除去二节翅后的剩余部分。

（7）鸭脖　在鸭脖与鸭架连接处下刀，将鸭脖切下，除去脖皮和脖油。

（8）鸭头　从第一颈椎处下刀，割下鸭头，并除去气管、口腔淤血等。

（9）鸭掌　从踝骨缝处下刀，将鸭掌割下，并对脚垫进行修剪。

（10）鸭舌　在紧靠鸭头的咽喉外开一小口，割断食管和气管，然后掰开鸭嘴，将鸭舌拔出，并修剪掉气管头和舌皮，舌根软骨保留完整。

思考题

1. 家畜身上的肌肉因部位不同，形状和功能也不同，主要分为哪几种？
2. 我国对牛胴体是如何分级的？
3. 如何测定眼肌面积和背膘厚度？
4. 我国的猪胴体一般如何分割？

5. 我国牛胴体一般按部位分为多少块肉?

扩展阅读

[1] 王继卿, 胡江, 周智德, 等. 甘肃高山细毛羊不同杂交组合胴体分级和切块分割效果分析 [J]. 中国农业科技导报, 2016 (6): 58 -64.

[2] 尹佳. CSB Image - Meater 猪智能化影像分级仪瘦肉率预测及猪胴体等级评定标准的研究 [D]. 南京: 南京农业大学, 2010.

第四章

CHAPTER 4

肉的形态结构及化学成分

内容提要

本章主要介绍肉的形态结构，包括肉的宏观结构和微观结构，肌肉中的水分、蛋白质、脂肪等主要化学成分、特点，以及影响因素。重点内容是肌肉的结构、肉中水分存在形式和肌肉蛋白的种类。

第一节　肉的形态结构

透过现象看本质

4-1. 肉制品加工中常用到肉胴体的哪部分组织？请举例说明。

4-2. 肉胴体中结缔组织和骨组织可以开发成哪些产品？

肉畜胴体是指动物被屠宰后，去毛（皮）、头、蹄、尾、内脏及体腔内全部脂肪后的个体，主要由肌肉组织、脂肪组织、结缔组织和骨骼组织四大部分组成，这些组织的构造、性质及其含量直接影响到肉品质量、加工用途和商品价值，这四部分在整个胴体中的比率因屠宰动物的种类、品种、性别、年龄和营养状况等因素而具有较大差异。

一般来讲，成年动物的骨组织含量比较恒定，约占20%；脂肪组织的变动幅度较大，主要取决于肥育程度，育肥程度差、使役性强的家畜脂肪含量会低至2%~5%，育肥程度好的可达40%~50%；肌肉组织占40%~60%；结缔组织占12%。常见畜肉胴体中各组成部分的含量见表4-1。除动物的种类外，不同年龄的家畜其胴体的组成也有很大差别（见表4-2）。

表4-1　肉的各种组织占胴体重量的百分比　单位：%

组织名称	牛肉	猪肉	羊肉
肌肉组织	57~62	39~58	49~56
脂肪组织	3~16	15~45	4~18

续表

组织名称	牛肉	猪肉	羊肉
骨骼组织	17～29	10～18	7～11
结缔组织	9～12	6～8	20～35
血液	0.8～1	0.6～0.8	0.8～1

表4－2　不同月龄猪胴体各组织的比例　单位：%

月龄	肌肉组织	脂肪组织	骨骼组织
5	50.3	30.1	10.4
6	47.8	35.0	9.5
7.5	43.5	41.4	8.3

狭义地讲，“肉”是指动物的肌肉组织、脂肪组织以及附着于其中的结缔组织、微量的神经和血管。因此了解肌肉组织的结构、组成和功能等对于掌握肌肉在宰后的变化、肉的食用品质、加工利用特性等都具有重要的意义。

一、肌肉组织

肌肉组织（Muscle tissue）在组织学上可分为三类，即骨骼肌、平滑肌和心肌。胴体几乎全部是骨骼肌，心肌只存在于心脏，平滑肌主要存在于内脏部分。骨骼肌因以各种构形附着于骨骼而得名，但也有些附着于韧带、筋膜、软骨和皮肤而间接附着于骨骼，如大皮肌。骨骼肌与心肌因其在显微镜下观察有明暗相间的条纹，因而又被称为横纹肌（见图4－1和图4－2）。

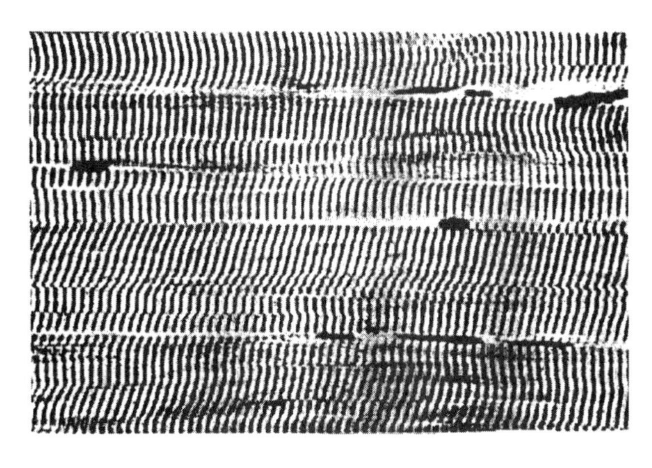

图4－1　肌肉纤维的显微结构（×630）

骨骼肌是通过韧带、筋膜、软骨或皮肤附着于骨骼上的组织，它的收缩受中枢神经系统的控制，所以又叫随意肌，而心肌与平滑肌称为非随意肌。与肉品加工有关的主要是骨骼肌，所以将侧重介绍骨骼肌的构造。下面提到的“肌肉”也指骨骼肌而言。

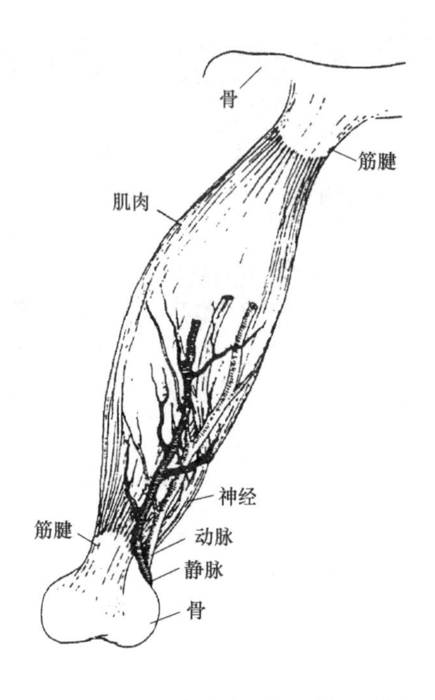

图4-2 骨骼肌的结构及与血管、神经、筋腱的关系

（一）肌肉的宏观构造

家畜体上大约有600块以上形状、大小各异的肌肉，但其基本构造是一样的（见图4-3、图4-4、图4-5和图4-6）。肌肉的基本构造单位是肌纤维，肌纤维与肌纤维之间由一层很薄的结缔组织膜围绕隔开，此膜叫肌内膜（Enolomysium）；每50~150条肌纤维聚集成束，称为肌束（Muscle bundle）；外包一层结缔组织鞘膜称为肌周膜（Perimysium）或肌束膜，这样形成的小肌束也称初级肌束；由数十条初级肌束集结在一起并由较厚的结缔组织膜包围就形成次级肌束（又称二级肌束）；由许多二级肌束集结在一起即形成肌肉块，外面包有一层较厚的结缔组织称为肌外膜（Epimysium）。这些分布在肌肉中的结缔组织膜既起着支架的作用，又起着保护作用，血管、神经通过三层膜穿行其中，伸入到肌纤维的表面，以提供营养和传导神经冲动。此外，还有脂肪沉积其中，使肌肉断面呈现大理石样纹理。

（二）肌肉的微观结构

1. 肌纤维

肌肉组织和其他组织一样也是由细胞构成的，但肌细胞是一种相当特殊化的细胞，呈长线状、不分枝，二端逐渐尖细，因此也称肌纤维（Muscle fiber），直径为10~100μm，长度为1~40mm，最长可达100mm，其结构图见图4-7。

2. 肌膜

肌纤维本身具有的膜称肌膜（Sarolemma），由蛋白质和脂质组成，具有很好的韧性，因而可承受肌纤维的伸长和收缩。肌膜的构造、组成和性质，相当于体内其他细胞膜。肌膜向内凹陷形成网状的管，叫作横小管（Transverse tubules），通常称为T-系统（T-system）或T小管（T-tubules）。

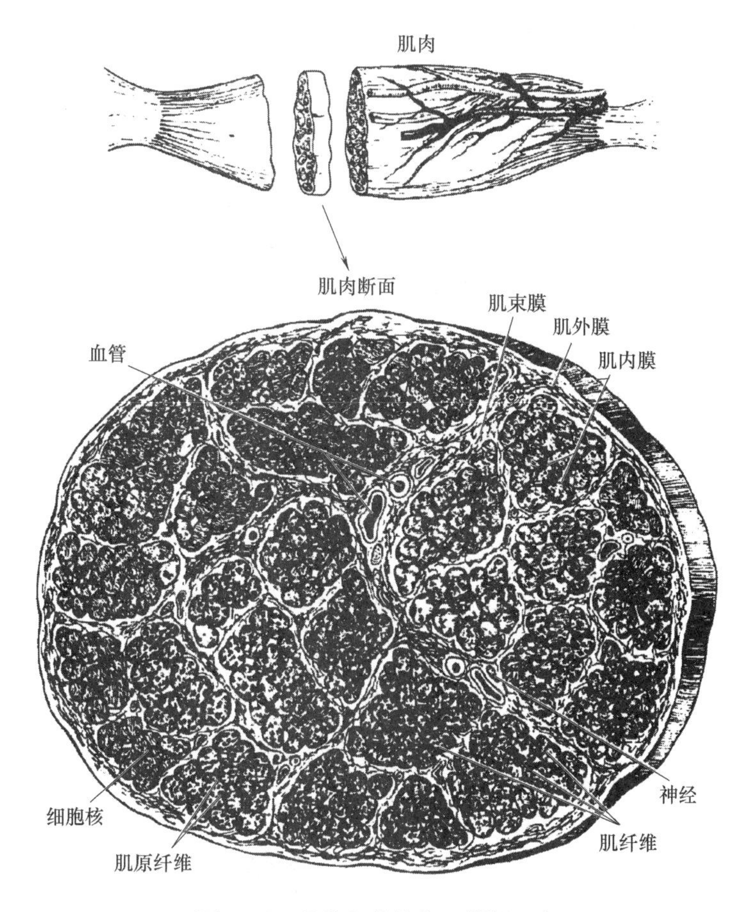

图4－3　骨骼肌的结构及横断面Ⅰ

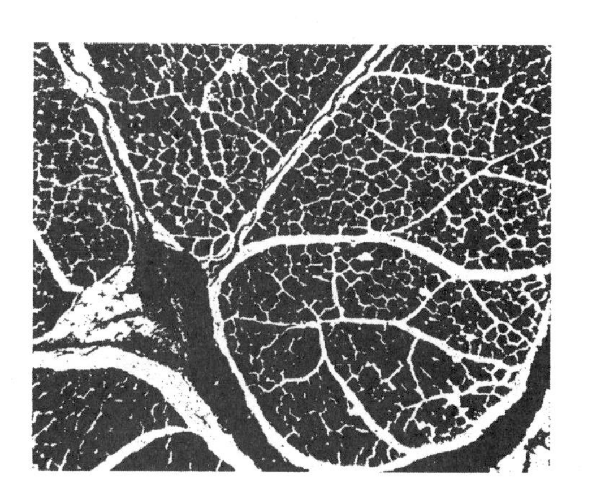

图4－4　骨骼肌的结构及横断面Ⅱ

3. 肌原纤维

肌原纤维（Myofibrils）是肌细胞独有的，也是肌纤维的主要成分，约占肌纤维固形成分的60%～70%，是肌肉的伸缩装置。肌原纤维在电镜下呈细长的圆筒状结构，其直径为1～2μm，其长轴与肌纤维的长轴相平行并浸润于肌浆中。肌原纤维的构造见图4－8，1000～2000根肌

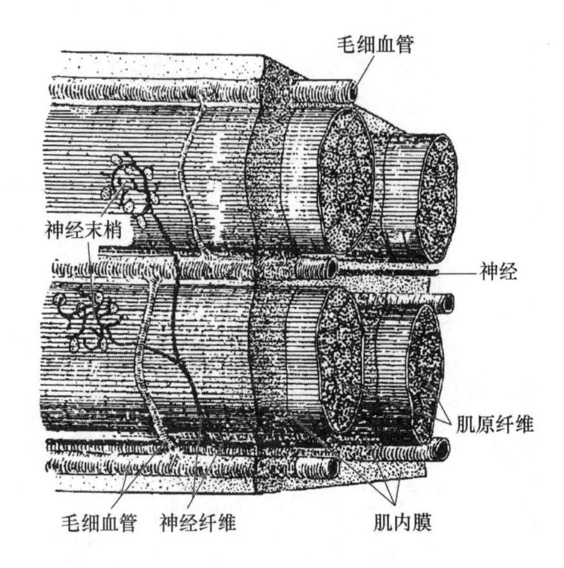

图 4-5　骨骼肌纵断面 Ⅰ

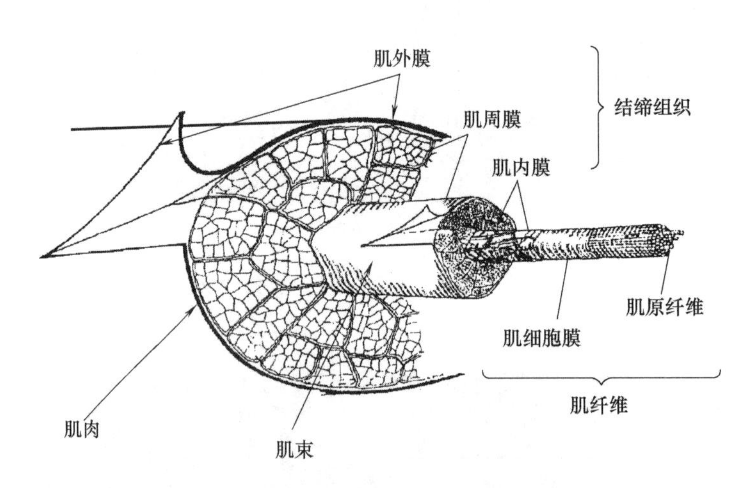

图 4-6　骨骼肌纵断面 Ⅱ

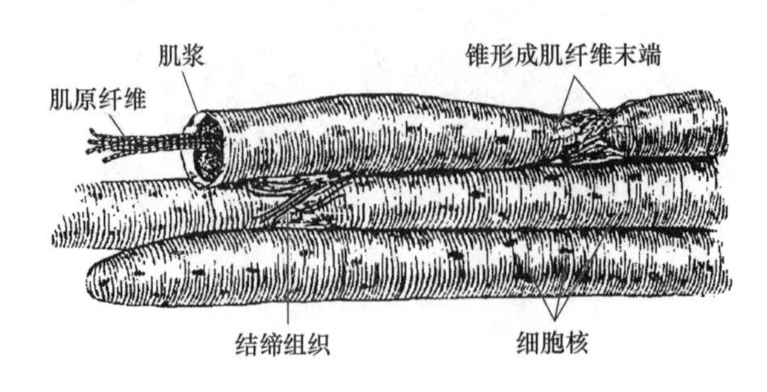

图 4-7　肌纤维的结构

原纤维组成一根肌纤维。

肌原纤维主要由肌微丝（又称肌原丝，Myofilament）组成，在肌原纤维的横切面上有大小不同的有序排列点。肌原丝可分为粗肌原丝（Thick－myofilament，简称粗丝）和细肌原丝（Thin－myofilament，简称细丝），粗丝就是肌原纤维横切面上的大点，细丝就是肌原纤维横切面上的小点。在纵切面上可观察到粗丝和细丝互相平行整齐排列在整个肌原纤维中。由于粗丝

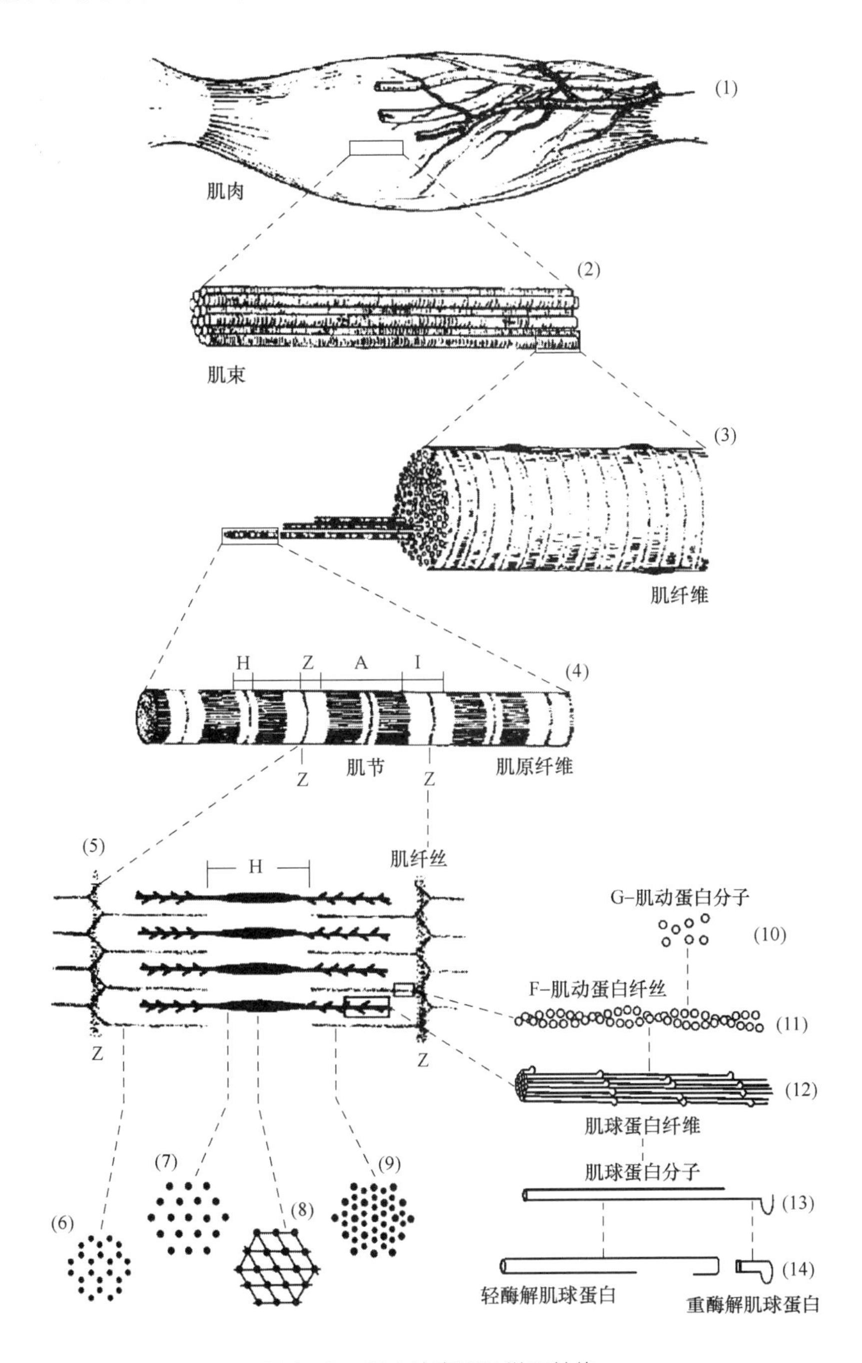

图4－8　肌肉的宏观及微观结构

(1)肌肉块　(2)肌束　(3)肌纤维　(4)肌原纤维　(5)Z线

(6)～(9)肌节各组成部分的横切面　(10)肌动蛋白　(11)肌动蛋白纤维

(12)肌球蛋白纤维　(13)肌球蛋白分子　(14)肌球蛋白头部

和细丝的排列在某一区域形成重叠，从而形成了在显微镜下观察时所见的明暗相间的条纹，即横纹。将光线较暗的区域称之为暗带（A 带），而光线较亮的区域称之为明带（I 带）。在偏振光显微镜下，A 带呈双折射，即其光学特性为各向异性（Anisotropy）；I 带呈单一折射，即其光学特性呈各向同性（Isotropy）。在 I 带的中央有一条暗线，称为 Z 线，将 I 带从中间分为左右两半；两条相邻 Z 线间的肌原纤维单位称为肌节（Sarcomere），它包括一个完整的 A 带和两个位于 A 带两边的半 I 带（见图 4－9）。A 带的中央也有一条暗线称 M 线，将 A 带分为左右两半。在 M 线附近有一个颜色较浅的区域，称为 H 区。

肌节是肌原纤维的重复构造单位，也是肌肉收缩、松弛交替发生的基本单位。肌节的长度不是恒定的，它取决于肌肉所处的状态。当肌肉收缩时，肌节变短；松弛时，肌节变长。哺乳动物放松时的肌肉，其典型的肌节长度为 2.5μm。

构成肌原纤维的粗丝和细丝不仅大小形态不同，而且它们的组成性质和在肌节中的位置也不同。粗丝主要由肌球蛋白组成，故又称之为肌球蛋白微丝（Myosin filament），直径约 10nm，长约为 1.5μm。A 带主要由平行排列的粗丝构成，另外有部分细丝插入。每条粗丝中段略粗，形成光镜下的中线（M 线）及 H 区。粗丝上有许多横突伸出，这些横突实际上是肌球蛋白分子的头部。横突与插入的细丝相对。细丝主要由肌动蛋白分子组成，故又称为肌动蛋白微丝（Actin filament），直径为 6～8nm，自 Z 线向两旁各扩张约 1.0μm。I 带主要由细丝构成，每条细丝从 Z 线上伸出，插入粗丝间一定距离。在细丝与粗丝交错穿插的区域，粗丝上的横突（6 条）分别与 6 条细丝相对。因此，从肌原纤维的横断面上看（见图 4－9 和图 4－10），I 带只有细丝，呈六角形分布。在 A 带，由于两种微丝交错穿插，所以可以看到以一条粗丝为中心，有六条细丝呈六角形包绕在周围。而 A 带的 H 区则只有粗丝呈三角形排列。

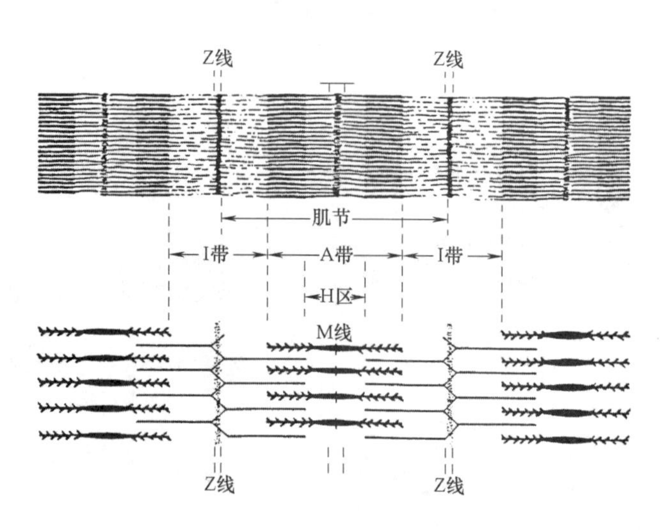

图 4－9　肌节的结构

4. 肌浆

肌纤维的细胞质称为肌浆（Sarcoplasm），填充于肌原纤维间和核的周围，是细胞内的胶体物质，含水 75%～80%。肌浆内富含肌红蛋白、肌糖元及其代谢产物、无机盐类等。

骨骼肌的肌浆内有发达的线粒体分布，说明骨骼肌的代谢十分旺盛，习惯把肌纤维内的线粒体称为肌粒。

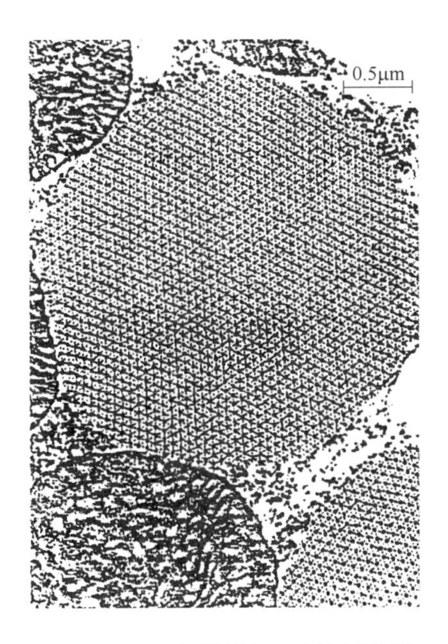

图 4 -10 肌纤维横断面电镜显微图

在电镜下，肌浆中还有一些特殊的结构。在 A 带与 I 带过渡处的水平位上，有一条横行细管称横管，横管是由肌纤维膜上内陷的漏斗状结构延续而成。另外在肌浆内有肌浆网（Sarcoplasmic reticulum），相当于普通细胞中的滑面内质网，呈管状和囊状，交织于肌原纤维之间。其中有一对囊状管，平行分布于横管的两侧称终池（Terminal cistemae），将横管夹于其中，共同组成三联管（Triad）。沿着肌原纤维的方向，终池纵向形成肌小管（Sarcotubule），又称纵行管，覆盖 A 带。纵行管在 H 区处，由纤细的分支形成吻合网（图 4 -11 和图 4 -12）。

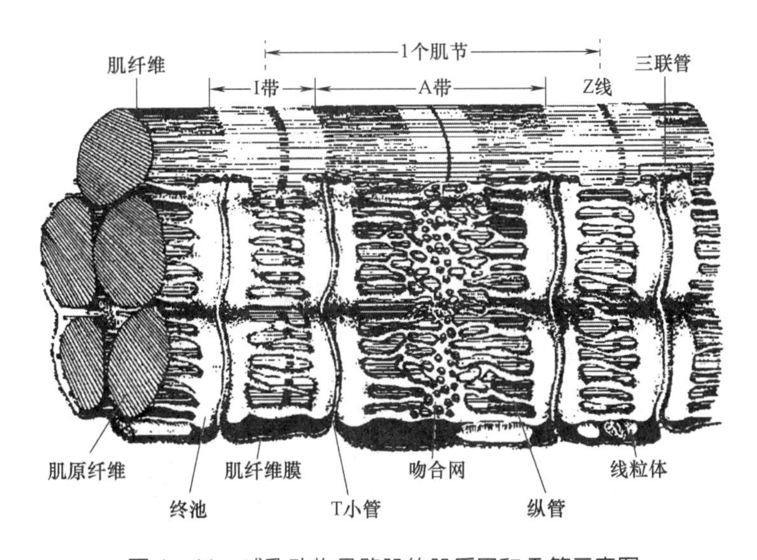

图 4 -11 哺乳动物骨骼肌的肌质网和 T 管示意图

横管的主要作用是将神经末梢的冲动传导到肌原纤维。肌浆网的管道内含有 Ca^{2+}，肌浆网的小管起着钙泵的作用，在神经冲动的作用下（产生动作电位），可以释放或收回 Ca^{2+}，从

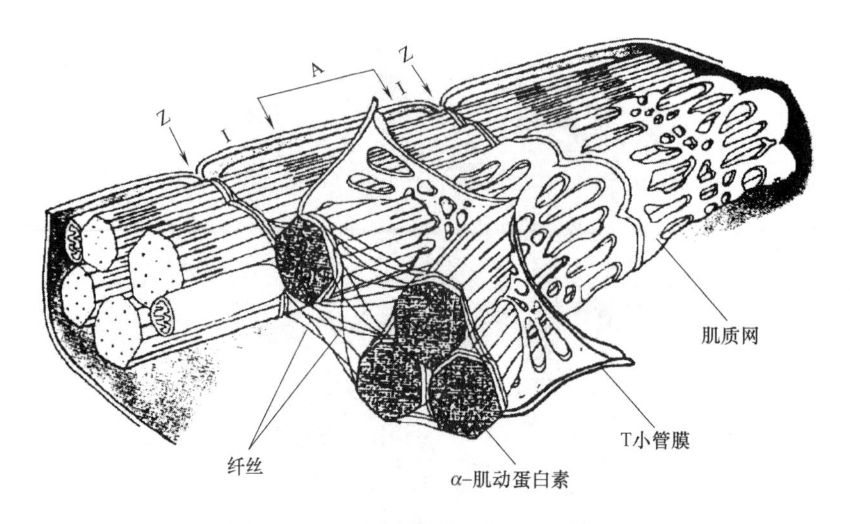

图4－12　骨骼肌纤维三维结构示意图

而控制着肌纤维的收缩和舒张。

肌浆中还有一种重要的器官称为溶菌体（Lysosomes），它是一种小胞体，内含有多种能消化细胞和细胞内容物的酶。在这种酶系中，能分解蛋白质的酶称之为组织蛋白酶（Cathepsin），有几种组织蛋白酶均对某些肌肉蛋白质有分解作用，对肉的成熟具有很重要的意义。

5. 肌细胞核

骨骼肌纤维为多核，但因其长度变化大，所以每条肌纤维所含核的数目不定。一条几厘米长的肌纤维可能有数百个核。核呈椭圆形，位于肌纤维的边缘，紧贴在肌纤维膜下，呈有规则的分布，核长约5μm。

（三）肌纤维的种类

通常根据肌纤维所含色素的不同，可将其分为红肌纤维、白肌纤维和中间型纤维三类（见图4－13）。红色、白色和中间型肌纤维的构造、功能及代谢特性等均不相同，其主要的差异见表4－3。大多数肉用家畜的肌肉是由两种或三种肌纤维混合而成。有些肌肉全部由红肌纤维或全部由白肌纤维构成，如猪的半腱肌主要由红肌纤维构成。表4－4所示为以猪肉为例列出的肌肉中肌纤维类型比率。

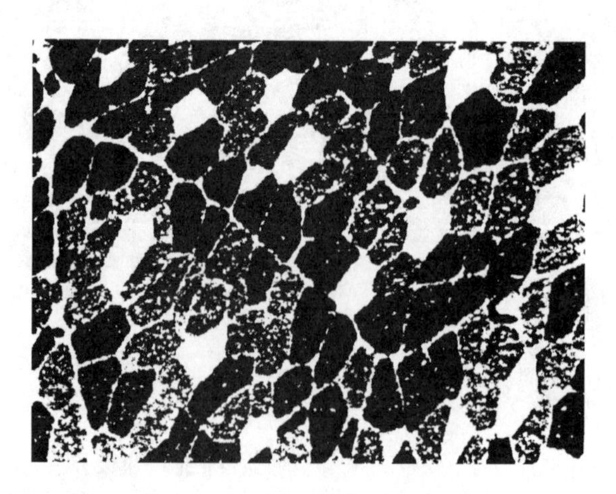

图4－13　肌纤维的三种类型

如表4-3所示，红肌纤维的供能方式主要是有氧代谢，因此，只要有氧气供应就不易疲乏，这表现在红肌纤维的收缩缓慢而持久。白肌纤维的供能以糖元酵解为主。

表4-3　家畜、家禽中红色、白色和中间型肌纤维的特性

性状	红色肌纤维	中间型肌纤维	白色肌纤维
色泽	红	红	白
肌红蛋白含量	高	高	低
纤维直径	小	小至中等	大
收缩速度	缓慢	快速	快速
收缩特性	连续紧张的，不易疲乏	连续紧张的	断续的、易疲劳
线粒体数目	多	中等	少
线粒体大小	大	中等	小
毛细管密度	高	中等	低
有氧代谢	高	中等	低
无氧酵解	低	中等	高
脂肪含量	高	中等	低
糖原含量	低	高	高
细胞色素氧化酶活性	强	强	-
ATPase的活性	弱	弱	强

表4-4　猪不同肌肉中肌纤维类型比例　单位：%

类型	红色肌纤维	中间型肌纤维	白色肌纤维
背最长肌（Longissimus muscle）			
芬兰猪	6.3	13.9	79.8
德国猪	8.5	10.3	83.9
内收肌（Adductor）			
芬兰猪	22.2	11.7	66.1
德国猪	20.5	11.7	67.8

二、脂肪组织

脂肪组织（Adipose tissue）是仅次于肌肉组织的第二个重要组成部分，具有较高的食用价值，是肉风味的前体物质。对于改善肉质、提高风味均有影响。脂肪在肉中的含量受动物种类、品种、年龄、性别及肥育程度影响而变动较大。

脂肪的构造单位是脂肪细胞，脂肪细胞或单个或成群地借助于疏松结缔组织联在一起。细胞中心充满脂肪滴，细胞核被挤到周边。脂肪细胞外层有一层膜，膜由胶状的原生质构成，细胞核即位于原生质中。脂肪细胞是动物体内最大的细胞，直径为30~120μm，最大者可达250μm，脂肪细胞越大，里面的脂肪滴越多，因而出油率也越高。脂肪细胞的大小与畜禽的肥育程度及不同部位有关。如牛肾周围的脂肪直径肥育牛为90μm，瘦牛为50μm，而猪脂肪细胞

的直径皮下脂肪为152μm，腹腔脂肪为100μm。

脂肪在体内的蓄积，依动物种类、品种、年龄和肥育程度不同而异。猪多蓄积在皮下、肾周围及大网膜；羊多蓄积在尾根、肋间；牛主要蓄积在肌肉内；鸡蓄积在皮下、腹腔及肌胃周围。脂肪蓄积在肌束内最为理想，这样的肉呈大理石样，肉质较好。脂肪在活体组织内起着保护组织器官和提供能量的作用，在肉中脂肪是风味的前体物质之一。脂肪组织的成分，脂肪占绝大部分，其次为水分、蛋白质以及少量的酶、色素和维生素等。

三、结缔组织

结缔组织（Connective tissue）在畜禽胴体中的含量占胴体的9%～15%，是肉的次要成分。结缔组织由细胞、纤维和无定形的基质组成。细胞为成纤维细胞，存在于纤维中间；纤维由蛋白质分子聚合而成，可分为胶原纤维、弹性纤维和网状纤维三种，都属于硬性的非全蛋白，其氨基酸组成中缺少人体必需的氨基酸，而且这三种蛋白具有坚硬、难溶、不易消化等特点，营养价值很低，因此结缔组织多的肌肉食用价值低。

1. 胶原纤维

胶原纤维（Collagenous fiber）呈白色，故又称白纤维。纤维呈波纹状，分散存在于基质内。纤维长度不定，粗细不等；直径1～12μm，有韧性及弹性，每条纤维由更细的原胶原纤维组成。胶原纤维主要由胶原蛋白组成，是肌腱、皮肤、软骨等组织的主要成分，在沸水或弱酸中变成明胶；易被酸性胃液消化，而不被碱性胰液消化。

2. 弹性纤维

弹性纤维（Elastic fiber）为黄色，故又称黄纤维。有弹性，纤维粗细不同而有分支，直径0.2～12μm。在沸水、弱酸或弱碱中不溶解，但可被胃液和胰液消化。弹性纤维的主要化学成分为弹性蛋白，在血管壁、项韧带等组织中含量较高。

3. 网状纤维

网状纤维（Reticular fiber）主要分布于疏松结缔组织与其他组织的交界处，如在上皮组织的膜中、脂肪组织、毛细血管周围，均可见到极细致的网状纤维。网状纤维与胶原纤维的化学本质相同，但比胶原纤维细，直径0.2～1μm，可以看作是新生的胶原纤维，在基质中很容易附着较多的黏多糖蛋白，可被硝酸银染成黑色，其主要成分为网状蛋白。

结缔组织的含量因家畜种类、年龄、性别、营养状况、使役程度和组织学部位而不同。在动物体内对各器官组织起到支持和连接作用，使肌肉保持一定弹性和硬度。老龄、公畜、消瘦及使役的动物，结缔组织含量高。同一动物不同部位也不同，一般讲，前躯由于支持沉重的头部而结缔组织较后躯发达，下躯较上躯发达，如羊肉各部位的结缔组织含量见表4－5。

表4－5　羊胴体各部位结缔组织的含量　单位：%

部位	结缔组织含量	部位	结缔组织含量
前肢	12.7	后肢	9.5
颈部	13.8	腰部	11.9
胸部	12.7	背部	7.0

肌肉中的肌外膜是由含胶原纤维的致密结缔组织和疏松结缔组织组成，还伴有一定量的弹性纤维。背最长肌、腰大肌、腰小肌这两种纤维都不发达，肉质较嫩；半腱肌这两种纤维都发达，肉质较硬；股二头肌外侧弹性纤维发达而内侧不发达；颈部肌肉胶原纤维多而弹性纤维少。肉质的软硬不仅决定于结缔组织的含量，还与结缔组织的性质有关。老龄家畜的胶原蛋白分子交联程度高，肉质硬，此外，弹性纤维含量高，肉质就硬。由于各部位肌肉结缔组织含量不同，其硬度也不同。

结缔组织为非全价蛋白，不易消化吸收，增加肉的硬度，食用价值低，可用于胶冻类食品的加工。

四、骨　组　织

骨组织是肉的次要成分，食用价值和商品价值较低，在运输和贮藏时要消耗一定能源。成年动物骨骼的含量比较恒定，变动幅度较小。猪骨占胴体的5%～9%，牛骨占15%～20%，羊骨占8%～17%，兔骨占12%～15%，鸡骨占8%～17%。

骨由骨膜、骨质和骨髓构成，骨膜是由结缔组织包围在骨骼表面的一层硬膜，里面有神经和血管。骨骼根据构造的致密程度分为密质骨和松质骨，骨的外层比较致密坚硬，内层较为疏松多孔。按形状又分为管状骨和扁平骨，管状骨质密层厚，扁平骨质密层薄。在管状骨的管骨腔及其他骨的松质层孔隙内充满有骨髓。骨髓分红骨髓和黄骨髓。红骨髓含血管、细胞较多，为造血器官，幼龄动物含量高；黄骨髓主要是脂类，成年动物含量多。骨的化学成分，水分占40%～50%，胶原蛋白占20%～30%，无机质约占20%。无机质的成分主要是钙和磷。

将骨骼粉碎可以制成骨粉，作为饲料添加剂，此外还可熬出骨油和骨胶。利用超微粒粉碎机制成骨泥，是肉制品的良好添加剂，也可用作其他食品以强化钙和磷。

第二节　肉的化学成分

透过现象看本质

4-3. 肉及肉制品的水分活度对其保藏有何意义？

4-4. 低温肉制品加工选择的中心温度72～85℃是根据哪种蛋白质的变性温度设定？

肉的化学成分主要是指肌肉组织各种化学物质的组成，包括水分、蛋白质、脂类、碳水化合物、含氮浸出物及少量的矿物质和维生素等。哺乳动物骨骼肌的化学组成见表4-6。

表4-6　　哺乳动物骨骼肌的化学组成　　单位：%

化学物质	含量	化学物质	含量
水分（65~80）	75.0	磷脂	1.0
蛋白质（16~22）	18.5	脑苷脂类	0.5
肌原纤维蛋白	9.5	胆固醇	0.5
肌球蛋白	5.0	非蛋白含氮物	1.5
肌动蛋白	2.0	肌酸与磷酸肌酸	0.5
原肌球蛋白	0.8	核苷酸类（ATP、ADP等）	0.3
肌原蛋白	0.8	游离氨基酸	
M-蛋白	0.4	肽（鹅肌肽、肌肽等）	0.3
C-蛋白	0.2	其他物质（IMP、NAD、NADP、尿素等）	0.1
α-肌动蛋白素	0.2		
β-肌动蛋白素	0.1	碳水化合物（0.5~1.5）	1.0
肌浆蛋白	6.0	糖原（0.5~1.3）	0.8
可溶性肌浆蛋白和酶类	5.5	葡萄糖	0.1
肌红蛋白	0.3	代谢中间产物（乳酸等）	0.1
血红蛋白	0.1	无机成分	1.0
细胞色素和呈味蛋白	0.1	钾	0.3
基质蛋白	3.0	总磷	0.2
胶原蛋白网状蛋白	1.5	硫	0.2
弹性蛋白	0.1	氯	0.1
其他不可溶蛋白	1.4	钠	0.1
脂类（1.5~13.0）	3.0	其他（包括镁、钙、铁、铜、锌、锰等）	0.1
中性脂类（0.5~1.5）	1.5		

一、水　分

水分在不同组织中分布不均匀，其中肌肉含水量为70%~80%，皮肤为60%~70%，骨骼为12%~15%。水分在肉中占绝大部分，其含量多少及存在状态影响肉的加工质量及贮藏性。水分含量多易导致细菌、霉菌繁殖，引起肉的腐败变质；而肉脱水会使肉品失重而且影响肉的颜色、风味和组织状态，并引起脂肪氧化。

1. 肉中水分的存在形式

核磁共振的研究表明，肉中的水分并非像纯水那样以游离的状态存在，其存在的形式大致可以分为三种。

（1）结合水　结合水是指与蛋白质分子表面借助极性基团与水分子的静电引力而紧密结合的水分子层，它的冰点很低（-40℃），无溶剂特性，不易受肌肉蛋白质结构和电荷变化的影响，甚至在施加严重外力条件下，也不能改变其与蛋白质分子紧密结合的状态。结合水约占肌肉总水分的5%。

（2）不易流动水　肌肉中大部分水分（80%）是以不易流动水状态存在于纤丝、肌原纤维及膜之间。它能溶解盐及其他物质，并在0℃或稍低时结冰。这部分水量取决于肌原纤维蛋白质凝胶的网状结构变化，通常我们衡量的肌肉系水力及其变化主要指这部分水。

（3）自由水　自由水指存在于细胞外间隙中能自由流动的水，约占总水分的15%。

肌肉中水分存在的形式如图4－14所示。

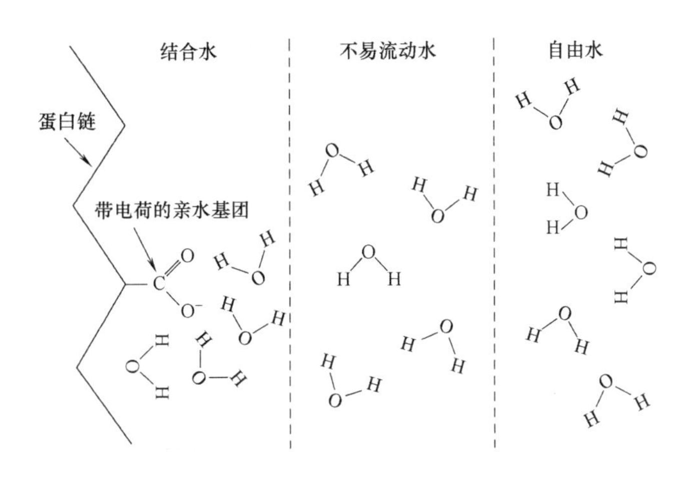

图4－14　肌肉蛋白质与水分的结合形式

2. 水分活度的概念

水分是微生物生长活动所必需的物质，一般说来，食品的水分含量越高，越易腐败，但是，严格地说微生物的生长并不取决于食品的水分总含量，而是它的有效水分，即微生物能利用的水分多少，通常用水分活度来衡量。

所谓水分活度（Water activity，A_w）是指食品在密闭器内测得的水蒸气压力（P）与同温下测得的纯水蒸气压力（P_0）之比。即：

$$A_w = \frac{P}{P_0}$$

水分活度反映了水分与肉品结合的强弱及被微生物利用的有效性，各种食品都有一定的A_w值。新鲜肉为0.97～0.98，鱼为0.98～0.99，红肠为0.96左右，干肠为0.65～0.85。各种微生物的生长发育都有其最适的A_w值。一般而言，细菌生长的A_w下限为0.94，酵母菌为0.88，霉菌为0.8。A_w下降0.7以下，大多数微生物不能生长发育，但嗜盐菌在0.7，耐干燥霉菌在0.65，耐渗透压的酵母菌在0.61时仍能发育。近年来被称为“中间水分食品”（Intermediate moisture food）的一类制品其A_w为0.65～0.85，细菌相对来说不易繁殖，但霉菌仍能生长且脂肪易发生自动氧化。

二、蛋　白　质

肌肉中除水分外主要成分是蛋白质，占18%～20%，占肉中固形物的80%，肌肉中的蛋白质按照其所存在于肌肉组织上位置的不同，可分为三类，即肌原纤维蛋白质（Myofibrillar proteins）、肌浆蛋白（Sarcoplasmic proteins）、肉基质蛋白质（Stroma proteins）。这些蛋白含量因动物种类、组织学部位不同而异。

（一）肌原纤维蛋白质

肌原纤维蛋白质是构成肌原纤维的蛋白质，通常利用离子强度0.5以上的高浓度盐溶液抽出，但被抽出后，即可溶于低离子强度的盐溶液中，属于这类蛋白质的有肌球蛋白（Myosin）、肌动蛋白（Actin）、原肌球蛋白（Tropomyosin）、肌原蛋白（Troponin）、α－肌动蛋白素（α－actinin）、M－蛋白（M－protein）等（见表4－7）。

表4－7　肌原纤维蛋白质的种类和含量　单位：%

名称	含量	名称	含量
肌球蛋白	50～55	γ－肌动蛋白素	<1
肌动蛋白	20	肌酸激酶	<1
原肌球蛋白	5	55000u 蛋白	<1
肌原蛋白	5	F－蛋白	<1
连接蛋白（titan）	6	I－蛋白	<1
N－line	3	丝极（filament）	<1
C－蛋白	2	肌间蛋白（desmin）	<1
M 蛋白	2	波形蛋白（vimentin）	<1
α－肌动蛋白素	2	花丝蛋白（synemin）	<1
β－肌动蛋白素	<1		

1. 肌球蛋白

肌球蛋白（Myosin）是肌肉中含量最高也是最重要的蛋白质，约占肌肉总蛋白质的三分之一，占肌原纤维蛋白质的50%～55%，是粗丝的主要成分，构成肌节的A带。肌肉中的肌球蛋白可以用高离子强度的缓冲液如0.3mol/L KCl/0.15mol/L 磷酸盐缓冲液抽提出来。肌球蛋白的分子质量为470～510ku。它由两条很长的肽链相互盘旋构成，这两条肽链称为重链，分子质量为194ku，两条肽链各形成盘旋的头部。在尾部有数条轻链，可以分为三种：Lc_1每个肌球蛋白1～2条，分子质量为18～27.5ku；Lc_2每个肌球蛋白2条，分子质量为17.4～25ku；Lc_3每个肌球蛋白1～2条，分子质量为15.1～17.6ku。

肌球蛋白的形状很像“豆芽”，全长为140nm，其中头部20nm，尾部120nm；头部的直径为5nm，尾部直径2nm。肌球蛋白在胰蛋白酶的作用下，裂解为两个部分，即由头部和一部分尾部构成的重酶解肌球蛋白（Heavy meromyosin，HMM）和尾部的轻酶解肌球蛋白（Light meromyosin，LMM）。HMM在木瓜蛋白酶（Papain）的作用下可再裂解成两个亚碎片，即头部HMMS和一部分尾部HMMS。头部（S_1）具有ATP酶的活性，其活性可被Ca^{2+}激活，并具有和肌动蛋白结合的特点。尾部（S_2）是惰性的。

肌球蛋白是粗丝的主要成分，构成肌节的A带。大约400个肌球蛋白分子构成一条粗丝。在构成粗丝时，肌球蛋白的尾部相互重叠，而头部伸出在外，并做很有规则的排列（见图4－15）。因此，在粗丝的两边，每相邻的一对肌球蛋白头部间的距离为13.4nm，每三对为一重复单位，即每隔42.9nm后出现重复的结构。这种结构在平面上的投影为一个正六角形。因此，在肌节A带粗、细丝重叠处横切的显微图片上，完全可以看到这种很有规则的排列（见图4－15、图4－16和图4－17）。

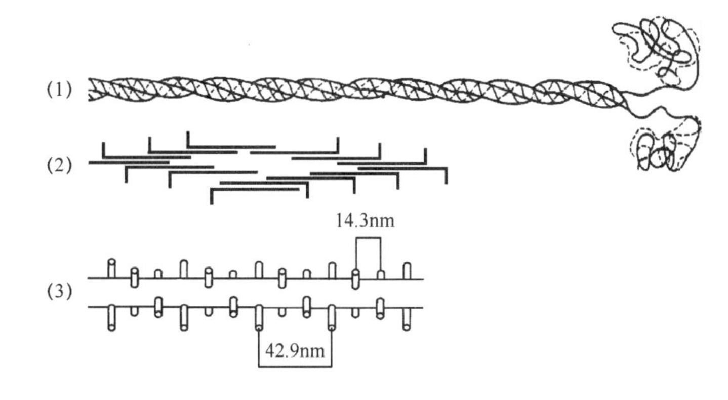

图4－15　肌球蛋白图示

(1)一个肌球蛋白分子　(2)在一条粗丝中的肌球蛋白　(3)一条粗丝

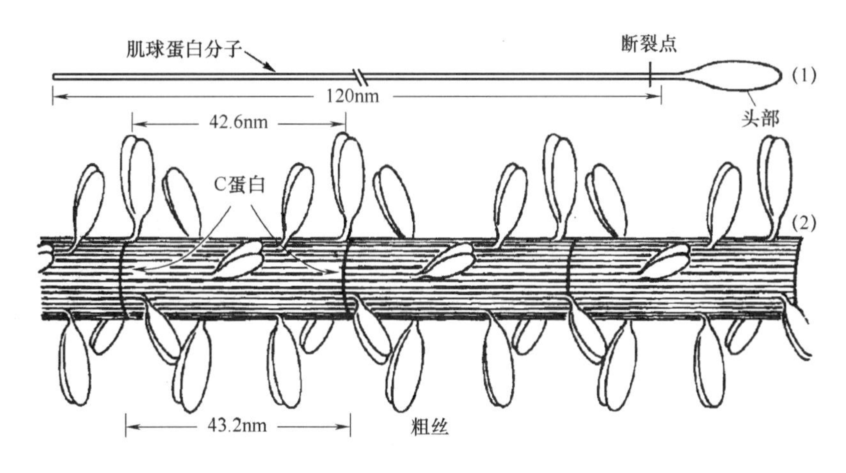

图4－16　粗丝的结构

(1)肌球蛋白分子　(2)粗丝

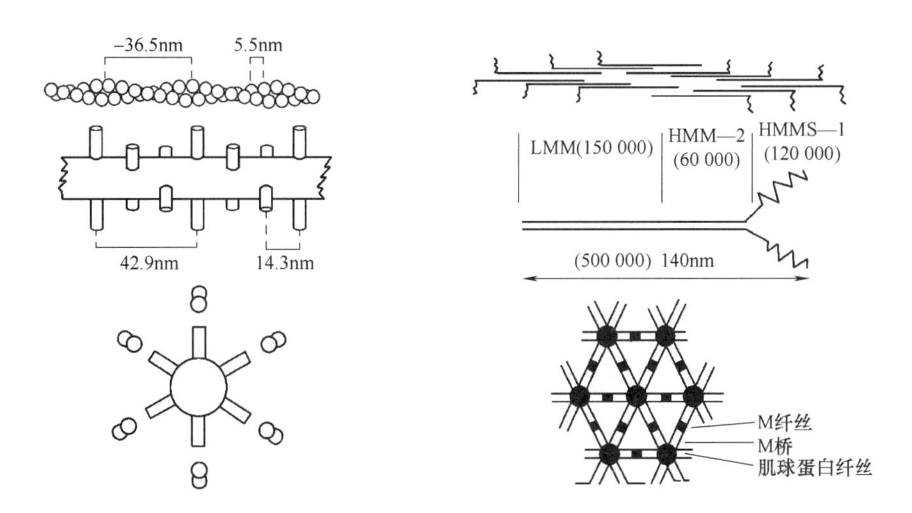

图4－17　粗丝与细丝结合示意图

肌球蛋白属球蛋白类，不溶于水或微溶于水，在中性盐溶液中可溶解，等电点 5.4，在 50～55℃发生凝固，易形成凝胶，在饱和的 NaCl 或 $(NH_4)_2SO_4$溶液中可盐析沉淀。肌球蛋白的头部有 ATP 酶活性，可以分解 ATP，并可与肌动蛋白结合形成肌动球蛋白，与肌肉的收缩直接有关。

2. 肌动蛋白

肌动蛋白（Actin）约占肌原纤维蛋白的 20%，是构成细丝的主要成分。肌动蛋白只由一条多肽链构成，其分子质量为 41.8～61ku。肌动蛋白单独存在时，为球形的蛋白质分子结构，称球形肌动蛋白（G－actin），球形肌动蛋白的直径为 5.5nm。当球形肌动蛋白在有磷酸盐和少量 ATP 存在的时候，即可形成相互连接的纤维状结构，需 300～400 个球形肌动蛋白形成一个纤维状结构，两条纤维状结构的肌动蛋白相互扭合成的聚合物称为 F－actin，其结构见图 4－18 和图 4－19。F－肌动蛋白每 13～14 个球体形成一段双股扭合体，在中间的沟槽里“躺着原肌球蛋白”，原肌球蛋白呈细长条形，其长度相当于 7 个球形肌动蛋白，在每条原肌球蛋白上还结合着一个肌原蛋白。

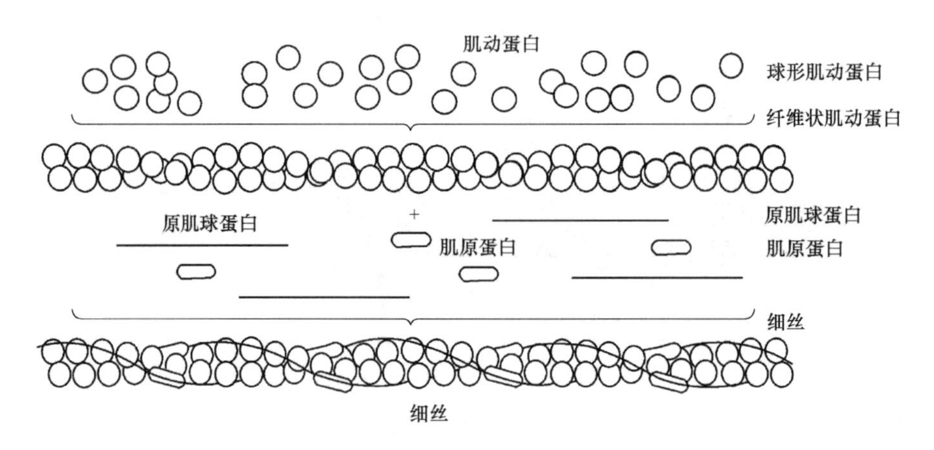

图 4－18　细丝的结构

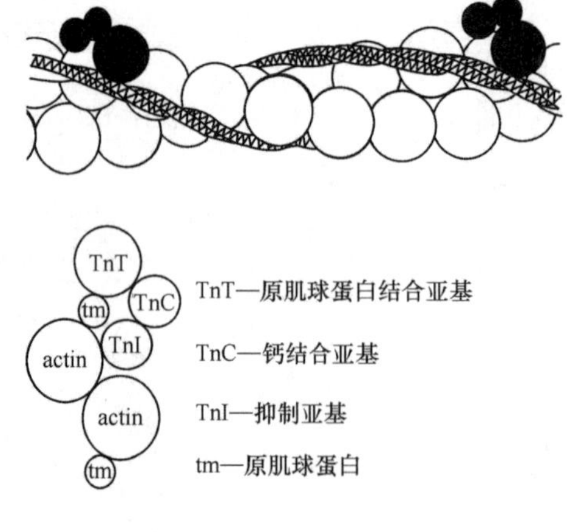

图 4－19　细丝结构模式图

肌动蛋白的性质属于白蛋白类，能溶于水及稀的盐溶液中，在半饱和的（NH_4）$_2SO_4$溶液中可盐析沉淀，等电点4.7，纤维形肌动蛋白（F－actin）在有KI和ATP存在时又会解离成球形肌动蛋白，肌动蛋白的作用是与原肌球蛋白及肌原蛋白结合形成细丝，在肌肉收缩过程中与肌球蛋白的横突形成交联（横桥），共同参与肌肉的收缩过程。

3. 肌动球蛋白

肌动球蛋白（Actomyosin）是肌动蛋白与肌球蛋白的复合物，肌动球蛋白根据制备手段的不同可以分为两种：

（1）合成肌动球蛋白　即预先抽提出肌球蛋白和纤维形肌动蛋白，然后混合制得的肌动球蛋白。

（2）天然肌动球蛋白　在新鲜的磨碎肌肉中加入5～6倍的Webber－Edsall溶液（0.6mol/L KCl，0.01mol/L Na_2CO_3，0.06mol/L $NaHCO_3$）抽提24h，离心后取上清液，稀释后使其沉淀，再将其溶解并再沉淀，反复3～4次精制得到肌动球蛋白。用这种方法制得的肌动球蛋白又称之为肌球蛋白B，其中常混有少量的肌球蛋白，为了区别起见，将纯净的肌球蛋白称为肌球蛋白A。

肌动球蛋白的黏度很高，具有明显的流动双折射现象，由于其聚合度不同，因而分子质量不定。肌动蛋白与肌球蛋白的结合比例在1:2.5至1:4之间。肌动球蛋白也具有ATP酶活性，但与肌球蛋白不同，Ca^{2+}和Mg^{2+}都能激活。

高浓度的肌动球蛋白易形成凝胶。在高的离子强度下，如0.6mol/L的KCl溶液中，添加ATP则溶液的黏度降低，流动双折射也减弱，其原因是肌动球蛋白受ATP的作用分解成肌动蛋白和肌球蛋白。添加焦磷酸盐也可看到同样的现象。

4. 原肌球蛋白

原肌球蛋白（Tropomyosin）占肌原纤维蛋白的4%～5%，形为杆状分子，长45nm，直径2nm，位于F－actin双股螺旋结构的每一沟槽内，构成细丝的支架。每1分子的原肌球蛋白结合7分子的肌动蛋白和1分子的肌原蛋白。分子质量65～80ku，在SDS聚丙烯酰胺（SDS－PAGE）电泳中，可分出两条带，其分子质量分别为34ku和36ku。

5. 肌原蛋白

肌原蛋白（Troponin）又称肌钙蛋白，占肌原纤维蛋白的5%～6%，肌原蛋白对Ca^{2+}有很高的敏感性，每一个蛋白分子具有4个Ca^{2+}结合位点，沿着细丝以38.5nm的周期结合在原肌球蛋白分子上，分子质量为69～81ku，肌原蛋白有三个亚基，各有自己的功能特性：

（1）钙结合亚基　分子质量为18～21ku，是Ca^{2+}的结合部位；

（2）抑制亚基　分子质量为20.5～24ku，能高度抑制肌球蛋白中ATP酶的活性，从而阻止肌动蛋白与肌球蛋白结合；

（3）原肌球蛋白结合亚基　分子质量为30.5～37ku，能结合原肌球蛋白，起联结作用。

6. M蛋白

M蛋白（Myomesin）占肌原纤维蛋白的2%～3%，分子质量为160ku，存在于M线上，其作用是将粗丝联结在一起，以维持粗丝的排列（稳定A带的格子结构）。

7. C蛋白

C蛋白约占肌原纤维蛋白的2%，分子质量为135～140ku。它是粗丝的一个组成部分，结合于LMM部分，为一条多肽链，按42.9～43.0nm的周期结合在粗丝上，每一个周期明显地结合着 2 个 C 蛋白分子。C 蛋白的功能是维持粗丝的稳定，并调节横桥。

8. α－肌动蛋白素

α－肌动蛋白素（α－actinin）为 Z－线上的主要蛋白质，约占肌原纤维蛋白的 2%，分子质量为 190～210ku，由两条肽链组成，每条肽链的分子质量为 95ku，α－肌动蛋白素是 Z 线上的主要成分，起着固定邻近细丝的作用。

9. β－肌动蛋白素

β－肌动蛋白素（β－actinin）和 F－肌动蛋白结合在一起，分子质量为 62～71ku，位于细丝的自由端上，有阻止球形肌动蛋白连接起来的作用，因而可能与控制细丝的长度有关。

10. γ－肌动蛋白素

γ－肌动蛋白素（γ－actinin）的分子质量为 70～80ku，γ－肌动蛋白素在试管中与纤维形肌动蛋白结合，并阻止球形肌动蛋白聚合成纤维形肌动蛋白。

11. I－蛋白

存在于 A 带，I－蛋白（I－protein）在肌动球蛋白缺乏 Ca^{2+} 时，会阻止 Mg^{2+} 激活 ATP 酶的活性，但若 Ca^{2+} 存在，则不会如此，因此，I－蛋白可以阻止休止状态的肌肉水解 ATP。有学者认为其作用是抑制肌动蛋白与肌球蛋白结合。

12. 连结蛋白

连结蛋白（Connectin）最初由 Maruyama 和他的同事发现，分子质量 700～1000ku，位于 Z 线以外的整个肌节，起连结作用。

13. 肌间蛋白

肌间蛋白（Desmin）的分子质量 55ku，位于 Z 线周围，连接邻近的细丝排列成极高度精确的构造。肌间蛋白的分解与宰后肌肉嫩度的变化密切有关。

（二）肌浆蛋白质

肌浆是指在肌纤维中环绕并渗透到肌原纤维的液体和悬浮于其中的各种有机物、无机物以及亚细胞结构的细胞器等。通常把肌肉磨碎压榨便可挤出肌浆，其中主要包括肌溶蛋白、肌红蛋白、肌球蛋白 X、肌粒蛋白和肌浆酶等。肌浆蛋白的主要功能是参与肌细胞中的物质代谢。

1. 肌溶蛋白

肌溶蛋白（Myogen）属清蛋白类的单纯蛋白质，存在于肌原纤维间。易溶于水，把肉用水浸透可以溶出，很不稳定，易发生变性沉淀，其沉淀部分叫肌溶蛋白 B（Myogenfibrin），约占肌浆蛋白质的 3%，分子质量为 80～90ku，等电点为 6.3，凝固温度为 52℃，加饱和的 $(NH_4)_2SO_4$ 或醋酸可被析出。把可溶性的不沉淀部分叫肌溶蛋白 A，也叫肌白蛋白（Myoaibumin）。约占肌浆蛋白的 1%，分子质量为 150ku，易溶于水和中性盐溶液，等电点为 3.3，具有酶的性质。

2. 肌红蛋白

肌红蛋白（Myoglobin）是一种复合性的色素蛋白质，由一分子的珠蛋白和一个亚铁血色素结合而成，为肌肉呈现红色的主要成分，分子质量为 34ku，等电点为 6.78，含量占 0.2%～2%。有关肌红蛋白的结构和性能将在“肉的颜色”中详加讨论。

3. 肌浆酶

肌浆中除上述可溶性蛋白质及少量球蛋白－X 外，还存在大量可溶性肌浆酶，其中糖酵解酶占 2/3 以上。主要的肌浆酶见表 4－8。从表中看出，在肌浆中缩醛酶和肌酸激酶及磷酸甘油醛脱氢酶含量较多。大多数酶定位于肌原纤维之间，有研究证明缩醛酶和丙酮酸激酶对肌动蛋白－原肌球蛋白－肌原蛋白有很高的亲和性。红肌纤维中糖酵解酶含量比白肌纤维少，只有其1/10～1/5。而红肌纤维中一些可溶性蛋白的相对含量，以肌红蛋白、肌酸激酶和乳酸脱氢酶含量最高。

表4－8 肌肉中肌浆酶蛋白的含量 单位：mg/g

肌浆酶	含量
磷酸化酶	2.0
淀粉－1，6－糖苷酶	0.1
葡萄糖磷酸变位酶	0.6
葡萄糖磷酸异构酶	0.8
果糖磷酸激酶	0.35
缩醛酶（二磷酸果糖酶）	6.5
磷酸丙糖异构酶	2.0
甘油－3－磷酸脱氢酶	0.3
磷酸甘油激酶	0.8
磷酸甘油醛脱氢酶	11.0
磷酸甘油变位酶	0.8
烯醇化酶	2.4
丙酮酸激酶	3.2
乳酸脱氢酶	3.2
肌酸激酶	5.0
一磷酸腺苷激酶	0.4

4. 肌粒蛋白

主要为三羧基循环酶及脂肪氧化酶系统，这些蛋白质定位于线粒体中，在离子强度0.2mol/L以上的盐溶液中溶解，在0.2mol/L以下则呈不稳定的悬浮液。另外一种重要的蛋白质是ATP酶，是合成ATP的部位，定位于线粒体的内膜上。

5. 肌质网蛋白

肌质网蛋白是肌质网的主要成分，由五种蛋白质组成。有一种含量最多，约占70%，分子质量为102ku，是ATP酶活性及传递Ca^{2+}的部位。另一种为螯钙素，分子质量为44ku，能结合大量的Ca^{2+}，但亲和性较低。

（三）肉基质蛋白质

肉基质蛋白质为结缔组织蛋白质，是构成肌内膜、肌束膜、肌外膜和腱的主要成分，包括胶原蛋白、弹性蛋白、网状蛋白及黏蛋白等，存在于结缔组织的纤维及基质中。

1. 胶原蛋白

胶原蛋白（Collagen）在白色结缔组织中含量多，是构成胶原纤维的主要成分，约占胶原纤维固体物的85%，占机体蛋白质的20%～25%，主要贮存在肌外膜、肌束膜和肌内膜，对肉的嫩度影响很大。胶原蛋白含有大量的甘氨酸、脯氨酸和羟脯氨酸，后二者为胶原蛋白所特有，其他蛋白质不含有或含量甚微，因此，通常用测定羟脯氨酸含量的多少来确定肌肉结缔组织的含量，并作为衡量肌肉质量的一个指标。

胶原蛋白是由原胶原（Tropocollagen）聚合而成的，原胶原为纤维状蛋白，由三条螺旋状的肽链组成，三条肽链再以螺旋状互相拧在一起，犹如三股拧起来的绳一样（见图4-20），每个原胶原分子长280nm，它的直径为5nm，分子质量为300ku。原胶原很有规则地聚合成胶原蛋白，每一个原胶原分子依次头尾相接，呈直线排列，同时，大量这样直线联结的原胶原又互相平行排列，平行排列时，相邻近的原胶原分子，连接点有规则地依次相差1/4原胶原分子的长度，因此，每隔1/4原胶原分子的长度，就有整齐的原胶原分子相互联结点。

原胶原分子间靠非共价键（氢键）及共价键间的交叉链联结，交联的程度随着年龄的增长而增加，交联程度越大，性质越稳定，这种交联的程度直接影响到肉的嫩度。

胶原蛋白性质稳定，具有很强的延伸力，不溶于水及稀盐溶液，在酸或碱溶液中可以膨胀。不易被一般蛋白酶水解，但可被胶原蛋白酶水解。胶原蛋白遇热会发生热收缩，热缩温度随动物的种类有较大差异，一般鱼类为45℃，哺乳动物为60～65℃。当加热温度大于热缩温度时，胶原蛋白就会逐渐变为明胶（Gelatin），变为明胶的过程并非水解的过程，而是氢键断开，原胶原分子的三条螺旋被解开，因而易溶于水中，当冷却时就会形成明胶。明胶易被酶水解，也易消化。在肉品加工中，利用胶原蛋白的这一性质加工肉胨类制品。

2. 弹性蛋白

弹性蛋白（Elastin）在黄色结缔组织中含量多，为弹力纤维的主要成分，约占弹力纤维固形物的75%，胶原纤维中也有，约占7%。其氨基酸组成有1/3为甘氨酸，脯氨酸、缬氨酸占40%～50%，不含色氨酸和羟脯氨酸。

弹性蛋白属硬蛋白，对酸、碱、盐都稳定，且煮沸不能分解。以SDS聚丙烯酰胺凝胶电泳测定的分子质量为70ku。它是由弹性蛋白质与赖氨酸通过共价交联形成的不溶性弹性硬蛋白，这种蛋白质不被胃蛋白酶、胰蛋白酶水解，可被弹性蛋白酶（存于胰腺中）水解。

3. 网状蛋白

在肌肉中，网状蛋白（Reticulin）为构成肌内膜的主要蛋白，含有约4%的结合糖类和10%的结合脂肪酸，其氨基酸组成与胶原蛋白相似，用胶原蛋白酶水解，可产生与胶原蛋白同样的肽类。因此，有人认为它的蛋白质部分与胶原蛋白相同或类似。网状蛋白对酸、碱比较稳定。

三、脂　　肪

动物的脂肪可分为蓄积脂肪（Depots fats）和组织脂肪（Tissue fats）两大类，蓄积脂肪包括皮下脂肪、肾周围脂肪、大网膜脂肪及肌肉间脂肪等；组织脂肪为肌肉及脏器内的脂肪。家畜的脂肪组织90%为中性脂肪，7%～8%为水分，蛋白质占3%～4%，此外还有少量的磷脂和固醇脂。

中性脂肪即甘油三酯（三脂肪酸甘油酯），是由一分子甘油（丙三醇）与三分子脂肪酸化合而成的。甘油为三元醇，任何酯类都具备，但和甘油结合的脂肪酸则有相同和不同，三个脂肪酸相同为单纯甘油酯，如三油酸甘油酯，三个脂肪酸不同为混合甘油酯。动物脂肪都是混合甘油酯，混合甘油酯含饱和脂肪酸和不饱和脂肪酸，含饱和脂肪酸多则熔点和凝固点高，含不饱和脂肪酸多则熔点和凝固点低。因此，脂肪酸的性质决定了脂肪的性质。

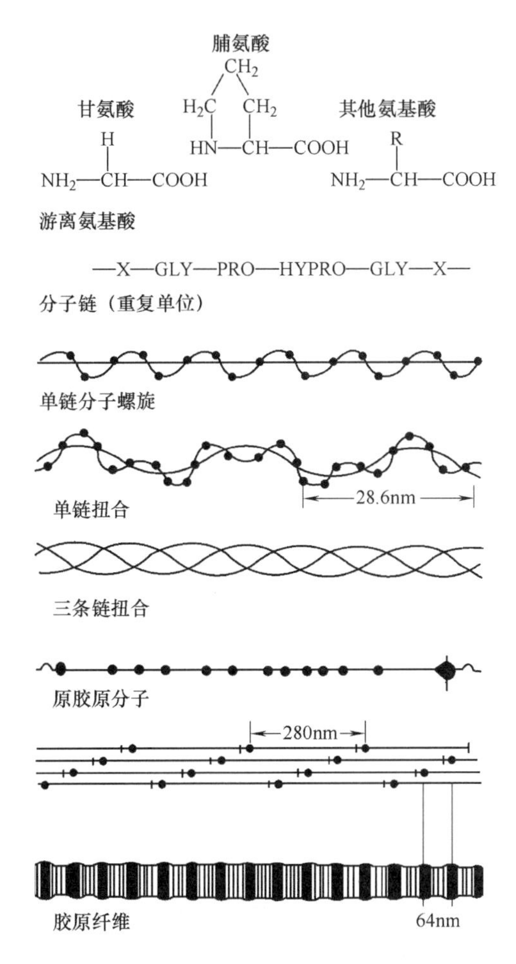

图4-20　胶原纤维

肉类脂肪有20多种脂肪酸，其中饱和脂肪酸以硬脂酸和软脂酸居多；不饱和脂肪酸以油酸居多；其次是亚油酸。硬脂酸的熔点为71.5℃，软脂酸为63℃，油酸为14℃，十八碳三烯酸为8℃。

不同动物脂肪的脂肪酸组成不一致，相对来说，鸡脂肪和猪脂肪含不饱和脂肪酸较多，牛脂肪和羊脂肪含饱和脂肪酸多些（见表4-9）。

表4-9　不同动物脂肪的脂肪酸组成

脂肪	硬脂酸/%	油酸/%	棕榈酸/%	亚油酸/%	熔点/℃
牛脂肪	41.7	33.0	18.5	2.0	40~50
羊脂肪	34.7	31.0	23.2	7.3	40~48
猪脂肪	18.4	40.0	26.2	10.3	33~38
鸡脂肪	8.0	52.0	18.0	17.0	28~38

四、浸 出 物

浸出物是指除蛋白质、盐类、维生素外能溶于水的浸出性物质，包括含氮浸出物和无氮浸出物。

1. 含氮浸出物

含氮浸出物为非蛋白质的含氮物质，如游离氨基酸、磷酸肌酸、核苷酸类（ATP、ADP、AMP、IMP）及肌苷、尿素等。这些物质影响肉的风味，是香气的主要来源，如 ATP 除供给肌肉收缩的能量外，逐级降解为肌苷酸，是肉香的主要成分，磷酸肌酸分解成肌酸，肌酸在酸性条件下加热则为肌酐，可增强熟肉的风味。

2. 无氮浸出物

无氮浸出物为不含氮的可浸出的有机化合物，主要包括糖原、葡萄糖、麦芽糖、核糖、糊精，有机酸主要是乳酸及少量的甲酸、乙酸、丁酸、延胡索酸等。

糖原主要存在于肝脏和肌肉中，肌肉中含 0.3% ~0.8%，肝中含 2% ~8%，马肉肌糖原含 2% 以上。宰前动物消瘦、疲劳及病态，肉中糖原贮备少。肌糖原含量多少，对肉的 pH、保水性、颜色等均有影响，并且影响肉的贮藏性。

五、矿 物 质

矿物质是指一些无机盐类和元素，含量为 1.5%。这些无机物在肉中有的以游离状态存在，如镁离子、钙离子，有的以螯合状态存在，有的与糖蛋白和酯结合存在，如硫、磷有机结合物。肉中各种矿物质含量如表 4 -10 所示。

表 4 -10　肉中主要矿物质含量　单位：mg/100g

	Ca	Mg	Zn	Na	K	Fe	P	Cl
含量	2.6 ~ 8.2	14 ~ 31.8	1.2 ~ 8.3	36 ~ 85	451 ~ 297	1.5 ~ 5.5	10.9 ~ 21.3	34 ~ 91
平均	4.0	21.1	4.2	38.5	395	2.7	20.1	51.4

钙、镁参与肌肉收缩，钾、钠与细胞膜通透性有关，可提高肉的保水性，钙、锌又可降低肉的保水性，铁离子为肌红蛋白、血红蛋白的结合成分，参与氧化还原，影响肉色的变化。

六、维 生 素

肉中维生素主要有维生素 A、维生素 B_1、维生素 B_2、维生素 PP、维生素 C、维生素 D 和叶酸等。其中脂溶性较少，而水溶性较多，如猪肉中 B 族维生素特别丰富，猪肉中维生素 A 和维生素 C 很少，详见表 4 -11。

表 4－11　　肉中某些维生素含量（每 100g 中）

畜肉	维生素A /IU	维生素 B_1 /mg	维生素 B_2 /mg	维生素PP /mg	泛酸 /mg	生物素 /mg	叶酸 /μg	维生素 B_6 /mg	维生素 B_{12} /mg	维生素C /mg	维生素D /IU
牛肉	微量	0.07	0.20	5.0	0.4	3.0	10.0	0.3	2.0	—	微量
小牛肉	微量	0.10	0.25	7.0	0.6	5.0	5.0	0.3	—	—	微量
猪肉	微量	1.0	0.20	5.0	0.6	4.0	3.0	0.5	2.0	—	微量
羊肉	微量	0.15	0.25	5.0	0.5	3.0	3.0	0.4	2.0	—	微量
牛肝	微量	0.30	0.30	13.0	8.0	300.0	2.7	50.0	50.0	30.0	微量

思考题

1. 肉（胴体）主要由哪几部分组成？
2. 试述肌肉的宏观和微观结构。
3. 试述肌原纤维的结构和性质。
4. 简述肉中水分的存在形式。
5. 试述肌球蛋白的结构和性质。
6. 试述肉中的肌原纤维蛋白种类。

扩展阅读

[1] 王婉娇，王松磊，贺晓光，等．冷鲜羊肉冷藏时间和水分含量的高光谱无损检测[J]．食品科学，2015，36（16）：112－116.

[2] 杨玉玲，游远，彭晓蓓，等．加热对鸡胸肉肌原纤维蛋白结构与凝胶特性的影响[J]．中国农业科学，2014，47（10）：2013－2020.

CHAPTER 5

第五章 屠宰后肉的变化

内容提要

本章重点介绍肌肉收缩的生物化学机制以及动物宰后由肌肉转化为食用肉的过程，重点内容是掌握动物屠宰后经历的肉的尸僵、肉的成熟、肉的腐败三个连续变化过程，及每个过程对肉食用品质的影响。

动物刚屠宰后，肉温还没有散失，柔软，具有较小的弹性，这种处于生鲜状态的肉称为热鲜肉。经过一定时间，肉的伸展性消失，肉体变为僵硬状态，这种现象称为死后僵直（Rigor mortis），此时的肌肉持水性差，加热后重量损失很大，硬度也很大，不适于食用和加工。如果继续贮藏，其僵直程度会有所缓解，经过自身解僵，肉又变得柔软起来，同时持水性增加，风味提高，所以一般待解僵后再对肉进行加工利用，此过程称为肉的成熟（Conditioning）。成熟肉若在不良条件下贮存，在酶和微生物的作用下会发生分解变质，这个过程称为肉的腐败（Putrefaction）。动物屠宰后，虽然生命已经停止，但动物体内的各种酶还具有活性，许多生物化学反应还没有停止，所以从严格意义上讲，还没有成为可食用的肉，只有经过一系列的宰后变化，才能完成从肌肉（Muscle）到可食肉（Meat）的转变。屠宰后肉的变化包括上述肉的尸僵、肉的成熟、肉的腐败三个连续变化过程。在肉品工业生产中，要控制尸僵、促进成熟、防止腐败。

第一节　肌肉收缩的基本原理

透过现象看本质

5－1. 显微镜观察发现，肌肉收缩时，肌球蛋白粗丝和肌动蛋白细丝的长度不变，而肌节却比一般休息状态时变短了，这是为什么？

5－2. 为什么说肌浆中的钙含量会影响动物肌肉的收缩与松弛？

一、 肌肉收缩的基本单位

肌肉是动物体不可缺少的组织，由肌肉的形态结构可知，构成肌肉的基本单位是肌原纤维，在肌原纤维之间充满着液体状态的肌浆和网状结构的肌质网体。在肌浆中含有糖酵解酶类物质，它们与肌原纤维蛋白质、肌质网及肌肉死后的变化有着非常密切的关系。

关于肌原纤维的构造在上章已经进行了详尽地阐述，它是由肌球蛋白构成的粗丝和肌动蛋白、原肌球蛋白和肌原蛋白构成的细丝所组成，在每一条肌球蛋白粗丝的周围，有六对肌动蛋白纤丝，围绕排列而构成六方格状结构。在每个肌球蛋白粗丝的周围，有放射状的突起，这些突起呈螺旋状排列，每6个突起排列位置恰好旋转一周。在突起上含有ATP酶活性中心的重酶解肌球蛋白，并能和纤维形肌动蛋白结合。粗丝和细丝的结合不是永久性的，由于某些因素会产生离合状态，便产生肌肉的伸缩。肌肉收缩和松弛，并不是肌球蛋白粗丝在A带位置上的长度变化，而是纤维形肌动蛋白细丝产生滑动，即I带在A带中伸缩。在极度收缩时，A带和I带基本重合，H区缩小到几乎为零。可见收缩时肌原纤维中的肌球蛋白粗丝和肌动蛋白细丝的长度不变，只是重叠部分增加了。因此认为，肌肉收缩主要是由于每个肌节间的粗丝和细丝的相对滑动造成的，即所谓“滑动学说”，肌球蛋白纤丝和肌动蛋白纤丝之间的关系见图5－1，图5－1中（1）、（2）、（3）分别表示肌节纵切面在静止、伸长、收缩时的长度。用显微镜观察发现，极度收缩时肌节比一般休息状态时短20%～50%，而被拉长时则为休息状态下的120%～180%。肌肉收缩包括以下4种主要因子：

（1）收缩因子　肌球蛋白、肌动蛋白、原肌球蛋白和肌原蛋白。

（2）能源 ATP。

（3）调节因子　初级调节因子是钙离子，次级调节因子是原肌球蛋白和肌原蛋白。

（4）疏松因子　肌质网系统和钙离子泵。

肌原蛋白是一种依钙调节蛋白（Ca^{2+}－dependent switch），可改变原肌球蛋白的位置，以使肌球蛋白头部与肌动蛋白接触。原肌球蛋白为一种中间媒介物，可将信息传达至肌动蛋白和肌球蛋白系统。

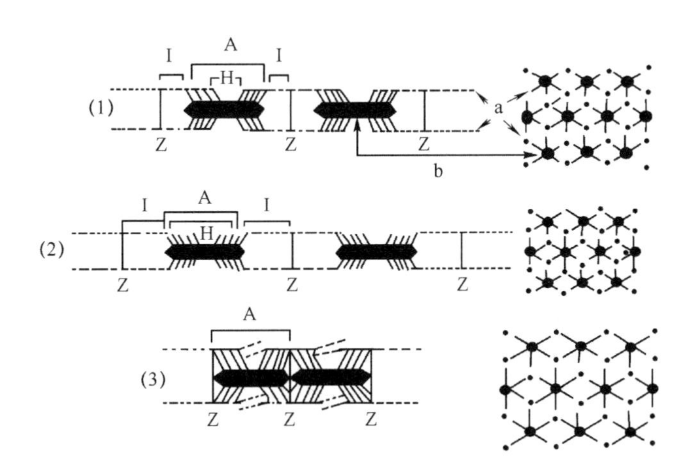

图5－1　肌肉微细结构纵切面与横断面示意图

（1）静止时肌节长度（约2.4μm）a—肌球蛋白，b—肌动蛋白

（2）伸长时肌节长度（约3.1μm）　（3）缩短时肌节长度（约1.5μm）

二、 肌肉收缩与松弛的生物化学机制

肌肉收缩时的化学反应如图 5 -2 所示。肌肉处于静止状态时，由于 Mg^{2+} 和 ATP 形成复合体的存在，妨碍了肌动蛋白与肌球蛋白粗丝突起端的结合。肌球蛋白头部具有 ATP 酶活性，其活性中心是半胱氨酸的巯基，Mg^{2+} 是抑制剂，Ca^{2+} 是激活剂。肌原纤维周围糖原的无氧酵解和线粒体内进行的三羧酸循环，使 ATP 不断产生，以供肌肉收缩之用。

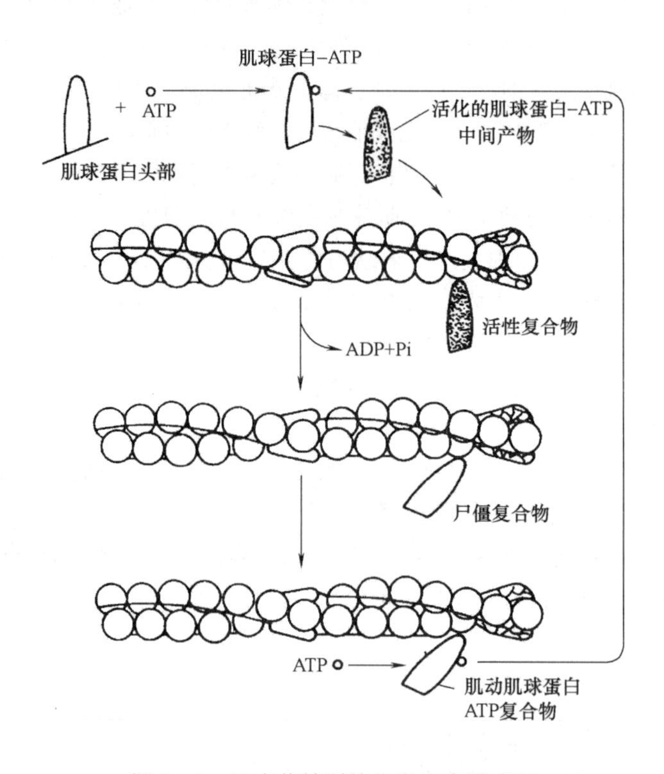

图 5 -2　肌肉收缩时的化学反应模式图

肌肉收缩时首先由神经系统（运动神经）传递信号，来自大脑的信息经神经纤维传到肌原纤维膜产生去极化作用，神经冲动沿着 T 小管进入肌原纤维，可促使肌质网将 Ca^{2+} 释放到肌浆中。进入肌浆中的 Ca^{2+} 浓度从 10^{-7}mol/L 增高到 10^{-5}mol/L 时，Ca^{2+} 即与细丝的肌原蛋白钙结合亚基（TnC）结合，引起肌原蛋白 3 个亚单位构型发生变化，使原肌球蛋白更深地移向肌动蛋白的螺旋沟槽内，从而暴露出肌动蛋白纤丝上能与肌球蛋白头部结合的位点。Ca^{2+} 可以使 ATP 从其惰性的 Mg - ATP 复合物中游离出来，并刺激肌球蛋白的 ATP 酶，使其活化。肌球蛋白 ATP 酶被活化后，将 ATP 分解为 ADP、无机磷和能量，同时肌球蛋白纤丝的突起端点与肌动蛋白纤丝结合，形成收缩状态的肌动球蛋白。

当神经冲动产生的动作电位消失，通过肌质网钙泵作用，肌浆中的 Ca^{2+} 被收回。肌原蛋白钙结合亚基（TnC）失去 Ca^{2+}，肌原蛋白抑制亚基（TnI）又开始起控制作用。ATP 与 Mg^{2+} 形成复合物，且与肌球蛋白头部结合。而细丝上的原肌球蛋白分子又从肌动蛋白螺旋沟槽中移出，挡住了肌动蛋白和肌球蛋白结合的位点，形成肌肉的松弛状态。如果 ATP 供应不足，则肌球蛋白头部与肌动蛋白结合位点不能脱离，使肌原纤维一直处于收缩状态，这就形成尸僵。

这里的肌质网起钙泵的作用，当肌肉松弛的时候，Ca^{2+}被回收到肌质网中，而收缩时钙离子被放出。

第二节　肉的僵直

透过现象看本质

5-3. 为什么动物死亡后肌肉会变硬？

5-4. 为什么动物处于饥饿状态下或注入胰岛素屠宰后的肉会更快出现僵直？

5-5. 为什么刚屠宰的肉立即放在冰箱中冷藏后，烹调时会变得特别坚硬？

屠宰后的肉尸（胴体）经过一定时间，肉的伸展性逐渐消失，由弛缓变为紧张，无光泽，关节不活动，呈现僵硬状态，这种现象称为尸僵。尸僵的肉硬度大，加热时不易煮熟，有粗糙感，肉汁流失多，缺乏风味，不具备可食肉的特征。这样的肉从相对意义上讲不适于加工和烹调。

一、屠宰后肌肉糖原的酵解

1. 糖酵解作用

动物屠宰以后，血液循环停止，供给肌肉的氧气也就中断了，机体内主要进行糖酵解反应，糖原不断降解，含量逐渐减少，形成乳酸，直至下降到抑制糖酵解酶的活性为止，反应过程如图5-3所示。

从糖原酵解反应过程可以看出，每个葡萄糖产生2个分子的乳酸，同时在反应⑧和反应⑩各产生2个分子的ATP，除去反应④消耗一个分子ATP外，共产生3个ATP。所以，由于糖原的酵解，乳酸增加，肉的pH下降。牛肉宰后在4℃条件下48h内糖原、乳酸、pH、无机酸的变化如表5-1所示。

表5-1　屠宰后牛肉的糖原、乳酸、pH及无机酸变化情况

屠宰后延续时间/h	pH	糖原/（mg/100g）	乳酸/（mg/100g）	无机酸/（mg/100g）
1	6.21	633.7	319.2	70.5
3	6.00	—	314.7	—
6	6.04	—	465.5	—
9	5.75	—	512.8	—
12	5.95	462.0	600	77.7
24	5.56	274.0	700.6	75.3
48	5.68	189.1	692.6	75.4

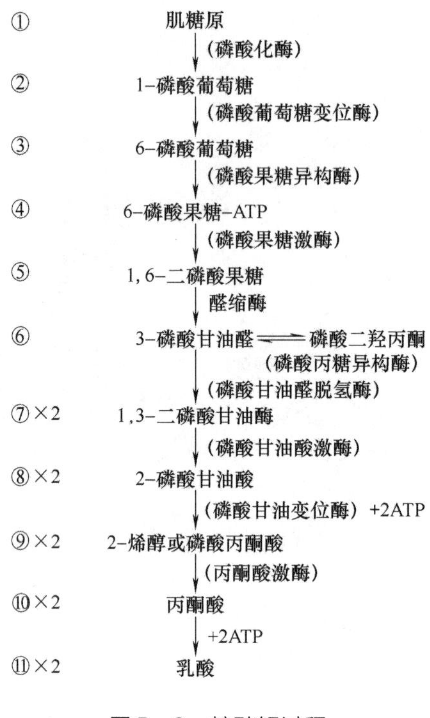

图5－3　糖酵解过程

2. 酸性极限 pH

一般活体肌肉的 pH 保持中性（7.0～7.2），死后由于糖原酵解生成乳酸，肉的 pH 逐渐下降，一直到阻止糖原酵解酶的活性为止，此时这个 pH 称极限 pH。哺乳动物肌肉的极限 pH 在 5.4～5.5，达到极限 pH 时大部分糖原已被消耗，这时即使残留少量糖原，由于糖酵解酶的钝化，也不能继续分解了。肉的 pH 下降对微生物，特别是对细菌的繁殖有抑制作用，所以从这个意义来说，死后肌肉 pH 的下降对肉的加工质量有十分重要的意义。

正常饲养的哺乳动物的糖原含量，即使达到极限 pH 还仍有残余。如果在屠宰前剧烈运动，或注射肾上腺素，那么体内的糖原含量就会减少。如果这时候屠宰，死后继续消耗糖原，肉就会产生图 5－4 中的高极限 pH。生成乳酸的量和肉的 pH 呈直线关系（见图 5－5）。若每 1g 肉增加 50μmol/g 乳酸，pH 就会降低一个单位。因此，死后肌肉 pH 的降低，虽然有由于 ATP 等分解产生磷酸根离子的作用，但决定因素是乳酸量。

影响死后肌肉 pH 下降速度和达到最低程度的因素很多，不仅与牲畜的种类、不同的部位、个体的差异等内在因素有关，而且也受屠宰前是否注射药物、环境的温度等外界因素影响。图 5－6 所示为环境温度对 pH 的影响，环境温度越高，pH 变化越快。

此外，药物对 pH 也有影响，在屠宰前静脉注射 $MgSO_4$ 肌肉保持松弛的时间长，死后糖原酵解速度缓慢，pH 下降得慢。反之注射钙盐、肾上腺激素，糖的酵解加快。如果家畜宰前进行剧烈的运动，肌肉中含糖原的数量就会减少，极限 pH 增高；反之，如果使其充分休息，供给饲料，则糖原含量多，极限 pH 偏低，见表 5－2。

表 5 -2　　强烈运动及断食对糖原含量及极限 pH 的影响（去势公牛）

宰前状态	背最长肌		腰肌	
	糖原/（mg/100g）	极限 pH	糖原/（mg/100g）	极限 pH
列车运送后经两周休息	975	5.49	1017	5.48
列车运送后经 1.5h 运动	628	5.72	352	6.15

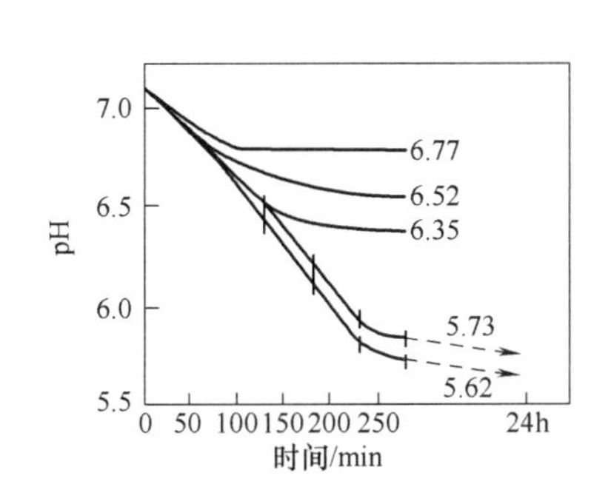

图 5 -4　38℃时家兔腰肌 pH 变化
（图中值表示极限 pH）

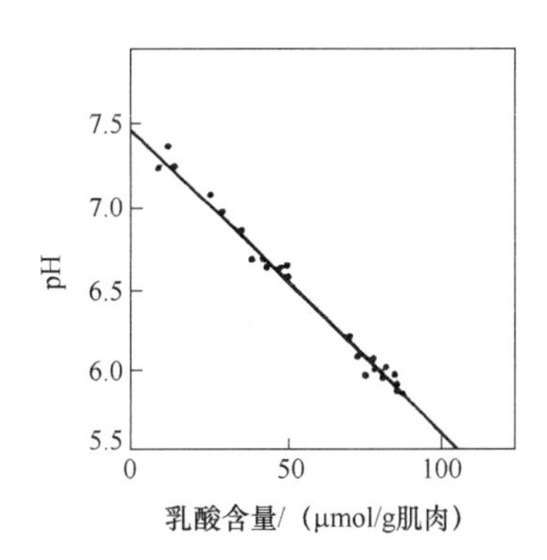

图 5 -5　牛头肌肉的乳酸最终浓度与极限 pH 的关系

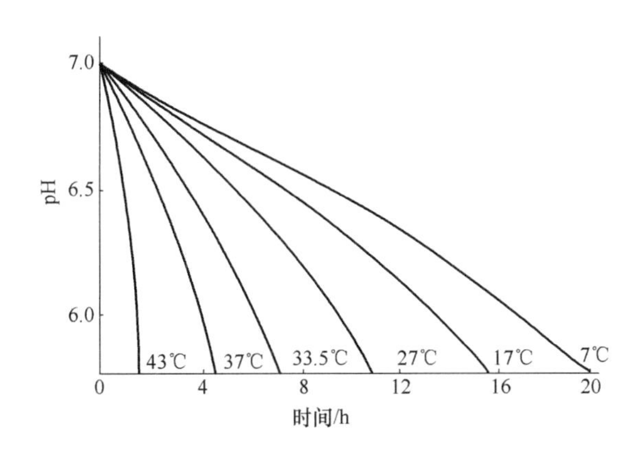

图 5 -6　环境温度对死后肌肉 pH 下降速度的影响

二、死后僵直的机制

当家畜刚屠宰后，许多肌肉细胞的物理、化学反应仍然继续进行一段时间，但由于血液循环和供氧的停止，很快即变成无氧状态，这样某些细胞的生化反应如糖酵解作用及再磷酸化作用（如 ATP 再合成）在家畜死后则发生变化或停止。最显著变化为肌肉失去可刺激性、柔软性及可伸缩性，立即变硬，僵直而不可伸缩，这种变化对肉的风味、色泽、嫩度、多汁性和保水性影响相当大。

死后僵直产生的原因：动物死亡后，呼吸停止了，供给肌肉的氧气也就中断了，此时其糖原不再像有氧存在时最终氧化成 CO_2 和 H_2O，而是在缺氧情况下经糖酵解作用产生乳酸。在正常有氧条件下，每个葡萄糖单位可氧化生成 39 个分子 ATP，而经过糖酵解只能生成 3 分子 ATP，ATP 的供应受阻。然而体内 ATP 的消耗，由于肌浆中 ATP 酶的作用却在继续进行，因此动物死后，ATP 的含量迅速下降。ATP 的减少及 pH 的下降，使肌质网功能失常，发生崩解，肌质网失去钙泵的作用，内部保存的钙离子被放出，致使 Ca^{2+} 浓度增高，促使粗丝中的肌球蛋白 ATP 酶活化，更加快了 ATP 的减少，结果肌动蛋白和肌球蛋白结合形成肌动球蛋白，引起肌肉收缩表现出肉尸僵硬。这种情况下由于 ATP 不断减少，所以反应是不可逆的，则引起永久性的收缩。

三、 死后僵直的过程

动物死后僵直的过程大体可分为三个阶段：从屠宰后到开始出现僵直现象为止，即肌肉的弹性以非常缓慢的速度变化的阶段，称为迟滞期；随着弹性的迅速消失出现僵硬阶段叫急速期；最后形成延伸性非常小的一定状态到停止叫僵硬后期。到最后阶段肌肉的硬度可增加到原来的 10 ~40 倍，并保持较长时间。

肌肉死后僵直过程与肌肉中的 ATP 下降速度有着密切的关系。在迟滞时期，肌肉中 ATP 的含量几乎恒定，这是由于肌肉中还存在另一种高能磷酸化合物——磷酸肌酸（CP），在磷酸激酶的作用下，由 ADP 再合成 ATP，而磷酸肌酸变成肌酸。在此时期，细丝还能在粗丝中滑动，肌肉比较柔软，这一时期与 ATP 的贮量及磷酸肌酸的贮量有关。

随着磷酸肌酸的消耗殆尽，ATP 的形成主要依赖糖酵解，使 ATP 量迅速下降而进入急速期。当 ATP 降低至原含量的 15% ~20% 时，肉的延伸性消失而进入僵直后期。

由图 5 -7 的曲线可知，动物屠宰之后磷酸肌酸量与 pH 迅速下降，而 ATP 在磷酸肌酸降到一定水平之前尚维持相对的恒定，此时肌肉的延伸性几乎没有变化，只有当磷酸肌酸下降到一定程度时，ATP 开始下降，并以很快的速度进行，由于 ATP 的迅速下降，肉的延伸性也迅速消失，迅速出现僵直现象。因此处于饥饿状态下或注入胰岛素情况下屠宰的动物肉，肌肉中糖原的贮备少，ATP 的生成量则更少，这样在短时间内就会出现僵直，即僵直的迟滞期短。

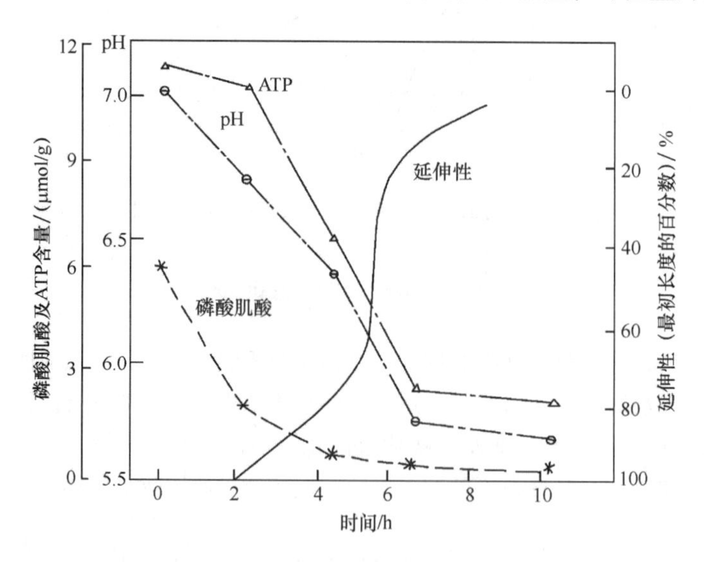

图5 -7　死后僵直期肌肉物理和化学的变化 （牛肉在 37℃下）

图5－8、图5－9所示为动物死后肌肉柔软性、弹性系数变化曲线。从图中的五条曲线可以看出，屠宰时动物的生理状态不同，则第一阶段迟滞期长短不同，从1.5h（第Ⅴ条曲线）到9h（第Ⅰ条曲线），而急速期从0.5h（第Ⅲ条曲线）到2h（第Ⅳ条曲线）。比较图5－8中Ⅱ、Ⅲ两条曲线，僵直环境的温度从17℃升到37℃，则第一阶段迟滞期延续的时间从5h减到2h，急速期从1h减到0.5h。屠宰前经48h断食的（第Ⅳ条曲线）和未经断食的（第Ⅰ条曲线）第一阶段的迟滞期延续时间从9h减少到6h，而急速期增加1.5h（第Ⅳ条曲线的急速期比第Ⅰ条曲线的急速期慢）。注射胰岛素屠宰的动物，削弱了宰杀抽搐现象，肌肉的最终pH高（第Ⅴ条曲线），迟滞期只有1.25h，急速期很短，约1h。肌肉收缩随温度的升高而增大，17℃时收缩16%，37℃时收缩32%～45%。

通过上述现象可以证明，死后僵直过程的变化与肌肉中ATP的消失有直接的关系。随着ATP的消失，肌肉的肌球蛋白与肌动蛋白立即结合，生成肌动球蛋白，因而失去弹性。所以最初阶段迟滞期的长短是由ATP含量决定的。

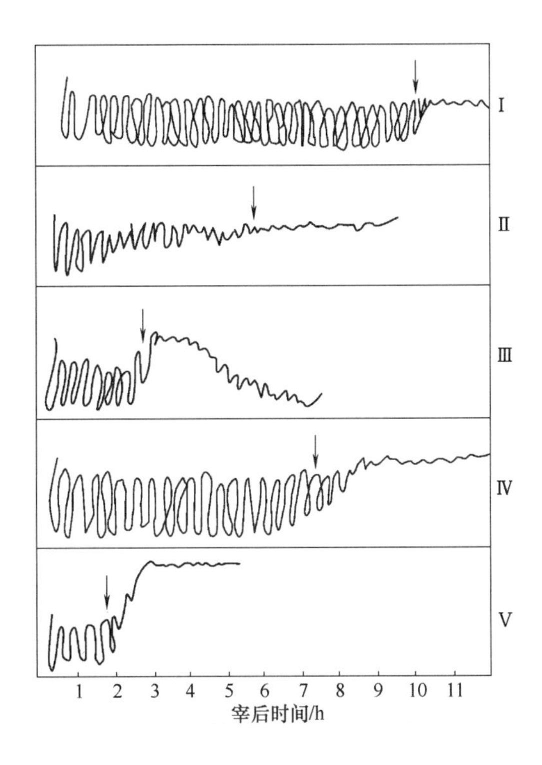

图5－8 僵直时肌肉柔软性的变化曲线

注：箭头所指为开始出现尸僵的时间。

Ⅰ—用麻醉屠宰防止动物惊恐状态（开始pH7.0，最终pH6.0，温度为17℃）

Ⅱ—不用麻醉屠宰，动物处于抗拒状态（开始pH6.5，最终pH5.9，温度为17℃）

Ⅲ—与第Ⅱ条件相同，而且同一部位肌肉，温度为37℃

Ⅳ—动物经48h断食，并利用麻醉屠宰（开始pH7.1，最终pH6.5，温度为17℃）

Ⅴ—屠宰时注射胰岛素（开始pH7.2，最终pH7.0，温度为17℃）

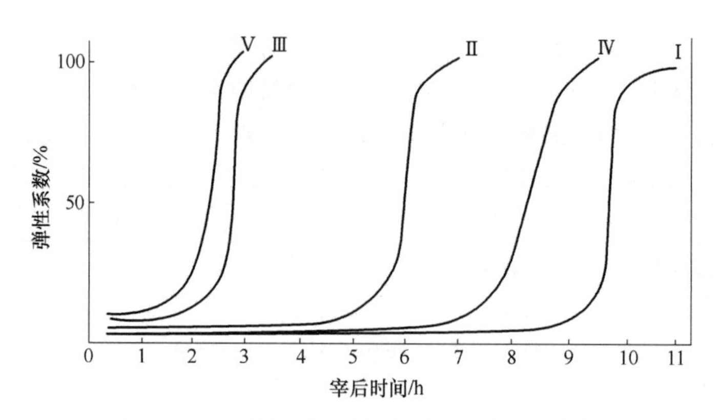

图5－9　僵直过程中肌肉弹性系数的变化曲线

四、冷收缩和解冻僵直收缩

肌肉宰后有三种收缩形式，即热收缩（Heat shortening）、冷收缩（Cold shortening）和解冻僵直收缩（Thaw shortening）。热收缩是指一般的尸僵过程，缩短程度和温度有很大关系，这种收缩是在尸僵后期，当ATP含量显著减少以后会发生，在接近零度时收缩的长度为开始长度的5%，到40℃时，收缩为开始的50%。下面主要介绍冷收缩和解冻僵直收缩。

1. 冷收缩

当牛肉、羊肉和火鸡肉在pH下降到5.9～6.2，也就是僵直状态完成之前，温度降低到10℃以下，引起肌肉的显著收缩现象，称为冷收缩。冷收缩不同于发生在中温时的正常收缩，而是收缩更强烈，可逆性更小，这种肉甚至在成熟后，在烹调中仍然是坚韧的。动物年龄所造成的韧度差异与冷收缩相比是可以忽略的。

从刚屠宰后的牛屠体上切下一块牛头肌肉片，立刻分别在1～37℃的温度中放置，结果表明：在1℃中贮藏的肉收缩最快、最急剧。在15℃中贮藏的肉收缩得最慢，而且程度最小（见图5－10）。

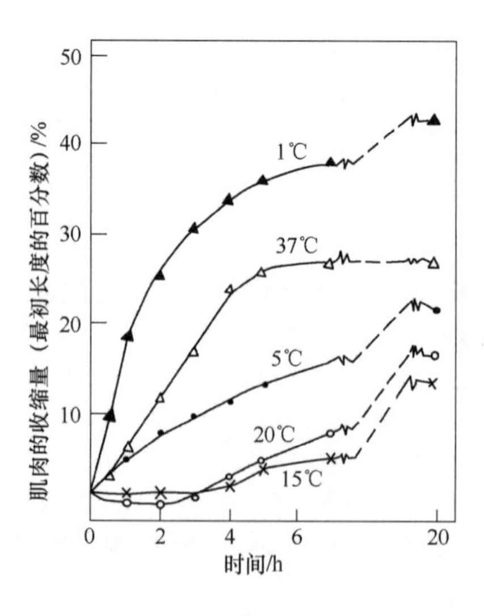

图5－10　牛头肌肉放置于不同温度条件下的收缩量

冷收缩与 ATP 减少产生的僵直收缩是不一样的，其不是由肌质网释放 Ca^{2+} 的作用而产生的，而是由线粒体释放出来的 Ca^{2+} 产生的，含有大量线粒体的红色肌肉，在死后无氧的低温条件下放置，线粒体机能下降而释放出 Ca^{2+}。另有解释原因，是由于肌球蛋白粗丝和肌动蛋白细丝之间形成交错程度造成的。交错程度较小，肉质柔软；而中等程度交错时，连接交错的程度大，肉质硬。但当强烈收缩时贯穿在肌原纤维之间 Z 线可能发生断裂，肉质反而变软。而冷收缩正好处于中等程度的交错。

还有资料表明，肌肉发生冷收缩的温度范围是 0～10℃。由于迅速的冷却使肉的最终温度降到 0℃，糖酵解的速度显著减慢，但 ATP 的分解速度在开始时下降，而在低于 15℃时下降开始加速，因此肌肉收缩增加。

为了防止冷收缩带来的不良效果，采用电刺激的方法，使肌肉中 ATP 迅速消失，pH 迅速下降，使尸僵迅速完成，可改善肉的质量和色泽。去骨的肌肉易发生冷收缩，硬度较大，带骨肉则可在一定程度上抑制冷收缩。对于猪胴体，一般不会发生冷收缩。

2. 解冻僵直收缩

肌肉在僵直未完成前进行冻结，仍含有较多的 ATP，在解冻时由于 ATP 发生强烈而迅速的分解而产生的僵直现象，称为解冻僵直。解冻时肌肉产生强烈的收缩，收缩的强度较正常的僵直剧烈得多，并有大量的肉汁流出。解冻僵直发生的收缩急剧有力，可缩短 50%，这种收缩可破坏肌肉纤维的微结构，而且沿肌纤维方向收缩不够均匀。在尸僵发生的任何一点进行冷冻，解冻时都会发生解冻僵直收缩，但随肌肉中 ATP 浓度的下降，肌肉收缩力也下降。在刚屠宰后立刻冷冻，然后解冻时，这种现象最明显。因此，要在形成最大僵直之后再进行冷冻，以避免解冻僵直收缩的发生。

五、 尸僵和保水性的关系

尸僵阶段除了肉的硬度增加外，肉的保水性会降低，在最大尸僵期时最低。肉中的水分最初会渗出到肉的表面，呈现湿润状态，并有水滴流下。肉的保水性主要受 pH 的影响，屠宰后的肌肉，随着糖酵解作用的进行，pH 下降至极限值 5.4～5.5，此 pH 正处于肌原纤维多数蛋白质的等电点附近，所以，这时即使蛋白质没有完全变性，其保水性也会降低。然而，死后僵直时保水性的降低不仅与 pH 下降到肌肉蛋白质等电点有关，还与 ATP 的消失和肌动球蛋白的形成有关，肌球蛋白纤丝和肌动蛋白纤丝之间的间隙减少了，故而肉的保水性降低了。此外，蛋白质发生某种程度的变性，肌浆中的蛋白质在高温低 pH 作用下沉淀变性，不仅使自身失去保水性，而且由于沉淀到肌原纤维蛋白质上，也影响到肌原纤维的保水性。刚宰后的肉保水性好，几小时以后保水性降低，到 48～72h（最大尸僵期）肉的保水性最低。宰后 24h 有 45% 的肉汁游离。

六、 尸僵开始和持续时间

尸僵开始和持续时间因动物的种类、品种、宰前状况、宰后肉的变化及不同部位而异。一般鱼类肉尸发生早，哺乳类动物发生较晚，不放血致死较放血致死发生得早。温度高发生得早，持续时间短；温度低则发生得晚，持续时间长。表 5－3 所示为不同动物尸僵时间，肉在达到最大尸僵以后，即开始解僵软化进入成熟阶段。

表 5 - 3　尸僵开始和持续时间　单位：h

种类	开始时间	持续时间
牛肉尸	死后 10	72
猪肉尸	死后 8	15 ~ 24
兔肉尸	死后 1.5 ~ 4	4 ~ 10
鸡肉尸	死后 2.5 ~ 4.5	6 ~ 12
鱼肉尸	死后 0.1 ~ 0.2	2

第三节　肉的成熟

透过现象看本质

5 - 6. 为什么成熟的肉比僵直的肉烹调后的味道更香？

5 - 7. 为什么一些企业在动物宰后还要进行电刺激？

尸僵持续一定时间后，即开始缓解，肉的硬度降低，保水性有所恢复，变得柔嫩多汁，具有良好的风味，最适于加工食用，这个变化过程即为肉的成熟。肉的成熟包括尸僵的解除及在组织蛋白酶作用下进一步成熟的过程。也有资料将解僵期与成熟期分别讨论，但实际上在成熟过程中所发生的各种变化，在解僵期已经开始了。

一、　肉成熟的条件及机制

（一）　死后僵直的解除

肌肉在宰后僵直达到最大限度，并保持一定时间后，其僵直缓慢解除，肌肉逐渐变软，这一过程称为解僵。解除僵直所需时间因动物的种类、肌肉的部位以及其他外界条件不同而异。在 2 ~ 4℃条件贮存的肉类，对鸡肉需 3 ~ 4h 达到僵直的顶点，而解除僵直需 2d，其他牲畜完成僵直需 1 ~ 2d，而猪肉、马肉解除僵直需 3 ~ 5d，牛肉约需 1 周到 10d。

未经解僵的肉类，肉质欠佳，咀嚼时有硬橡胶感，不仅风味差而且保水性也低，加工肉馅时黏着性差。经过充分解僵的肌肉质地变软，加工产品风味也好，保水性提高，适于作为加工各种肉类制品的原料。所以从某种意义上说，僵直的肉类，只有经过解僵之后才能作为食品的原料。

当僵直时，肌动蛋白和肌球蛋白结合形成肌动球蛋白，虽在此系统中加入 Mg^{2+}、Ca^{2+} 和 ATP，能使肌动球蛋白分离，成为肌动蛋白和肌球蛋白，但家畜死后，因 ATP 消失且不能再合成，因此僵直解除并不是肌动球蛋白分解或僵直的逆反应。

关于解僵的实质，很多人进行了大量研究，但至今成熟的机制并未完全阐明，但目前普遍认为成熟过程中肉嫩度的改善主要源于肌原纤维骨架蛋白的降解和由此引发的肌原纤维结构的变化。

1. 肌原纤维小片化

刚宰后的肌原纤维和活体肌肉一样，是由数十到数百个肌节沿长轴方向构成的纤维，而在肉成熟时则断裂成1~4个肌节相连的小片状。这种肌原纤维断裂现象被认为是肌肉软化的直接原因。这时在相邻肌节的Z线变得脆弱，受外界机械冲击很容易断裂。

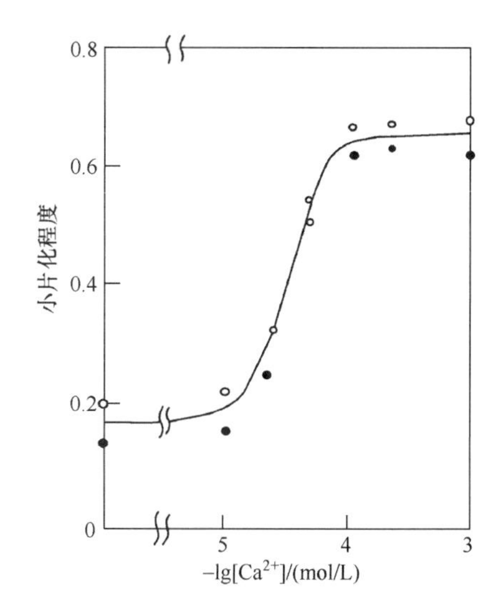

图5-11　肌原纤维小片化（○）及肌原纤维解离量（●）与Ca^{2+}浓度的关系

产生小片化的原因，首先是死后僵直肌原纤维产生收缩的张力，使Z线发生断裂，张力的作用越大，小片化的程度越大。此外，断裂成小片主要是由Ca^{2+}作用引起的。死后肌质网功能破坏，Ca^{2+}从网内释放，使肌浆中的Ca^{2+}浓度增高，刚宰后肌浆中Ca^{2+}浓度为1×10^{-6}mol/L，成熟时为1×10^{-4}mol/L，比原来增高100倍。高浓度的Ca^{2+}长时间作用于Z线，使Z线蛋白变性而脆弱，给予物理力的冲击和牵引即发生断裂。肌原纤维小片化与Ca^{2+}浓度的关系见图5-11。从图中看出，当Ca^{2+}浓度在1×10^{-5}mol/L以下时，对小片化无显著影响，而当超过1×10^{-5}mol/L数量时，肌原纤维小片化程度忽然增加，Ca^{2+}浓度达到1×10^{-4}mol/L时达到最大值。

2. 死后肌肉中肌动蛋白和肌球蛋白纤维之间结合变弱

虽然肌动蛋白和肌球蛋白的结合强度变化尚不十分清楚，但是随着保藏时间的延长，肌原纤维的分解量逐渐增加，如家兔肌肉在10℃条件下保藏2d的肌原纤维只分解5%，而到6d时近50%的肌原纤维被分离，当加入ATP时分解量更大。肌原纤维分离的原因，恰与肌原纤维小片化是一致的。小片化是从肌原纤维的Z线处崩解，正表明肌球蛋白和肌动蛋白之间的结合减弱了。

3. 肌肉中结构弹性网状蛋白的变化

结构弹性网状蛋白是肌原纤维中除去粗丝、细丝及Z线等蛋白质后，不溶性的并具有较高弹性的蛋白质，贯穿于肌原纤维的整个长度，连续地构成网状结构。从贮藏的肌肉组织中提取肌原纤维，把纤维中的粗丝、细丝、Z线等抽出，再以0.1mol/L NaOH溶液将可溶性成分除去，而残留所得成分为结构弹性蛋白。结构弹性网状蛋白在死后鸡的肌原纤维中约占5.5%，兔肉中占7.2%，它随着保藏时间的延长和弹性的消失而减少，当弹性达到最低值时，结构弹性蛋白的含量也达到最低。

4. 蛋白酶说

成熟肌肉的肌原纤维，在十二烷硫酸盐溶液中溶解后，进行电泳分析，发现肌原蛋白T减少，出现了分子质量30ku的成分。这说明成熟中的肌原纤维，由于蛋白酶即肽链内切酶的作用，发生分解。这些酶主要包括存在于肌浆中钙激活酶、蛋白酶体以及存在于溶酶体中的组织蛋白酶。但目前研究表明起主要作用的是钙激活酶。

钙激活酶系统包括μ-钙激活酶、m-钙激活酶和钙激活酶抑制蛋白。μ-钙激活酶和m-钙激活酶为同工酶，都需要钙离子激活。当有EGTA、EDTA等钙离子螯合剂、锌离子或酶的抑制剂、PMSF等存在时会抑制其活性。而钙激活酶的专一抑制蛋白只有在一定的钙离子浓度下才能和钙激活酶结合并产生抑制作用。钙激活酶是通过肌细胞内骨架蛋白的降解并引起肌原纤维超微结构的变化来提高肉的品质。这些骨架蛋白包括肌联蛋白、伴肌动蛋白、肌间蛋白、肌原蛋白T和肌膜连接蛋白等。

组织蛋白酶主要包括B、D、H、L、N等多种类型，除D外都为半胱氨酸的蛋白酶，都位于单层膜的溶酶体内，只有当溶酶体膜破裂时，才能被释放出来发挥嫩化的作用。最先被研究的是组织蛋白酶B，它可以降解肌球蛋白，对肌动蛋白的降解能力稍差。组织蛋白酶L对肌球蛋白、肌动蛋白、α-肌动蛋白素、肌原蛋白T和I都有较强的水解活性。组织蛋白酶H具有内切酶和外切酶特性，可以降解肌球蛋白。组织蛋白酶D是唯一的天冬氨酸蛋白酶，可以降解肌球蛋白、肌动蛋白、伴肌动蛋白。

由于溶酶体组织蛋白酶位于溶酶体内，这些酶类是否能从溶酶体内释放出来还存在争议。另外，由于离体实验发现这些酶类可以彻底降解肌球蛋白、肌动蛋白等肌肉组成蛋白，而成熟过程中这些蛋白几乎没有降解，所以目前的研究结论认为溶酶体组织蛋白酶类对肉成熟的贡献不大。

（二）钙激活酶与肉的成熟嫩化

1. 钙激活酶的基本特性

钙激活酶（Calpain）系统由几种同型异构的蛋白水解酶组成，包括钙激活酶和其内在抑制物钙激活酶抑制蛋白（Calpastatin）。1964年，Guroff首次鉴定出钙激活酶，1976年Daytion等人纯化了该酶。1981年它被命名为EC3.4.22.7。钙激活酶是一种中性蛋白酶，它存在于肌纤维Z线附近及肌质网膜上。在动物被屠宰后，随着ATP的消耗，肌质网小泡体内积蓄的钙离子被释放出来，激活了钙激活酶，分解肌原纤维蛋白促进肉的嫩化。已经有人证明，钙激活酶的分解作用主要集中于Z线，表现为Z线的裂解和肌原纤维小片化。钙激活酶的活化必须依赖于一定浓度的钙离子。

钙激活酶有两种极相似的同型异构体称为μ-钙激活酶和m-钙激活酶。这两种同型异构体是根据其在最大作用一半时所用酶需要的钙离子量来命名的。一般来说，μ-钙激活酶需要5~65μmol/L钙离子，而m-钙激活酶需要300~1000μmol/L钙离子。这种对钙离子所需量的不同是由于蛋白质底物不同而造成的。在骨骼肌细胞中，钙激活酶分布在肌原纤维、线粒体、核糖体中。

钙激活酶以一定的形式作用于底物，产生大的多肽片段。在横纹肌中，钙激活酶作用于许多肌原纤维蛋白，包括连结蛋白（Titin）、伴肌动蛋白（Nebulin）、细丝蛋白（Filamin）、肌间蛋白（Desmin）、肌钙蛋白 - T（Troponin - T），但不作用于肌球蛋白（Myosin）、肌动蛋白（Actin）、肌钙蛋白 - C（Troponin - C）。另外，钙激活酶似乎可以分解它们的特殊抑制物——钙激活酶抑制蛋白。许多钙激活酶抑制蛋白的片段仍具有一定对钙激活酶抑制的作用。

2. 钙激活酶促进肌肉成熟嫩化的作用机制

大量研究表明钙激活酶是肌肉宰后成熟过程中嫩化的主要作用酶。只有钙激活酶才能启动肌原纤维蛋白的降解，破坏 Z 线，从而引起其他蛋白酶的作用，促进肌原纤维的降解。研究结果已证明，可以通过从外源增加细胞内钙离子浓度的方法激活钙激活酶，而达到肉的嫩化目的。钙激活酶系统的体外研究表明，其裂解蛋白质有专一位点，产生大的多肽片段，而不是分解成小肽或氨基酸。钙激活酶降解作用较彻底，导致横纹肌的肌原纤维 Z 线崩裂，从而使肌节部位断裂。因此，钙激活酶系统在动物机体死后蛋白质的水解引起肉的嫩化中起相当重要的作用。它还参与肌间纤维的分解、神经丝蛋白的水解、表皮生长因子受体的降解、成肌细胞融合、磷酸化酶 b 激酶和蛋白激酶 c 的活化、类固醇激素结合蛋白的转化等。

钙激活酶在肉成熟中的作用机制概括为：钙激活酶水解了肌原纤维中起连接支架作用的蛋白质，使细胞结构弱化，从而使肉嫩度提高。但是实验也表明，钙激活酶不水解肌动蛋白、肌球蛋白、α - 辅动蛋白或连接蛋白。

肉类质地改善的根本原因是横纹肌肌原纤维小片化，肌肉纤维丧失完整性，其中起作用的蛋白酶主要是钙激活酶。钙激活酶在肉嫩化中的主要作用表现在：

（1）肌原纤维 I 带和 Z 线结合变弱或断裂　这主要是因为钙激活酶对连接蛋白和伴肌动蛋白两种蛋白的降解，弱化了细丝和 Z 线的相互作用，促进了肌原纤维小片化指数（MFI）的增加，从而有助于提高肉的嫩度。

（2）连接蛋白（Costameres）的降解　肌原纤维间连接蛋白起着固定、保持整个肌细胞内肌原纤维排列的有序性等作用，而被钙激化酶降解后，肌原纤维的有序结构受到破坏。

（3）肌钙蛋白（Troponin）的降解　肌钙蛋白由三个亚基构成，即钙结合亚基（TnC）、钙抑制亚基（TnI）和原肌球蛋白结合亚基（TnT），其中 TnT 相对分子质量为 30500 ~ 37000，能结合原肌球蛋白，起连接作用。TnT 的降解弱化了细丝结构，有利于肉嫩度的提高。

二、成熟肉的物理变化

肉在成熟过程中要发生一系列的物理、化学变化，如肉的 pH、表面弹性、黏性、冻结的温度、浸出物等。

1. pH 的变化

肉在成熟过程中 pH 发生显著的变化。刚屠宰后肉的 pH 在 6 ~ 7，约经 1h 后开始下降，尸僵时达到 pH5.4 ~ 5.6，而后随保藏时间的延长开始慢慢上升。

2. 保水性的变化

肉在成熟时保水性又有回升。保水性的回升和 pH 变化有关，随着解僵，pH 逐渐增高，偏离了等电点，蛋白质静电荷增加，使结构疏松，因而肉的持水性增高。此外，随着成熟的进行，蛋白质分解成较小的单位，从而引起肌肉纤维渗透压增高。保水性恢复只能部分恢复，不可能恢复到原来状态，因肌纤维蛋白结构在成熟时发生了变化。

3. 嫩度的变化

随着肉成熟的发展，肉的柔软性产生显著的变化。刚屠宰之后牛肉的柔软性最好，而在两昼夜之后达到最低的程度。如热鲜肉的柔软性平均值为74%，保藏6昼夜之后又重新增加，平均可达鲜肉时的83%。测定肌纤维的切断力与成熟的关系表明，以8~10℃条件成熟，两昼夜内随着成熟的进行，切断力增加，而后则逐渐减小。

4. 风味的变化

肉在成熟过程中由于蛋白质受组织蛋白酶的作用，游离的氨基酸含量有所增加，主要表现在浸出物质中。新鲜肉中酪氨酸和苯丙氨酸等很少，而成熟后的浸出物中有酪氨酸、苯丙氨酸、苏氨酸、色氨酸等存在，其中最多的是谷氨酸、精氨酸、亮氨酸、缬氨酸、甘氨酸，这些氨基酸都具有增强肉的滋味和香气的作用，所以成熟后的肉类的风味提高，与这些氨基酸成分有一定的关系。此外，肉在成熟过程中，ATP分解会产生次黄嘌呤核苷酸（IMP），它是风味增强剂。

三、 成熟肉的化学变化

1. 蛋白水解

在成熟过程中，水溶性非蛋白质态含氮化合物会增加。如果将处于极限pH 5.5~5.8的家兔的背最长肌，在37℃条件下无菌贮藏5~6个月，那么三氯乙酸可溶性氮，即非蛋白态氮就会从初期总氮的10%~30%上升到37%（家兔）和31%（牛）。开始贮藏后的10d增长速度很快。在低温条件下贮藏，其增长速度较慢。牛背最长肌在2℃条件下贮藏30d其非蛋白态氮增长到45μmol/g肉，家兔背最长肌在3~4℃条件下贮藏7d，增长到55μmol/g肉。

2. 次黄嘌呤核苷酸（IMP）的形成

死后肌肉中的ATP在肌浆中ATP酶作用下迅速转变为ADP，而ADP又进一步水解为AMP，再由脱氢酶的作用形成IMP。ATP降解成IMP的反应，在肌肉达到极限pH以前一直进行着，当达到极限pH以后，肌苷酸开始裂解，IMP脱去一个磷酸变成次黄苷，而次黄苷再分解生成游离状态的核苷和次黄嘌呤。

成熟的新鲜肉中，IMP约占嘌呤氮的31.28mg/100g，肌苷占25.69mg/100g。不同动物肉IMP的蓄积也不同。鸡肉在宰后8d达到的最高值为8μmol/g，肌苷为1μmol/g，而猪肉在宰后3d最高值达3μmol/g，同时肌苷和次黄嘌呤均相应增高。鸡肉伴随ATP的减少而IMP含量增加，其间ADP、AMP没有蓄积，这是因为AMP脱氨酶比其他酶作用强。而猪肉形成IMP同时生成肌苷和次黄嘌呤。成熟过程中牛背最长肌IMP含量变化如表5-4所示。

表5-4　成熟过程中牛背最长肌IMP含量变化　单位：μmol/g

死后时间	含量	死后时间	含量
0	4.71	7d	4.20
12h	5.44	14d	2.17
24h	4.86	24d	0.75
4d	4.47		

分析结果表明，僵直前的肌肉中ADP很少，而ATP的含量较多；但僵直后IMP的含量较

多，其中肌苷、次黄嘌呤、次黄苷、ADP、ATP、IDP（次黄苷二磷酸）、ITP（次黄苷三磷酸）等较少。

3. 肌浆蛋白溶解性的变化

屠宰后接近24h，肌浆蛋白溶解度降到最低程度。表5－5所示为在4℃条件下成熟过程随时间的延续，肌浆蛋白溶解性的变化，从表中数据可知，刚屠宰之后的热鲜肉，转入到浸出物中的肌浆蛋白最多，6h以后肌浆蛋白的溶解性就显著减少而呈不溶状态，直到第一昼夜终了，达到最低限度，只是最初热鲜肉的19%。到第四昼夜可增加到开始数量的36%，相当于第一昼夜的2倍，以后仍然继续增加。

表5－5　宰后肌浆蛋白溶解性的变化

成熟时间/d	蛋白质溶解数量		成熟时间/d	蛋白质溶解数量	
	/（g/100g肉）	占最初量的百分比/%		/（g/100g肉）	占最初量的百分比/%
热鲜肉	3.43	100.0	3	1.18	34.4
1/4	1.39	40.5	4	1.24	36.1
1/2	1.01	29.4	6	1.22	35.6
1	0.65	18.9	10	1.29	37.6
2	0.92	26.8	14	1.33	38.4

4. 构成肌浆蛋白的N－端基的数量增加

随着肉的成熟，蛋白质结构发生变化，使肌浆蛋白质氨基酸和肽链的N－端基（氨基）的数量增多。而相应的氨基酸如二羧酸、谷氨酸、甘氨酸、亮氨酸等都增加，显然伴随着肉成熟，构成肌浆蛋白质的肽链被打开，形成游离N－端基增多。所以成熟后的肉类，柔软性增加，水化程度增加，热加工时保水能力增强，这些都与N－端基的增多有一定的关系。

5. 金属离子的增减

在成熟过程中，肌肉中Na^+和Ca^{2+}增加，K^+减少。在活体肌肉中，Na^+和K^+大部分以游离形态存在于细胞内，一部分与蛋白质等结合。Mg^{2+}几乎全部处于游离状态，ATP变成Mg－ATP，成为肌球蛋白的基质。Ca^{2+}基本不以游离的形态存在，而与肌质网、线粒体、肌动蛋白等结合。Ca^{2+}的增加可能是肌质网破裂，Ca^{2+}游离出来所致。

四、促进肉成熟的方法

不少国家如新西兰、澳大利亚、法国等采用一定的条件加快肉的成熟过程，提高肉的嫩度。通常从两个方面来控制，即加快成熟速度和抑制尸僵硬度的形成。

（一）物理因素的控制

1. 温度

温度对成熟速率影响很大，温度越高，成熟速度越快。Wilson等试验45.5rad γ射线照射牛肉，结合防腐进行高温成熟，43℃、24h即完成，它和低温1.7℃成熟14d获得嫩度效果相同，缩短时间10多倍，快速成熟的肉色和风味都不好。高温和低pH环境下，不易形成僵直肌动球蛋白。中温成熟时，尸僵硬度是在中温域引起，此时肌肉缩短度小，因而成熟的时间短。

为了防止尸僵时短缩，可把不剔骨肉在中温域进入尸僵。

2. 电刺激

电刺激主要用于牛、羊肉中，防止冷收缩。所谓电刺激是家畜屠宰放血后，在一定的电压电流下，对胴体进行通电，从而达到改善肉质的目的。目前在工业上和学术研究中应用电刺激的电压范围为32~1600V。习惯上按照刺激电压的大小将电刺激分为高压电刺激、中压电刺激和低压电刺激，但目前尚无严格的划分标准。

一般欧洲国家多采用低压电刺激，即在屠宰放血后立即实施电刺激。澳大利亚、新西兰和美国多采用高压电刺激，多在剥皮后进行。由于两种类型的电刺激实施的时间不同，所以难以对电刺激的效果进行简单的比较，目前趋向于使用低压电刺激，实验表明，高压电刺激和低压电刺激能达到同样的效果，而低电压更安全一些。

屠宰后的机体用电流刺激可以加快生化反应过程和pH的下降速度，促进尸僵的进行。对于牛肉和羊肉这样含有较多红色肌肉的家畜肉，在冷却的时候，随着肉的温度下降，ATP没有完全消失，肌质网摄取Ca^{2+}的能力降低了，同时Ca^{2+}也从线粒体中游离到肌浆中，使肌浆中的Ca^{2+}浓度急剧地增加，这样使肌肉发生强烈收缩，而电刺激可以预防这种现象。白肌由于有丰富的肌质网、更多的糖原储备，使得白肌的pH降低速度更快，所以白肌对冷收缩不敏感。

电刺激不但可以促进ATP的消失和pH下降，而且对促进肉质色泽鲜明、肉质软化有明显作用；特别是经过电刺激处理的热鲜肉，易于进行热剔骨，可以节省30%~50%的冷却能量，节省70%~80%冷库体积，对提高肉类加工企业的经济效益有很大意义。

电刺激可促进肌肉嫩化的机制不够明了，但基本可以概括为三条理论来解释：①电刺激加快尸僵过程，减少了冷收缩，这一点是由于电刺激加快了肌肉中ATP的降解，促进糖原分解速度，使胴体pH很快下降到6以下，这时再对牛、羊肉进行冷加工，就可防止冷收缩，提高肉的嫩度；②电刺激激发强烈的收缩，使肌原纤维断裂，肌原纤维间的结构松弛，可以容纳更多的水分，使肉的嫩度增加；③电刺激使肉的pH下降，还会促进酸性蛋白酶的活性，蛋白酶分解蛋白质，大分子分解为小分子，使嫩度增加。据报道，经电刺激后的肌肉嫩度与牛肉成熟7d后的肌肉嫩度无显著差异。

3. 力学因素

尸僵时带骨肌肉收缩，这时以相反的方向牵引，可使尸僵复合体形成最少。通常成熟时，将跟腱用钩挂起，此时主要是腰大肌受牵引。如果将臂部用钩挂起，不但腰大肌短缩被抑制，半腱肌、半膜肌、背最长肌也均受到拉伸作用，可以得到较好的嫩度。

（二）化学因素

屠宰前注射肾上腺激素、胰岛素等，使动物在活体时加快糖的代谢过程，肌肉中糖原大部分被消耗或从血液中排出。宰后肌肉中糖原和乳酸含量极少，肉的pH较高，在6.4~6.9的水平，肉始终保持柔软状态。在最大尸僵期时，往肉中注入Ca^{2+}可以促进软化，刚屠宰后注入各种化学物质如磷酸盐、氯化镁等可减少尸僵的复合体形成量。

（三）生物学因素

基于肉内蛋白酶活性可以促进肉质软化考虑，也可从外部添加蛋白酶强制其软化。用微生物和植物蛋白酶，可使固有硬度和尸僵硬度都减少，常用的有木瓜蛋白酶。方法可以采用临屠宰前静脉注射或刚宰后肌肉注射，宰前注射能够避免脏器损伤和休克死亡。木瓜蛋白酶作用的最适温度≥50℃，低温时也有作用。为了预防羊肉的寒冷收缩，在每1kg肉中注入30mg木瓜蛋白酶，在70℃加热后，可收到软化的效果。

第四节　影响宰后变化的因素

透过现象看本质

5－8. 为什么有的动物宰后肌肉会变得苍白、柔软，并有汁液渗出？

5－9. 为什么有的动物宰后肌肉会变得肉色较深、切面干燥、质地粗硬？

5－10. 为什么猪和禽的肌肉组织在宰后进行剔骨、分割或斩拌越快速，其熟制后出品率和嫩度也越高？

肉食用品质的形成和加工特性的变化受宰前宰后许多因素的影响。因此合理控制和利用宰前宰后各因素，对提高肉的品质具有重要意义。

一、宰前因素

1. 应激

（1）应激的调节和机制　应激是指动物在不良环境中的生理调节，如心率、呼吸频率、体温和血压的改变。应激中的代谢调节是通过释放某些激素，如肾上腺素、去甲肾上腺素、类固醇和甲状腺素来完成的。这些激素调控许多化学反应，有的在所有应激反应中都起作用。肾上腺素可以分解肝糖原、肌糖原及体内局部的脂肪以提供能量，肾上腺素与去甲肾上腺素还可通过影响心脏和血管来帮助维持正常的血液循环，肾上腺皮质激素对控制组织的应激能力有影响，甲状腺素能够提高代谢速率也因此能给动物体提供更多可利用的能量。

当激素释放后，肌肉开始为意外情况下收缩的需要做准备，因为氧气的不足，形成乳酸的无氧代谢途径由肾上腺素激发，结果使动物体内的代谢类型发生改变，与通常所说的快肌的代谢途径相同。

糖原酵解的终产物是乳酸，又由于乳酸在骨骼肌中不能分解，只能被转移到肝脏中合成葡萄糖或糖原，或到心脏中被直接利用供能。体内尤其是白肌纤维占主导地位的肌肉中乳酸的量就会慢慢累积；如果有太多的乳酸进入血液，肝脏和心脏不能及时将其中和，就会出现深度的酸中毒，严重的则会导致死亡。

（2）应激与异常肉　不同动物具有不同程度的应激敏感性或称作应激抵抗力。敏感的动物在应激环境下会发生中毒、休克和循环系统衰竭，即使是中等程度、不伴随温度升高的应激也可能导致动物死亡。通常应激敏感的动物体温高于正常动物，糖酵解速度快，宰后尸僵发生早。除此以外，宰前也会出现一定程度的肌肉温度升高、乳酸积累和ATP的消耗。在正常冷却18～24h后，肌肉通常会变得苍白、柔软、有汁液渗出，即PSE肉。PSE肉的熟肉率低，蒸煮损失高，多汁性差，它通常发生在猪的腰肉和腿肉中，有时也会发生在颜色较深的肩肉中。牛、羊、禽等的某些部位也会发生PSE肉。

有一定的应激耐受性、度过了应激反应但耗尽了糖原的动物还会发生DFD肉。应激耐受性动物能够保持肌肉正常的温度和激素水平，但却要消耗大量的肌糖原，因此在糖原得到补充之前屠宰这些动物，往往会出现肌糖原缺乏，导致宰后酵解速度和程度的降低，pH 较高。肌肉组织中的 pH 影响了宰后正常的肌肉颜色变化，使肉色较深、切面干燥、质地粗硬，即所谓的 DFD 肉。DFD 肉常发生于牛肉、猪肉和羊肉，其感官较差、货架期短。

（3）宰前处理与应激　由肌肉向食用肉转化的过程中动物不可避免地要紧张，处于多种环境因素的综合刺激，在这一过程中的应激主要包括分群、装车、运输、称重、运输、驱赶、淋浴和击晕。这些环境对动物的影响程度与气候、所用的设备、人员及其他因素有关。不良的影响会导致胴体损失、切面黑变和 PSE 肉。总而言之，运输是非常重要的影响因素，在运输中，死亡损失和组织损伤发生得最多；通风不良的运输车辆或过暖的气候条件都会使动物感到不舒服，如果情况严重或运输时间过长，除了会导致死亡外，还会出现肌肉收缩及胴体体重减少等现象，但这种减少是由于消化道内容物的损失引起的，在正常情况下肌肉的重量是不会减少的。

2. 遗传因素

通过对发生了宰后变化的肌肉的物理特性遗传估计表明，肉品质的遗传力至少是中等的。因此可以通过选择那些个体肌肉颜色正常、肌内脂肪丰富、嫩度好的个体来用作种畜，以提高肌肉的食用品质。肌肉的某些物理特性还与动物的品种或品系有关，宰后肌肉的代谢速率和肌内脂肪的含量也因品种或品系而异。

3. 击晕方式

尽管击晕过程使家畜有不可避免的紧张，但与不击晕就直接宰杀相比，它可以减少应激反应，其综合影响与良好的设备和操作有关。大多数击晕方式都要求使动物平静死亡，这样心脏不会停止跳动，可以帮助充分放血。“深度击晕”使心脏停止跳动，也使反射性的挣扎降到最低限度，会导致肌肉组织充血。

肌肉的特性受击晕方式和程度的影响，通常由肌糖原的消耗程度来反映。良好的击晕可获得较低的极限 pH 和较好的品质。动物击晕后要尽可能快地放血以防止动物恢复知觉，降低血压。有的击晕方式尤其是电击晕会使血压升高以致肌肉组织充血。放血必须在击晕后几秒钟内完成，否则肉就会出现淤血斑点。上述问题可以通过采用合适的电压和击晕部位来避免。

二、宰后因素

1. 冷却温度

宰后冷却是为了在尽可能短的时间内将胴体温度降下来，防止微生物的生长。但冷却温度对宰后肌肉生化反应速度有很大影响，肌肉中受酶催化的反应对温度格外敏感，如果肌肉温度降得过快也会带来不良影响。“冷收缩”“解冻僵直”和“热收缩”都与冷却温度有关。

冷收缩是指肌肉发生尸僵前其中心温度已降至 15 ~ 16℃以下而产生的收缩，而解冻僵直是指尸僵前冻结的肉在解冻时发生的僵直收缩。收缩是由 Ca^{2+} 突然释放到肌浆中引起的，会导致游离肌肉的长度缩短为原长度的 80%。通常解冻僵直会使肌肉缩短 60%，收缩会伴随肉汁的渗出和质地变硬。虽然附着在骨骼上的肌肉的收缩程度要小得多，但其嫩度和其他质量指标仍有所下降。冷收缩比解冻僵直收缩的程度要小得多，其作用机制与 Ca^{2+} 的释放或肌浆网中钙泵的崩溃有关。冷收缩的肌肉中通常会发生 I 线的彻底消失。因此尸僵前的冷却方式是很重要的，因为许多商业性的冷却方式会使体热从表层肌肉中散失得太快以致引起冷收缩。冷收缩主要发生在游离的肌肉中，在附着于骨骼上的肌肉中也会局部发生。这种情况在脂肪含量少的动物中尤为严重，因为脂肪是热的绝缘体。牛肉与羊肉对环境条件最为敏感，其他动物的敏感程度则各有不同。

环境温度相对较高时可能会导致严重的肌肉收缩和尸僵的提前发生，这样就产生了“热收缩”，结果是 ATP 迅速被消耗。在 15 ~ 16℃ 下虽然尸僵不能被完全抑制，但与尸僵有关的变化可以降到最低。

2. 快速预加工

快速预加工是指宰后僵直前对胴体进行剔骨、分割或斩拌等工序。宰后肉的食用品质和加工特性的变化与其 pH 的变化有关。尽管宰后肉的 pH 下降速度会因尸僵前对肉进行的剁碎或斩拌而加速，但对某些白肌纤维含量多的肌肉来说，如果糖原消耗前被斩拌，则 pH 的下降程度会变小，因为当组织遭到上述处理的破坏后，糖原的酵解作用会由于空气中的 O_2进入组织中支持有氧代谢而减弱。实验证明：猪和禽的肌肉组织在宰后 1h 内斩拌，糖原耗尽后的 pH 比正常 pH 高 0. 2 ~ 0. 3。肉的 pH 高，其系水力也高，在进行熟食加工时产品的出品率和多汁性也较高。

在屠宰与斩拌之间的间隔延长会影响其最终产品的物理性质。通常来说，尸僵前经过斩拌、加上调料如盐腌制的肉，系水力和多汁性都比较好。尸僵前进行斩拌、加盐处理，可使肌球蛋白等盐溶性蛋白更好地溶出，此外还可有效地抑制糖原酵解和 pH 下降。尸僵前斩拌还可改善肉制品的风味。在不加盐的产品中，高 pH 肉中的脂肪氧化缓慢，长时间保持一种新鲜风味。

禽肉尸僵和解僵迅速，加工人员在宰后 2h 或更短的时间内将肉冷却、分割并包装，以使产品到达消费者手中时仍能保持新鲜风味。

热剔骨肉在 15 ~ 16℃ 下冷却尸僵，可减少冷收缩。采用快速预加工可使动物屠宰和肉制品消费之间的时间缩到最短，对冷藏的需要也比正常低，并且保证供应给消费者的产品保持新鲜。

3. 电刺激

世界范围内的肉牛、肉羊屠宰加工业采用电刺激技术改善肉的品质是一项技术革新。电刺激最早用于预防牛、羊肉因冷收缩所致的韧化作用，现在人们发现，电刺激可以加快牛肉的死后嫩化过程，减少肉的成熟时间，是一种肉类的快速成熟技术。同时，电刺激还具有改善肉的颜色和外观，避免热环（Heat - ring）的产生等作用。

第五节　肉的腐败变质

透过现象看本质

5 - 11. 为什么动物在运输和屠宰过程中过分疲劳或惊恐，宰后的肉不耐贮存？

5 - 12. 为什么不新鲜的肉较新鲜肉煮制时的肉汤更黏稠混浊？

肉的腐败变质是指肉类在组织酶和微生物作用下发生质量的变化，最终失去食用价值。如果说肉的成熟主要是糖酵解过程，那么肉的腐败变质主要是蛋白质和脂肪的分解过程。肌肉蛋白在自溶酶作用下分解的过程称为肉的自身溶解，由微生物作用引起的蛋白质分解过程称为肉的腐败，肉中脂肪的分解过程称为酸败。

从动物屠宰的瞬间开始直到消费者手中都有产生污染的可能。在屠宰过程中，有多种外界微生物的污染源，如毛皮、土地、粪便、空气、水、工具、包装容器、操作工人等。

一、 肉类腐败的原因和条件

肉类腐败是成熟过程的加深，动物死后由于血液循环的停止，吞噬细胞的作用停止了，这就使得细菌有可能得以繁殖和传播。但在正常条件下屠宰的肌肉中含有相当数量的糖原，死后由于糖原的酵解，形成乳酸，使肌肉的 pH 从最初的 7.0 左右，下降到 5.4 ~5.6，对腐败细菌的繁殖生长具有一定的抑制作用。

健康动物的血液和肌肉通常是无菌的，肉类的腐败，主要是由于在屠宰、加工、流通等过程中受外界微生物的污染所致。刚屠宰的肌肉内微生物是很少的，但在屠宰后，微生物的污染随着血液、淋巴浸入机体内，随着时间的延长，微生物生长繁殖，特别是表面微生物的繁殖速度很快。在屠宰后 2h 内，肌肉组织是活的，组织中含有氧气，这时厌氧菌不能生长，但屠宰之后肌肉组织的呼吸活动很强，消耗组织中的氧气放出 CO_2。随着氧气的消耗，厌氧菌开始活动。厌氧菌繁殖的最适温度在 20℃以上，在屠宰后 2 ~6h 内，肉温一般在 20℃以上，所以可能有厌氧菌生长。

厌氧菌的繁殖不仅与时间有关系，也与牲畜的宰前状态有关，如牲畜宰前疲劳，肌肉中含氧减少，厌氧菌有可能在 2 ~3h 内繁殖。肉类的腐败，通常由外界环境中好气性微生物污染肉表面开始，然后又沿着结缔组织向深层扩散，特别是临近关节、骨骼和血管的地方，最容易腐败。并且由生物分泌的胶原蛋白酶使结缔组织的胶原蛋白水解形成黏液，同时产生气体，分解成氨基酸、水、二氧化碳、氨气；有糖原存在下发酵，形成醋酸和乳酸，因此形成恶臭的气味。

刚屠宰不久的新鲜肉，通常呈酸性，腐败细菌不能在肉表面生长繁殖，这是因为腐败细菌分泌物中的胰蛋白分解酶在酸性介质中不能起作用，因此，腐败细菌在酸性介质中得不到同化所需要的物质，使其生长和繁殖受到抑制。但酵母和霉菌可以在酸性介质中很好地繁殖，并形成蛋白质的分解产物氨类等，使肉的 pH 提高，为腐败细菌的繁殖创造了良好的条件。pH 较高（6.8 ~6.9）的肉类和宰前畜禽十分疲劳生产的肉类容易发生腐败。

霉菌的生长通常是在空气不流通、潮湿、污染较严重的部位发生，如颈部、腹股沟皱褶处、肋骨肉表面等部位。浸入的深度一般不超过 2mm。霉菌虽然不引起肉的腐败，但能引起肉的色泽、气味发生严重恶化。

影响肉类腐败细菌生长的因素很多。如温度、湿度、渗透压、氧化还原电位、是否有空气等。温度是决定微生物生长繁殖的重要因素，温度越高繁殖越快。水分是仅次于温度决定肉品上微生物繁殖的重要因素，一般霉菌和酵母比细菌能耐受较高的渗透压。pH 对细菌的繁殖极为重要，所以肉的最终 pH 对防止肉的腐败具有十分重要的意义。多数细菌在 pH 7 左右最适于繁殖，在 pH 4 以下、pH9 以上繁殖就困难。生肉的最终 pH 越高，细菌越易于繁殖，而且容易腐败，所以屠宰的动物在运输和屠宰过程中过分疲劳或惊恐，肌肉中糖原少，死后肌肉最终

pH 高，肉不耐贮存。实验证明，平均最终 pH 上升 0.2，就有明显促进腐败的作用。

二、 肌肉组织的腐败

肌肉组织的腐败就是蛋白质受微生物作用的分解过程。天然蛋白质通常不能被微生物所同化，这是因为天然蛋白质是高分子的胶体粒子，它不能通过细胞膜而扩散，因此大多数微生物都是利用蛋白质分解产物才能迅速繁殖，所以肉成熟或自溶为微生物的繁殖准备了条件。

由微生物所引起的蛋白质腐败是复杂的生物化学反应过程，所进行的变化与微生物的种类、外界条件、蛋白质的构成等因素有关，分解过程如下：

$$蛋白质\xrightarrow{水解}多肽\xrightarrow{水解}氨基酸\xrightarrow[氧化、还原作用]{脱氢、脱羧}\begin{cases}无机物质\\含氮有机碱\\羧酸和醇酸\end{cases}$$

微生物对蛋白质的腐败分解，通常是先形成蛋白质的水解初产物多肽，再水解成氨基酸。氨基酸在微生物酶的作用下，发生复杂的生物化学变化，产生多种物质：有机酸、有机碱、醇及其他各种有机物质，分解的最终产物为 CO_2、H_2O、NH_3、H_2S 等。

其中，氨基酸脱羧作用形成大量的胺类化合物，包括组氨酸、酪氨酸和色氨酸形成相应的组胺、酪胺、色胺等一系列的生物胺类物质，使肉呈碱性。所以挥发性盐基氮是肉新鲜度的分级标准。一级鲜度值小于 0.15mg/g，二级鲜度小于或等于 0.25mg/g。此外，氨基酸在酶和微生物作用下脱氨形成有机酸和氨，包括醋酸、油酸、丙酸、苯酚、吲哚、硫化氢等。一些物质是严重腐败的后期产物，具有非常难闻的臭味。

三、 脂肪的氧化和酸败

屠宰后的肉在贮藏中，脂肪易发生氧化。此变化最初为脂肪组织本身所含酶类的作用，其次为细菌产生的酸败。此外空气中的氧也会引起氧化。前者属于水解作用（Hydrolysis），后者称之为氧化作用（Oxidation）。脂肪腐败的变化过程如图 5－12 所示：

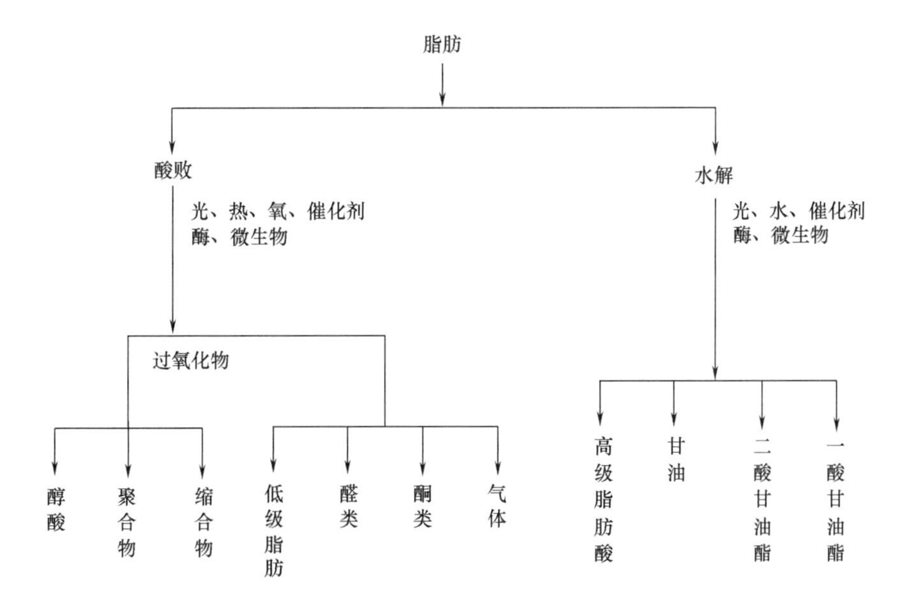

图 5－12 脂肪的氧化及酸败过程

能产生脂肪酶的细菌可使脂肪分解为脂肪酸和甘油，一般来说，有强力分解蛋白能力的需氧细菌的大多数菌种都能分解脂肪。分解脂肪能力最强的细菌是荧光假单胞菌，其他如黄杆菌属、无色杆菌属、产碱杆菌属、赛氏杆菌属、小球菌属、葡萄球菌属、芽孢杆菌属等。能分解脂肪的霉菌比细菌多，常见的霉菌有黄曲霉、黑曲霉、灰绿青霉等。

1. 脂肪的水解

脂肪水解是指脂肪在水、高温、脂肪酶、酸或碱作用下发生水解，形成3分子的脂肪酸和1分子的甘油。由于脂肪酸的产生使油脂的酸度增高和熔点增高，产生不良气味使之不能食用。由于脂肪水解使甘油溶于水，油脂质量减轻。游离脂肪酸的形成使脂肪酸值提高，脂肪酸值可作为水解程度的指标，在贮藏条件下，可作为酸败的指标。脂肪分解的速度与水分、微生物污染程度有关。水分多，微生物污染严重，特别是霉菌和分枝杆菌繁殖时，产生大量的解脂酶，在较高的温度下会使脂肪加速水解。通常水解产生的低分子脂肪酸为蚁酸、醋酸、醛酸、辛酸、壬酸、壬二酸等，并有不良的气味。

2. 脂肪的氧化酸败

构成动物油脂的有很多不饱和脂肪酸，其在光、热、催化剂作用下易被氧化成过氧化物。过氧化物性质很不稳定，它们进一步分解成低级脂肪酸、醛、酮等，如庚醛和十一烷酮等，都具有刺鼻的不良异味。不饱和脂肪酸氧化分解产生的丙二醛，与硫代巴比妥酸反应生成红色化合物，称为硫代巴比妥酸值（TBARS值），作为测定脂肪的氧化程度的指标。

总之，脂肪的酸败可能有两个过程，其一是由于微生物产生的酶引起的脂肪水解过程；其二是在空气中氧、水、光的作用下，发生水解和不饱和脂肪酸的自身氧化。这两种过程可能同时发生，也可能因脂肪性质和贮藏条件不同而发生在某一方面。

思考题

1. 动物屠宰后，由肌肉转化为食用肉经历了怎样的一个变化过程？
2. 什么是尸僵，尸僵的机制及对肉品质的影响？
3. 何谓肉的成熟，它对肉的品质有何影响？
4. 影响动物宰后变化的因素有哪些？
5. 引起肉腐败的原因和条件有哪些？

扩展阅读

[1]（英）劳瑞，（英）里德瓦著. Lawrie's 肉品科学（第7版）[M]. 周光宏，李春保等译. 北京：中国农业大学出版社，2009.

[2] 孔保华. 肉制品品质及质量控制 [M]. 北京：科学出版社，2015.

[3] 尹靖东. 动物肌肉生物学与肉品科学 [M]. 北京：中国农业大学出版社，2011.

第六章

肌肉蛋白质的功能特性和肉的食用品质

内容提要

本章重点介绍肌肉蛋白质的功能特性（溶解性、保水性、凝胶性、乳化性和起泡性）以及肉的食用品质，重点内容是肌肉蛋白质的各种功能特性对加工的影响，以及肉在贮藏加工中各种食用品质对肉制品质量的影响。

第一节 肌肉蛋白质的功能特性

透过现象看本质

6－1. 为什么在加工中加盐会提高肉的溶解性和吸水性？

6－2. 为什么斩拌时一般要加入冰或冰水？

蛋白质在肌肉中是具有重要功能特性的结构蛋白质群，占肉重的18%～20%。肌肉蛋白质是一种结构和流变学性质非常复杂的材料，它为肉类食品提供许多特有的物理化学和感官特性，如肌肉的嫩度、肌肉的凝胶特性、肉制品的保水性、流变特性等。

蛋白质的功能性质是指蛋白质所具有的影响最终产品质量的特性，具体的讲蛋白质功能特性是蛋白质在食品加工中对食品产生特征的物理、化学性质，这些功能性质对于蛋白在食品加工中的应用具有重要的价值。蛋白质功能性质可分为四大类：一是蛋白质的水合性质（即蛋白质－水相互作用），包括溶解度、吸收水及保持能力、湿润性、溶胀性、黏着性、分散性和黏度；二是蛋白质－蛋白质相互作用，如蛋白质的沉淀作用和凝胶作用；三是表面性质，主要有乳化及稳定性和起泡及稳定性；四是感官性质，包括色泽、风味、咀嚼性、爽滑感和混浊度等（见表6－1）。

肌肉蛋白质的功能特性对食品作用表现为：增强均质乳化系的形成与稳定；胶凝作用提高产品的强度、韧性和组织性；使产品切片光滑；蛋白质的吸水以及保水、保油性，使烹制食品减少油水的流失量，防止食品收缩；防止脂分离；促使肉糜结合，不需黏合剂；改善口感；加强抗氧化作用。

表6－1　　蛋白质功能性质的分类

性质类别	功能标准
水合作用	溶解性、湿润性、吸水性、膨胀度、浓缩性、凝胶性
表面性质	乳化性、发泡性、成膜和气味的吸收
蛋白质的相互作用	蛋白质凝胶的结构性质包括弹性、破碎性、黏着性；流变学特性包括咀嚼性、网状结构
外观、口感	颜色、嫩度、组织性、混浊度
其他	与其他添加剂的和谐性

一、溶　解　性

蛋白质的溶解性（Solubility）是蛋白质与蛋白质或者蛋白质与溶剂相互作用达到平衡的热力学表现形式；肌肉蛋白质的溶解性是在一定条件下，肌肉中可以进入溶液的蛋白量与总肌肉蛋白量的比值，且这部分溶解的蛋白质在一定的离心力下不应发生沉淀。肌肉蛋白根据其溶解性分为三类：水溶性肌浆蛋白、盐溶性肌原纤维蛋白和不溶性基质蛋白，如肌浆蛋白是肌肉中存在的天然可溶性蛋白，而肌原纤维蛋白的溶解性通常需要在相对较高的离子强度（＞0.4mol/L）下才能表现出来。而肌原纤维蛋白又是肌肉中最主要的蛋白，因此肉在有盐存在时进行斩拌和混合，会表现出良好的溶解性。蛋白质的溶解性，可以用水溶性蛋白质（Water－soluble protein，WSP）、水可分散性蛋白质（Water dispersible protein，WDP）、蛋白质分散性指标（Protein dispersibility index，PDI）和氮溶解性指标（Nitrogen solubility index，NSI）来评价，其中PDI和NSI已是美国油脂化学家协会采纳的法定评价方法。

蛋白质溶解度大小在实际应用中非常重要，蛋白质溶解度也是判断蛋白质潜在应用价值的一个指标，它在肉制品加工中起重要的作用，特别对肉糜制品和重组肉的加工。这是因为肌肉蛋白质的大多数功能性质都与蛋白质的溶解性相关，而蛋白质的功能性只有在蛋白质处于高度溶解状态时才能表现出来，如蛋白质的凝胶作用、乳化作用、保水作用，以及蛋白质的一些其他功能作用。

肌肉蛋白质的溶解性与许多因素有关，包括肌原纤维的结构、pH、添加到肉中的盐浓度（离子强度）、温度以及肉和盐的混合时间（即蛋白提取的时间）。大多数肌浆中的蛋白质是球形结构，并且分子体积相对较小（绝大多数分子质量在30～65ku），具有高度亲水性，并在水中或稀的盐溶液中呈可溶状态。而肌原纤维蛋白以有序的、完整的结构单位彼此相连，等电点相对较低，大多数在pH 5～6，在生理条件下或低离子强度下的溶解性微乎其微。因此，肌原纤维蛋白的提取必须在离子强度大于0.5mol/L的盐溶液条件下进行。在实践生产中，肉中的食盐浓度增加到0.5mol/L（约为2%的食盐），也就是肉制品加工中广泛使用的盐的浓度，对于肌原纤维蛋白的溶解性以及产生所希望的产品功能性很重要。

二、凝　胶　性

蛋白质的凝胶性（Gelation）是在食品加工过程中广泛存在的一个热动力学过程。在所有的动物蛋白中肌原纤维蛋白的热诱导凝胶能力最强，0.5%的添加量就足以产生凝胶。因此肌肉肌原纤维蛋白质的热诱导凝胶作用是肉制品加工中最重要的特性。

蛋白质凝胶的形成可以定义为蛋白质分子的聚集现象，在这种聚集过程中，吸引力和排斥力处于平衡，以致形成能保持大量水分的高度有序的三维网络结构。如果吸引力占主导，水分从凝胶基体排出来，而形成凝结物；如果排斥力占主导，便难以形成网络结构。蛋白质形成凝胶的机制是肌原纤维蛋白受热使非共价键解离引起构象改变形成肌球蛋白和肌丝，使反应基团暴露出来，特别是肌球蛋白的疏水基团的暴露有利于蛋白质之间的相互作用，然后受热变性展开的蛋白质基团因聚合作用而形成较大分子的凝胶体。因此，肌原纤维蛋白凝胶的形成是变性蛋白分子间相互排斥和吸引等作用力平衡的结果。形成和维持蛋白质凝胶的作用力主要是疏水作用、氢键等物理作用力，另外含有巯基的蛋白质分子间的交联作用对蛋白质的凝胶也有重要的贡献。

任何影响这些力间平衡的因素，比如蛋白质浓度、高压、酶类、贮藏条件、pH、离子强度和温度等均将改变所形成的凝胶类型及其流变学特性（见表6-2）。肉类食品中蛋白质凝胶化的重要作用对肉糜形成凝胶以及对熟制香肠制品的质地起着主要作用：蛋白质凝胶在肉品加工中除了可使蛋白质结合在一起外，也有助于乳状液的稳定、保水能力提高和嫩度的改善。

表6-2　影响肌肉蛋白质胶凝的因素

影响因素	影响效果
pH	猪肉凝胶的最适 pH 5.8~6.1
离子强度	结构细腻的凝胶在离子强度 0.25mol/L KCl，结构粗糙的在 0.60mol/L KCl
蛋白质浓度	蛋白质的临界浓度为 2mg/mL，剪切力模数随着蛋白质浓度平方的增加而增加
温度	44~56℃加热比 58~70℃加热获得的蛋白质凝胶具有更高的剪切力模数和更大的弹性
肌肉类型	红肌形成的凝胶比白肌形成的凝胶更为坚硬而质脆，且凝胶的强度与肌球蛋白的含量有关

在肌肉蛋白中对凝胶起重要作用的是肌球蛋白。肌动球蛋白的热变性研究表明，在30~35℃的温度范围内，原肌球蛋白从F-肌动蛋白的骨架上解离；38℃时纤维形肌动蛋白的超螺旋结构解离成单链；40℃时肌球蛋白的重链和轻链分离，随后重链的头颈接合部发生构型变化；40~50℃时肌动球蛋白解离；50~55℃时轻酶解肌球蛋白由螺旋结构变为盘绕结构；当温度超过70℃时，G-肌动蛋白构型发生变化。肌球蛋白的热诱导凝胶化作用至少要经过四步：①在35 ℃肌球蛋白头部展开，通过头与头的相互作用导致二聚体和寡聚体的形成；②当温度增加到40 ℃时，形成球状头部的聚集体，它是由紧密结合的头部团块和向外部辐射的尾部组成，类似蜘蛛的形状；③在48℃时，由两个或多个单聚体连接形成低聚体；④50~60℃，低聚合体进一步聚集，包括尾尾交联，形成颗粒体，组成了凝胶网络结构的每一股线。

食品蛋白凝胶大致可以分为：加热后再冷却形成的凝胶；在加热条件下形成的凝胶；与金属盐络合形成的凝胶；不加热而经部分水解或pH调整形成的凝胶等。食品蛋白质胶凝作用不仅可以形成固态弹性凝胶，还能增稠，提高吸水性、颗粒黏结、乳浊液或者泡沫的稳定性。

三、乳 化 性

乳化性是指两种以上的互不相溶的液体，例如油和水，经机械搅拌或添加乳化液，形成乳浊液的性能。蛋白质是天然的两亲物质，既能同水相互作用，又能同脂质作用。在油/水体系中，蛋白质能自发地迁移至油－水界面和气水界面，到达界面上以后，疏水基定向到油相和气相，而亲水基则定向到水相并广泛展开和散布，在界面形成蛋白质吸附层，从而起到稳定乳状液的作用。乳化问题对于大多数肉制品（如香肠）非常重要，在肉制品加工过程中，借助斩拌机、滚揉按摩机等设备，使肌肉中的盐溶性蛋白充分溶出，黏合脂肪，来防止脂肪分离、改善产品的组织状态和品质。

1. 肉的乳化

肉类乳化的定义是由脂肪粒子和瘦肉组成的分散体系，其中脂肪是分散相，可溶性蛋白、水和各种调味料组成连续相。乳化肉糜是由肌肉和结缔组织纤维（或纤维片段）的基质悬浮于包含有可溶性蛋白和其他可溶性肌肉组分的水介质内构成的，分散相是固体或液体的脂肪球，连续相是溶解（或悬浮）盐和蛋白质的水溶液。在这一系统中，充当乳化剂的是连续相中的盐溶性蛋白。整个乳化物是属于水包油型的（图6－1）。

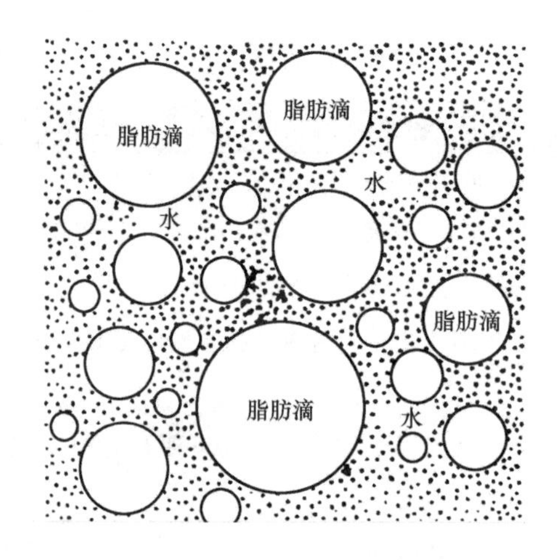

图6－1　水包油型乳浊液

肉糜的乳化可以用图6－2来说明，要形成一个肉的乳化物或肉糊，需要将冷却绞碎的瘦肉和肥肉同水、盐、非肉蛋白质及各种其他成分进行混合、粉碎后，再进行高速斩拌。斩拌过程会将脂肪破碎成小的球状粒子（直径在1～50μm），同时将肌原纤维蛋白质从破碎的细胞中萃取出来。可溶性肌原纤维蛋白分子会部分展开，同少量的肌浆蛋白一起吸附在脂肪球表面，在脂肪球周围形成一个半刚性的膜。这会显著降低水油间的界面张力，即降低自由能。

2. 影响乳化的因素

影响肉乳化能力的因素很多，除和蛋白质种类、胶原蛋白含量有关外，还与斩拌的温度和时间、脂肪颗粒的大小、pH、可溶性蛋白质的数量和类型、乳化物的黏度和熏蒸烧煮等过程有关。

（1）乳化时的温度　原料肉在斩拌或乳化过程中，由于斩拌机和乳化机内的摩擦产生了大量的热量。适当的升温可以帮助盐溶性蛋白的溶出、加速腌制色的形成、增加肉糜的流动

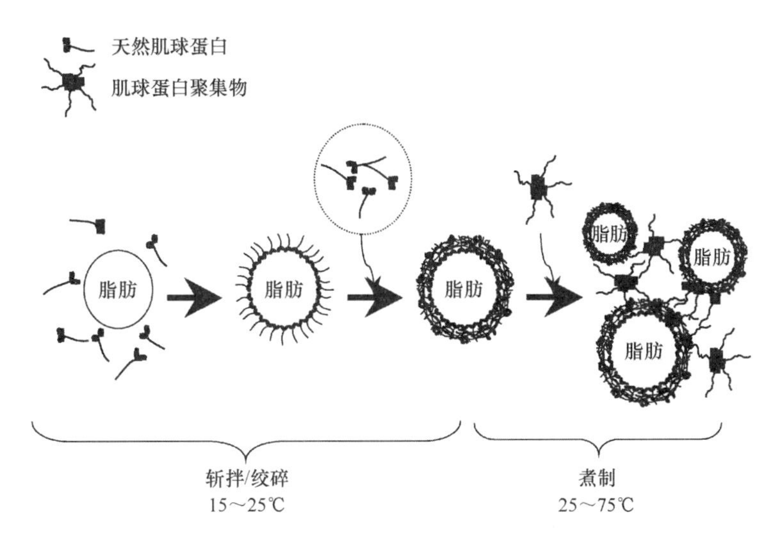

图6－2　肌球蛋白与脂肪的乳化示意图

性。但是如果乳化时的温度过高，一会导致盐溶性蛋白变性而失去乳化作用；二会降低乳化物的黏度，使分散相中相对密度较小的脂肪颗粒向肉糜乳化物表面移动，降低乳化物稳定性；三会使脂肪颗粒融化而在斩拌和乳化时更容易变成体积更小的微粒，表面积急剧增加，以致可溶性蛋白不能将其完全包裹，即脂肪不能被完全乳化。这样香肠在随后的热加工过程，乳化结构崩溃，造成产品出油。

斩拌温度对提取肌肉中盐溶性蛋白有很重要的作用，肌球蛋白最适提取温度为4～8℃，当肉馅温度升高时，盐溶性蛋白的萃取量显著减少，同时温度过高，易使蛋白质受热凝固。在斩拌机中斩拌时，会产生大量热，所以必须加入冰或冰水来吸热，防止蛋白质过热，有助于蛋白质对脂肪的乳化。

斩拌时间要适当，不能过长。适宜的斩拌时间，对于增加原料的细度、改善制品的品质是必需的，但斩拌过度，易使脂肪粒变得过小，这样会大大增加脂肪球的表面积，以致蛋白质溶液不能在脂肪颗粒表面形成完整的包裹状，未包裹的脂肪颗粒凝聚形成脂肪囊，使乳胶出现脂肪分离现象，从而降低了灌肠的质量。

（2）原料肉的质量　为了稳定乳化，对原料肉的选择相当重要，对黏着性低的蛋白质应限定使用。在低黏着性蛋白质中，胶原蛋白的含量高，而肌纤维蛋白质含量低。胶原纤维蛋白在斩拌中能吸收大量水分，但在加热时会发生收缩。当加热到75℃时，会收缩到原长的1/3，继续加热变成明胶。当使用的瘦肉蛋白和胶原蛋白比例失调时，肌球蛋白含量少，这样在乳化过程中，脂肪颗粒一部分被肌球蛋白所包裹形成乳化，另一部分被胶原蛋白包裹。在加热过程中，胶原蛋白发生收缩，失去吸水膨胀能力，并使其包裹的脂肪颗粒游离出来，形成脂肪团粒或一层脂肪覆盖物，从而影响了灌肠的外观与品质。改进方法是调整配方，增加瘦肉的用量。

尸僵前的热鲜肉中能提出的盐溶性蛋白质数量比尸僵后的多50%，而盐溶性肌原纤维蛋白的乳化效果要远远好于肌浆蛋白，在原料肉重量相同的情况下，热鲜肉可乳化更多的脂肪，但工厂要完全使用热鲜肉进行生产有一定的难度。如果工厂只能使用尸僵后的肉进行生产，则应在乳化之前将原料肉加冰、盐、腌制剂进行斩拌，然后在0～4℃放置12h，这样可使更多的蛋白被提出。

（3）脂肪颗粒的大小　在乳化过程中，要想形成好的乳化肉糜，原料肉中的脂肪必须被斩成适当大小的颗粒。当脂肪颗粒的体积变小时，其表面积就会增加。例如，一直径为50μm的脂肪球，当把它斩到直径为10μm时，就变成了125个小脂肪球，表面积也从7850μm^2增加到了39250μm^2，共增加了5倍。这些小脂肪球就要求有更多的盐溶性蛋白质来乳化。

在乳化脂肪时，被乳化的那部分脂肪是由于机械作用从脂肪细胞中游离出的脂肪，一般来说，内脏脂肪（如肾周围脂肪和板油）由于具有较大的脂肪细胞和较薄的细胞壁，因而易使脂肪细胞破裂释放出脂肪，这样乳化时需要的乳化剂的量就较多，因而在生产乳化肠时，最好使用背膘脂肪。如果脂肪处于冻结状态，在斩拌或切碎过程中，会使更多的脂肪游离出来，而未冻结的肉游离出的脂肪较少。

（4）盐溶性蛋白质的数量和类型　在制作肉糜乳化物时，由于盐可帮助瘦肉中盐溶性蛋白的提取，因此应在有盐的条件下先把瘦肉进行斩拌，然后再把脂肪含量高的原料肉加入进行斩拌。提取出的盐溶性蛋白越多，肉糜乳化物的稳定性越好，而且肌球蛋白越多，乳化能力越大。提取蛋白质的多少，直接与原料肉的pH有关，pH高时，提取的蛋白多，乳化物稳定性好。

（5）加热条件　如果香肠配方和工艺条件都适合，在熏蒸烧煮时加热过快或温度过高，也会引起乳化液脂肪的游离。在快速加热过程中，脂肪周围的可溶性蛋白质凝固变成固体，而在连续加热中，脂肪颗粒膨胀，蛋白质凝固受热趋于收缩，这样脂肪颗粒外层收缩而内部膨胀，导致凝固蛋白膜的崩解，脂肪滴游离，使产品肠衣油腻，灌肠表面也会有一些分离的脂肪。

3. 乳化中常出现的问题及解决办法

（1）斩拌时温度过高　为了防止在乳化过程中温度过高而造成蛋白质变性，就必须吸收掉因摩擦产生的热量。方法之一是在斩拌过程中加冰。加冰的效果远远优于加冰水，因冰在融化成冰水时要吸收大量的热。1kg冰变成水时大约要吸收334.4kJ热量，而1kg水温度升高1℃只吸收4.18kJ热量，因此1kg冰转化成1kg水所吸收的热量足可使1kg的水温度升高80℃。除了可以吸热外，加冰还可使乳化物的流动性变好，从而利于随后进行的灌装。降低温度的另一种方法是在原料肉斩拌时加固体的二氧化碳（干冰）或在斩拌时加一部分冻肉。总之，要保证在斩拌结束时肉糜的温度不高于12℃。

（2）斩拌过度　乳化结构的崩溃主要是由于分散的脂肪颗粒又聚合成大的脂肪球所致。如果所有的脂肪球都完全被盐溶性蛋白包裹，则聚合现象就很难发生。但斩拌过度时，溶出的蛋白质不能把所有脂肪球完全包裹住，这些没被包裹或包裹不严的脂肪球在加热过程中就会融化，而融化后的脂肪更容易聚合，造成成品香肠肠体油腻，甚至在肠体顶端形成脂肪包。如果发生这种情况，就要对斩拌工艺和参数进行调整。

（3）瘦肉量少、盐溶性蛋白提取不足　瘦肉量少主要指原料肉中肌球蛋白和胶原蛋白的组成不平衡，或是原料中瘦肉的含量太低。图6-3中，被肌球蛋白和胶原蛋白包裹住的脂肪球大小一样。然而在加热过程中，胶原蛋白遇热收缩，进一步加热则生成明胶液滴，从脂肪球表面流走，使脂肪球裸露（图6-4）。这样最终的成品香肠顶端会形成脂肪包，而底部则形成胶冻块。生产中如果出现这种情况，就需要对原料肉的组成进行必要的调整，增加瘦肉含量，并应在斩拌时适当添加一些复合磷酸盐以提高肉的pH，促进盐溶性蛋白的提取，同时还可适当添加一些食品级非肉蛋白，如组织蛋白、血清蛋白、大豆分离蛋白等以帮助提高肉的乳化效果。

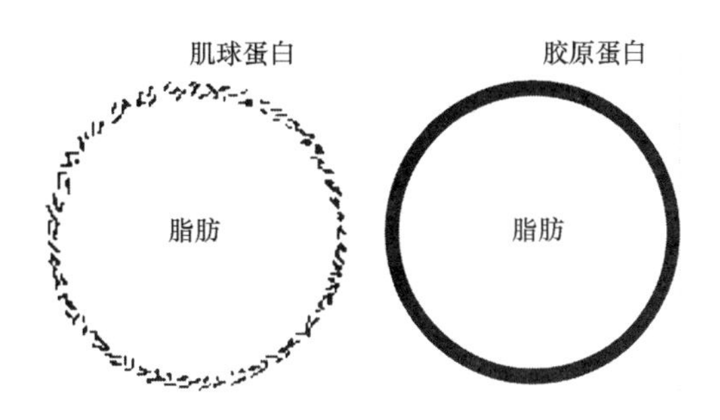

图6－3　被肌球蛋白和胶原蛋白包裹的脂肪球

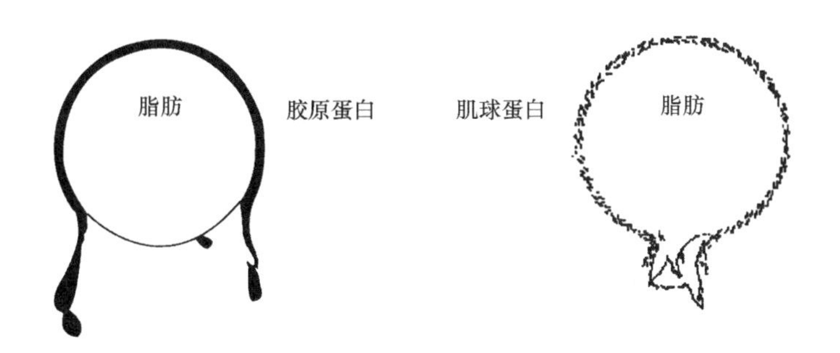

图6－4　胶原转变成明胶后蛋白膜破裂使脂肪外流

（4）加热过快或蒸煮温度过高　即使原料肉的组成合理，前段加工过程处理得当，如果加热过快或温度过高，也会产生脂肪分离现象。在快速加热过程中，脂肪球表面的蛋白质凝固并包裹住脂肪球。继续加热，脂肪球受热膨胀，而包裹在其表面的蛋白膜则有收缩的趋势，这一过程继续下去，则凝固的蛋白质膜被撑破，内部的脂肪流出（图6－4）。法兰克福肠生产中遇到这种情况时，会使肠体表面稍显油腻，并在烟熏棒上产生油斑。这种情况虽不如斩拌过度或瘦肉不足造成的问题严重，但也应对烟熏和蒸煮的参数进行适当调整。

（5）乳化物放置时间过长　乳化好的肉糜，应尽快灌装，因为乳化物的稳定时间是几小时，时间过长则乳化好的肉糜结构会崩溃，并在随后的加热过程中出现出油等现象。

总之，只要掌握了乳化香肠的乳化原理，当生产中出现问题时，就很容易找出原因，加以解决，避免给企业造成更大的损失。

四、起　泡　性

蛋白质起泡性的评价指标主要有：泡沫的密度、泡沫的强度、气泡的平均直径和直径分布、蛋白质起泡能力和泡沫的稳定性，最常使用的是蛋白质起泡性及其稳定性。蛋白质溶液经常会发生起泡现象（Foaming），这种现象在商业上和实验室进行蛋白质分离和纯化时是不受欢迎的。当泡沫体积超过容器的体积时，蛋白质会由于泡沫的形成而发生变性。然而通过蛋白质的起泡性可将空气包埋起来，这在许多食品制备中是人们所希望的重要的功能特性。以泡沫为基础的食品主要是非肉制品，典型的例子包括：蛋白与糖的混合物、蛋奶酥、人造黄油、冰淇淋和发酵的面包制品。尽管以肉为基础的起泡制品很少见，但也有一些，例如在一些国家（如法国）生产的含肉奶油点心（Meat mousses）。

泡沫形成的机制与乳化作用形成的机制相似，但在泡沫中存在的不连续相是空气，而不是脂肪液滴，并且在泡沫界面的蛋白质结构变化要比在乳化界面中的要大。在泡沫形成过程，蛋白质最初被分散到气-液（水）界面，处于这种界面的蛋白被吸收、浓缩、重新定向，导致了表面张力的减少（或者是表面压力的增加）。蛋白质在气-液界面的这种性能非常重要，因为在气泡周围形成的以蛋白质为基础的柔韧而黏性的薄膜对于起泡能力和泡沫稳定性来说是非常必要的。蛋白质的起泡能力受蛋白质本身的性质和周围环境条件的影响。蛋白质分子的柔韧性、成膜性以及泡沫稳定性之间存在一定的关系。排列无序的蛋白质要比交联在一起的稳定、球状的蛋白具有更大的表面活性，也就是具有更好的柔韧性。因此 α-酪蛋白能快速形成薄膜，而溶菌酶只具有有限的成膜能力。

关于肌肉蛋白起泡性的研究还很少，因此肌肉蛋白结构与起泡性之间的关系还不清楚。据推测，在足够稀的肌肉蛋白浓度下，蛋白形成单层膜泡沫的可能性大，这样蛋白分子可以充分地展开（即使不是完全展开）。因为肌球蛋白是高度的表面活性蛋白，在形成单层薄膜时它可能起到非常关键的作用。然而浓度高时肌肉蛋白可能会浓缩或形成多层的薄膜，这样蛋白质分子的很大一部分可能仍保持着它们天然的结构或构象，尤其是二级结构。蛋白质的起泡性要求蛋白质具有一定溶解性。对于鱼肉蛋白浓缩物，只有蛋白质的可溶性部分才能形成泡沫，这可能与它分散和定位到界面的能力有关。不溶性部分对泡沫稳定性可以起到作用。尽管鱼肉蛋白浓缩物缺乏其他蛋白质所具有的一些功能性质，但它具有很好的起泡性，可以代替更昂贵的蛋白质，如蛋清粉和乳清蛋白分离物。

五、 影响食品蛋白质功能性质的因素

影响蛋白质功能特性的因素有很多，主要分为三个方面：内在因素、物理因素和化学因素。

表6-3　影响肌肉蛋白质功能性质的因素

分类	具体影响因素
内在因素	蛋白质组成、蛋白质结构、简单或结合蛋白质、同质或异质
物理处理	加热、干燥条件、贮存条件、物理化学或酶法修饰
化学因素	pH、氧化还原态、盐类、离子强度、水、碳水化合物、脂质、表面活性剂、香味

1. 内在因素

影响食品蛋白质功能特性的内在因素即蛋白质分子组成和结构特征，主要包括蛋白质分子组成和大小、亚基组成和大小、疏水性或亲水性、二硫键多寡、氧化或还原状态、亚基缔合或解离形式、热变性和热聚集、功能基团修饰或分解、蛋白质与其他物质之间相互作用等方面。

2. 物理因素

（1）加热温度　加热温度是影响蛋白质功能特性的最普通的物理因素，包括热和冷，蛋白质在加热时会发生变性作用，常见的蛋白质变性包括：疏水基团的暴露，蛋白质在水中溶解度降低；某些蛋白质生物活性丧失；肽键更多地暴露出来，容易被蛋白酶结合而水解；蛋白质

分散系黏度发生变化；蛋白质结合水的能力发生变化；蛋白质结晶能力丧失。加热对蛋白质影响也有有利的方面，如热烫可以使酶失活；植物组织中存在的大多数抗营养因子或蛋白质毒素通过加热而变性或钝化；适当的热处理还会使蛋白质发生伸展，从而暴露被掩埋的一些氨基酸残基，利于蛋白质的催化水解，提高其消化率；适当的热处理还会产生一定的风味物质。

（2）冷冻低温　冷冻低温也会导致蛋白质的变性，蛋白质冻结变性主要是由于蛋白质周围的水发生变化，破坏了一些维持蛋白质原构象的力，同时由于水保护层的破坏，蛋白质的一些基团就可以直接相互作用，蛋白质发生聚集或者原来的亚基重排；另外，由于大量水形成冰之后，剩余的水中无机盐浓度大大提高，这种局部高浓度盐会引起蛋白质的变性。

（3）流体静压　流体静压压力诱导蛋白质变性的主要是改变蛋白质的柔性和可压缩性，虽然氨基酸残基被紧密地包裹在球状蛋白质分子结构内部，但仍存在一些空穴，会导致蛋白质分子结构的可压缩性。大多数纤维状蛋白质不存在空穴，它们对静水压作用的稳定性高于球状蛋白质，压力诱导的球状蛋白质变性通常伴随着体积的减少，但该过程是可逆的。压力加工不同于热加工，它不会损害蛋白质中的必需氨基酸或天然色泽和风味，也不会导致有毒化合物的形成。

（4）辐照　电磁辐照对蛋白质的影响因波长和能量大小而异，紫外辐照、γ－辐射和其他辐射能改变蛋白质的构象，也使氨基酸残基氧化、共价键断裂、离子化、形成蛋白质自由基以及它们之间重新聚合和结合。如果辐照导致蛋白质分子中氨基酸残基的变化，蛋白质的营养价值可能会受到损害；如果辐照仅引起蛋白质构象的改变，那么将不会显著影响蛋白质的营养价值。

（5）剪切　一些食品在加工时能产生高压、高剪切力和高温，如挤压、打擦、捏合、高速搅拌和均质等。高温和高剪切力相结合能导致蛋白质不可逆的变性，剪切速度越大，蛋白质变性程度也越大。

3. 化学因素

影响蛋白质的化学因素比较多，主要有 pH、盐类、蛋白质浓度、有机溶剂等。

（1）pH　大多数蛋白质在特定的 pH 范围内是稳定的，超出这一范围则会发生变性。在较温和的酸碱条件下，变性是可逆的，在强酸或强碱条件下，变性是不可逆的。

（2）盐类　盐以两种不同的方式影响蛋白质的稳定性，在低盐浓度时，盐的离子与蛋白质发生非特异性静电作用，起到稳定蛋白质结构的作用；在高盐浓度时，盐对蛋白质的稳定性不利。

（3）有机溶剂　大部分有机溶剂可导致蛋白质的变性，有机溶剂可以降低溶液的介电常数，使蛋白质分子内带电基团间的静电作用力增加；或破坏/增加蛋白质分子内的氢键；或其进入蛋白质的疏水性区域，破坏蛋白质分子的疏水相互作用，有些有机溶剂会导致稳定蛋白质构象的原有作用力改变，使得构象发生改变，导致蛋白质变性。

第二节　肉的食用品质及其检测技术

透过现象看本质

6－3. 为什么在大型超市购买真空包装的冷鲜肉时，新打开包装的肉的颜色看上去反而没有打开一段时间的肉更鲜艳?

6-4. 为什么大理石花纹肉味道更香?

6-5. 为什么老牛肉没有犊牛肉嫩?

肉的食用品质主要包括肉的颜色、嫩度、保水性、风味、pH、多汁性等。这些性质在肉的加工贮藏中，直接影响肉品的质量。

一、肉的颜色

肌肉的颜色是重要的食用品质之一，事实上，肉的颜色本身对肉的营养价值和风味并无多大影响。而颜色的重要意义在于它是肌肉的生理学、生物化学和微生物学变化的外部表现，因此可以直接通过感官给消费者以好或坏的影响。

1. 形成肉色的物质

肉的颜色本质上是由肌红蛋白（Myoglobin，Mb）和血红蛋白（Hemoglobin，Hb）产生。肌红蛋白为肉自身的色素蛋白，肉色的深浅与其含量多少有关。血红蛋白存在于血液中，对肉颜色的影响要视放血的好坏而定。放血良好的肉，肌肉中肌红蛋白色素占80%～90%，比血红蛋白丰富得多。

2. 肌红蛋白的结构与性质

肌红蛋白为复合蛋白质，它由一条多肽链构成的珠蛋白和一个带氧的血红素基（Heme group）组成，血红素基由一个铁原子和卟啉环所组成（图6-5，图6-6）。肌红蛋白与血红蛋白的主要差别是前者只结合一分子的血色素，而血红蛋白结合四分子血色素。因此，肌红蛋白的分子质量为16～17ku，而血红蛋白为64ku。

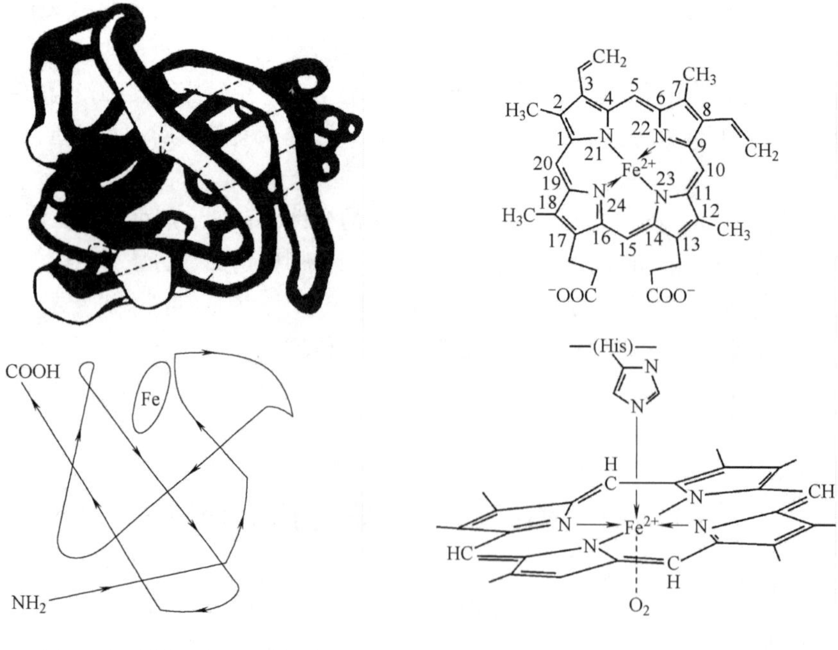

图6-5 肌红蛋白分子结构　　图6-6 血红素

肌红蛋白中铁离子的价态（Fe^{2+}的还原态或Fe^{3+}的氧化态）和与O_2结合的位置是导致其颜色变化的根本所在。在活体组织中，Mb依靠电子传递链使铁离子处于还原状态。屠宰后的鲜肉，肌肉中的O_2缺乏，Mb中与O_2结合的位置被H_2O所取代，使肌肉呈现暗红色或紫红色。当将肉切开后在空气中暴露一段时间（大约30mim），肉的断面就会变成鲜红色，这是由于O_2取代H_2O而形成氧合肌红蛋白（Oxymyoglobin，MbO_2）之故。如果放置时间过长或是在低O_2分压的条件下贮放，则肌肉会变成褐色，这是因为形成了氧化态的高铁肌红蛋白（Metmyoglobin，MMb）（图6－7）。

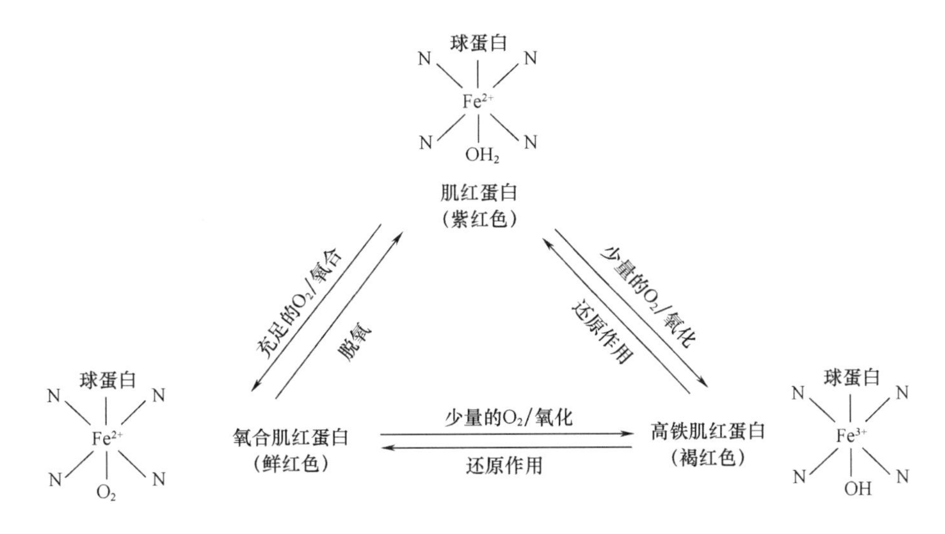

图6－7　铁离子的价态与肌肉颜色的变化

由此可见，Mb由于O_2的存在可变成鲜红色的MbO_2或褐色的MMb。这种比例依O_2的分压而定，氧气分压低，则有利于MMb的形成；而氧气分压高，则有利于MbO_2的形成（图6－8）。这种变化在活体组织中由于酶的作用可使MMb持续地还原成Mb。但动物体死后，这种酶促的还原作用就会逐渐削弱乃至消失。因而，在商业上，常常将分割肉先加以真空包装，使其在低O_2分压下形成MMb，到零售商店后打开包装，与O_2充分接触以形成鲜艳的MbO_2来吸引消费者。为了获得保持鲜艳肉色的最长时间，零售一般在0～4℃的条件下进行，以减缓还原体系的氧化速率。

肉品呈现的颜色取决于肌红蛋白各种形式存在的比例。正常情况下，Mb和MbO_2很容易相互转化，并且两者都可以被氧化成MMb，但MMb转化成Mb或MbO_2比较困难。肉在贮藏过程中，肉的颜色主要是MMb在肉表面蓄积所致的褐变，而高铁肌红蛋白的蓄积速度取决于还原态Mb的氧化速度和肌肉中存在的高铁肌红蛋白还原酶系的效用。一般情况下，当MMb含量低于20%时肉色仍呈现鲜红色，当MMb含量达30%时肉色开始呈现稍暗的颜色，当MMb含量达50%时肉色呈现红褐色，当MMb含量高达70%时肉色变为褐色。因此，防止和减少MMb的形成是保持肉色的关键。

肌红蛋白及其衍生物在颜色上的差异主要表现在它们的吸收光谱不同，氧合肌红蛋白，亚硝基肌红蛋白分别在波长535～545nm（绿色光）和575～585nm（蓝色光）处有最大吸收峰，因而表现出红色。肌红蛋白在555nm处具有广分散峰，于是呈暗红色。而高铁肌红蛋白的最大吸收光在505nm（蓝色），在625nm（红色）处还有一段弱峰，此二者合并产生褐红色（图6－9）。

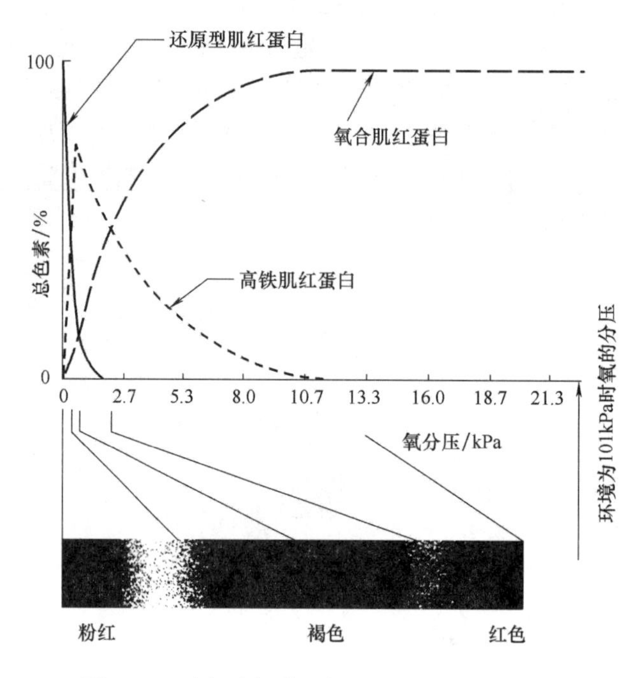

图6-8 大气中氧分压与肌肉色素蛋白的关系

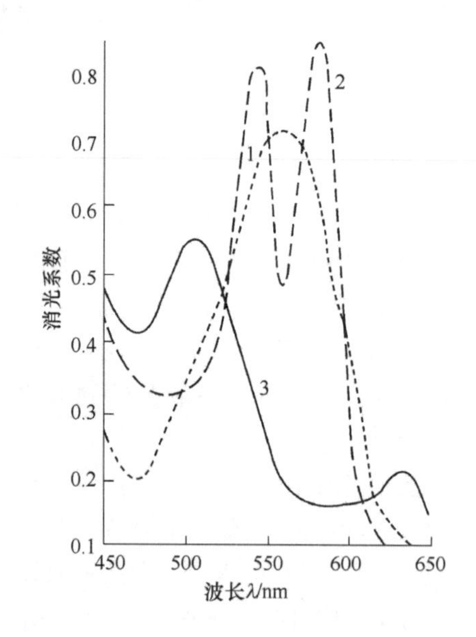

图6-9 肌红蛋白吸收光谱

1—肌红蛋白 2—氧合肌红蛋白 3—高铁肌红蛋白

3. 影响肌肉颜色变化的因素

（1）环境中的氧含量 前已述及，O_2分压的高低决定了肌红蛋白是形成氧合肌红蛋白还是高铁肌红蛋白，从而直接影响到肉的颜色。

（2）湿度 环境中湿度大，则肌红蛋白氧化速度慢，因在肉表面有水汽层，影响氧的扩散。如果湿度低且空气流速快，则加速高铁肌红蛋白的形成，使肉色褐变加快。如牛肉在8℃冷藏时相对湿度为70%时，则2d即褐变；相对湿度为100%时，则4d褐变。

（3）温度　环境温度高促进氧化，温度低则氧化得慢。如牛肉3～5℃贮藏9d褐变，0℃时贮藏18d才褐变。因此为了防止肉褐变氧化，尽可能在低温下贮存。

（4）pH　动物宰后pH匀速下降，终pH在5.6左右，肉的颜色正常。如若肌肉pH下降过快，容易产生PSE肉，肉色变得苍白，这种肉在猪肉较为常见；动物在宰前糖原消耗过多，尸僵后肉的极限pH高，成熟后的终pH也偏高（>6.0），肌肉呈深色（黑色），在牛肉中常见，如DFD肉。

（5）微生物　微生物繁殖加速肉色的变化，特别是高铁肌红蛋白的形成，这是因为微生物消耗了氧气，使肉表面氧分压下降，有利于高铁肌红蛋白的生成。然而当微生物繁殖到一定程度（大于10^7cfu/g），大量的微生物消耗了肉表面的所有氧气，使肉表面形成缺氧层，高铁肌红蛋白又被还原。此时大量微生物污染肉表面反而只有很少的高铁肌红蛋白存在。另外，贮藏时肉污染微生物会使其表面颜色改变，污染细菌，分解蛋白质使肉色污浊；污染霉菌则在肉表面形成白色、红色、绿色、黑色等色斑或发出荧光。

（6）腌制　由于氧气在食盐溶液中的溶解度很低，以食盐为主的腌制剂会降解肉中的氧气浓度，加速肌红蛋白氧化形成高铁肌红蛋白，对保持肉色不利。另外，在腌制过程中加入亚硝酸盐后，其还原物质可以在酸性环境中与肌肉中的肌红蛋白反应，生成亚硝基肌红蛋白，呈现粉红色。

二、肉的嫩度

肉的嫩度是消费者最重视的食用品质之一，它决定了肉在食用时口感的老嫩，是反映肉质地（Texture）的指标。

1. 嫩度的概念

肉的嫩度包括以下四方面的含义：

（1）肉对舌或颊的柔软性　即当舌头与颊接触肉时产生的触觉反应。肉的柔软性变动很大，从软乎乎的感觉到木质化的结实程度。

（2）肉对牙齿压力的抵抗性　即牙齿插入肉中所需的力。有些肉硬得难以咬动，而有些柔软的几乎对牙齿无抵抗性。

（3）咬断肌纤维的难易程度　指的是牙齿切断肌纤维的能力，首先要咬破肌外膜和肌束，因此这与结缔组织的含量和性质密切相关。

（4）嚼碎程度　用咀嚼后肉渣剩余的多少以及咀嚼后到下咽时所需的时间来衡量。

2. 影响肌肉嫩度的因素

影响肌肉嫩度的实质主要是结缔组织的含量与性质及肌原纤维蛋白的化学结构状态。它们受一系列的因素影响而变化，从而导致肉嫩度的变化。

（1）宰前因素对肌肉嫩度的影响

①年龄：一般说来，幼龄家畜的肉比老龄家畜嫩，但前者的结缔组织含量反而高于后者。其原因在于幼龄家畜肌肉中胶原蛋白的交联程度低，易受加热作用而裂解。而成年动物的胶原蛋白的交联程度高，不易受热和酸、碱等的影响。如肌肉加热时胶原蛋白的溶解度，犊牛为19%～24%，2岁阉公牛为7%～8%，而老龄牛仅为2%～3%，并且对酸解的敏感性也低。

②肌肉的解剖学位置：牛的腰大肌最嫩，胸头肌最老，据测定，腰大肌中羟脯氨酸含量比半腱肌少得多。经常使用的肌肉，如半膜肌和股二头肌，比不经常使用的肉（腰大肌）的弹性蛋白含量多。同一种肌肉的不同部位嫩度也不同，猪背最长肌的外侧比内侧部分要嫩。牛的半膜肌从近端到远端嫩度逐降。

③营养状况：凡营养良好的家畜，肌肉脂肪含量高，大理石纹丰富，肉的嫩度好。肌肉脂肪有冲淡结缔组织的作用，而消瘦动物的肌肉脂肪含量低，肉质老。

（2）宰后因素对肌肉嫩度的影响

①尸僵和成熟：宰后尸僵发生时，肉的硬度会大大增加。因此肉的硬度又有固有硬度和尸僵硬度之分，前者为刚宰后和成熟时的硬度，而后者为尸僵发生时的硬度。肌肉发生异常尸僵时，如冷收缩（Cold－shortening）和解冻僵直（Thawing rigor），肌肉会发生强烈收缩，从而使硬度达到最大。一般肌肉收缩时短缩度达到40%时，肉的硬度最大，而超过40%反而变为柔软，这是由于肌动蛋白的细丝过度插入而引起Z线断裂所致，这种现象称为“超收缩”。僵直解除后，随着成熟的进行，硬度降低，嫩度随之提高。

②加热处理：加热对肌肉嫩度有双重效应，它既可以使肉变嫩，又可使其变硬，这取决于加热的温度和时间。加热可引起肌肉蛋白质的变性，从而发生凝固、凝集和短缩现象。当温度在65～75℃时，肌肉纤维的长度会收缩25%～30%，从而使肉的嫩度降低，但另一方面，肌肉中的结缔组织在60～65℃会发生短缩，而超过这一温度会逐渐转变为明胶，从而使肉的嫩度得到改善。结缔组织中的弹性蛋白对热不敏感，所以有些肉虽然经过很长时间的煮制但仍很老，这与肌肉中弹性蛋白的含量有关。

为了兼顾肉的嫩度和滋味，对各种肉的煮制中心温度建议为：猪肉为77℃，鸡肉为77～82℃，牛肉按消费者的嗜好分为四级：半熟（Rare）为58～60℃，中等半熟（Medium rare）为66～68℃，中等熟（Medium）为73～75℃，熟透（Well done）为80～82℃。

③电刺激：近十几年来，对宰后直接用电刺激胴体以改善肉的嫩度进行了广泛的研究，尤其是对于羊肉和牛肉，但电刺激提高肉嫩度的机制尚未充分明了，主要是加速肌肉的代谢，从而缩短尸僵的持续期并降低尸僵的程度，此外，电刺激可以避免羊胴体和牛胴体产生冷收缩。

④酶：利用蛋白酶类可以嫩化肉，常用的酶为植物蛋白酶，主要有木瓜蛋白酶、菠萝蛋白酶和无花果蛋白酶，商业上使用的嫩肉粉多为木瓜蛋白酶，酶对肉的嫩化作用主要是对蛋白质的裂解所致。所以使用时应控制酸的浓度和作用时间，如酶水解过度，则原料肉会失去应有的质地并产生不良的味道。

三、保　水　性

肉的保水性（Water holding capacity，WHC）也称系水力或系水性，是指当肌肉受外力作用时，如加压、切碎、加热、冷冻、解冻以及腌制等加工或贮藏条件下保持其原有水分与添加水分的能力。它对肉的品质——色、香、味、营养成分、多汁性、嫩度等感官品质有很大的影响，是肉质评定时的重要指标之一。

1. 肌肉系水力的物理化学基础

蛋白质吸水并将水分保留在蛋白质组织中的能力，主要依靠水和蛋白质之间电荷的相互作用、氢键作用和毛细管等作用。在“肉的化学成分”中已经介绍，肌肉中的水是以结合水、不易流动水和自由水三部分形式存在的。其中不易流动水部分主要存在于纤丝、肌原纤维及膜之间，衡量肌肉的系水力主要指的是这部分水，它取决于肌原纤维蛋白质的网格结构及蛋白质所带净电荷的多少。蛋白质处于膨胀胶体状态时，网格空间大，系水力就高，反之处于紧缩状态时，网格空间小，系水力就低。

2. 肌肉系水力的检测指标

保水性可以用系水潜能（Water - binding potential）、可榨出水分（Eexpressible moisture）、自由滴水（Free drip）和蒸煮损失（Cooking loss）等术语来表示。系水潜能表示肌肉蛋白质系统在外力影响下超量保水的能力，用它来表示在测定条件下蛋白质系统存留水分的最大能力；可榨出水分是指在外力作用下，从蛋白质系统榨出的液体量，即在测定条件下所释放的松弛水（Loose water）量；自由滴水量则指不施加任何外力只受重力作用下蛋白质系统的液体损失量（即滴水损失，Drip loss）；蒸煮损失是用来测量肌肉经适当的煮制后水分损失的量。

3. 影响肌肉系水力的因素

（1）蛋白质　水在肉中存在的状况也称水化作用，与蛋白质的空间结构有关。蛋白质结构越舒松，固定的水分越多，反之则固定越少。

蛋白质分子所带的净电荷对蛋白质的保水性具有两方面的意义：其一净电荷是蛋白质分子吸引水的强有力的中心；其二净电荷使蛋白质分子间具有静电斥力，因而可以使其结构松弛，增加保水效果。净电荷如果增加，保水性就得以提高；净电荷减少，则保水性降低。

蛋白质分子是由氨基酸所组成的，氨基酸分子中含有氨基和羧基，是一种两性离子。当 pH > pI 时，氨基酸分子带负电荷，而当 pH < pI 时，带正电荷。肌肉 pH 接近等电点（pH5.0～5.4）时，静电荷数达到最低，这时肌肉的系水力也最低。

（2）pH　添加酸或碱来调节肌肉的 pH，当 pH 在 5.0 左右时，保水性最低。保水性最低时的 pH 几乎与蛋白的等电点一致。如果稍稍改变 pH，就可引起保水性的很大变化。任何影响肉 pH 变化的因素或处理方法均可影响保水性。

（3）食盐　食盐对肌肉系水力的影响与食盐的使用量和肉块的大小有关，当使用一定离子强度的食盐，增加肌肉中肌球蛋白的溶解性，会提高保水性，这主要是因为食盐能使肌原纤维发生膨胀。肌原纤维在一定浓度食盐存在下，会有大量氯离子被束缚在肌原纤维间，增加了负电荷引起的静电斥力，导致肌原纤维膨胀，使保水力增强。但当食盐使用量过大或肉块较大，食盐只作用于大块肉的表面，由于渗透压的原因，会造成肉的脱水。

（4）磷酸盐　磷酸盐能结合肌肉蛋白质中的 Mg^{2+}、Ca^{2+}，使蛋白质的羟基被解离出来。由于羟基间负电荷的相互排斥作用使蛋白质结构松弛，提高了肉的保水性。焦磷酸盐和三聚磷酸盐可将肌动球蛋白解离成肌球蛋白和肌动蛋白，使肉的保水性提高。

（5）尸僵和成熟　肌肉的系水力在宰后的尸僵和成熟期间会发生显著的变化。刚宰后的肌肉，系水力很高，但经几小时后，就会开始迅速下降，一般在 24～28h 之内，过了这段时间系水力会逐渐回升。僵直解除后，随着肉的成熟，肉的系水力会徐徐回升，其原因除了 pH 的回升外，还与蛋白质的变化有关。

（6）加热　肌球蛋白是决定肉保水性的重要成分，但肌球蛋白受热极易变性，其过早变性会导致保水能力降低。聚磷酸盐对肌球蛋白变性有一定的抑制作用，其可稳定肌肉蛋白质的保水能力。

肉加热时保水能力明显降低，加热程度越高保水力下降越明显。这是由于蛋白质的热变性作用，使肌原纤维紧缩，空间变小，不易流动水被挤出。

（7）动物因素　畜禽种类、年龄、性别、饲养条件、肌肉部位及屠宰前后处理等，对肉保水性都有影响：兔肉的保水性最佳，依次为牛肉、猪肉、鸡肉、马肉；就年龄和性别而论，去势牛 > 成年牛 > 母牛，幼龄 > 老龄，成年牛的保水性随体重增加而降低；不同部位的肉保水性也有明显差异，以猪肉为例，保水性大小依次是胸锯肌 > 腰大肌 > 半膜肌 > 股二头肌 > 臀中肌 > 半键肌 > 背最长肌。还有，骨骼肌较平滑肌的保水性好，颈肉、头肉比腹部肉、舌肉的保水性好。

除以上影响保水性的因素外，在加工过程中还有许多影响保水性的因素，如滚揉按摩、斩拌、添加乳化剂、冷冻等，一般适当的滚揉按摩、斩拌、添加乳化剂可以提高保水性，而冻藏后肌肉蛋白的保水性明显降低。冻藏时间越长、反复冻融次数越多，保水性越低。

四、肉的风味

肉的味质又称肉的风味（Flavour），指的是生鲜肉的气味和加热后肉制品的香气和滋味。它是肉中固有成分经过复杂的生物化学变化，产生各种有机化合物所致。其特点是成分复杂多样，含量甚微，用一般方法很难测定，除少数成分外，多数无营养价值，不稳定，加热易破坏和挥发。呈味性能与其分子结构有关，呈味物质均具有各种发香基团。如：羟基—OH、羧基—COOH、醛基—CHO、羰基—CO、硫氢基—SH、酯基—COOR、氨基—NH_2、酰胺基—CONH、亚硝基—NO_2、苯基—C_6H_5。肉的味质是通过人的高度灵敏的嗅觉和味觉器官而反映出来的。

1. 气味

气味是肉中具有挥发性的物质，随气流进入鼻腔，刺激嗅觉细胞通过神经传导反应到大脑嗅区而产生的一种刺激感。愉快感为香味，厌恶感为异味、臭味。气味的成分十分复杂，约有1000多种，牛肉的香气，经实验分析有300种左右。主要有醇、醛、酮、酸、酯、醚、呋喃、吡咯、内酯、糖类及含氮化合物等，见表6－4。由表中可见，肉香味化合物产生主要有三个途径：氨基酸与还原糖的美拉德反应；蛋白质、游离氨基酸、糖类、核苷酸等生物物质的热降解；脂肪的氧化作用。

动物种类、性别、饲料等对肉的气味有很大影响。生鲜肉散发出一种肉腥味，羊肉有膻味，狗肉有腥味，特别是晚去势或未去势的公猪、公牛及母羊的肉有特殊的性气味，在发情期宰杀的动物肉散发出令人厌恶的气味。某些特殊气味如羊肉的膻味，来源于挥发性低级脂肪酸，如4－甲基辛酸、壬酸、癸酸等，它们存在于脂肪中。

表6－4　与肉香味有关的主要化合物

化合物	特性	来源	产生途径
羰基化合物（醛、酮）	脂溶挥发性	鸡肉、羊肉、水煮猪肉	脂肪氧化、美拉德反应
含氧杂环化合物（呋喃和呋喃类）	水溶挥发性	煮猪肉、煮牛肉、炸鸡、烤鸡、烤牛肉	维生素 B_1 和维生素 C 与碳水化合物的热降解、美拉德反应

续表

化合物	特性	来源	产生途径
含氮杂环化合物（吡嗪、吡啶、吡咯）	水溶挥发性	浅烤猪肉、炸鸡、高压煮牛肉、煮猪肝	美拉德反应、游离氨基酸和核苷酸加热形成
含氧、氮杂环化合物（噻唑、恶唑）	水溶挥发性	浅烤猪肉、煮猪肉、炸鸡、烤鸡、腌火腿	氨基酸和硫化氢的分解
含硫化合物	水溶挥发性	鸡肉基本味、鸡汤、煮牛肉、煮猪肉、烤鸡	含硫氨基酸热降解、美拉德反应
游离氨基酸、单核苷酸（肌苷酸、鸟苷酸）	水溶	肉鲜味、风味增强剂	氨基酸衍生物
脂肪酸酯、内酯	脂溶挥发性	种间特有香味、烤牛肉汁、煮牛肉	甘油酯和磷脂水解、羟基脂肪酸环化

喂鱼粉、豆粕、蚕饼等也会影响肉的气味，饲料含有的硫丙烯、二硫丙烯、丙烯－丙基二硫化物等会移行至肉内，发出特殊的气味。肉在冷藏时，由于微生物繁殖，在肉表面形成菌落成为黏液，而后产生明显的不良气味。长时间的冷藏，会使脂肪自动氧化，解冻时肉汁流失，肉质变软，会使肉的风味降低。肉在辐射保藏时，以$^{60}Co\gamma$射线大剂量照射引起色味香的变化，γ射线照射后，产生H_2S、酮、醛等物质，使气味变得不好。肉在不良贮藏环境中，如与含有挥发性物质的葱、鱼、药物等混合贮藏，会吸收外来异味。

2. 滋味

滋味呈味物质主要由水溶性小分子和盐类组成，它们可刺激人的舌面味觉细胞味蕾，通过神经传导到大脑而反映出味感。在舌面分布的味蕾，可感觉出不同的味道。肉中的呈味物质主要来源于蛋白质和核苷酸的降解产物、糖类、有机酸、矿物盐类离子等，包括游离氨基酸、小肽、核苷酸、单糖、乳酸、磷酸、氯离子等，其中游离氨基酸和核苷酸是肉类中最主要的呈味物质。除矿物盐离子外，鲜肉中滋味呈味物质主要以其前提物质的形式存在，因此鲜肉除了咸味外，没有其他明显的鲜味。鲜肉经加热或发酵处理后，风味前体物质降解产生大量滋味物质，呈现出肉类特有的鲜味。肉中的一些非挥发性物质与肉滋味的关系见表6－5。

表6－5　与肉滋味有关的主要化合物

滋味	化合物
甜味	葡萄糖、果糖、核糖、甘氨酸、丝氨酸、苏氨酸、赖氨酸、脯氨酸、羟脯氨酸
咸味	无机盐、谷氨酸钠、天冬氨酸钠
酸味	天冬氨酸、谷氨酸、组氨酸、天冬酰胺、琥珀酸、乳酸、二氢吡咯羧酸、磷酸
苦味	肌酸、肌酐酸、次黄嘌呤、鹅肌肽、肌肽、其他肽类、组氨酸、精氨酸、甲硫氨酸、缬氨酸、亮氨酸、异亮氨酸、苯丙氨酸、色氨酸、酪氨酸
鲜味	谷氨酸钠、5′－IMP、5′－GMP、其他肽类

肉的滋味除决定于滋味呈味物质的浓度和感觉阈值外，肉的 pH 和呈味物质之间的相互作

用也有重要影响。环境酸度过高或过低都会影响肉的滋味，通常肉中的游离氨基酸和小肽都有很强的缓冲作用，这些对肉的滋味呈现具有重要作用。

五、 肉的多汁性

多汁性（Juiciness）也是影响肉食用品质的一个重要因素，尤其对肉的质地影响较大，据测算，10% ~40% 肉质地的差异是由多汁性好坏决定的。烹调时发生的缩水程度直接与口腔中感觉到的多汁性降低有关。烹调肉的多汁性包括两种感觉：第一是在最初咀嚼时的湿感，这是肉汁迅速释放产生的；第二是持续多汁感，这主要是脂肪对唾液分泌的刺激作用产生的。脂肪这一功能可作某些现象的解释，例如，为什么幼畜的肉刚入口时给人多汁的感觉，而咀嚼到最后（由于相对缺乏脂肪）给人干燥的感觉。优质肉比劣质肉多汁，两者差异可部分归结为优质肉中肌肉脂肪含量较高之故。

1. 多汁性的主观评价

多汁性评定较可靠的是主观评定，现在尚没有较好的客观评定方法。对多汁性的主观感觉（口感）评定可以分为四个方面：一是开始咀嚼时肉中释放出的肉汁多少；二是咀嚼过程中肉汁释放的持续性；三是在咀嚼时刺激唾液分泌的多少；四是肉中的脂肪在牙齿、舌头及口腔其他部位的附着给人以多汁性的感觉。

多汁性是一个评价肉食用品质的主观指标，与它对应的指标是口腔的用力度、嚼碎难易程度和润滑程度，多汁性和以上指标有较好的相关性。国外学者综合考虑以上指标建立了一个衡量多汁性的模型，此模型为三维结构，由咀嚼时间、食物结构度和润滑度三个坐标组成。

2. 影响因素

（1）肉中脂肪含量　在一定范围内，肉中脂肪含量越多，肉的多汁性越好。因为脂肪除本身产生润滑作用外，还刺激口腔释放唾液。脂肪含量多少对重组肉的多汁性尤为重要，据 Berry 等测定，脂肪含量为 18% 和 22% 的重组牛排远比含量为 10% 和 14% 的重组牛排多汁。

（2）烹调温度　一般烹调结束时温度越高，多汁性越差，如 60℃（Rare）结束的牛排就比 80℃（Well done）牛排多汁，而后者又比 100℃结束的牛排多汁。Bower 等仔细研究了肉内温度从 55℃到 85℃阶段肉的多汁性变化，发现多汁性下降主要发生在两个温度范围，一个是 60 ~65℃，另一个是 80 ~85℃。

（3）加热速度和烹调方法　不同烹调方法对多汁性有较大影响，同样将肉加热到 70℃，采用烘烤方法加工的肉最为多汁，其次是蒸煮，然后是油炸，多汁性最差的是加压烹调。这可能与加热速度有关，加压和油炸速度最快，而烘烤最慢。另外在烹调时若将包围在肉上的脂肪去掉将导致多汁性下降。

（4）肉制品中的可榨出水分　生肉的多汁性较为复杂，其主观评定和客观评定相关性不强，而肉制品中可榨出水分能够较为准确地用来评定肉制品的多汁性，尤其是香肠制品，两者呈较强的正相关。

思考题

1. 简述肌肉蛋白的结构和溶解性的关系。
2. 试述在各种离子条件下肌球蛋白的凝胶化作用。
3. 简述影响肉乳化物稳定性的因素。

4. 试述乳化肉制品的发展方向和未来趋势。
5. 简述影响肌肉颜色变化的因素。
6. 简述影响肌肉保水性的因素。
7. 试述肉的嫩度的概念以及影响肌肉嫩度的因素。
8. 简述影响肉品多汁性的因素。

扩展阅读

[1] 孔保华. 肉制品深加工技术 [M]. 北京：科学出版社，2015.
[2] 岳喜庆. 畜产食品加工学 [M]. 北京：中国轻工业出版社，2014.

第七章 原料肉贮藏保鲜技术

内容提要

本章介绍了原料肉在冷却、冻藏以及解冻过程中所发生的一系列理化和微生物变化，同时介绍了肉类保鲜的先进技术以及肉品中常见的微生物和肉类安全控制体系。

透过现象看本质

7－1. 经屠宰后的胴体温度为何会有所上升？

7－2. 经屠宰后胴体为何先进行冷却处理，不直接冷冻？

7－3. 原料肉的冻结是快速冻结好还是慢速冻结好？

7－4. 原料肉保鲜方法有哪些？

肉与肉制品中含有丰富的营养成分，在通常的贮藏、运输、加工过程中很容易被微生物污染，导致肉的腐败变质。这不但给肉品生产带来巨大的经济损失，而且变质的肉类食品会给人们的健康带来危害。因此，延长肉与肉制品的货架期，减少肉的腐败变质一直是肉类工业的重要问题。目前常用的肉制品贮藏保鲜技术包括冷却、冷冻、真空包装、气调包装、活性包装以及涂膜保鲜技术等。

第一节　原料肉的冷却

一、 冷却肉定义及其特点

冷却肉是指对严格执行检疫制度屠宰后的胴体迅速进行冷却处理，使胴体温度（以后腿内部为测量点）在24h内降为0～4℃，并在后续的加工、流通和零售过程中始终保持在0～4℃范围内的鲜肉。与热鲜肉相比，冷却肉始终处于冷却环境下，大多数微生物的生长繁殖被抑制，肉毒梭菌和金黄色葡萄球菌等致病菌已不再分泌毒素，可以确保肉的安全卫生。而且冷却肉经历了较为充分的解僵成熟过程，质地柔软有弹性，滋味鲜美。与冷冻肉相比，冷却肉具有汁液流失少、营养价值高的优点。同时冷却肉在冷却环境下表面形成一层干油膜，能够减少水分蒸发，防止微生物的浸入和在肉的表面繁殖。与在 -18℃以下的冷冻肉相比，冷却肉冷冻后不脱水，水溶性维生素和水溶性蛋白质极少随水流出，保存住了肉的营养价值。作为肉类消费的发展方向，已呈现出强劲的发展态势。

冷却肉有三大特点：一是安全系数高，冷却肉从原料检疫、屠宰、快冷分割到剔骨、包装、运输、贮藏、销售的全过程始终处于严格监控下，防止了可能的污染发生。屠宰后，产品一直保持在0~4℃的低温下，这一方式，不仅大大降低了初始菌数，而且由于一直处于低温下，其卫生品质显著提高；二是营养价值高，冷却肉遵循肉类生物化学基本规律，在适宜温度下，使屠体有序完成了尸僵、解僵、软化和成熟这一过程，肌肉蛋白质正常降解，肌肉排酸软化，嫩度明显提高，非常有利于人体的消化吸收；三是感官舒适性好，冷却肉在规定的保质期内色泽鲜艳，肌红蛋白不会褐变，此与热鲜肉无异，且肉质更为柔软。因其在低温下逐渐成熟，某些化学成分和降解形成的多种小分子化合物的积累，使冷却肉更嫩，熬出的汤清亮醇香，风味明显改善。

冷却肉遵循肉类生物化学基本规律，嫩度明显提高，从而有利于人体的消化吸收，这无疑相当于营养价值的提高。冷却肉未经冻结，食用前无需解冻，不会产生营养流失，克服了冻结肉的这一营养缺陷。由于一直处于冷链下，冷却肉中脂质氧化受到抑制，减少了醛、酮等小分子异味物质的生成，防止了其对人体健康带来不利影响。

二、宰后胴体的冷却工艺

（一）冷却的目的

牲畜在刚屠宰完毕时，肉体温度一般在37℃左右，同时由于肉的“后熟”作用，在糖原分解时还要产生一定的热量，使肉体温度处于上升的趋势。肉体的高温和潮湿的表面，最适于微生物的生长和繁殖，这对肉的保藏是极为不利的。肉类冷却的目的，在于迅速排除肉体内部的热量，降低肉体深层的温度并在肉的表面形成一层干燥膜（亦称干壳）。肉体表面的干燥膜可阻止微生物的生长和繁殖，延长肉的保藏时间，并能够减缓肉体内部水分的蒸发。

此外，冷却也是冻结的准备过程，对于整胴体或半胴体的冻结，由于肉层厚度较厚，若用一次冻结（即不经冷却，直接冻结），则常是表面迅速冻结，而使内层的热量不易散发，从而使肉的深层产生变黑等不良现象，影响成品质量。同时一次冻结时，因温差过大，肉体表面水分的蒸发压力相应增大，引起水分大量蒸发，从而影响肉体的重量和质量变化。除小块肉及副产品之外，一般均先冷却，然后再行冻结。目前在国内一些肉类加工企业中，也有采用不经过冷却进行一次冻结的方法。

（二）冷却的工艺

在肉类冷却中所用的介质，可以是空气、盐水、水等，但目前一般采用空气，即在冷却室内装有各种类型的氨液蒸发管，借空气媒介，将肉体的热量散发到空气，再传至蒸发管。

肉类冷却过程的速度，取决于肉体的厚度和热传导性能。图7-1所示为不同厚度的部位，在同一条件下的冷却曲线，图中曲线1为后腿的最厚部位，厚18cm；曲线2为前肩的中心部位，厚16cm；曲线3为半胴体中间脊背旁的部位，厚10cm；曲线4为半胴体中间肋骨部位，厚2.5cm；曲线5为冷却间空气温度。从这些曲线可明显看出，胴体厚的部位的冷却速度较薄的部位慢，因此，在冷却终点时，应以最厚的部位为准，即后腿最厚的部位。

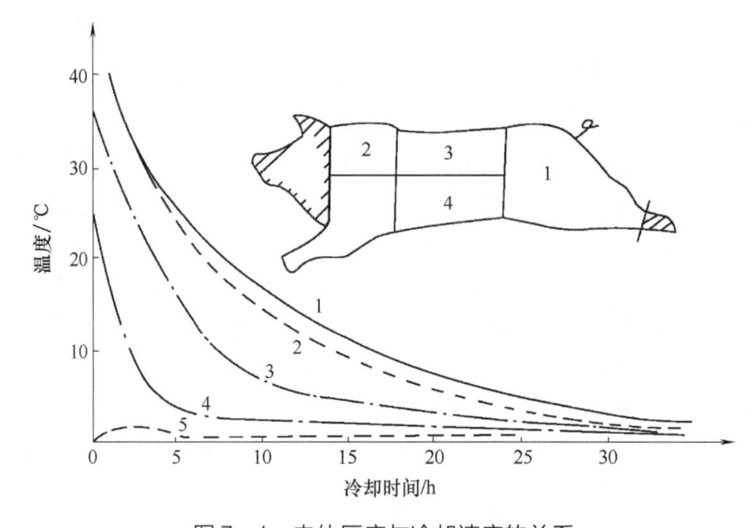

图 7-1　肉体厚度与冷却速度的关系

1—后腿肉　2—肩部里脊肉　3—背部里脊肉　4—肋条肉　5—冷却间

1. 冷却条件的选择

（1）空气温度的选择　刚屠宰后的肉体，表面潮湿，温度适宜，对于微生物的繁殖和肉体内酶类的活动都极为有利，因而应尽快降低其温度。从冷却曲线可以看出，肉体热量大量导出，是在冷却的开始阶段，因此冷却间在未进料前，应先降至-4℃左右，这样等进料结束后，可使库内温度维持在0℃左右，而不会过高。随后在整个冷却过程中，维持在-1~0℃，如温度过低有引起冻结的可能，温度过高则会延缓冷却速度。

（2）空气相对湿度的选择　水分是助长微生物活动的因素之一，因此空气湿度越大，微生物活动能力也越强，特别是霉菌。过高的湿度无法使肉体表面形成一层良好的干燥膜，但从降低肉体水分蒸发减少干耗来说，湿度大是有利的。这是彼此矛盾的两个方面。因此，在整个冷却过程中，冷却初期阶段冷却介质和肉体之间的温差较大，冷却速度快，表面水分蒸发量在开始初期的1/4时间，以维持相对湿度95%以上为宜，不仅可以减少水分的蒸发，而且由于时间较短，微生物也不会大量繁殖。在后期阶段占总时间的3/4时间内，以维持相对湿度90%~95%为宜，临近结束时在90%左右。这样即能保证肉类表面形成油干样保护膜，又不致产生严重的干耗。

为了使冷却在尽可能短的时间内完成，并避免大量的干耗和产生表面冻结，冷冻间内的空气温度、相对湿度在不同的阶段要求如表7-1所示。

表7-1　肉类冷却的温度和湿度的要求

冷却过程		牛肉	羊肉	猪肉
温度/℃	进货前	-3	-3	-3
	进货当时（不高于）	3	2	3
	进货后	-1	-1	-2
相对湿度/%	进货后	95~98	95~98	95~98
	10h后（不高于）	90~92	90~92	90~92

（3）空气流动速度的选择　由于空气的热容量很小，不及水的1/4，因此对热量的接受能力很弱。同时其导热系数小，故在空气中冷却速度最缓慢。所以在其他参数不变的情况下，只有增加空气流速来达到增加冷却速度的目的。静止空气放热系数为12.5～33.5kJ/（m^2·h·℃）。若空气流速为2m/s，则放热系数可增加到52.3kJ/（m^2·h·℃）。但过强的空气流速，会大大增加肉表面干耗并且消耗电力，冷却速度却增加不大。因此在冷却过程中以不超过2m/s为合适，一般采用0.5m/s左右，或每小时10～15个冷库容积。

2. 冷却工艺

刚刚宰杀的猪胴体，后腿的中心温度高达40～42℃，表面潮湿，极适合微生物的生长繁殖，应迅速进行冷却。各种冷却工艺流程虽不尽相同，但有几点是共同的：

（1）宰后胴体应迅速送入冷却间（1～2h之内）；

（2）冷却后胴体表面要干燥；

（3）胴体后腿的中心温度要在24h内降至7℃（或4℃以下）；

（4）适宜的冷却时间（16～24h）；

（5）尽可能低的冷却干耗（重量损失）；

（6）良好的肉品质量（色泽、组织结构）；

（7）节约能源及减少劳力。

目前，猪胴体冷却工艺从理论上分为两种，快速冷却（Qiuck chilling）和急速冷却（Shock chilling），其工艺指导性参数见表7－2。

表7－2　　猪胴体冷却工艺指导性参数

指导参数	快速冷却	急速冷却	
		第一阶段	第二阶段
制冷功率/（W/m^3）	250	450	110
室温/℃	0～2	－10～－6	0～2
制冷风温/℃	－10	－20	－10
风速/（m/s）	2～4	1～2	0.2～0.5
冷却时间/h	12～20	1.5	8
胴体温度/℃	4～7	7	
重量损失/%	1.8（7℃条件下）	0.95	

急速冷却采用两阶段式冷却法，即在第一阶段采用低于肉冻结点的温度和较高的风速，时间1.5h；第二阶段即转入0～2℃的冷却间经过8h，使胴体温度均衡并最终降至7℃以下，两阶段冷却法更有利于抑制微生物的生长繁殖。从安全卫生和经济考虑，宰后胴体冷却降温的速度越快，越不利于微生物的生长繁殖；冷却时间越短，重量损失越小。胴体在冷却过程中，重量损失程度取决于两个因素：其一是肉组织结构状况，这与品种、饲养条件以及宰前受刺激程度有关；其二是冷却工艺。若制冷压缩机功率过小，冷却间单位时间内空气交换次数过少，则胴体冷却时间就越长，也就是冷却降温曲线越平坦，胴体的重量损失越大。但过度追求冷却速度，使肉组织发生冻结，将影响到冷却肉的品质。

（三）肉类在冷却冷藏中空气条件对干耗的影响

肉类在冷却冷藏过程中，由于肉体表面水分的蒸发，而引起干耗。干耗不仅造成重量损失，同时它将使肉品质量变坏，营养价值降低。肉类的干耗受冷却间温度、湿度和空气的流动速度影响很大。如图7－2所示，图中曲线1和曲线2两条曲线表示羊后腿肉在冷却条件下对其干耗的影响。可明显地看出空气流速较慢的曲线B（2℃，85%，0.01m/s）比空气流速较快的曲线1（0℃，92%，2m/s）的干耗要大。一般防止干耗可采用低温高湿的空气。冷藏时间越长，微生物越易生长，所以一般认为冷藏食品温度应在0～1℃，相对湿度90%～95%为好。

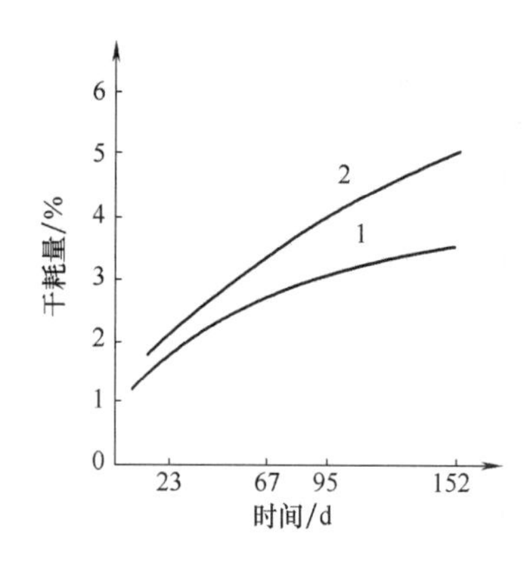

图7－2　空气的温度、湿度、流速对羊肉冷却冷藏中的干耗影响

1—空气流速较快的曲线　2—空气流速较慢的曲线

屠宰后的肉类为了完成其成熟作用，过去多贮藏在2～4℃的冷藏室中，为了避免肉体表面细菌的生长，相对湿度须保持在75%左右，这造成较大的干耗。将快速冷却肉在－1～0℃和相对湿度为85%～90%的条件下冷藏，干耗则较小。

三、影响冷却肉货架期的因素

冷却肉货架期长短是多方面因素综合作用的结果，其中控制微生物生长、保持鲜红色泽的稳定以及延缓脂肪的氧化是保证冷却肉质量和延长货架期的最基本要求。要延长冷却肉货架期，首先要从动物的种类、品种、性别、年龄、生长环境、喂食等方面着手；其次是操作环境的卫生条件、操作过程中的工艺参数及方法、所用器具及设备、操作温度、冷却肉最初污染的微生物种类和数量、冷却肉的贮存温度、包装材料的透气性与包装袋内的气体比例等。其中，微生物引起的腐败，肉色变化和渗出物等对肉的品质和消费者购买意向影响最大。以下是影响冷却肉货架期的因素。

1. 原料肉的来源

生猪最好由饲养基地提供，从猪仔饲料、检疫均实行严格管理，以确保“绿色”猪源的需求。或是建立合格供应商目录，按照国家卫生标准及企业《生猪规格书》的要求收购生猪，并进行抽样检验，以保证安全健康。

2. 冷却肉的生产环境卫生

冷却肉的生产工艺复杂，产品本身的蛋白质、脂肪含量丰富，水分活度高，利于腐败微生物生长和繁殖，所以对冷却肉生产时的环境温度和工作场所卫生条件要求非常严格。包括生产加工要符合流水作业要求，污水污物、废气及时有效处理，良好的通风条件，生产人员的卫生，器具的卫生，生产的温度控制等。因此在生产过程中实行全程质量控制，以良好操作规范（GMP）和卫生标准操作程序（SSOP）为操作准则，运用全程质量控制的危害分析关键控制点（HACCP）质量管理体系，通过对关键控制点验证分析，确定每个控制点的关键限值，建立生产与流通环节质量管理体系，实现从屠宰到消费整个过程的全面监控管理，来确保整个生产与商业流通过程中的产品质量与安全。2000 年，美国所有肉类企业均实施 HACCP 质量管理体系。SSOP、HACCP 和 GMP 在应用上是既相互联系又各具特点，SSOP 和 GMP 是生产企业必备的基础条件，HACCP 对加工过程的关键控制具有决定性作用。在冷却肉的生产过程中，只有将这几方面紧密结合起来才能做到产品质量与经济效益的统一。

3. 冷却肉的初始菌数

冷却肉的初始菌数对其货架期有着至关重要的影响。健康家畜屠宰的肌肉组织内部是无菌的，而冷却肉表面所存在的微生物主要是家畜在屠宰、分割以及生产与流通过程中被污染的。在猪的屠宰、分割过程中，胴体表面细菌总数在烫毛和燎毛时数量降低，而在煺毛、刷洗、水冲洗和分割、包装时菌数又升高，最终冷却肉表面的细菌总数一般在 10^3 ~ 10^4 cfu/g 范围。这些微生物主要来自胴体外部和屠宰动物的内脏，以及刀具、地面、墙壁和工作台等，所以冷却肉的初始菌数常常能反映屠宰场的卫生条件，而且冷却肉的货架期与初始菌数成反比。降低冷却肉表面的初始菌数主要运用 HACCP 系统工作原理，以 GMP 为操作准则，对屠宰的整个过程中实施监控管理，采用先进的冷却工艺既快速又有效地使胴体冷却，并最大限度地减少冷却方法对胴体重量、胴体品质及微生物安全稳定性的不利影响，确保冷却肉的质量。

在冷却肉的生产、销售各环节中，由于 0 ~ 4℃ 环境并不能完全控制微生物的生长。在有氧条件下，优势菌为荧光假单胞菌。它首先利用肌肉组织中的葡萄糖迅速生长繁殖，随着葡萄糖的减少，它的数量不断增加，菌数达 10^8 个/cm^2 时，葡萄糖成为该菌的生长抑制剂，这时其代谢发生转移，开始分解氨基酸并产生腐烂气味和风味，使肉表面发黏，造成消费者不可接受的危害。高浓度 O_2 和 CO_2 对荧光假单胞菌的生长有抑制作用，CO_2 达 20% 时其生长几乎停止，且随温度降低这一抑制作用增强，而其他菌则很少或几乎不受抑制。因此，可采用气调包装（Modified atmosphere packaging，MAP）来抑制荧光假单胞菌的生长。在无氧条件下，初始优势菌为乳酸杆菌，它们数量达最大时产生的细菌素便可抑制竞争性微生物的生长，这时即使包装中含有高浓度的 O_2 和 CO_2 气体中，乳酸菌仍能生长并导致腐败的发生，但乳酸菌引起肉腐败的可能性非常小。另有研究发现，若嗜热杆菌为第二优势菌，它的生长不受葡萄糖含量的影响，并能导致危害性产物积累使产品有臭袜子味，而高浓度 O_2 和 CO_2 对其生长抑制效果不明显。因此，腐败过程同初始菌的相对数量有关。

由此可见，决定鲜肉货架期和微生物安全性的主要因素是初始菌数、细菌类型和贮存温度。表皮、肠内容物、工具、操作者等都是鲜肉微生物的主要来源。因此，减少胴体表面初始微生物数非常重要。

4. 冷却肉的贮藏温度

温度是影响冷却肉中微生物菌群的最重要环境因素。冷却的实质是将环境温度降至微生物生长繁殖的最适温度范围以下，影响微生物的酶活性，减缓生长速度，延长增代时间，降低因脂肪氧化而导致产品质量下降的化学反应速度。有研究表明，无论冷却肉的贮存温度多高，当其出现异味和表面发黏现象时，冷却肉的细菌总数一般都分别在 10^7 cfu/g 和 10^8 cfu/g 数量级。当冷却肉的初始菌数为 10^3 cfu/g 时，在 20℃贮藏时，微生物将快速生长，微生物的繁殖又造成氧分压降低，导致高铁肌红蛋白的形成明显增加，并引起肌红蛋白球蛋白部分变性，使肉色发生褐变。在 20℃贮藏时，生肉贮存 3 ~ 4d 表面就出现黏液；在 10℃贮藏时，表面出现黏液的时间延长至 8d；在 5℃贮藏时，出现气味异常和表面发黏分别在第 8d 和第 12d 时发生；而在 0℃贮藏时，最初几天的细菌总数不但不升高反而降低，这是因为在 0℃下，一些细菌已经死亡，而嗜冷性细菌又处在其生长的延迟期（5℃时微生物的延迟期为 24h，0℃时的延迟期可延长至 2 ~ 3d），需要逐步适应环境才能生长起来，以后生长也非常缓慢，所以 0℃下贮存的冷却肉出现气味异常和表面发黏分别在 16d 和 22d 时才发生。由此可见，低温贮存可有效地抑制微生物生长，从而延长冷却肉的货架期。国外已用 QML（Quality management list）来检测贮存时细菌的生长状况从而实现冷却肉生产中全程的温度控制。由于肉类工业现代化程度的提高，卫生条件的改善，并从节能角度考虑，国际上已将冷却肉的上限度从 4℃提高到 7℃。在此温度下，由于酶的分解作用、微生物的繁殖、脂肪氧化等均未被完全抑制，因此冷却只能作为短期贮藏手段。若要长期贮藏，必须将肉类冻结起来。

第二节 原料肉的冻藏

肉的冻藏保鲜是现代原料肉贮藏的最佳方法之一，是将肉置于低于 -18℃的低温环境中冻结并保存的一种贮藏方法，这种方法能有效抑制微生物的生命活动，延缓酶、氧化以及热和光的作用而产生的化学和生物化学变化，可在较长时间内保持肉的食用品质。

一、肉类冷藏的原理

肉是易腐食品，容易引起微生物生长繁殖和自体酶解而使肉腐败变质。低温冷藏可以抑制微生物的生命活动和酶的活性，从而达到贮藏保鲜的目的。

1. 低温对微生物的作用

微生物在生长繁殖时受很多因素的影响，温度的影响是最主要的。适宜的温度可促进微生物的生命活动，改变温度超出微生物生长繁殖所需温度范围可减弱其生命活动甚至使微生物死亡。各种微生物都有一定的最适生长温度和变动范围。根据适合各种细菌发育的温度大致可分低温、中温、高温性菌，见表 7 - 3。

在最适的温度范围内，细菌繁殖的速度快，增代的时间短。最高或最低温度是极限温度，在这个温度范围内，细菌虽然可以生长，但繁殖速度缓慢，增代时间长，超过这个温度范围，细菌生命活动即受到抑制甚至死亡。大多数致病菌和腐败菌属于嗜温菌，温度降低至 10℃以下可延缓其增殖速度，在 0℃左右条件下基本上停止生长发育。许多嗜冷菌和嗜温菌的最低生长温度低于 0℃，有时可达 -8℃。降到最低温度后，再进一步降温时，就会导致微生物死亡，不过在低温下它们的死亡速度比在高温下缓慢得多。

表7-3　微生物生长温度范围表

类别	生长温度/℃			举例
	最低	最适	最高	
低温菌	-10~5	10~20	25~30	冷藏环境及水中微生物
中温菌	10~20	25~30	40~45	腐生菌
	10~20	37~40	40~45	寄生于人和动物的微生物
高温菌	25~45	50~55	70~80	嗜热菌及产芽孢菌

温度下降至冻结点以下时，微生物及其周围介质中水分被冻结，使细胞质黏度增大，电解质浓度增高，细胞的pH和胶体状态改变，使细胞变性，加之冻结的机械作用使细胞膜受损伤，这些内外环境的改变是微生物代谢活动受阻或致死的直接原因。

有些微生物对低温有一定抗性，如嗜冷菌在-12~-6℃仍可以增殖。实践中可以观察到肉在-6℃贮存时，细菌也能繁殖；低于-6℃时2~3min内细菌数减少，随着时间延长细菌数又增多，这是耐低温细菌增殖的结果。各种微生物对低温的抵抗力也不同，一般球菌比革兰阴性杆菌抗冷能力强，葡萄状球菌和梭状芽孢杆菌属的菌体比沙门菌属抗冷性强，细菌芽孢，霉菌孢子及嗜冷菌有较强的抗低温特性。

2. 低温对酶的作用

酶是生命体组织内的一种特殊蛋白质，赋有生物催化剂的使命。酶的活性与温度有密切关系。大多数酶的适宜活动温度为30~40℃。动物屠宰后如不很快降低肉尸温度，会在组织酶的作用下，引起自身溶解而变质。低温可抑制酶的活性，延缓肉内化学反应的进程。低温对酶并不起完全的抑制作用，酶仍能保持部分活性，因而催化作用实际上也未停止，只是进行地非常缓慢而已，例如胰蛋白酶在-30℃下仍然有微弱的反应，脂肪分解酶在-20℃下仍然能引起脂肪水解。一般在-18℃即可将酶的活性减弱到很小。因此低温贮藏能延长肉的保存时间。

二、肉类的冻结

肉经过冷却后（0℃以上）只能做短期贮藏，而要长期贮藏需要对肉进行冻结，使肉的温度从0~4℃降低至-8℃以下，通常为-18~-15℃。肉中绝大部分水分（80%以上）冻成冰结晶的过程称作肉的冻结。

冻结肉类的主要目的，是使肉类保持在低温下，减少肉体内部发生微生物的、化学的、酶的以及一些物理的变化，减少肉类品质下降。因此，肉类冻结不仅要保持感官上的冻结状态，更主要的是防止肉类的变质。但是，在冻结时不可避免地会产生冰晶，而冰晶又会给肉类的品质以不好的影响，因此如何减少冰晶的影响，便成为研究的最大技术问题。在食品冻结技术中，提倡快速冻结，现在又提倡深度低温冻结就是因为它们都具有减少冰晶影响的效果。

（一）冻结率

根据拉乌尔（Roult）第二法则，冰点降低与物质的量浓度成正比，每增加1mol/L冰点下降1.86℃。食品内水分不是纯水而是含有机物及无机物的溶液。这些物质包括盐类、糖类、酸类及更复杂的有机分子如蛋白质，还有微量气体。因此食品要降到0℃以下才产生冰晶，此冰晶开始出现的温度即称作冻结点。由于食品种类、死后条件、肌浆浓度等不同，故各种食品冻结点是不同的。表 7－4 所示为几种食品的冻结点。

表 7－4　　冻结点

品种	冻结点/℃	含水量/%
牛肉	－1.7～－0.6	71.6
猪肉	－2.8	60
鱼肉	－2～－0.6	70～85
蛋白	－0.45	89
蛋黄	－0.65	49.5
牛奶	－0.5	88.6
奶油	－1.8～－1	15

食品温度降到冻结点即出现冰晶，随着温度继续降低，水分的冻结量逐渐增多，但要使食品内水分全部冻结，温度要降到－60℃。这样低的温度在工艺上一般不用，实际工艺中只要使绝大部分水冻结，就能达到贮藏的要求。所以一般是－30～－18℃。

一般冷库的贮藏温度为－25～－18℃，食品的冻结温度也大体降到此范围。食品内水分的冻结量以冻结率表示。它的近似值为：

$$冻结率(\%) = 1 - \frac{食品的冻结点}{食品的冻结终温}$$

如食品冻结点是－1℃，降到－5℃时冻结率为 80%。降到－18℃时的冻结率为 94.5%，此即全部水分的 94.5% 已冻结。

大部分食品，在－5～－1℃温度范围内几乎 80% 水分结成冰，此温度范围称为最大冰晶生成区。对于保证冻肉的品质，这是最重要的温度区间。

（二）冻结速度与结晶分布情况

1. 冻结速度

冻结速度快或慢的划分，目前还未统一。现通用的方法有以时间来划分和以距离来划分两种。

（1）时间划分　食品中心从－1℃降到－5℃所需的时间，即食品中心温度通过最大冰晶生成区所需要的时间。在 30min 之内称快速，超过即称慢速。之所以定为 30min，因在这样冻结速度下冰晶对肉质的影响最小。

（2）距离划分　单位时间内－5℃的冻结层从食品表面伸入内部的距离。时间以小时为单位，距离以厘米为单位。根据此种划分把速度分成三类：

①快速冻结时，$v = 5 \sim 20$cm/h；

②中速冻结时，$v = 1 \sim 5$cm/h；

③缓慢冻结时，$v = 0.1 \sim 1$cm/h。

根据上述划分，所谓快速冻结对厚度或直径 10cm 的食品，中心温度至少必须在 1h 内降到－5℃。

国际制冷协会对冻结速度作如下定义：所谓某个大小的食品的冻结速度是食品表面与中心温度点间的最短距离与食品表面达到冰水点后食品中心温度降到比食品冰点（开始冻结的温度）低 10℃所需时间之比，该比值就是冻结速度。如食品中心与表面的最短距离为 10cm，食品冰点－2℃，中心降到比冰点低 10℃即－12℃时所需时间 15h，其冻结速度：

$$v = \frac{d}{t} = \frac{10}{15} = 0.62\text{cm/h}$$

冻结速度大于10cm/h为超快速冻结，如用液氮或液态二氧化碳冻结小块物品属于超快速冻结；冻结速度为5～10cm/h为快速冻结，如用平板式冻结机或者流化床冻结可实现快速冻结；冻结速度为1～5cm/h为中速冻结，如大部分鼓风冻结装置；冻结速度小于1cm/h为慢速冻结，如纸箱装肉用鼓风冻干。

2. 结晶条件

当液体温度降到冻结点时液相与结晶相处于平衡状态。而要使液体变为结晶体就必须破坏这种平衡状态，也就必须使液相温度降至稍低于冻结点，造成液体的过冷。因此过冷现象是水中发生冰结晶的先决条件。当液体处于过冷状态时由于某种刺激作用而产生结晶中心。在稳定的结晶中心形成后，如继续散失热量，那么冰的晶体将不断增大。结晶时相变而放出的热量使水或水溶液的温度由过冷温度升至冻结点温度。

各种食品的液体均有其不同的过冷临界温度，例如牲畜、禽、鱼平均为-5～-4℃，乳类为-6～-5℃，蛋类为-13～-11℃。图7-3所示为牛肉薄切片冻结时的过冷现象，随着冻结进行，出现液体过冷，曲线往下，待产生结晶时放出相变热，温度略有回升，曲线往上，之后逐渐降低。曲线的凹处为过冷温度，往上升的高处为冰点。

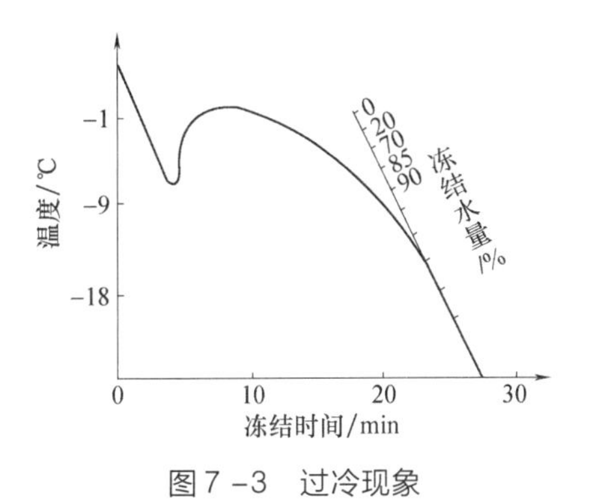

图7-3　过冷现象

3. 冻结速度与冰晶分布的关系

冻结速度快，组织内冰层推进速度大于水移动速度时，冰晶分布越接近天然食品中液态水的分布情况，且冰晶呈针状结晶体，数量无数。表7-5所示为冻结速度与结晶冰形状之间的关系。

表7-5　冻结速度与冰晶形成之间关系

冻结速度通过-5～0℃的时间	冰结晶				冰层推进速度（v_I），水移动速度（v_W）
	位置	形状	大小（直径×长度）/μm	数量	
数秒	细胞内	针状	（1～5）×（5～10）	无数	$v_I \gg v_W$
1.5s	细胞内	针状	（0～20）×（20～500）	多数	$v_I > v_W$
10s	细胞内	针状	（50～100）×100以上	少数	$v_I < v_W$
90s	细胞外	块粒状	（50～200）×200以上	少数	$v_I \ll v_W$

冻结速度慢，由于细胞外溶液浓度低，首先在这里产生冰晶，而此时细胞内的水分还以液相残存着。同温度下水的蒸汽压总大于冰（见表7-6），在蒸汽压差作用下细胞内的水向冰晶移动，形成较大的冰晶且分布不均匀。水分转移除由于蒸汽压差影响外，还由于动物死后蛋白质变化，使细胞膜的弹性降低而加强。

表7-6　　几种温度下水与冰的蒸汽压和水分活性

温度/℃	液态水蒸汽压/Pa	冰蒸汽压/Pa	水分活度(A_W)	温度/℃	液态水蒸汽压/Pa	冰蒸汽压/Pa	水分活度(A_W)
0	61.05	610.5	1.00	-25	80.9	62.3	0.784
-5	421.7	401.7	0.953	-30	51.1	38.1	0.750
-10	286.5	260.0	0.907	-40	18.9	12.9	0.680
-15	191.5	165.5	0.864	-50	6.4	4.0	0.620
-20	124.5	103.4	0.823				

快速冷冻和慢速冷冻虽然都能达到冻结的目的。但对肉品质量的影响却显著不同。肉的冻结过程是肌细胞间的水分先冻结并出现过冷现象而后细胞内水分冻结，这是由于细胞间的蒸汽压小于细胞内的蒸汽压，盐类的浓度也较细胞内低，而冻结点高于细胞内之故。因此细胞间水分先形成冰结晶。随之在结晶体附近的溶液浓度增高并通过渗透压的作用，使细胞内的水分不断向细胞外渗透，并围绕在冰晶体的周围使冰结晶不断增长，而成为大的颗粒状。直至温度下降到足以使细胞内部的液体结成冰结晶为止。

肉的冷冻过程也是焓值的减少的过程，但有时焓值减少的幅度较大而温度却不下降，这是由于溶液在相的转变时（水→冰）要放出大量的潜热。1kg 0℃水变成0℃的冰时，应除掉的热量约为335kJ，而在温度计上并不显示，称为凝固潜热。纯水1kg除去4.187kJ热量，其水温下降1℃称为显热。从冻结曲线可以看出，由初温降至冻结点需要除去的是显热，在-5～-1℃结冰开始并继续，需要除掉凝结潜热。结冰后把结冰和未结冰的部分，冷冻至最终温度，除去的也是显热（1kg冰除去2.093kJ热量，冰的温度从1℃下降为-1℃，大体按这一比例去掉热量时，温度就逐渐下降，这时温度计仍能显示出来）。焓值随温度下降而减少，肉、蛋焓值见表7-7。

表7-7　　据Riedel氏测定的焓值

食品种类	水分含量/%	0~30℃比热容/[kJ/(kg·℃)]	不同温度的焓值/(kJ/kg)，以-40℃焓值作为0									
			-30	-20	-15	-5	-1.5	0	5	10	20	30
牛肉	74.0	3.52	19.3	40.2	54.4	72.4	104.3	298.5	315.3	332.9	268.4	401.9
猪肉	70.0	3.43	19.3	40.6	53.6	70.8	100.9	281.4	298.5	316.1	351.3	385.2

续表

食品种类	水分含量/%	0～30℃比热容/[kJ/(kg·℃)]	不同温度的焓值/（kJ/kg），以 -40℃焓值作为0									
			-30	-20	-15	-5	-1.5	0	5	10	20	30
猪油	—	—	14.7	30.1	40.6	51.9	64.5	82.5	107.6	125.2	152.0	195.1
蛋白	86.5	3.81	18.4	38.5	50.2	64.5	87.1	351.3	370.5	289.4	427.1	465.6
蛋黄	50.0	3.10	18.4	38.9	50.7	64.9	84.6	228.2	246.3	268.0	303.5	334.1
全蛋	74.0	3.18	18.4	38.9	52.3	66.2	85.8	308.1	328.2	349.2	368.9	441.3

从焓值表中看出，在 -5～ -1.5℃温度范围内，焓值的减少变动数值大，而温度却下降得很少。说明在这一温度范围内，大部分冷能被用在除掉不影响温度下降的凝结潜热上。由图7-4肌肉组织冻结模式图进一步说明，采用慢速冻结，在 -5～ -1.5℃温度范围内停留的时间越长，水分重新分布就越显著，肌纤维内的水分大量渗出，浓度增高，冻结点下降。造成肌纤维间结冰颗粒越来越大。当水转变成冰时，体积增大9%，结果使肌肉细胞受到机械损伤，当肉解冻时可逆性小，引起大量的肉汁流失。因此，慢速冻结对肉质影响较大。如果进行快速冻结，温度迅速降低，很快度过最大冰晶形成区（-5～ -1℃）。由于热传导强，水分重新分布不明显。冰晶形成的速度大于水蒸气扩散的速度，在过冷状态停留的时间短，冰晶以较快的速度由表面向中心推移，结果使细胞内和细胞外水分几乎是同时冻结，形成冰晶颗粒小而均匀，因而对肉质影响较小，解冻时肉的可逆性大。

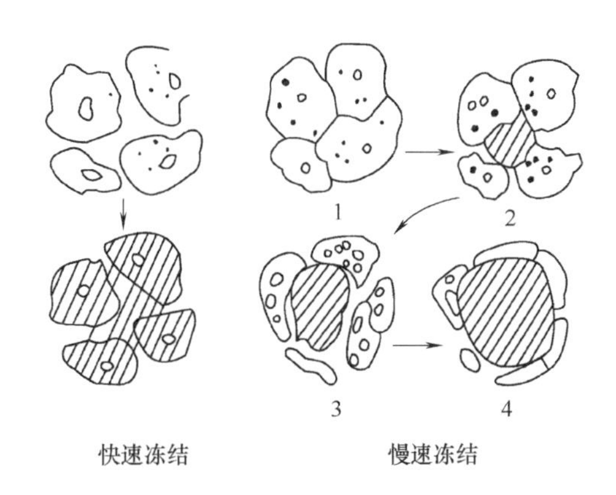

图7-4　肌肉组织冻结模式图

1—过冷状态　2—细胞间结冰　3—细胞脱水及冰晶增长

4—冰晶形成颗粒，细胞变形

（三）冻结温度曲线

随着冻结的进行，食品温度在逐渐下降，图7-5所示为冻结期间食品温度与时间的关系曲线。不论何种食品其温度曲线在性质上都是相似的。曲线分三阶段。

第一阶段，肉品由初温降至冻结点。即肉品冻结前的冷却阶段，这时放出的是显热，此热量与全部放出的热量比较，其值较小，故降温快，曲线较陡。在这一阶段中空气温度、肉间风速是影响冷却过程的主要因素。

第二阶段，此时食品大部分水变成冰，由于冰的潜热大于显热 50 ~ 60 倍，整个冻结过程的绝大部分热量在此阶段放出，故降温慢，曲线平坦。在 -5 ~ -1℃温度范围内，几乎 80% 水分结成冰，此温度范围称最大冰晶生成区。对保持冻品品质，这是最重要的温度区间。通过时间短，在此区间中产生的不良影响就能避免。

第三阶段，从成冰到终温，此时放出的热量一部分是冰的降温，一部分是余下的水继续结冰。冰的比热容是水的一半，按理曲线更陡，但因还有残留水结冰，其放出热量大于水和冰的比热，所以曲线不像初阶段那样陡。

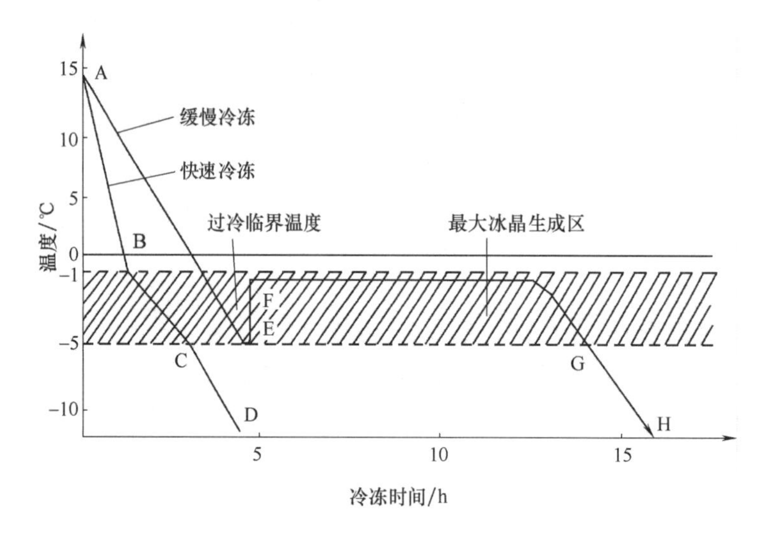

图 7 -5　肉的冷冻曲线

（四） 冻结过程中的物理变化

肉类在冻结过程中出现许多物理、化学和生物化学方面的变化。现将冻结过程中的几个物理参数的变化介绍如下：

1. 冻结点下降

肉的冻结点直接受肉内汁液的浓度影响而变化。冻结点的变化是由于冻结过程肉内水分冻结而引起的，水分冻结越多，肉内残余汁液的浓度提高，冻结点也随之下降。

2. 冻结膨胀

水变成冰时，其体积大约膨胀 9%。因此将水冻结时，体积会增大。冰的温度降低，体积也要缩小。这种收缩是微小的，每降低 1℃收缩率只有万分之一或二十万分之一，因此，即使冰的温度为 -30 ~ -20℃，它的体积仍然比水要大，所以由于温度降低而造成冰的体积的收缩可以忽略不计。但水变成冰时，由于体积膨胀所产生的冻结压力是很大的，对食品有很大的影响。

3. 冻结过程中的干耗

胴体在冻结过程中由于水分的蒸发而发生重量损失（即干耗）。当其他条件不变时，干耗主要取决于冻结过程的时间长短。冻结过程水分的蒸发主要决定于肉体表层与肉体周围空气状态，即水蒸气的分压力之差值和时间的长短。肉间风速的大小影响表层蒸发系数的大小，同时也影响冻结时间的长短。综合起来，当冻结过程的工艺条件（如循环风量、空气参数、肉体大小）确定的情况下，冻结过程的平均干耗应趋于定值。从实测中发现有的胴体在风速加大后（总循环风量不变）其干耗损失并非都是增加的。所以说引起干耗变化的因素是多方面的，应综合考虑。

4. 导热系数

食品的导热系数越大，冻结与冷却时温度越易于降低，解冻时容易升温。食品的导热系数因成分和组织结构不同而异。由于食品并非均质的，即方向不同导热系数也不同，因此很难求出正确的导热系数值。另外温度越低导热系数越大，在结冰率增大到冻结状态时，导热系数为冻结前生鲜状态的两倍多，这是由于食品中水分发生冰结晶的影响，也因水的导热系数为 2.09kJ/（m^2·h·℃），而变成冰则急剧增加。表 7－8 所示为不同种类肉的导热系数。

表 7－8 牛肉和猪肉的导热系数（λ） 单位：kJ/（m^2·h·℃）

温度/℃	导热系数		
	牛肉（多脂）	牛肉（少脂）	猪肉
30	1.76	1.76	1.76
0	1.72	1.72	1.72
－5	3.35	3.81	2.26
－10	4.31	4.86	3.56
－20	5.15	5.65	4.65
－30	5.53	5.95	5.23

（五）冻结的方法与条件

1. 冻结的方法

（1）空气冻结法　指以空气作为与氨蒸发管之间的热传导介质。在肉类工业中，此法是应用得最多最广泛的方法。空气冻结法的优点是经济、方便，缺点是由于空气是热的不良导体，因而冻结速度较慢。如静止时盐水在食品表面传热系数为 232.6W/（m^2·K），而空气传热系数为 4.3W/（m^2·K）。

（2）液体冻结法　是以液体（一般为氯化钠和氯化钙）作为肉体与氨蒸发管之间的热传导介质，故又称盐水冻结法。这种方法除鱼类以外，在肉类工业中目前还极少应用。

（3）用冰、盐混合物及固态二氧化碳冻结法　在冻肉临时保藏和冻肉运输等方面有时采用这种方法。

（4）液氮冻结法　液氮冻结是利用其沸点在常压下为－195.8℃，食品（分割肉和肉制品）通过雾状的液氮中而冻结，液氮冻结器的形状呈隧道状，中间是不锈钢丝制成的网状传送带，食品就在上面移动，内外覆以不锈钢板，以泡沫塑料隔热。传送带在隧道内带着食品依次经过预冷区、冻结区、均温区，冻结完成后由隧道出口处取出。

2. 空气冻结法的冻结条件

由肉类在冻结过程中的变化规律可知，冻结速度越快越好，应尽快通过最大冰结晶生成区。

因此冻结室空气温度不得高于 -15℃，一般以 -25 ~ -23℃为宜（国外多采用 -40 ~ -30℃）。冻肉的最终温度以 -18℃为适宜，因蛋白质处于该温度的变性程度最小。进料后的温度不宜高于 - 15℃，以免影响冻结速度。空气相对湿度以 90% 左右为宜。

冻结间内空气流速的选择对冻结过程有一定的影响。一般风速加大，冻结过程的时间可以缩短，合理的风速应通过技术经济比较来确定。根据我国工程技术人员的实测，确定风速选择在 1.5 ~2m/s 为宜。

三、 肉类的冻藏

（一） 肉类冻藏时的变化

冻结食品在 -18℃以下的低温冷藏室内进行贮藏，由于食品中 90% 以上的水分已冻结，酶与微生物的作用受到抑制，食品就不会腐败，可贮藏较长的时间。但是在冻藏过程中，由于冻藏温度的波动，冻藏期又较长，在空气中氧的作用下还会缓慢地发生一系列的变化，使冻结食品的品质有所下降。

1. 物理变化

（1） 冰晶的成长　刚冻结的食品，其冰晶大小不是全部均匀一致的。在冻藏过程中，微细的冰晶会逐渐减少、消失，而大的冰晶逐渐成长，变得更大，食品中整个冰晶的数目也大大减少，这种现象称为冰晶成长。在冻结过程中，也有冰晶成长的情况，但由于冻藏时间远远超过了冻结时间，在冻藏过程中冰晶有充裕的时间可成长，这就对食品的品质带来很大的影响。细胞受到机械损伤，蛋白质变性，解冻后汁液流失增加，食品的风味和营养价值都发生下降。表 7 -9 所示为鱼肉在冻藏中冰结晶成长随时间的变化。

表 7 -9　　-10℃中冻藏冰结晶的成长 （鱼肉）

冻藏期/月		0.5	1	2	3
冰结晶	成长率/%	25	50	75	100
	分布状况（数量）	极多	多	少	更少

冰晶的成长是冰晶周围的水或水蒸气向冰晶移动，附着并冻结在它上面，因为在冻结食品的内部存在有三个相：大小不同的冰晶是固相；残留的未冻结水溶液是液相；水蒸气是气相。它们之间的饱和水蒸汽压有下述关系：

①液体的水蒸汽压 > 冰晶的水蒸汽压；

②气体的水蒸汽压 > 冰晶的水蒸汽压；

③小型冰晶的水蒸汽压 > 大型冰晶的水蒸汽压。

由于压差的存在，水蒸汽压高的一方就向水蒸汽压低的一方移动，水蒸气不断附着并凝结到冰晶上面，使大冰晶越长越大，而小冰晶逐渐减少、消失。

另外，如果开始采用快速冻结方法，生产的冻结食品具有微细的冰晶结构，但在冻藏过程中，如果冻藏温度经常变动也会遭到破坏。当温度上升时，食品中的一部分冰晶，首先是细胞内的冰晶融化成水，液相增加，由于水蒸汽压差的存在，水分透过细胞膜扩散到细胞间隙中去，当温度又下降时，它们就附着并冻结到细胞间隙中的冰结晶上面，使冰晶成长。因此，当冻藏温度波动时，细胞间隙中的冰晶成长就更为明显。

为了防止冻藏过程中因冰晶成长给冻结食品带来的不良影响，我们可以从以下几方面来加以防止：

①采用深温快速的冻结方式，让食品中90%的水分在冻结过程中来不及移动，就在原位置变成极微细的冰晶，这样所形成的冰晶，大小及分布都比较均匀。同时由于是深温快冻，冻结食品的终温比较低，食品的冻结率提高了，残留的液相减少，也可减少冻结中冰晶的成长。

②冻藏温度要尽量低，少变动，特别要避免-18℃以上温度的变动。

（2）冻肉在冻藏过程中的干耗　肉类在冻藏中的水分不断从表面蒸发，使冻肉不断减重俗称“干耗”。冻结肉类在贮藏中的干耗与冷却肉在贮藏中的干耗所不同的是没有内层水分向表层移动的现象，仅限于冻结肉的表面层水分蒸发，而且这种蒸发是由极细小的冰晶体的升华。因此，经较长期贮藏后的冻肉，在向脱水现象转变时，表面会形成一层脱水的海绵状层，即使食品的组织形成海绵体，并随着贮藏时间的延长，海绵体逐渐加厚，使冻肉丧失原有的味道和营养。另一方面随着细小冰晶的升华，空气随即充满这些冰晶体所留下的空间，使其形成一层具有高度活性的表层，在该表层中将发生强烈的氧化作用。这不仅引起肉的严重干耗损失，而且引起了其他方面的变化，如表层的色泽、营养成分、消化率、商品外观等都发生了明显的变化。正是由于这样，无论从保持商品质量、减少损耗等方面去研究和防止干耗问题都是目前肉类贮藏中的一项重要任务。

影响干耗的因素很多，如肉品种类、形状、表面积大小、空气介质、冷藏空间大小、装载量、季节温度及库门开放次数等。猪肉比牛、羊肉干耗小。此外空气温度的影响也是主要因素。

2. 化学变化

（1）蛋白的变性　冻藏过程中蛋白质的可提取性降低、盐溶性蛋白溶解性差、肌纤维间隙增大、肌肉蛋白的ATPase酶活性降低、巯基及二硫键含量发生变化，这些都是肌肉蛋白变性的结果。关于蛋白冷冻变性的机制有两点：一是结合水的分离学说，即蛋白质中的部分结合水被冻结，破坏了其凝胶体系，是蛋白质大分子在冰晶的挤压作用下互相靠拢并聚集起来导致变性；二是细胞液的浓缩学说，即冷冻条件下蛋白质自由水与结合水先后冻结，使蛋白质的立体结构发生变化，同时由于细胞内外冰晶的破坏，并引起肌肉中的水溶液浓度升高、离子强度和pH发生变化，导致蛋白质变性。

（2）肉色的变化

①脂肪的变色：脂肪在冻藏过程中会发生氧化，这主要是由于脂肪中不饱和脂肪酸在空气中氧的作用下生成氢过氧化物和新的游离基。由于游离基反应，油脂就自动氧化，加快了氧化酸败的速度。

②肌肉的变色：在冻藏过程中，肌肉会发生褐变，这是由于含二价铁离子的还原型肌红蛋白和氧合肌红蛋白，在空气中氧的作用下，氧化生成了三价铁离子的氧化肌红蛋白（高铁肌红蛋白），呈褐色。

3. 品质变化

冻藏过程中，肌肉物理及化学变化会导致其品质的变化，如颜色、风味、质地、营养成分等。蛋白质及脂质的氧化处理对肉色影响较大外，对风味的影响也较明显，特别是脂肪含量较高的肉制品。多不饱和脂肪酸经一系列化学反应发生氧化而酸败，产生许多有机化合物，如醛、酮、醇类物质。

（二）冻藏条件与冻藏期限

1. 冻藏条件

根据肉类在冻藏期中脂肪、蛋白质、肉汁损失情况来看，冻藏温度不宜高于 -15℃，而应在 -18℃左右并应恒定，相对湿度 95% ~100% 为宜，空气流速以自然循环为好（0.05 ~ 0.15m/s）。

冻藏室的贮藏温度要根据食品的种类和各国的情况和条件而定。目前我国冻藏室的温度为 -20 ~ -18℃，在此温度下，微生物的生长繁殖几乎完全停止，肉类表面的水分蒸发量也较小，肉体内部的生物化学变化大大受到抑制，故肉类的贮藏性和营养价值的保持较好，制冷设备的运转费也比较少。

为了使冻藏食品能长期保持新鲜度，近来在国际上的冷藏库贮藏温度趋向于 -30 ~ -25℃的低温。冻结品在 -20℃以下的空气温度中贮藏，一年之内不会腐败，完全可以食用，营养价值也没有多大变化。然而与原状相比，有所不同，主要是外观和味道两方面变差了，表面干燥，色泽变差，内部变得粗糙而硬，液滴渗出味道变差，商品价值和食用价值都降低了。因此，为了防止食品表面恶化引起的商品价值下降，贮藏温度趋向于 -30℃以下，变动在 ±2℃以内的低温中。

空气温度越低，则冻结肉的质量越好。但是冻结肉类还必须考虑其经济性，即冻到什么温度最经济，在什么温度下贮藏最经济。考虑到温度、质量的保持以及贮藏的时间三个因素的关系，认为肉类冷冻到 -20 ~ -18℃对大部分肉类来讲是最经济的温度，在此温度下，肉类可以耐半年到一年的冻结贮藏，保持其商品价值。而且肉类进入冷库时，如果它的温度能与冻藏室温度一样，那是最理想的情况，但一般都是肉体温度高于冻藏室温度，那肉体温度最少要下降到 -18℃进冷库才最经济，而且质量的变化也很小。

2. 冻藏期限

冻藏期限决定于贮藏温度、相对湿度、肉的种类、肥度等因素，主要是温度，温度越低贮藏期限越长，如猪肉 -18℃贮期 8 个月，库温降至 -30℃时可贮 15 个月。各种动物肉的冻藏条件和期限如表 7 -10 所示。

表 7 -10 不同冻藏条件的贮存期

肉类别	冻结点/℃	温度/℃	相对湿度/%	冻藏期限/月
牛肉	-2.2 ~ -1.7	-23 ~ -18	90 ~95	9 ~12
猪肉	-2.7 ~ -1.7	-23 ~ -18	90 ~95	7 ~10
羊肉	-1.7	-23 ~ -18	90 ~95	8 ~11
兔肉	-1.7	-23 ~ -18	90 ~95	6 ~8

分割包装冷冻贮藏为近年来发展的冷冻贮藏方式，其优点是减少干耗，防止污染，提高冷库的冷藏能力，延长贮藏期限及便于运输等。我国分割包装冻猪肉，分颈背肉、前腿肉、大排肉、后腿肉四种。分割后剔骨去皮及皮下脂肪，去掉小血管，保持肉的完整性。按出口要求，颈背肉的肌肉组织，瘦肉不少于 0.8kg，前腿肉不少于 1.35kg，大排肉不少于 0.55kg，后腿肉不少于 2.2kg。将修整好的肉放在平盘上先送入冷却间进行冷却，0 ~4℃预冷 24h，使肉温不高于 4℃。然后进行包装。使用纸箱或聚乙烯塑料包装。包装好后送入 -25 ~ -18℃的冷冻间

冷冻 70h，使肉温达到 -15℃以下。最后送冷库冷藏，库温 -23～-18℃，相对湿度 95%～98%，空气自然循环。

四、 肉类的解冻

冻结食品在使用之前一定要经过解冻，使冻结品解冻恢复到冻前的新鲜状态。质量好的冻结品如何使其在解冻时质量不会下降，以保证食品加工能得到高质量的原料，就必须重视解冻方法及了解解冻对食品质量的影响。

解冻是冻结时食品中形成的冰结晶还原融解成水，所以可视为冻结的逆过程。解冻时冻结品处在温度比它高的介质中，冻品表层的冰首先解冻成水，随着解冻的进行融解部分逐渐向内延伸。由于水的导热系数为 2.09kJ/（m^2·h·℃），冰的导热系数为 8.37kJ/（m^2·h·℃），解冻部分的导热系数比冻结部分小 4 倍，因此解冻速度随着解冻的进行而逐渐下降。解冻所需时间比冻结长。过去曾认为快速冻结不如缓慢解冻，其理由是细胞间隙中冰融化成水需要一定时间才被细胞吸收。最近由冷冻显微镜观察，细胞吸水过程是极快的，所以目前已倾向快速解冻。

1. 空气解冻法

空气解冻又称自然解冻是一种最简单的解冻方法。将冻肉移放在缓冻间，靠空气介质与冻肉进行热交换来实现解冻。一般在 0～4℃空气中解冻称缓慢解冻，在 15～20℃空气中解冻叫快速解冻。肉装入解冻间后，温度先控制在 0℃，以保持肉解冻的一致性，装满后再升温到 15～20℃，相对湿度 70%～80%，经 20～30h 即解冻完毕。如采用蒸汽空气混合介质解冻则比单纯空气解冻要快得多。

2. 水浸或喷洒解冻法

用 4～20℃的清水对冻肉进行浸泡和喷洒，半胴体肉在水中解冻比空气解冻要快 7～8 倍。另外水中解冻，肉汁损失少，解冻后的肉表面呈潮湿状和粉红色，表面吸收水分增加重量达 3%～4%。该法适用于肌肉组织未被破坏的半胴体和 1/4 胴体，不适于分割肉。在 10℃水中解冻半胴体需 13～15h，而喷洒解冻时需 20～22h。

3. 微波解冻法

微波解冻（915～2450MHz）是在交变电场作用下，利用物质本身的电性质来发热使冻结品解冻。微波解冻的原理是肉在微波场的作用下，极性分子以 915MHz/s 的交变振动摩擦而产生热量，而达到解冻的目的。微波解冻应用于冻结肉的解冻工艺可分为调温和融化两种。调温一般是将冻结肉从较低温度调到正好略低于水的冰点，即 -4～-2℃，这时的肉尚处于坚硬状，更易于切片或进行其他加工；融化是将冻肉进行微波快速解冻，原料只需放在输送带上，直接用微波照射。

利用微波解冻的最大优点是速度快、效率高，从冷库中取出的冻肉 25～50kg（-18～-12℃），采用传统的解冻方法解冻要用 5h，而利用微波处理，一块厚 20cm、重 50kg 的冰冻牛肉块可在 2min 内将温度从 -15℃升高到 -4℃。所以，微波工艺为肉品工业带来了极大的方便和经济利益。此外，微波解冻还可以防止由于传统方法在长时间解冻过程中造成的表层污染与败坏，提高了场地与设备的利用率，肉品营养物质的损失也降低到最小程度。因此，冻肉的微波解冻技术普及得相当快。这方面最成功的是日本肉食加工协会，他们采用 915MHz 微波发生器和解冻容器组合起来的微波解冻设备，取得了理想的效果。欧美国家饮食中动物性食品所占比重较大，因此他们的冷冻业相当发达，将冷冻制品—超级市场—微波解冻三者联系起来显示出了极大的优越性。

微波解冻也存在一些缺点，如因为微波对水和冰的穿透和吸收能力有差别（微波在冰中的穿透深度比水大，但水吸收微波的速度比冰快。并且，对于受热而言，吸收的影响大于穿透影响）。因此，已融化的区域吸收的能量多，容易在已融化区域造成过热效应。

第三节　原料肉的保鲜技术

一、真空包装技术

真空包装是指除去包装内的空气，然后应用密封技术，使包装袋内的食品与外界隔绝。由于除掉了空气中的氧气，因而抑制并减缓了好气性微生物的生长，减少了蛋白质的降解和脂肪的氧化酸败。

（一）真空包装的作用

新鲜肉使用真空包装的作用主要为：

（1）抑制微生物生长，避免外界微生物的污染。食品的腐败变质主要是由于微生物，特别是需氧微生物的生长，抽真空后可以造成缺氧环境，抑制许多腐败性微生物的生长。

（2）减缓肉中脂肪的氧化速度，对酶活性也有一定的抑制作用。

（3）减少产品的失水，保持产品的质量。

（4）可以和其他方法结合使用，如抽真空后再充入 CO_2 等气体。还可与一些常用的防腐方法结合使用，如脱水、腌制、热加工、冷冻和化学保藏等。

（5）产品整洁，增加市场效果，较好地实现市场目的。

（二）真空包装对材料的要求

（1）阻气性　主要目的是防止大气中的氧重新进入经抽真空的包装袋内。乙烯、乙烯-乙烯醇共聚物都有较好的阻气性，若要求非常严格时，可加一层铝箔。

（2）水蒸气阻隔性　即能防止产品水分蒸发，最常用材料是聚氯乙烯薄膜。

（3）香味阻隔性　能保持产品本身的香味，并能防止外部的一些不良味道渗透到包装产品中，聚酰胺和聚乙烯混合材料一般可满足这方面的要求。

（4）遮光性　光线会加速肉品氧化，影响肉的色泽。只要产品不直接暴露于阳光下，通常用没有遮光性的透明膜即可。按照遮光效能递增的顺序，采用的方式有：印刷、着色、涂聚偏二氯乙烯、上金、加一层铝箔等。

（5）机械性能　包装材料最重要的机械性能是可防撕裂和封口破损。

（三）真空包装存在的问题

真空包装目前已广泛应用于肉制品中，但鲜肉中使用较少，这是由于真空包装虽然能延长产品的贮存期，但也有质量缺陷，主要存在以下几个问题：

（1）颜色　在价格合理的情况下，消费者购买肉类时最先考虑的就是颜色。肉色太暗或褐变都使消费者望而却步，因此鲜肉货架寿命的长短，通常视该块肉保持鲜红的长短而定。但许多鲜肉虽然肉色褐变了，其实并没有发生腐败变质。鲜肉经过真空包装，氧分压低，这时鲜肉表面肌红蛋白无法与氧气发生反应生成氧合肌红蛋白，而被氧化为高铁肌红蛋白，易被消费者误认成非新鲜肉。这个问题可以通过双层包装解决，即内层为一层透气性好的薄膜，然后用真空包装袋包装，在销售时，将外层打开，由于内层包装通气性好，和空气充分接触形成氧合肌红蛋白，但这会缩短产品保质期。

（2）抑菌方面　真空包装虽能抑制大部分需氧菌的生长，但据报道，即使氧气含量降到0.8%，仍无法抑制好气性假单胞菌的生长，但在低温下，假单胞菌会逐渐被乳酸菌所取代。

（3）血水及失重问题　真空包装易造成产品变形以及血水增加，有明显的失重现象。消费者在购买鲜肉时，看到包装内有血水，一定会有一种不舒服的感觉。实际上血水渗出是不可避免的，分割的鲜肉，只要经过一段时间，就会自然渗出血水。由于血水渗出问题，因而尽管真空包装鲜肉在冷却条件下（0～4℃）能贮存28～35d，也不易被一般消费者所接受。近几年，欧美超级市场研究用吸水垫吸掉血水，这种吸水垫是特殊制造的，它能间接吸收肉品水分，并只吸收自然渗出的血水，血水可被固定在吸水垫内，不再回渗，且易于与肉品分离，不会留下纸屑或纤维类的残留物。

二、气调包装技术

气调包装是指在密封性能好的材料中装进食品，然后注入特殊的气体或气体混合物，再进行密封，使其与外界隔绝，抑制微生物生长，抑制酶促腐败，从而达到延长货架期的目的。气调包装和真空包装相比，并不会比真空包装货架期长，但会减少产品受压和血水渗出，并能使产品保持良好色泽。

气调包装已成为一种应用广泛的食品保存方法，其特点是能有效地保持食品新鲜，且产生的副作用小。英国在肉类及肉制品的气调包装方面居于领先地位，法国紧随其后。保藏期相当长的无菌包装米饭在日本超级市场中已成为畅销产品，它采用充氮系统包装、超高温灭菌，并采用氧阻隔性能极高和抗氧化性相当于金属容器的材料包装，使产品不需冷藏而能达到6个月的保藏期。在挪威，气调包装平均延长了鱼类、鱼制品和贝类的保藏期达1.5倍，使在超市中就可以买到用气调包装的新鲜鲑鱼。美国的超市和食品店中十分流行方便的半成品和可直接食用的新鲜食品、面食和沙拉，现在大多数都用气调包装。气调包装正在影响肉类、干酪、鱼、禽肉和其他新鲜和预制食品的包装以及这些食品在全球市场的销售。

气调包装所用气体主要为O_2、N_2、CO_2。正常大气中的空气是几种气体的混合物，其中N_2占空气体积约78%，O_2约21%，CO_2约0.03%，氩气等稀有气体约0.94%，其余则为蒸汽。O_2的性质活泼，容易与其他物质发生氧化作用，N_2则惰性很高，性质稳定，CO_2对于嗜低温菌有抑制作用。所谓包装内部气体成分的控制，是指调整鲜肉周围的气体成分，使其与正常的空气组成成分不同，以达到延长产品保存期的目的。

（一）充气包装中使用的气体

（1）O_2　充气包装中使用O_2主要是由于肌肉中肌红蛋白与氧分子结合后，成为氧合肌红蛋白而呈鲜红色，因此，为保持肉的鲜红色，包装袋内必须有氧气。自然空气中含O_2约20.9%，因此新切肉表面暴露于空气中则显浅红色。据报道，在0℃，相对湿度99.3%时，氧分压（6±3）mmHg（0.4%～1.2% O_2）时高铁肌红蛋白形成最多，O_2必须在5%以上方能减少高铁肌红蛋白的形成，但据报道，氧必须在10%以上才能维持鲜红，40%以上的O_2能维持

9d 良好色泽。鲜红色的氧合肌红蛋白的形成还与肉表面潮湿与否有关，表面潮湿，则溶氧量多，易于形成鲜红色。O_2 虽然可以维持良好的色泽，但由于 O_2 的存在，在低温条件下（0～4℃）也易造成好气性假单孢菌生长，因而使保存期要低于真空包装。此外，O_2 还易造成不饱和脂肪酸氧化酸败，致使肌肉褐变。

（2）CO_2　1933 年，澳大利亚和新西兰最早开始采用高浓度 CO_2 保存新鲜肉，1938 年有 26% 来自澳大利亚及 60% 来自新西兰的牛肉是以填充高浓度的 CO_2 包装进行船舶运输的，在 -1.4℃的贮存温度下，这种处理的牛肉有 40～50d 的贮存期。CO_2 在充气包装中的使用主要是由于它的抑菌作用。CO_2 是一种稳定的化合物，无色、无味，在空气中约占 0.03%，提高 CO_2 浓度，使大气中原有的氧气浓度降低，使好气性细菌生长速率减缓，另外也使某些酵母菌和厌气性菌的生长受到抑制。

CO_2 的抑菌作用，一是通过降低 pH，CO_2 溶于水中，形成碳酸（H_2CO_3），使 pH 降低，这会对微生物有一定的抑制；二是通过对细胞的渗透作用。在同温同压下 CO_2 在水中的溶解度是 O_2 的 6 倍，渗入细胞的速率是 O_2 的 30 倍，由于 CO_2 的大量渗入，会影响细胞膜的结构，增加膜对离子的渗透力，改变膜内外代谢作用的平衡，从而干扰细胞正常代谢，使细菌生长受到抑制。CO_2 渗入还会刺激线粒体 ATP 酶的活性，使氧化磷酸化作用加快，ATP 减少，即机体代谢生长所需能量减少。

（3）N_2　N_2 的惰性比较强，性质很稳定，对肉的颜色和微生物没有影响，主要作为填充气体，以保持包装饱满。另外，在气调包装中 N_2 取代 O_2，可以延迟好氧菌导致的腐败和氧化变质。

（4）CO　肌红蛋白由球蛋白分子和含铁血红素分子组成，其存在形式有脱氧肌红蛋白、氧合肌红蛋白和高铁肌红蛋白，其中肌肉色泽的变化主要由肌红蛋白含量和肌红蛋白存在形式决定。在活体动物中，肌肉中的肌红蛋白以两种形式存在：与氧结合形成鲜红色的氧合型肌红蛋白，不与氧结合时形成暗红色脱氧肌红蛋白。动物死后，尤其当肌肉组织暴露于空气中以后，肌红蛋白自动氧化生成暗褐色的高铁肌红蛋白。动物死后如何保持肉中肌红蛋白的存在形式，避免肌红蛋白氧化生成褐色的高铁肌红蛋白是控制肉制品色泽的关键。因 CO 与肉中肌红蛋白具有极强的亲和能力，通常其亲和力高出 O_2 将近 240 倍，且与肌红蛋白结合的稳定性极高，防止肌红蛋白中 Fe^{2+} 向 Fe^{3+} 转化，从而达到长时间保持肉质良好色泽的目的。从发色机制分析，CO 与肌红蛋白的结合并不会改变肌红蛋白的结构，并且反应是一个可逆过程，同肌红蛋白与氧的结合类似，CO 只是作为一种气体被肌红蛋白运送到肌肉组织。

许多研究表明，低浓度的 CO（0.1%～2.0%）能改善牛肉、猪肉、禽肉的色泽并提高色泽的稳定性。如果与 CO_2、O_2、N_2 或空气配合使用效果更好。当 CO 的浓度提高到 2% 时，会使鲜肉的红色显得很不自然。但若 CO 浓度太低，护色作用仅限于贮存初期。因此，从护色角度讲，鲜肉气调包装所用混合气体中添加 0.4%～1.0% 的 CO 浓度较为适合。另外，有研究表明：使用 CO 的气调包装冷却肉使其色泽呈现一种过于鲜亮的樱桃红色，但如果冷却肉包装中用含有 0.1%～1.0% CO 与 24% 或 70% O_2 的混合气体能使鲜牛肉呈现更加自然的鲜红。

（二）充气包装中各种气体的最适比例

在充气包装中，CO_2 具有良好的抑菌作用，O_2 为保持肉品鲜红色所必需，而 N_2 则主要起到调节及缓冲作用，如何能使各种气体比例适合，使肉品保藏期长，且各方面均能达到良好状态，则必须予以探讨。欧美大多以 80% O_2 +20% CO_2 方式零售包装，其货架期为 4~6d，英国在 1970 年即有两种专利，其气体混合比例为 70%～90% O_2 与 10%～30% CO_2 或 50%～70% O_2 与 50%～30% CO_2，而一般多用 20% CO_2 与 80% O_2 混合，具有 8~14d 的鲜红色效果。表 7-11 所示为各种肉制品所用气调包装的气体混合比例。

表 7-11　　气调包装肉及肉制品所用气体比例

肉的品种	混合比例	国家
新鲜肉（5~12d）	70% O_2 +20% CO_2 +10% N_2 或 75% O_2 +25% CO_2	欧洲
鲜碎肉制品和香肠	33.3% O_2 +33.3% CO_2 +33.3% N_2	瑞士
新鲜斩拌肉馅	70% O_2 +30% CO_2	英国
熏制香肠	75% CO_2 +25% N_2	德国及北欧四国
香肠及熟肉（4~8 周）	75% CO_2 +25% N_2	德国及北欧四国
家禽肉（6~14d）	50% O_2 +25% CO_2 +25% N_2	德国及北欧四国

三、活性包装技术

肉制品在存放过程中，会因为微生物、酶、氧等因素的存在而发生一系列复杂的变化（如蛋白质分解、脂肪氧化等），这种变化会严重降低肉的食用价值和商品价值，长期以来，食品专业人员都在利用各种方法来阻止这种变化的发生。而作为食品保藏重要手段的包装越来越受到人们的重视。近年来，随着消费者对食品安全性、营养性要求的逐步提高，食品包装的个性化发展日趋明显，食品的包装技术和包装材料所起的作用越来越大，按照著名包装学家 Rooney 的定义，活性包装是指包装不仅是包裹食品，而且能起到一定的有益作用的包装，其包装特点是维持其产品所具有的生命，而不是单纯的保护其色、香、味，一旦其失去生命和停止呼吸、它将失去价值或贬值。活性包装可简称为“维持生命包装”或称为“保活包装”。

（一）活性包装系统的功能要素

活性包装技术是通过包装材料与包装内部的气体及食品之间的相互作用，有效延长商品的货架期或改善食品的安全性和感官性质，并保持食品品质的技术。活性包装不仅是产品与外界环境的屏障，而且它结合了先进的食品包装和材料科学技术，可最大程度地保持被包装食品的质量。目前已有的活性包装包括以下功能要素：

（1）控氧系统　向包装内提供 O_2 或调节 O_2 浓度，有的还可吸收氧气。O_2 是维持生命不可或缺的。这种控氧系统也可称为供氧系统，其控氧或供氧原理是在包装中或包装材料中加入能自动产生供氧反应的材料。

（2）CO_2 控制系统　该系统主要用于生鲜食品包装。日本已开发出一种磁土充填的低密度聚乙烯薄膜，具有较高的氧气、CO_2 及乙烯通过率。法国研制的 CO_2 控制系统则由一个含多孔性化学物质的小包组成，将其粘在包装盘底部，当食品中有液体渗出时，小包装内物质会释放 CO_2，从而抑制微生物滋生。有的还要对包装中的 CO_2 进行吸收，减少 CO_2 浓度，以提高其生命的活性。

（3）乙烯吸收系统　该系统对植物活性包装十分重要。因植物释放出的乙烯气体会促进植物果蔬的生长及腐败，而乙烯气体又可以被多孔性的无机矿物质如硅石、沸石等所吸收，故将这类材料研成粉末，直接混入聚乙烯或聚丙烯材料，经挤出成型，即制成具有吸收乙烯功能的薄膜。

（4）保存剂释放控制系统　该系统实际上是一个包装环境卫生保持系统。通过它可使包装内的细菌等微生物受到抑制。该系统主要通过杀菌（酒精等）剂、抗生素及其他材料所制得，主要有抗生素薄膜等。日本已大量采用酒精剂小包装置于食品包装内。其方法是：在纸与EVA共聚物的积层材料制成的小袋内，装入食品级酒精吸附于二氧化硅粉末中。小袋重量0.6~6g，内装有0.5~3g酒精，可蒸发到包装内部空隙。用其包装年糕与某些鲜物，酒精蒸气可抑制10种不同霉菌、15种细菌及3种致腐败菌的滋生，使保存期延长5~20倍。

（5）吸水保水系统　该系统主要是在两层聚乙烯醇薄膜中间夹一层丙二醇，再将四周密封，形成一张包装薄膜，用来包装鲜肉、鲜鱼，其水分可被丙二醇吸收，并抑制微生物的繁殖。用这种薄膜包装新鲜蔬菜，不但吸水，而且吸收乙烯气体，利于活鲜物料（海鲜等）的活性包装及生命的延续。

（二）活性包装在肉类保鲜中的应用

1. 脱氧剂在肉类保鲜中的应用

肉制品包装中高含氧量会助长微生物的生长繁殖、产生不良风味、使颜色发生变化、导致营养物质流失，从而降低了肉制品的货架期。为维持易变质食品质量或延长其保存期而使用的真空和充气包装被称为改善气氛包装，虽其能大大降低包装袋中的O_2含量，但这种方法仍会使包装中有2%~3%的O_2残存，肉制品仍然会氧化变味。采用脱氧包装技术，就可使包装内的O_2浓度降低至0.01%，从而更有效地控制肉制品的质量。

典型的脱氧剂是利用化学方法使铁粉氧化或是利用酶来吸收O_2。化学方法是将铁粉盛在一个小袋中，使其被氧化成铁氧化物。这个小袋必须对O_2有高度的渗透性，在某些情况下，小袋对水蒸气的渗透也是有效的。小袋中吸收剂的类型和数量由包装中最初的氧含量、食品已溶解氧的量、包装材料的通透性、自然状态（尺寸、性状、重量等）和肉制品的水分活性来决定。这种基于铁氧化的吸收系统可以吸收许多肉制品中的O_2，可以应用在高低和中湿度的肉品中。它们在冷藏和保鲜的条件下也可应用，甚至可以在微波食品生产中发挥有效的除氧作用。

2. CO_2释放体系在肉类保鲜中的应用

脂肪氧化也是肉制品腐败变质的一个因素，所以控制肉品中氧含量是防腐的方法之一。一般认为，真空包装是防止包装食品中微生物繁殖的有效方法，但真空包装的食品往往难以达到预期的贮存效果，这是由于包装物内部残留着少量的O_2，无法彻底阻止微生物的繁殖，而且某些厌氧细菌在贮存温度较高时也会生长繁殖。高水平的CO_2通常对肉类和禽类表面微生物的生长有一定的抑制作用。因为CO_2对食品包装塑料薄膜的穿透性大于O_2，所以包装内的大部分CO_2会穿透膜而流失。因此，注入CO_2体系就显得十分必要。对于高度易腐的肉制品同时应用氧气吸收体系和CO_2注入体系可以延长其货架期。

四、抗菌包装技术

抗菌包装技术是指在包装材料中添加一定抗菌剂，使抗菌成分通过接触包装材料表面附着的微生物并通过抑制其生长、繁殖或直接将其杀灭等作用，从而延长食品货架期的一种活性包装技术。由于采用抗菌技术合成的食品包装能够有效地防止人与人、人与物、物与物之间的细菌交叉传染，同时还具有卫生自洁功能，其抗菌长效性可与制品使用寿命同步，开辟了食品包装的新领域，带动了食品包装的技术升级。

目前我国绝大部分生鲜肉类还是在裸露状态下进行储存、运输和销售，而未包装的鲜肉会受到微生物和其他物质的污染而发生变色和失水干燥。因此，采用合理的包装，有效地减少上述现象的发生势在必行。将抗菌剂或抗菌材料应用到食品包装材料是食品包装技术的一个重要变革，因为其可以不用食品防腐剂就能起到阻止食品霉变的作用。为了防止细菌污染，利用薄膜包装的食品通常带有添加的防腐剂，如山梨酸和安息香酸等。但是，随着生活质量的提高，人们希望食品中的添加剂越少越好，这也是食品制造商对抗菌包装兴趣猛增的直接原因，抗菌食品包装材料能在满足人们对添加剂使用越少越好的需求的同时，使食品更安全。所以，必须采取有效的保鲜措施，来阻止这种变化的发生。而抗菌包装技术就是一种新型的、健康的而又安全的包装技术。

（一）抗菌包装的机制

抗菌包装，就是能杀死或抑制食品在加工、储运和处理过程中存留于表面的细菌，延长食品的货架寿命和安全性。抗菌的方式各不相同，但抗菌机制大致相似，即指将抗菌剂混入一种或几种高聚物包装材料中，从而使其具有抗菌活性，抗菌剂可从包装材料上释放到食品表面，当抗菌剂与细菌体接触时，可渗透到细胞壁，抑制其生长繁殖甚至将其杀灭。就抗菌机制而言，目前的抗菌包装主要通过直接抗菌或间接抗菌两种途径实现其功能的。直接抗菌是将某些具有抗菌功能的物质直接添加在载体内制成包装材料，这类材料会不断地向与其接触的食品表面释放抗菌物质而实现对食品的防腐；间接抗菌是在载体中添加一些能够调节包装内微环境的物质或利用包装材料的选择透过性来调节包装内微环境而不利于微生物生长和繁殖，从而实现抗菌目的。

（二）抗菌剂的种类

用于抗菌包装的抗菌剂种类很多，不同的抗菌剂因抗菌机制及微生物生理特性的不同而具有不同的抗菌活性。一般可分为无机抗菌剂、有机抗菌剂和天然抗菌剂三大类。目前应用较多的为无机抗菌剂和有机抗菌剂。日本在无机抗菌剂的开发和应用方面在国际上居领先地位，其主要包括两大类：一类是以无机化合物中含有的抗菌性金属离子如银、锌、铜等为主流，抗菌性最强的是银离子；另一类是以二氧化钛为代表的光催化型抗菌剂，此抗菌剂的特点是耐热性比一般抗菌剂高，须在紫外线、氧或水存在时才起杀菌作用。欧美地区的抗菌材料主要采用有机抗菌剂。国际上报道的有机抗菌剂包括：有机酸及其盐（如山梨酸盐、丙酸盐、苯甲酸盐）、有机酯、醇、酚、抗菌素（如乳链球菌肽、小球菌素）、酶（如溶菌酶）、杀真菌剂（如抑霉唑）等。在食品包装材料中使用该类抗菌剂具有杀菌速度快、抑霉菌效果好等优点。缺点是本身耐热性、安全性、稳定性较差，仅防霉作用好，对细菌作用相对较弱，容易产生耐药性，使有机抗菌剂的应用受到极大限制，而且很多国家不允许在食品包装材料添加有机抗菌剂。

天然抗菌剂是利用天然植物中的抗菌成分制成的，主要有壳聚糖、氨基葡糖苷等。其特点是毒性小、环保性能好，但使用寿命短、耐热性较差、不易加工，应用范围较窄，主要应用于食品包装袋等一次性使用的塑料制品。天然抗菌剂目前尚处于开发阶段，已成功开发的主要是壳聚糖抗菌防霉产品。

（三） 抗菌包装在肉类保鲜中的应用

抗菌包装的效果受到很多因素的影响，如抗菌剂的种类、添加方式、渗透力及挥发性等，另外还有抗菌活性、释放机制、食品及抗菌剂的化学本质、贮存及销售条件、包装材料的物理化学特性、抗菌剂的感官及毒理性。如抗菌剂对每种微生物具有特定的抗菌活性，因此选择抗菌剂时应依据其对于目标菌的抗菌活性，依据食品本身的一些特性如 pH、水分活度、组成成分及贮存温度等来预见其中所含微生物的种类、特性，从而选择最适合的抗菌剂，以达到最佳的抗菌效果。在日本，银沸石已被开发为添加到塑料中最常用的抗菌剂。Ag^+在光线或水的催化作用下，使气态氧变成活性氧，该活性氧可破坏微生物的结构，并抑制大部分新陈代谢酶，具有强烈、广谱的抗菌活性。将银沸石制成一薄层（3～6μm）加入到与肉品接触的膜材料的表面，且随着其水溶液进入到其暴露的孔状结构的空隙时则释放出 Ag^+。二氧化氯是一种强有力的易溶于水的氧化剂。将亚氯酸钠混入塑料包装材料中，当与包装层内疏水相物质接触反应产生一种酸而移进亲水相中，将离聚的二氯酸转变为二氧化氯。二氧化氯是一种高活性、广谱抗菌剂，对病原体和形成的芽孢都有抑制作用。其作用浓度很低，反应最终产物氯离子是无毒无害的。二氧化氯作为包装抗菌剂主要应用在超市中盛装新鲜肉类的托盘底部有水部分的微生物的控制。

五、 涂膜保鲜技术

涂膜保鲜是在食品表面人工涂一层可食性薄膜，该薄膜对气体的交换有一定的阻碍作用，因而能减少水分的蒸发，改善食物外观品质，提高商品价值。涂膜还可以作为防腐抑菌剂的载体，从而避免微生物的污染。此外，涂膜保鲜方法简便，成本低廉，材料易得，但目前只能作为短期贮藏。

可食性膜，是指以天然可食性物质（如多糖、蛋白质等）为原料，添加可食的增塑剂、交联剂等物质，通过不同分子间相互作用而形成的薄膜。通常把预制的独立膜称薄膜；把涂布、浸渍、喷洒在食品表面而成的薄层称为涂层。可食性膜一般是指在食品上覆盖的或置于食品组分之间的一层由可食性材料形成的薄膜。

可食性包装在食品包装中的应用有着悠久的历史。几十年来，大家熟悉的糖果包装上使用糯米及包装冰淇淋的玉米烧烤包装杯都是典型的可食性包装。英国人在 16 世纪使用脂肪涂抹食品来减缓食品的失水，开创了用脂类涂层保鲜食品的先例；19 世纪后期有人提出可使用明胶薄膜来防止肉类和其他食品的腐败；20 世纪 30 年代，热熔石蜡被大量用于涂抹柑橘以减少失水；50 年代初，巴西棕榈蜡油/水乳化剂被用于涂抹新鲜果蔬，在日常生活中利用动物的小肠制成肠衣，加工出来的灌肠食品是可食性膜技术最为广泛、最为成功的范例。在人工合成可食性膜中比较成熟的是 20 世纪 70 年代已工业化生产的普鲁树脂，它是由 α－葡萄糖苷构成的多聚葡萄糖，在水中易溶解，其 5%～10% 的水溶液经干燥或热压能制成厚度为 0.01mm 的薄膜，这种薄膜透明、无色、无嗅、无毒，具有韧性、高阻油性，能食用，可作为食品包装。

现在，可食性膜已经改变过去由单一成分制膜，而发展成具有多种功能性质的、由多种生物大分子和脂类制成的多组分复合膜。此种结构的可食膜具有明显的阻隔性能及一定的选择透过性，因而在食品工业具有广阔的应用前景。随着人们对食品品质和保藏期要求的提高，以及人们环保意识的增强，以天然生物材料制成的可食膜在食品包装领域中正成为研究热点。

（一）可食性膜的分类及其特点

1. 多糖可食性膜

多糖可食性膜以植物多糖或动物多糖为基质，主要有淀粉膜、改性纤维素膜、动物胶膜等。淀粉膜是可食性膜中研究开发最早的类型。国外在20世纪50～60年代已有文献报道，而国内研究则较晚。近年来，在成膜料与工艺和增塑剂研究应用方面取得了重要进展。淀粉可食性膜是以淀粉为（包括变性淀粉）原料，主要是直链淀粉为基质，多元醇（如甘油、甘油衍生物、山梨醇及聚乙二醇等）及类脂物质（如脂肪酸、单甘油酯、表面活性剂等）为增塑剂，少量动物胶为增强剂制作而成。它们具有拉伸性、透明度、耐折性、水不溶性良好和透气率低等特点。

2. 蛋白质类可食性膜

以蛋白质为基质的可食性膜最主要的是大豆分离蛋白膜。大豆分离蛋白（SPI）是一种高纯度大豆蛋白产品，蛋白质含量高达90%，具有较高的生物效价，含有人体必需的八种氨基酸且比例适当，消化率高容易被人体消化吸收，并具有许多保健功能，如降低胆固醇含量、益智、健脑等。最早的SPI膜是由美国弗雷德里克研究小组开发成功的，具有很好的包装特性，如良好的防潮性，很好的弹性和韧性，还有较高的强度；同时还有一定的抗菌能力，对于保持水分、阻止氧气渗入和防止包装食品的氧化等均有较好效果，特别适于油性食品的包装。

国内外对SPI膜研究较多，主要集中在碱改性、酶改性（辣根过氧化物酶、谷胺酰胺转氨酶）、还原改性（半胱氨酸、亚硫酸钠、巯基乙醇）和射线处理（紫外线、γ－射线）等改善膜性能方面。对SPI膜的应用研究也很多，将SPI膜涂在预烹调的肉制品，能控制脂肪氧化、防止表面水分蒸发、可作为其他食品添加剂的载体。

3. 类脂可食性膜

成膜材料主要有蜂蜡、石蜡、硬脂酸、软脂酸等，它们具有极性弱和易形成致密分子网状结构的特点，所形成的膜阻水性能极强，但由于单独由脂类形成膜的强度较低，很少单独使用，通常与蛋白质、多糖类组合形成复合薄膜。

4. 复合型可食性膜

以不同配比的多糖、蛋白质、脂肪酸结合在一起，制造成一种可食性膜。由于复合膜中多糖和蛋白质的种类、含量不同，膜的透明度、机械强度、阻气性、耐水耐湿性表现不同，可以满足不同食品包装的需要。脂肪酸分子越大，保水性越佳。可用于果脯、糕点、方便面汤料和其他多种方便食品的内包装可食性膜。

（二）可食性膜在肉制品加工和保鲜中的应用

目前国内外常用的肉类保鲜方法很多，其中最前沿的方法之一是肉及肉制品的涂膜保鲜。它是将肉类涂抹上特殊的保鲜剂或浸泡在特殊的保鲜剂中，在肉表面形成一层保护薄膜，以防止外界微生物的侵入，同时可大大减少肉与氧气的接触机会，防止脂类氧化酸败和肉色变暗，从而在一定时期保持肉类的新鲜。

在肉制品加工与保鲜中，胶原蛋白膜是最成功的工业例子。特别在香肠保鲜中，胶原蛋白膜已大量取代天然肠衣。另外大豆蛋白膜也可用于生产肠衣和水溶性包装袋。实验证明，用胶原蛋白包装肉制品后，可以减少汁液流失、色泽变化以及脂肪氧化，从而提高肉制品的品质。例如，用胶原蛋白涂敷冷冻牛肉丁，可减少牛肉丁在冷冻时的损耗，且降低了解冻后汁液流失。英国推出一项利用海藻酸钠保存食品的新技术，用于保鲜肉类，可使肉类所含的维生素保持完好，其色、味、香和营养成分没有改变。美国维克逊公司曾推出一种名为 Dormater FG 的保鲜涂抹剂，主要成分为蒸馏的乙酰化单苷油酯，将其涂抹于肉上，保持肉质新鲜肉色正常，牛肉能保鲜 50d，羊肉保鲜 70d。英国研究出一种海藻酸糖保存食品的新技术，用于保鲜肉类可使肉类所含的维生素保持完好。美国产品 Leopard，是以乙酰甘油酯和乙酰丁脂纤维制成的涂层，用于冻鱼和肉的包装，可防止褪色、脱水，抗菌效果也很好。德国也发明了一种肉类保鲜剂，由 0.36kg 食盐、0.09kg 葡萄糖、1.2kg 糊精和水，用柠檬酸调整 pH，涂于肉表面，在 40℃以上可保鲜 4～6d。

思考题

1. 冷却肉的定义及其特点是什么？
2. 何为冰晶最大形成区？冻结和冻藏会引起肉的那些质量变化？
3. 冻结速度和肉质量有什么关系？
4. 新鲜肉类使用真空包装的主要作用是什么？
5. 气调包装肉类时所使用的气体主要有哪些，各有什么功能？
6. 活性包装、抗菌包装以及涂膜包装是如何在肉类保鲜中应用的？

扩展阅读

[1] 李媛媛，赵钜阳，韩齐，等．反复冻融对肉制品品质影响的研究进展［J］．食品工业科技，2015（8）：243－248.

[2] 侯召华，曾庆升，宁浩然，等．冷却肉储藏保鲜技术研究进展［J］．保鲜与加工，2015（1）：64－68.

第八章

CHAPTER 8

肉品加工用辅料及添加剂

内容提要

本章主要介绍了肉制品加工中常使用的辅料及添加剂，包括香辛料、调味料以及发色剂、保水剂、增稠剂、抗氧化剂等。

透过现象看本质

8-1. 新鲜肉是鲜红色，为什么红肠的肠馅是粉红色的?

8-2. 肉制品的保水性是肉制品加工生产的关键，那么保水剂的添加是越多越好吗?

8-3. 抗坏血酸和异抗坏血酸及其钠盐属于抗氧化剂，但为何又称为发色助剂?

肉制品品种繁多，风味各异，但无论哪一种肉制品都离不开调味料和香辛料。肉制品加工过程中，各种辅助材料的使用具有重要的意义，它能赋予产品特有风味，引起人们的嗜好，增加营养，提高耐保藏性，改进产品质量等。正是由于各种辅料和添加剂的不同选择和应用，才生产出许许多多各具风味特色的肉制品。

第一节　香　辛　料

香辛料是某些植物的果实、花、皮、蕾、叶、茎、根中所含的物质成分，这些成分具有一定的气味和滋味，赋予产品一定的风味，抑制和矫正食物不良气味，增进食欲，促进消化的作用。很多香辛料有抗菌防腐作用，同时还有特殊生理药理作用。有些香辛料还有防止氧化的作用，但食品中应用香辛料的目的在于其香味。

香辛料的辛味和香气是其所含的特殊成分，任何一种化合物都没有香辛料所具有的微妙风味。所以，现在香辛料仍多以植物体原来的新鲜、干燥或粉碎状态使用，这样的香辛料叫天然香辛料。而天然的香料易受虫害和细菌的污染，往往成为肉制品腐败的原因。因而最近以蒸馏、抽提等分离出与天然物质相类似的成分，制成液体香料。但液体香料多不易溶于水，难以与食品均匀混合，因而又出现了制成乳浊液的乳化香料。

一、香辛料的分类

1. 根据利用的部位不同分类

根据香辛料利用部位的不同可分为：

①根或根茎类：姜、葱、蒜、葱头等。

②皮：桂皮等。

③花或花蕾：丁香等。

④果实：辣椒、胡椒、八角茴香、小茴香、花椒等。

⑤叶：鼠尾草、麝香草、月桂叶等。

2. 根据气味不同分类

依其所具有的辛辣或芳香气味，可分为：

①辛辣性香辛料：胡椒、辣椒、花椒、芥子、蒜、姜、葱、桂皮等。

②芳香性香辛料：丁香、麝香草、肉豆蔻、小豆蔻、小茴香、八角茴香、月桂叶等。

3. 根据化学性质分类

根据辛味成分的化学性质，可分为：

①酰胺类（无气味香辛料）：辛味成分是酰胺类化合物，这是不挥发性化合物。食用时感到强烈的辛味刺激部位仅仅是口腔内的黏膜，如胡椒、辣椒等。

②含硫类（刺激性香辛料）：辛味成分是硫氢酸酯或硫醇，是含硫的挥发性化合物，在食用时一部分挥发掉，不仅刺激口腔，也刺激鼻腔，如葱、蒜等。

③无氮芳香族（芳香性辛味料）：辛味成分是不含氮的芳香族化合物，和辛味同时存在于芳香物质中，一般辛味较弱，香味成分主要来源于萜烯类化合物或芳香族化合物，如丁香、麝香草等。

二、常用香辛料

1. 大茴香

大茴香俗称大料、八角，由于所含芳香油的主要成分是茴香脑，因而有茴香的芳香味。味微甜而稍带辣味，是一种味辛平的中药，具有促进消化、暖胃、止痛等功效。因芳香味浓烈，是食品工业和熟食烹调中广泛使用的香味调味品。在制做酱卤类制品时使用大茴香可增加肉的香味，增进食欲。

2. 小茴香

小茴香俗称谷茴、席香，其主要成分为茴香醚，可挥发出特异的茴香气，其枝叶可防虫驱蝇。性味辛温，其功用能开胃、理气，为用途较广的香料调味品之一。在烹调鱼、肉、菜时，加入少许小茴香，味香且鲜美。

3. 花椒

花椒又名秦椒、川椒，果皮中含有挥发油，油中含有异茴香醚及香茅醇等物质，所以具有特殊的强烈芳香气。味辛麻持久，是很好的香麻味调料。花椒籽能榨油，有轻微的辛辣味，也可调味。花椒也是一味中药，性味辛温，具有温中散寒、除湿、止痛和杀虫等功用。

4. 肉桂

肉桂俗称桂皮，桂皮中含有约1%的挥发油，油中含有桂皮醛、丁香油酚等化合物，其性温，具有暖胃、散风寒、通血脉等功效。由于桂皮有芳香味，是一种重要的调味香料。加入烧鸡、烧肉、酱卤制品中，更能增加肉品的复合香气风味。

5. 白芷

白芷因其含有白芷素、白芷醚等香豆精化合物，故气味久香，具有除腥祛风止痛及解毒功效，是酱卤制品中常用的香料。

6. 山柰

山柰又称三柰、山辣、沙姜，根块状茎含挥发油，油中主要成分为龙脑、桉油精、对甲氧基桂皮酸等。按中医理论，山柰性辛温，温中化湿，引气止痛。由于具有较浓烈的芳香气味，在炖、卤肉品时加入山柰，别具香味。

7. 丁香

丁香因含有丁香酚和丁香素等挥发性成分，故具有浓烈的香气。其药性辛温，在中医治疗上具有镇痛驱风、温胃降压作用。制作卤肉制品时常用的香料，磨成粉状加入制品中，香气极为显著。

8. 胡椒

胡椒又名古月，有黑胡椒、白胡椒两种。由于胡椒味辛辣芳香，是广泛使用的调味佳品。一般荤菜肴、腌卤制品，都可加入少许胡椒或胡椒粉，使食物的味道更加鲜香可口。尤其是西式灌肠制品，大多使用胡椒作为主要调味香料而使产品具有香辣鲜美的风味特色。

9. 砂仁

砂仁含约3%的挥发油，油的主要成分为龙脑、右旋樟脑、乙酸龙脑酯、芳梓醇等，气味芳香浓烈，药性辛温，具有健胃、化湿、止呕、健脾消胀、行气止痛等功效。是肉制品加工中一种重要的调味香料。含有砂仁的食品食之清香爽口，风味别致并有清凉口感。

10. 豆蔻

豆蔻也称玉果、肉蔻、肉果、肉豆蔻，种仁含5%～15%挥发油，油中主要含多种萜烯类化合物及豆蔻醚、丁香酚等。气味芳香，药性辛温，具有健胃、促进消化、化湿、止呕等功效，在西式香肠中使用很普遍。

11. 甘草

甘草含6%～14%甘草甜素、甘草苷、甘露醇及葡萄糖、蔗糖、淀粉等。药性甘平，具有补气、解毒、润肺、祛痰、利尿等功效。常用于酱卤制品，以改善制品风味。

12. 陈皮

陈皮含有挥发油成分，主要为右旋柠檬烯、橙皮苷、川陈皮素等，故气味芳香。有行气、健胃、化痰等功效，常用于酱卤制品，药性苦、辛、温，可增加制品的复合香味。

13. 草果

草果的种子含有0.7%～1.6%的挥发油类物质，也是一味中药，能暖胃健脾、消食化积。作为烹饪香料，主要用于酱卤制品，特别是烧炖牛肉放入少许，可压膻味。

14. 姜黄

姜黄在肉制品中有发色发香作用，使用时须切成薄片。此外，从姜黄中可提炼姜黄素，是一种天然黄色素，可作食品着色剂。

15. 月桂叶

月桂叶中含月桂油1%～3%，其中桉油精占35%～40%，此外含有丁香酚。常用于西式产品或在罐头生产中作矫味剂。

16. 咖喱

咖喱系外来语，是一种混合性香辛料。它是以姜黄粉、白胡椒、芫荽子、小茴香、桂皮、姜片、辣根、八角、花椒等配制研磨成粉状，称为咖喱粉。色呈鲜艳黄色，味香辣，为西菜、江浙菜、粤菜的调味品之一。

天然香辛料种类繁多，在中式肉制品的生产中，尤为擅长使用。例如各种酱制品所使用的香料包，就是由大茴香、小茴香、桂皮、花椒、丁香、白芷、山柰、豆蔻、陈皮、甘草等十多种天然香料组成。除上述中药类香辛料外，还有著名的“调味四辣”，即葱、姜、蒜、辣椒，这是使用最普遍、使用量最大的蔬菜类香辛料。

第二节　调　味　料

调味料是指为了改善肉制品的风味，赋予其特殊味感（酸、甜、苦、辣、咸、鲜、麻等），使制品鲜美可口、增进食欲而添加到肉制品中的天热或人工合成的物质。

一、咸　味　料

1. 食盐

食盐的主要成分是 NaCl，具有调味、防腐保鲜、提高保水性和黏着性等重要作用。肉品加工中宜采用精制盐，含 NaCl 97% 以上；白色结晶体，无可见的外来杂物，一般不采用粗制盐，因粗制盐含有钙、镁、铁的氯化物和硫酸盐等，可影响制品的质量和风味。食盐是维持人体正常生理机能，调节血压渗透压必不可少的重要物质。近年来发现，高盐饮食易导致高血压，故在生产中应适当降低用盐量。

2. 酱油

酱油是我国传统的调味料，优质酱油鲜味醇厚、香气浓郁。肉制品加工中选用的酱油浓度不应低于 22°Bé，食盐含量不超过 18%。酱油的作用主要是增鲜增色，改良风味。在中式肉制品中广泛使用，使制品呈酱红色并改善其口味。在香肠等制品中，还有促进发酵成熟的作用。

二、甜　味　剂

最常用的甜味调味料是砂糖，其主要成分是蔗糖。此外还有蜂蜜、葡萄糖、糖稀（麦芽糖）等，这些属于天然甜味料。

1. 糖类在肉制品中的主要作用

（1）助呈色作用　在腌制时还原糖的作用对于肉保持颜色具有重要的意义，这些还原糖（葡萄糖等）能吸收氧而防止肉脱色。在短期腌制时建议使用葡萄糖，它本身就具有还原性。而在长时间腌制加蔗糖，它可以在微生物和酶的作用下形成葡萄糖和果糖，这些还原糖能加速 NO 的形成，使发色效果更佳。

（2）增加嫩度，提高得率　由于糖类的羟基均位于环状结构的外围，使整个环状结构呈现为内部为疏水性，外部为亲水性的物性，这样就提高了肉的保水性，也就提高了产品的出品率。另外，由于糖极易氧化成酸，使肉的酸度增加，利于胶原膨润和松软，因而增加了肉的嫩度。

（3）调味作用　糖和盐有相反的滋味，可一定程度地缓和腌肉咸味。

（4）产生风味物质　在加热肉制品时，糖和含硫氨基酸之间发生美拉德反应，产生醛类等多羰基化合物，其次产生含硫化合物，增加肉的风味。

糖可以在一定程度上抑制微生物的生长，它主要是降低介质的水分活度，减少微生物生长所能利用的自由水分，并借渗透压导致细胞质壁分离。但一般的使用量达不到抑菌的作用，低浓度的糖，还能给一些微生物提供营养，因而在需发酵成熟的肉制品中添加糖，可有助于发酵的进行。

2. 肉制品加工中常用的糖类

（1）蔗糖　常用的天然甜味剂，其甜度仅次于果糖。我国传统肉制品多需加糖，用量为0.7%～3.0%。烧烤类用糖较多，一般为5%。

（2）葡萄糖　除改善产品滋味外，有助于胶原蛋白膨胀疏松，使得制品柔软。此外，葡萄糖的护色效果比蔗糖稳定，一般使用量为0.3%～0.5%。

（3）饴糖　饴糖由麦芽糖（50%）、葡萄糖（20%）和糊精（30%）组成。味甜爽口，有较强的吸湿性和黏着性，在肉制品中常用作烧烤、酱卤和油炸制品的增色及甜味助剂。

三、酸　味　料

1. 食醋

食醋是以谷类及麸皮等碳水化合物类为原料经发酵酿造而成，含醋酸3.5%以上，是肉及其他食品常用的酸味料之一。食醋可以促进食欲，帮助消化，并有一定的防腐、去膻腥作用。

2. 柠檬酸

柠檬酸为无色透明结晶或白色粉末，具有强烈酸味。不仅可以作为酸味剂，还用作肉制品的改良剂，提高肉制品的保水性，还可以作为抗氧化剂的增效剂使用。

四、鲜　味　料

1. 谷氨酸钠

谷氨酸钠即味精，是食物烹调和肉制品加工中常用的鲜味剂。高温易分解，酸性条件下鲜味降低，对酸性强的食品可比普通食品多加20%。在肉制品加工中，一般使用量为0.015%～0.2%。除单独使用外，宜与肌苷酸钠和核糖核苷酸等核酸类鲜味剂配成复合调味料使用。

2. 肌苷酸钠

肌苷酸钠的阈值为0.025%，但随着其浓度的增加，其呈味力几乎没有增强，但如果肌苷酸钠与谷氨酸钠共存时，可以发挥强大的呈味力，这称为肌苷酸与谷氨酸的协同作用。在食品加工中，一般不单独使用肌苷酸钠，而是与谷氨酸钠合并使用。一般情况下，肌苷酸钠使用量为谷氨酸钠使用量的1/50～1/20为宜。

3. 鸟苷酸钠

鸟苷酸钠同肌苷酸钠等称作核酸系调味料，其呈味性质与肌苷酸相似，与谷氨酸钠有协同作用。使用时一般与谷氨酸钠和肌苷酸钠混合使用。

五、乙醇和酒类

乙醇在食品中会产生两种效果：一是，增强防腐力；二是，起调味作用。通常使用1%的乙醇可以增强食品的风味，但这种浓度没有防腐作用。提高乙醇浓度可以增加防腐效果，但它的刺激性气味会影响食品的香味。

黄酒和白酒是多数中式肉制品必不可少的调味料，主要成分是乙醇和少量的酯类。它可以除去腥味、膻味和异味，并有一定的杀菌作用，给制品以特有的醇香气味，使制品食用时回味甘美，增加风味特色。

六、肉类香精

肉类香精包括猪、牛、鸡、羊肉、火腿等各种肉类香精，采用纯天然的肉类为原料，经过蛋白酶适当酶解成小肽和氨基酸，加还原糖在适当的温度条件下发生美拉德反应，生成风味物质，经过超临界萃取和微胶囊包埋或乳化调和等技术生产的粉状、水状、油状系列调味香精，如猪肉香精、牛肉香精等。可直接添加或混合到肉类原料中，使用方便，是目前肉类工业上常用的增香剂，尤其适用于高温肉制品和风味不足的西式低温肉制品。

（一）肉用香料

肉用香料是指那些具有香味的、对人体安全的、用来制造肉味香精的单一有机化合物或混合物，是肉味香精的有效成分。其中的单一有机化合物一般称为单体香料，如肉桂醛、2-甲基-3-呋喃硫醇等；混合物主要指精油（大蒜油、洋葱油等）、油树脂（生姜油树脂、花椒油树脂等）和酊剂（香荚兰酊、枣酊等）等。其相对分子质量一般小于300，具有很强的挥发性。另外，传统香辛料已纳入GB 2760—2014《食品安全国家标准　食品添加剂使用标准》“允许使用的食品用天然香料名单”，如花椒、八角茴香（大料）、桂皮、丁香、小茴香、生姜、洋葱、香葱、大蒜、芫荽、莳萝、香叶、甘牛至、白芷、迷迭香、藏红花、砂仁、肉豆蔻、胡椒、辣椒、芹菜、薄荷、百里香、众香果等。工业中用来制备香精的肉用香料大多是这些传统香辛料的提取物。

（二）肉味香精

肉味香精是由香料和相应辅料构成的具有肉味香气和（或）香味的复杂混合物。肉味香精中含有多种香味成分，是用来补充、改善、提高肉制品香味质量的混合物。肉味香精的主要原料是食品用香料。辅料主要是指溶剂或载体。溶剂是指用于溶解香料的物质，如食用乙醇、蒸馏水、甘油、食用油等；载体是用于吸附、包埋香料的物质，主要有蔗糖、葡萄糖、环状糊精、二氧化硅等。食品用香料和食品香精两者是原料和产品的关系。食品用香料一般不直接在食品中使用，而是通过调制成食品香精以后再添加到食品中。

现代食品企业普遍采用现代化设备规模化、效率化生产食品，由于工艺简化、加工时间短等原因，其香味一般不如传统方法制作的浓郁、可口，必须要额外添加能补充和改善食品香味的物质，即食用香精来改善最终食品品质。肉味香精是肉制品加工中不可缺少的一类食品添加剂，它可以丰富和增强产品的特征香气，协调产品的香气使其口感更加圆润、丰满，掩蔽或修饰产品本身固有的风味，最终提高产品的吸引力。

1. 肉味香精的分类

按市场现状分：合成肉香精、拌和型肉香精、反应型调理肉香精。

按香精形态分：水溶性香精、液体香精、油性香精、固体香精。

按常用肉香精风味分：猪肉香精、鸡肉香精、牛肉香精、羊肉香精、海鲜香精等。

按常用肉香精香型风格分：炖肉风格香精、优雅烧烤风格香精、肉汤风格香精、纯天然肉香风格香精等。

2. 肉味香精使用的注意事项

肉味香精在肉类工业中的应用越来越普遍，在应用过程中，既要考虑到效果，也要考虑到成本，更要考虑到安全性。在肉制品生产中一般应注意以下注意事项：

（1）在肉制品加工过程中，采用斩拌、搅拌或乳化等加工技术生产的产品，必须特别注意肉味香精和磷酸盐的添加顺序，要避免两者直接接触、堆积在一起或同时加入。因为磷酸盐的 pH 偏碱性，而肉味香精的 pH 一般则偏酸性（pH 5 ~ 6，甚至更低），如果两者直接接触或堆积在一起，在有水分的情况下会发生中和反应，两者的作用就会削弱。因此，在生产中一般可先加磷酸盐，待其与肉充分作用后，再添加香精。采用盐水注射工艺生产的产品，在配制盐水时先溶解磷酸盐，香精则在最后阶段加入。无论采用何种生产工艺都要保证香精加入后能分散均匀，以起到应有的效果。另外，还要注意，在配置盐水注射液时，香精与亚硝酸盐也不要过早地混合在一起，以免两者反应影响肉的发色效果。

（2）肉味香精具有“自我限量”特性。当肉味香精的使用量超过一定范围时其香味会令人不愉快，使用者不得不将其用量降低到合适范围，因此，不会出现因香精使用过量而产生的安全问题。但应该注意，在适量范围内，仍应尝试使香精用量降到最低。过多香精的应用会使产品掩盖原料本身的风味，并在一定程度上给人以厌恶感，降低产品的可接受度。因此，香精的合理应用非常重要，应避免单纯为降低生产成本而过多应用肉味香精。

（3）除注意香精在最后阶段加入外，还应注意加入时的温度环境，不能长时间暴露在空气中，以防香气挥发。加入时一次不能加入太多，最好是一点点地加入。使用前要考虑到消费者的接受程度、产品的形式和档次。

3. 肉制品加工中肉味香精的选用

肉味香精在肉品中普遍使用，有粉末状、液状和膏状。生产中，企业可根据产品的档次来选择肉味香精。火腿肠中多用膏状香精，价位适中，香味浓郁，风味众多，有鸡肉味、牛肉味、猪肉味等。由于国内粉末状香精的扩散性、挥发性较差，故许多企业转向使用液状香精，有的肉类加工企业则转向使用进口香精。另外，还有一些特殊增香剂，如酵母精、烟熏剂。酵母精在肉品中应用主要是赋予产品以浓厚鲜美的风味，在中式香肠中应用较多，具有味精所不具备的厚味。烟熏剂应用于肉品中，可使产品不用烘烤就能产生同样的熏烤风味，提高产品档次，同时还具有防腐作用。

第三节　添　加　剂

添加剂是指食品在生产加工中加入的能改善色、香、味、形及延长保藏期等功能的少量天然或合成物质。添加这些物质有助于食品品种多样化，保持食品的新鲜度和质量，并满足加工工艺过程的需求。肉制品中常用的添加剂包括以下几种：

一、发 色 剂

发色剂又称呈色剂，是指本身不具有颜色，但能与肉中呈色物质作用，使之在食品加工、保藏等过程中不致分解、破坏，呈现良好色泽的物质。在肉制品中常用的发色剂是亚硝酸盐和硝酸盐，发色助剂是抗坏血酸盐和异抗坏血酸盐。肉制品中常用的发色剂及使用范围见表8－1。

表8－1　　肉制品中常用的发色剂及其使用范围

发色剂	使用范围
硝酸钠/硝酸钾	腌腊肉制品（咸肉、腌肉、板鸭中式火腿、腊肠） 酱卤肉制品（白煮肉类、酱卤肉类、糟肉类） 熏、烧、烤肉类 油炸肉类 西式火腿（熏烤、烟熏、蒸煮火腿）类 肉灌肠类 发酵肉制品类
亚硝酸钠/亚硝酸钾	腌腊肉制品（咸肉、腌肉、板鸭中式火腿、腊肠） 酱卤肉制品（白煮肉类、酱卤肉类、糟肉类） 熏、烧、烤肉类 油炸肉类 西式火腿（熏烤、烟熏、蒸煮火腿）类 肉灌肠类 发酵肉制品类 熟肉干制品 肉罐头

1. 硝酸盐和亚硝酸盐的作用

腌肉中使用硝酸盐和亚硝酸盐主要有以下几个作用：

（1）具有良好的呈色作用。

（2）可以抑制肉毒梭状芽孢杆菌的生长，并且具有抑制许多其他类型腐败菌生长的作用。

（3）具有抗氧化作用，延缓腌肉腐败，这是由于本身具有还原性。

（4）对腌肉的风味有极大的影响，如果不使用，那么腌制品仅带有咸味而已。

2. 亚硝酸盐的安全性问题和使用量

亚硝酸钠是食品添加剂中急性毒性较强的物质之一，极限用量一次为0.3g。摄取过量亚硝酸盐进入血液后，可使正常的血红蛋白（二价铁）变成正铁血红蛋白（即三价铁的高铁血红蛋白），失去携带氧的功能，导致组织缺氧，潜伏期仅为0.5～1.0h，症状为头晕、恶心、呕吐、全身无力、心悸、全身皮肤发紫，严重者呼吸困难、血压下降、昏迷、抽搐。如不及时抢救会因呼吸衰竭而死亡。由于其外观、口味均与食盐相似，所以必须防止误用而引起中毒。

亚硝酸很容易与肉中蛋白质分解产物二甲胺作用，生成二甲基亚硝胺。亚硝胺是目前国际上公认的一种强致癌物，动物试验结果表明：不仅长期小剂量作用有致癌作用，而且一次摄入足够的量，也有致癌作用。因此，国际上对食品中添加硝酸盐和亚硝酸盐的问题很重视，FAO/WHO、联合国食品添加剂法规委员会建议在目前还没有理想的替代品之前，把用量限制在最低水平。按我国食品卫生法标准规定，硝酸钠在肉类制品的最大使用量为0.5g/kg，亚硝酸钠在肉类罐头和肉类制品的最大使用量为0.15g/kg；残留量以亚硝酸钠计，肉类罐头不得超过0.05g/kg，肉制品不得超过0.03g/kg。

二、发色助剂

肉在发色过程中亚硝酸盐被还原成NO，但是NO的生成量与肉的还原性有很大关系，为了使之达到理想的还原状态，常使用还原性的发色助剂。在肉制品中常用的发色助剂是抗坏血酸盐、异抗坏血酸盐和烟酰胺。

1.（异）抗坏血酸及（异）抗坏血酸盐

在肉的腌制中使用（异）抗坏血酸和（异）抗坏血酸钠主要有以下几个目的：

（1）抗坏血酸盐可以将高铁肌红蛋白还原为亚铁肌红蛋白，因而加速了腌制的速度。

（2）抗坏血酸盐可以同亚硝酸发生化学反应，产生一氧化氮。

（3）过量的抗坏血酸盐能起到抗氧化剂的作用，因而稳定腌肉的颜色和风味。

（4）在一定条件下抗坏血酸盐具有减少亚硝胺形成的作用。

抗坏血酸盐即维生素C，具有很强的还原作用，但对热和重金属不稳定，因此一般使用其稳定性较高的钠盐，肉制品中的使用量为0.02%～0.05%，最大使用量0.1%。异抗坏血酸是抗坏血酸的同分异构体，其性质与抗坏血酸相似，也具有很强的还原作用。

2. 烟酰胺

烟酰胺作为肉制品的发色助剂使用，其添加量为0.01%～0.02%。烟酰胺可与肌红蛋白相结合生成稳定的烟酰胺肌红蛋白，很难被氧化，可以防止肌红蛋白在从亚硝酸生成亚硝基期间的氧化变色。如果在肉类腌制过程中同时使用抗坏血酸与烟酰胺，则发色效果更好，并能保持长时间不褪色。

三、着色剂

在肉制品生产中，为使制品具有鲜艳的肉红色，常常使用着色剂，目前国内大多使用红色素。红色素分为天然和人工合成两大类。

1. 天然色素

天然红色素中尤以红曲色素最为普遍。此外还有焦糖、姜黄素、虫胶色素、红花黄色素、叶绿素铜钠盐、β-胡萝卜素、红辣椒红素等，有些色素在肉制品生产中并不常用。

红曲红是以大米为原料，将红曲霉接种于蒸熟的米粒上，经培养繁殖后所产生的红曲霉红素。红曲色素是由红曲霉菌菌丝体分泌的次级代谢物，其工业产品具有色价高、色调纯正、光热稳定性强、pH适应范围广、水溶性好等优点，同时具有一定的保健和防腐功效。肉制品中使用量为50～500mg/kg。

2. 人工合成色素

人工合成色素种类较多，但根据食品添加剂使用卫生标准，我国只准有限制地使用胭脂红

（食用红1号）、苋菜红（食用红2号）、柠檬黄（食用黄5号）、靛蓝四种。肉制品生产有的地区使用胭脂红和苋菜红。胭脂红为水溶性色素。无毒作用剂量为0.05%，规定使用的剂量不超过0.125mg/kg。苋菜红为胭脂红的构体。人工合成色素在限量范围内使用是安全的，其色泽鲜艳、稳定性好，适用于调色和复配，且价格低廉，但过量使用具有安全隐患。

四、保 水 剂

保水剂是指有助于保持食品中水分而加入的物质。肉在冻结、冷藏、解冻、加热等加工中，会失去一定的水分，不仅使肉的质地变硬，而且会导致营养成分的损失，因此，肉制品的保水性是肉制品加工生产的关键，其保水性直接关系到肉制品的品质。肉中常用的保水剂是磷酸盐，其作用机制如下：

（1）提高肉的pH　成熟肉的pH一般在5.7左右，接近肉中的蛋白等电点，此时肉的保水性较差。而磷酸盐溶液一般呈碱性（1%的焦磷酸钠溶液pH为10.0~10.2，1%的三聚磷酸钠溶液pH为9.5~9.8，1%的六偏磷酸钠溶液pH为6.4~6.6），因此，添加磷酸盐可以使原料肉的pH偏离等电点。

（2）增加离子强度，提高蛋白的溶解性肉中肌球蛋白占肌原纤维蛋白的45%，对肉的保水性影响最大，其溶解于离子强度为0.2mol/L以上的盐溶液中，而肌动球蛋白则在离子强度为0.4mol/L以上的盐溶液中才能溶解。在一定离子强度范围内，蛋白溶解度和萃取量随离子强度增加而增加，而磷酸盐则是能提供较强离子强度的盐类。

（3）促使肌动球蛋白的解离　禽畜活体时机体能合成使肌动球蛋白解离的三磷酸腺苷（ATP），但宰杀后由于ATP水平下降，使肌动球蛋白不能再解离成肌动蛋白和肌球蛋白，从而导致肉的持水性下降。低聚度的磷酸盐具有与ATP类似的作用，能使肌动球蛋白发生解离，增加肉的持水性，同时改善肉的嫩度。

（4）改变体系电荷　磷酸盐可以螯合与肌肉结构蛋白结合的Ca^{2+}、Mg^{2+}，使蛋白带负电荷，进而增加羧基之间的静电斥力，导致蛋白结构疏松，利于盐水的渗透、扩散。

各种磷酸盐的保水机制并不完全一样，实验证明，各种磷酸盐混合使用比单独使用效果好，但混合的比例不同，效果也不同。

1. 磷酸盐的使用限量

磷酸盐是几乎所有食物的天然成分之一，作为重要的食品配料和功能添加剂被广泛用于食品加工中。磷酸盐是肉制品中常用的保水剂，在效果上以焦磷酸钠、三聚磷酸钠和六偏磷酸钠为最好。

焦磷酸盐可增加与水的结着能力和产品的弹性，具有改善食品口味和抗氧化作用，使用量不超过1g/kg；三聚磷酸钠对多种金属离子具有较强的螯合作用，对pH有一定的缓冲能力，并能防止酸败，比焦磷酸钠效果更好，使用量不超过2g/kg；六偏磷酸钠能促进蛋白质凝固，常与其他磷酸盐混合成复合磷酸盐使用，也可单独使用，使用量不超过1g/kg。

2. 磷酸盐使用注意事项

磷酸盐在肉制品中可以保持肉的持水性，增强结着力，保持肉的营养成分及柔嫩性。除持水性作用外，磷酸盐还能防止肉中脂肪酸败和不良风味的产生，在西式肉制品生产中应用极为广泛。近些年，随着传统肉制品工业化改造，“中式西做”渐成潮流，磷酸盐在传统肉制品加工中也广为应用。在肉制品加工中应用磷酸盐，需要注意以下几点：

（1）注意肌肉组织中本底磷酸盐含量。经典理论认为，在使用磷酸盐时，必须考虑到肌肉组织中大约有0.1%的天然磷酸盐。而实际上，现阶段由于饲养水平的提高以及富含磷元素饲料的推广，动物饲养过程中磷元素的吸收显著提高，导致肌肉组织中磷酸盐的含量普遍较高，因此，在肉制品加工中要更好地控制磷酸盐的添加量，防止最终产品磷酸盐含量过高所带来的产品风味恶化、组织粗糙、呈色不良。对于内脏产品中磷酸盐的使用应更加谨慎。

（2）必须严格控制磷酸盐使用量。GB 2760—2014《食品安全国家标准食品添加剂使用标准》给出了添加量，最大使用量为0.5%（以磷酸根PO_4^{3-}计），但研究表明，在本底含量提高的前提下，0.4%的磷酸盐即可达到较好的保水效果，0.4%以上磷酸盐的用量与保水效果不成正比。因此，从保水效果角度出发，在原料肉本底磷酸盐含量增高的前提下，最大使用量控制在0.4%（以磷酸根PO_4^{3-}计）即可满足生产需要。在肉制品加工中使用量一般为肉重的0.2%～0.4%。

（3）在肉制品生产中应用最广泛的是三聚磷酸钠、焦磷酸钠和六偏磷酸钠。综合成本和溶解性因素，认为三聚磷酸钠是持水能力最佳的聚磷酸盐。磷酸盐一般复配使用，以达到较好的效果。为使保水效果达到最佳，一般使用复合磷酸盐。

（4）由于磷酸盐在人体内与钙能形成难溶于水的正磷酸钙，从而降低钙的吸收，因此，在使用时应注意钙、磷比例，钙、磷比例在婴儿食品中不宜小于1∶1.2。

五、增　稠　剂

增稠剂又称赋形剂、黏稠剂，是改善和稳定肉制品物理性质或组织形态的物质。肉制品中使用的增稠剂主要包括淀粉、变性淀粉和卡拉胶。

1. 淀粉

淀粉是肉制品加工中使用较多的增稠剂，无论是中式肉制品还是西式肉制品，大都需要淀粉作为增稠剂。在肉制品生产中，加入淀粉后，对于制品的持水性、组织形态均有良好的效果。这是由于在加热过程中，淀粉颗粒吸水、膨胀、糊化的结果。淀粉颗粒的糊化温度较肉蛋白质变性温度高，当淀粉糊化时，肌肉蛋白质的变性作用已经基本完成并形成了网状结构，此时淀粉颗粒夺取存在于网状结构中结合不够紧密的水分，这部分水分被淀粉颗粒固定，因而，持水性变好，同时，淀粉颗粒因吸水而变得膨润而有弹性，并起着黏着剂的作用，可使肉馅黏合，填塞孔洞，使成品富有弹性，切面平整美观，具有良好的组织形态。同时在加热蒸煮时，淀粉颗粒可吸收溶化成液态的脂肪，减少脂肪流失，提高成品率。

在中式肉制品中，淀粉能增强制品的感官性能，保持制品的鲜嫩，提高制品的滋味，对制品的色、香、味、形各方面均有很大的影响。常见的油炸制品，原料肉如果不经挂糊、上浆，在旺火热油中，水分会很快蒸发，鲜味也随水分跑掉，因而质地变老。原料肉经挂糊、上浆后，糊浆受热后就像替原料穿上一层衣服一样，立即凝成一层薄膜，不仅能保持原料原有鲜嫩状态；而且表面糊浆色泽光润，形态饱满，能增加制品的美观。

通常情况下，制作灌肠时使用马铃薯淀粉或玉米淀粉，加工肉糜罐头时用玉米淀粉，制作肉丸等肉糜制品时用小麦淀粉。肉糜制品的淀粉用量视品种而不同，可在5%～50%的范围内，如午餐肉罐头中约加入6%淀粉，炸肉丸中约加入15%淀粉，粉肠约加入50%淀粉。高档肉制品则用量很少，并且使用玉米淀粉。

2. 卡拉胶

卡拉胶由于具有黏性、凝固性，带有负电荷能与一些物质形成络合物等物理化学特性，可用作增稠剂、凝固剂、悬浮剂、乳化剂和稳定剂等。卡拉胶是由海藻中提取的一种多糖类，很易形成多糖凝胶，分子中含硫酸根，可保持自身重量10～20倍的水分。在肉馅中添加0.6%时，即可使肉馅保水性从80%提高到88%以上。

卡拉胶是天然胶质中唯一具有蛋白质反应性的胶质，它能与蛋白质形成均一的凝胶，其分子上的硫酸基可以直接与蛋白质分子中的氨基结合，或通过Ca^{2+}等二价阳离子与蛋白质分子上的羧基结合，形成络合物。正由于卡拉胶能与蛋白质结合，添加到肉制品中，在加热时表现出充分的凝胶化，形成巨大的网络结构，可保持制品中大量水分，减少肉汁的流失，并且具有良好的弹性和韧性。还具有很好的乳化效果，稳定脂肪，表现出很低的离油值，从而提高制品的出品率。另外，卡拉胶还有防止盐溶性肌球蛋白及肌动蛋白的损失，抑制鲜味成分的溶出和挥发的作用。

六、抗氧化剂

肉制品在加工及贮藏过程中容易发生氧化酸败，因而可加入抗氧化剂以延长制品的保质期。抗氧化剂品种很多，按溶解性不同，抗氧化剂分为水溶性（如维生素C）和油溶性（如维生素E）；按来源不同，又可分为天然抗氧化剂（如茶多酚）和人工合成抗氧化剂（如BHA、BHT、PG）。目前，肉制品中常用的抗氧化剂及使用范围见表8－2。

表8－2　　肉制品中常用的抗氧化剂及使用范围

抗氧化剂	使用范围
茶多酚（TP）	腌腊肉制品类（咸肉、腌肉、板鸭、中式火腿、腊肠） 酱卤肉制品（白煮品类、酱卤肉类、糟肉类） 熏、烧、烤肉类 油炸肉类 西式火腿（熏烤、烟熏、蒸煮火腿）类 肉灌肠类 发酵肉制品类
丁基羟基茴香醚（BHA）	腌腊肉制品类（咸肉、腌肉、板鸭、中式火腿、腊肠）
二丁基羟基甲醚（BHT）	腌腊肉制品类（咸肉、腌肉、板鸭、中式火腿、腊肠）
甘草抗氧化物	腌腊肉制品类（咸肉、腌肉、板鸭、中式火腿、腊肠） 酱卤肉制品（白煮品类、酱卤肉类、糟肉类） 熏、烧、烤肉类 油炸肉类 西式火腿（熏烤、烟熏、蒸煮火腿）类 肉灌肠类 发酵肉制品类
特丁基对苯二酚（TBHQ）	腌腊肉制品类（咸肉、腌肉、板鸭、中式火腿、腊肠）

续表

抗氧化剂	使用范围
植酸/植酸钠	腌腊肉制品（咸肉、腌肉、板鸭、中式火腿、腊肠）
	酱卤肉制品（白煮品类、酱卤肉类、糟肉类）
	熏、烧、烤肉类
	西式火腿（熏烤、烟熏、蒸煮火腿）类
	肉灌肠类
	发酵肉制品类
竹叶抗氧化物	腌腊肉制品类（咸肉、腌肉、板鸭、中式火腿、腊肠）
	酱卤肉制品类（白煮品类、酱卤肉类、糟肉类）
	熏、烧、烤肉类
	油炸肉类
	西式火腿（熏烤、烟熏、蒸煮火腿）类
	肉灌肠类
	发酵肉制品类
D－异抗坏血酸及其钠盐	预制肉制品
	熟肉制品
抗坏血酸钠/钙	预制肉制品
	熟肉制品

1. 丁基羟基茴香醚（BHA）

BHA 又称叔丁基对羟基茴香醚，易溶于乙醇、丙二醇和油脂，不溶于水。BHA 对热稳定，在弱碱条件下不易被破坏，与金属离子作用不着色，是一种很好的抗氧化剂，在有效浓度时没有毒性。BHA 溶于丙二醇，成为乳化态，具有使用方便的特点，但价格比 BHT 高。BHA 作为脂溶性抗氧化剂，适宜油脂食品和富脂食品。

BHA 除了抗氧化作用之外，还具有相当的抗菌作用。有报道用 0.015% 的 BHA 可抑制金黄色葡萄球菌；0.028% 的 BHA 可阻止寄生曲霉孢子的生长，并能阻碍黄曲霉毒素的生成。

2. 二丁基羟基甲苯（BHT）

BHT 也称 2，6－二丁基对甲酚，不溶于水、苛性碱及甘油，可溶于各种有机溶剂和油脂。能使脂肪在自然氧化过程中的连锁反应中断，从而阻止脂肪的氧化。对热相当稳定，且与金属离子作用不着色，无异味，价格低廉，是应用于肉制品的一种比较理想的抗氧化剂。

使用时，可将 BHT 与盐和其他辅料搅拌均匀，一起掺入原料肉中进行腌制。也可以将 BHT 预先溶解于油脂中，再按比例加入肉制品或涂抹在肠体表面。也可用含有 BHT 的油脂生产油炸肉制品。试验表明，BHT 与柠檬酸、抗坏血酸、葡萄糖或其他还原剂同时并用，使用量为单独使用时的 1/4～1/2，其抗氧化效果显著。

BHT 的毒性比 BHA 稍大，但无致癌性。BHT 与 BHA 混合使用，其效果更好。BHT 和 BHA 主要应用于腌腊肉制品中。研究表明，在肉制品中，使用 BHT 的效果更好。

3. 没食子酸丙酯（PG）

PG 难溶于水，微溶于棉籽油、花生油、猪脂。0.25% 水溶液的 pH 为 5.5 左右。PG 比较稳定，遇铜、铁等金属离子发生呈色反应，变为紫色或暗绿色，有吸湿性，对光不稳定，发生分解，耐高温性差。

思考题

1. 了解肉制品加工中常用的香辛料。
2. 硝酸盐及亚硝酸盐的主要作用以及使用量是如何要求的?
3. 试述在原料肉腌制过程中亚硝酸的作用。
4. 肉制品加工中为何使用多聚磷酸盐来提高保水性?

扩展阅读

[1] 章林，黄明，周光宏．天然抗氧化剂在肉制品中的应用研究进展［J］．食品科学，2012（7）：299－303.

[2] 文和，文柱，陈味海．香精香料在肉制品中的应用［J］．畜牧与饲料科学，2009（11）：17003.

[3] 孟祥平，张普查．营养强化剂在食品工业中的应用前景［J］．食品研究与开发，2013（20）：122－144.

第九章

肉的腌制和熏制

内容提要

本章主要介绍了肉制品加工中腌制和熏制的原理和方法；烟熏的目的及熏烟中有害成分的控制方法。

肉类是一种易腐食品，自古以来腌制就是肉的一种防腐贮藏方法，但如今的腌制目的已经不仅限于防腐贮藏，还具有改善肉的色泽、风味、质构等作用。肉类的腌制和熏制经常紧密地结合在一起，在生产中先后相继进行，有些肉类制品腌制和烟熏是独立的工艺过程，例如金华火腿、熏腿的加工，而也有一些肉制品腌制、熏制是加工中的一个环节，如灌肠、午餐肉等的加工。随着人类的长期生活实践和肉类科学研究的发展，肉的腌制和烟熏技术也不断改进，目前腌制和烟熏已成为许多肉类制品加工过程中一个重要的工艺环节。

第一节 腌　　制

透过现象看本质

9-1. 慕尼黑白香肠为什么是白色的而不是红色的？

9-2. 短时间腌制大块肉时为什么中心部位味道较淡，采用什么方法改进？

用食盐或以食盐为主，并添加硝酸钠（或钾）、亚硝酸钠、蔗糖和香辛料等腌制辅料处理肉类的过程称为腌制（Curing）。肉类腌制的目的已从过去单纯的防腐保藏，发展到主要为了改善风味、色泽以及质构，以提高肉制品的品质。腌制剂的成分也多种多样，其中主要的腌制辅料为食盐、硝酸盐（或亚硝酸盐）、糖类（葡萄糖、蔗糖和乳糖）、混合磷酸盐和（异）抗坏血酸盐等。浸泡法腌制或盐水注射法腌制时，水可以作为一种腌制成分，使腌制配料分散到肉或肉制品中，补偿热加工（如烟熏、煮制）的水分损失，且使得制品柔软多汁。

一、 腌肉的呈色机制

肉制品的表观色泽通常是消费者判断肉品质量的一个最直观的指标。腌肉及腌肉制品的色泽主要是硝酸盐或亚硝酸盐与肉中的色素成分发生作用的结果。肉经腌制后，由于肌肉中色素蛋白和亚硝酸盐发生化学反应，会形成鲜艳的亮红色，在以后的热加工中又会形成稳定的粉红色。

（一）硝酸盐或亚硝酸盐对肉色的作用

肉类腌制时常需添加硝酸盐和亚硝酸盐，这主要是肌肉色素蛋白能和一氧化氮（NO）反应，形成具有腌肉特色的稳定性色素。NO－肌红蛋白是构成腌肉颜色的主要成分，关于它的形成过程虽然有些理论解释但还不完善。NO是由硝酸盐或亚硝酸盐，在腌制过程中经过复杂的变化而形成的。

首先，在酸性条件和还原性细菌作用下形成亚硝酸盐：

$$NaNO_3 \xrightarrow[+2H^+]{\text{细菌还原作用}} NaNO_2 + H_2O$$

亚硝酸盐在微酸性条件下形成亚硝酸：

$$NaNO_2 \xrightarrow{H^+} HNO_2$$

亚硝酸在还原性物质作用下形成NO：

$$3HNO_2 \xrightarrow{\text{还原性物质}} H^+ + NO_3^- + H_2O + 2NO$$

这是一个歧化反应，亚硝酸既被氧化又被还原。NO的生成速度与介质的酸度、温度以及还原性物质的存在有关，所以形成NO－肌红蛋白需要有一定的时间。直接使用亚硝酸盐比使用硝酸盐的呈色速度要快。

$$NO + Mb \longrightarrow NO-MMb$$

$$NO-MMb \longrightarrow NO-Mb$$

$$NO-Mb + \text{热} + \text{烟熏} \longrightarrow NO-\text{血色原（稳定的血色素）}$$

硝酸盐本身并没有防腐发色作用，它之所以能在腌肉中起呈色作用是因为能形成$NaNO_2$。形成的亚硝酸盐在微酸性条件下形成亚硝酸。肉中的酸性环境主要是由乳酸造成，在肌肉中由于血液循环停止，供氧不足，肌肉中的糖原通过酵解作用分解产生乳酸，随着乳酸的积累，肌肉组织中的pH从原来的正常生理值（7.2～7.4）逐渐降低到5.5～6.4，在这样的条件下促进亚硝酸盐生成亚硝酸。亚硝酸是一个非常不稳定的化合物，腌制过程中在还原性物质作用下生成NO。

现在腌制剂中常加有抗坏血酸盐和异抗坏血酸盐，虽然它在鲜肉中会加速肌红蛋白氧化，腌肉时却将加速高铁肌红蛋白（Met－Mb）还原，并使亚硝酸生成NO的速度加快。这一反应在低温下进行得较缓慢，但在烘烤和熏制的时候会急剧地加快。并且在抗坏血酸存在的时候，可以阻止NO－Mb进一步被空气中的氧气氧化，使其形成的色泽更加稳定。

（二）影响腌肉制品色泽的因素

1. 亚硝酸盐的使用量

肉制品的色泽与亚硝酸盐的使用量有关，用量不足时，颜色淡而不均，在空气中氧气的作用下会迅速变色，造成贮藏后色泽的恶劣变化。为了保证肉呈红色，亚硝酸钠的最低用量为0.05g/kg。用量过大时，过量的亚硝酸根的存在又能使血红素物质中的卟啉环的α－甲炔键硝基化，生成绿色的衍生物。为了确保安全，我国规定，在肉类制品中亚硝酸盐最大使用量为0.15g/kg，在这个范围内根据肉类原料的色素蛋白的数量及气温情况来决定。

2. pH

肉的 pH 对亚硝酸盐的发色作用也有一定的影响。亚硝酸钠只有在酸性介质中才能还原成 NO，故 pH 接近 7.0 时肉色就淡，特别是为了提高肉制品的持水性，常加入碱性磷酸盐，加入后常造成 pH 向中性偏移，往往使呈色效果不好，所以其用量必须注意。在过低的 pH 环境中，亚硝酸盐的消耗量增大，而且在酸性的腌肉制品中，如使用亚硝酸盐过量，容易引起绿变。一般发色的最适宜的 pH 范围为 5.6 ~ 6.0。

3. 温度

生肉呈色的进行过程比较缓慢，经过烘烤加热后，则反应速度加快。而如果配好料后不及时处理，生肉就会褪色，特别是灌肠机中的回料，由于氧化，回料出来时已褪色，这就要求迅速操作、及时加热。

4. 腌制添加剂

添加抗坏血酸，当其用量高于亚硝酸盐时，在腌制时可起助呈色作用，在贮藏时可起护色作用；蔗糖和葡萄糖由于其还原作用，可影响肉色强度和稳定性；加烟酸、烟酰胺也可形成比较稳定的红色，但这些物质没有防腐作用，所以暂时还不能代替亚硝酸钠。另一方面有些香辛料如丁香对亚硝酸盐还有消色作用。

5. 其他因素

微生物和光线等影响腌肉色泽的稳定性。正常腌制的肉，切开置于空气中后切面会褪色发黄，这是因为亚硝基肌红蛋白在微生物的作用下引起卟啉环的变化。亚硝基肌红蛋白不仅受微生物影响，对可见光线也不稳定，在光的作用下，NO - 血色原失去 NO，再氧化成高铁血色原，高铁血色原在微生物等的作用下，使得血色素中的卟啉环发生变化，生成绿色、黄色、无色的衍生物。这种褪、变色现象在脂肪酸败，有过氧化物存在时可加速发生。

（三） 腌肉色泽的保持

肉制品的色泽受各种因素的影响，在贮藏过程中常常发生一些变化。如脂肪含量高的制品往往会褪色发黄，被微生物污染的肉灌制品，肉馅松散褪色。就是正常腌制的肉，切开置于空气中切面也会发生氧化变色。这是因为一氧化氮肌红蛋白在微生物的作用下引起卟啉环的变化。

NO - 肌红蛋白不仅能受微生物影响，对可见光线也不稳定，在光的作用下，NO - 血色原再氧化成高铁血色原，高铁血色原在微生物等的作用下，使得血色素中的卟啉环发生变化，生成绿色、黄色、无色的衍生物。有时制品在避光的条件下贮藏也会褪色，这是由于 NO - 肌红蛋白单纯氧化所造成。这种现象我们经常可以看到，如灌肠制品由于灌得不紧，空气混入馅中，气孔周围的颜色变成暗褐色，就是单纯氧化所致。肉制品的褪色与温度也有关，在 2 ~ 8℃ 温度条件下的褪色比在 15℃ 以上的温度条件下慢得多。

综上所述，为了使肉制品获得鲜艳的颜色，除了要有新鲜的原料外，必须根据腌制时间长短，选择合适的发色剂，掌握适当的用量，在适宜的 pH 条件下严格操作，才能获得良好的色泽。而为了保持肉制品的色泽，我们则要注意低温、避光、低脂肪，并采用添加抗氧化剂，真空或充氮包装，添加去氧剂脱氧等方法避免氧的影响。

（四） 理论上亚硝酸盐的使用量

硝酸盐的用量从理论上来说，应根据肌肉中血色素和硝酸盐分解形成 NO 的数量关系加入。不同种肉类所含血红素的数量不同，牛肉约含 48mg/100g，猪肉含 22 ~ 30mg/100g，平均为28mg/100g。血红素的平均相对分子质量为652，如果一个分子血红素结合一个分子的NO，若腌制时用亚硝酸钠，相对分子质量为69，则腌制牛肉时理论上应加入的亚硝酸钠的数量是：

$$(69/652) \times 48mg/100g = 5mg/100g\ 肉 = 50mg/kg$$

即每公斤牛肉中加入50mg的亚硝酸钠就可以保证呈色作用。如由两个分子亚硝酸钠分子生成一个分子的NO，则加入的亚硝酸钠的数量应增加一倍。

二、腌制和肉的保水性和黏着性

一些肉类制品如西式培根、压榨火腿、灌肠等，加工过程中腌制的主要目的除了使制品呈现鲜艳的红色外，还可提高原料肉的保水性和黏着性。

保水性是指肉类在加工过程中对肉中的水分以及添加到肉中的水分的保持能力。因为保水性和蛋白质的溶剂化作用相关联，因而与蛋白质中的自由水和溶剂化水有关，而这两种状态的水在量的方面分不出明确的界限，只有相对比较意义。黏着性表示肉自身所具有的黏着物质而可以形成具有弹力制品的能力，其程度则以对扭转、拉伸、破碎的抵抗程度来表示。黏着性常与保水性通常是相辅相成的。

食盐是腌制过程中使用最为广泛的腌制材料，通过试验发现，绞碎的肉中加入的NaCl的离子强度在0.8～1.0mol/L，即相当于NaCl的浓度为4.6%～5.8%时的保水性最强，超过这个范围反而下降。

（一）与持水性、黏着性有关的蛋白质

在肌肉中形成肉的持水性和黏着性的主体物质是肌肉中蛋白质，但是肌肉中的蛋白质群中，哪些是作为决定性的因素，则是需要加以明确的问题。肌肉中的蛋白质包括肌溶蛋白、肌球蛋白、肌动蛋白、肌动球蛋白以及间质蛋白等。到底哪些蛋白质与肉的持水性有关呢？深泽氏做了如下实验，根据各蛋白质的溶解性不同分别提取牛肉中的几种蛋白质，然后将提取的肌肉加入2.5% NaCl再制成灌肠，以期发现与持水性、黏着性有关的肌肉蛋白质。实验设计了下面5种模型（图9－1）：

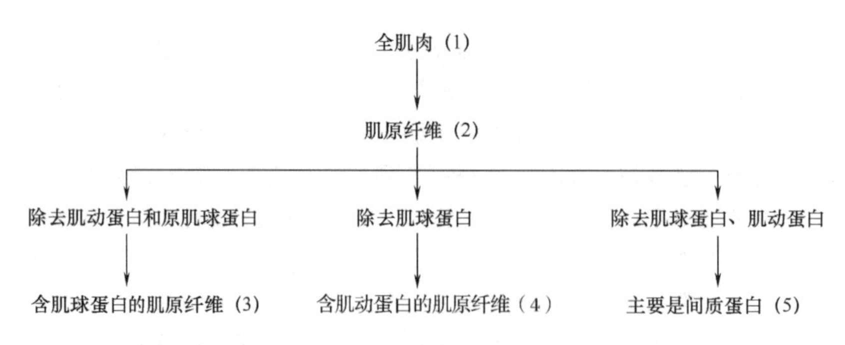

图9－1　肌肉中蛋白质与保水性、黏着性关系

各种不同状态蛋白质的数量见表9－1。从结果可以看出，当处于（4）和（5）状态下灌肠的黏着性几乎不存在了，而在（2）和（3）中，即使除去水溶性蛋白质、肌动蛋白、原肌球蛋白，仍保持很好的黏着性，这就说明，肌肉中起保水性、黏着性作用的是结构蛋白质中的肌球蛋白，一旦失去这种蛋白，则持水性和黏着性就不存在了。

表 9－1　　肌肉中蛋白质与黏着性的关系

状态	残存蛋白质	残存 ATP 酶活力	由 ATP 形成的超沉淀	灌肠的黏着性
(1)	100.0	100.0	+	+
(2)	71.4	97.4	+	+
(3)	45.4	92.6	+	+
(4)	55.2	25.9	+	-
(5)	28.8	9.3	+	-

注：残存 ATP 酶活力和由 ATP 形成超沉淀两项表明，这个实验中在几个模型里都或多或少的存在肌球蛋白和肌动蛋白，即使是（4）、（5）模型，虽经除去肌球蛋白和肌动蛋白的处理，也是如此。“＋”表示具有相应的特征，“－”表示没有相应的特征。

（二）腌制中持水性的变化

通过上面的试验可知，与持水性关系最密切的蛋白质主要是肌球蛋白，因而考虑持水性变化的时候，就要从肌球蛋白着眼。肌球蛋白是肌肉中存在量最多的重要结构蛋白质。一般用离子强度为 0.6mol/L 的盐溶液提取时，仅在屠宰以后短时间内处理可以得到。死后时间增长，或提取的时间延长，因为肌球蛋白与肌动蛋白结合而生成肌动球蛋白，所以被提取的物质则是以肌动球蛋白为主体的混合物，通常将此混合物称为肌球蛋白 B，而纯肌球蛋白为肌球蛋白 A。

在通常的腌制条件下，其离子强度在 0.6mol/L 左右，处理时间 24h 以上，并且腌制所用的原料肉都在屠宰后经过成熟过程，因此在这种条件的肌肉中水溶性蛋白质以及肌球蛋白 B 被提取。

未经腌制的肌肉中的蛋白质处于非溶解状态或处于凝胶状态，而腌制后由于受到离子强度的作用，使非溶解状态的蛋白质转变为溶解状态，或从凝胶状态转变为溶胶状态，也就是腌制时肌球蛋白 B 被提出是增加持水性的根本原因。这种溶胶状态的蛋白质分子表面分布有多种不同的亲水基，由于这些亲水基团的静电作用，使无数极性分子吸附到表层周围，因而形成吸附水层，所以这是腌制后肉的持水性增加的根本原因。

处于凝胶状态的肌球蛋白 B，由于溶剂化作用，也能吸收水分而膨润，本身也能具有一定的持水性，但这种溶剂化作用所形成的吸水膨润是有限的，因而其持水能力则被局限在一个较小的范围。

在加热过程中，由于变性的原因，使原来被包藏在蛋白质次级结构内的非极性基团暴露出来，造成了疏水条件，同时也就使持水能力大大降低。未经腌制的肉加热失去大量水分，可能就是这种原因。

由于腌制，使凝胶状的肌球蛋白 B 转变为具有相当浓度的溶胶状态，这种转变，实际是凝胶状的肌球蛋白 B 由有限膨润转变为无限膨润，实现高度溶剂化的过程。在一定的离子强度下，可以使促溶剂化过程进行地最充分，也就是使持水能力达到最高。在加工过程中经绞碎、斩拌，溶胶状的肌球蛋白 B 从细胞内释放出来，起黏着作用，当加热时，溶胶状态的蛋白质形成巨大的凝胶体，将水分和脂肪封闭在凝胶体的网状结构里。

三、腌肉制品的风味

腌肉中形成的风味物质主要为羰基化合物、挥发性脂肪酸、游离氨基酸、含硫化合物等，当腌肉加热时就会释放出来，形成特有风味。腌肉制品在成熟过程中由于蛋白质水解，会使游离氨基酸含量增加。游离氨基酸是肉中风味的前体物质，并证明腌肉成熟过程中游离氨基酸的含量不断增加，这是由于肌肉中自身所存在的组织蛋白酶的作用。

腌制品风味的产生也是腌肉的成熟过程，从而使腌制品形成特有的色泽、风味和质地。在一定时间内，腌制品经历的成熟时间越长，质量越佳。例如金华火腿就要经过一定时间发酵成熟后才会出现浓郁的芳香味。腌肉制品的成熟过程不仅是蛋白质和脂肪分解而形成特有风味的过程，而且在成熟过程中肉内仍然进一步进行着腌制剂如食盐、硝酸盐、亚硝酸盐、异抗坏血酸盐以及糖分等的均匀扩散，并和肉内成分进一步进行着反应。研究已证明硝酸盐和亚硝酸盐对腌肉风味有极大的影响，如果没有它们，那么腌制品仅带咸味而已。它们的还原性还有助于肉处于还原状态，并导致相应的化学和生物化学变化，防止脂肪氧化。

成熟过程中的化学和生化变化，主要是微生物和肌肉组织内本身酶的活动所引起。腌制过程中肌肉内一些可溶性物质外渗到盐水组织中，如肌球蛋白、肌动球蛋白、肌浆蛋白等，它们的分解产物就会成为腌制品风味的来源，南京板鸭用老卤腌制就是一例。

在传统的腌肉制品中，盐的含量很高，有时可高达15%以上，由于消费者的需要，盐的使用量逐渐减少，目前人们可接受的含盐量为2% ~5%。亚硝酸盐在腌肉风味中的作用机制不够清楚，可能对肌肉中自身含有的组织酶有促进作用。脂肪和它的降解产物对肉的风味形成作用很大，不同种类肉所具有的特有风味都和脂肪有关。传统腌肉制品一般都要经过几个星期到几个月的成熟过程，由于酶的作用，使脂肪分解而供给产品特有的风味。糖也可以促进风味的产生，消费者一般接受的产品最适含糖量为0.65%。一些调味品也可以促进风味的产生。许多腌肉制品要经过烟熏，烟熏可使产品产生特有的烟熏味。关于烟熏对风味的作用详见本章第二节。

在传统腌肉制品生产中，在成熟过程中腌肉表面会长满霉菌，例如我国金华火腿的生产。过去人们认为，霉菌生长对火腿产生的风味有影响，这些霉菌会分泌一些酶类，促使蛋白质和脂肪分解，促进腌肉的成熟。但近年有新的见解，认为霉菌生长只反映了温度、湿度条件及卫生条件，与腌肉的成熟无关，腌肉成熟主要是肉中自身所具有的酶对蛋白质的作用。

四、腌制方法

肉制品腌制的方法很多，主要包括干腌、湿腌、混合腌制以及动脉注射腌制。不论采用何种方法，腌制时都要求腌制剂渗入食品内部深处，并均匀分布在其中，这时腌制过程才基本完成，因而腌制时间主要取决于腌制剂在食品内进行均匀分布所需要的时间。肉品经过腌制后能提高它的耐藏性，同时也可以改善食品质地、色泽和风味。

（一）干腌法

干腌（Dry curing）是利用食盐或混合盐，涂擦在肉的表面，然后层堆在腌制架上或层装在腌制容器内，依靠外渗汁液形成盐液进行腌制的方法。在食盐的渗透压和吸湿性的作用下，使肉的组织液渗出水分并溶解于其中，形成食盐溶液，但盐水形成缓慢，盐分向肉内部渗透较慢，延长了腌制时间，因而这是一种缓慢的腌制方法，但腌制品风味较好。我国名产火腿、咸肉、烟熏肋肉以及鱼类常采用此法腌制。在国外，这种生产方法占的比例很少，主要是一些带骨火腿，如乡村式火腿。

这种方法腌制需要时间很长，我国咸肉和火腿的腌制时间一般需一个月以上，每公斤肉的腌制时间为4 ~5d。由于腌制材料使用在肉块表面，而污染的大部分微生物都在表面，因而对微生物有很好的抑制作用。但由于腌制时间长，特别对带骨火腿，微生物很容易沿着骨骼进入深层肌肉，而食盐进入深层的速度缓慢，很容易造成肉的内部变质。经干腌法腌制后，都要经过长时间的成熟过程，如金华火腿成熟时间为5个月，有利于风味的形成。这种方法腌制成熟过程要损失大量水分，使产品变得干燥，最后产品的得率低。

（二）湿腌法

湿腌法（Pickle curing）即盐水腌制法，就是在容器内将肉浸泡在预先配制好的食盐溶液中，并通过扩散和水分转移，让腌制剂渗入食品内部，并获得比较均匀的分布，常用于腌制分割肉、肋部肉等。

湿腌法腌制时间基本上和干腌法相近，它主要决定于盐液浓度和腌制温度。湿腌的缺点就是其制品的色泽和风味不及干腌制品，因含水分多不易保藏。

（三）注射腌制法

无论采用干腌法或湿腌法，一般被腌渍的肉块都较大，腌的时间较长；另外由于肉块的形状大，食盐及其他配料向产品内部渗透速度较慢，当产品中心及骨骼周围的关节处有微生物繁殖时，即当产品未达到腌好的程度，肉就腐败了。所以，为了加快食盐的渗透，目前广泛采用盐水注射法（Brine curing）。注射腌制法最初出现的是动脉注射腌制法，以后又发展了肌肉注射腌制法。注射多采用专业设备，一排针头可多达20枚，每一针头中有多个小孔，平均每小时可注射60000次之多。由于针头数量多，两针相距很近，因而注射至肉内的盐液分布较好。另外为进一步加快腌制速度和盐液吸收程度，注射后通常采用按摩或滚揉操作，即利用机械的作用促进盐溶性蛋白质抽提，以提高制品保水性，改善肉质。

1. 动脉注射腌制法

此法是用泵将盐水或腌制液经动脉系统压送入分割肉或腿肉内的腌制方法，为散布盐液的最好方法。但是一般分割胴体的方法并不考虑原来的动脉系统的完整性，故此法只能用来腌制前后腿。

注射用的单一针头插入前后腿上的股动脉的切口内，然后将盐水或腌制液用注射泵压入腿内各部位，使其重量增至8%～10%，有的增至20%。为了控制腿内含盐量，还可以根据腿重和盐水浓度，预先确定腿内应增加的重量，以便获得统一规格的产品。有时厚肉处须再补充注射，以免该部位腌制不足而腐败变质。这样可以显著地缩短腌制液全面分布时间。实际上，因腌制液或盐液同时通过动脉和静脉向各处分布，它确切的名称应为“脉管注射”。

2. 肌肉注射腌制法

此法有单针头和多针头注射法两种，肌肉注射用的针头大多为多孔的。单针头注射腌制法可用于各种分割肉而和动脉无关。一般每块肉注射3～4针，每针盐液注射量为85g左右。盐水注射量可以根据盐液的浓度计算，一般增重10%。

多针头肌肉注射最适用于形状整齐而不带骨的肉类，用于腹部肉、肋条肉最为适宜。带骨或去骨肉均可采用此法。用盐水注射法可以缩短操作时间，提高生产效率，提高产品得率，降低生产成本。肌肉注射现在已有专业设备，注射时直至获得预期增重为止，由于针头数量大，两针相距很近，因而注射至肉内的盐液分布较好。

（四）混合腌制法

这是一种干腌和湿腌相结合的腌制法。用于肉类腌制可先行干腌而后放入容器内用盐水腌制。如南京板鸭、西式培根的加工。

干腌和湿腌相结合可以避免湿腌液因食品水分外渗而降低盐液浓度，因干腌法中盐及时溶解于外渗水分内。同时腌制时不像干腌那样促进食品表面发生脱水现象。另外，内部发酵或腐败也能被有效阻止。

第二节　熏　　制

透过现象看本质

9－3. 经过烟熏加工过的肉制品为什么与其他肉制品风味不同？

9－4. 为什么烟熏的肉制品比较耐贮存？

9－5. 为什么常吃烟熏肉制品不利于身体健康？

熏制（Smoking）是肉制品加工的主要手段，许多肉制品特别是西式肉制品，如灌肠、火腿、培根等均需经烟熏。肉品经过烟熏不仅获得特有的烟熏味，而且保存期延长了，但是随着冷藏技术的发展，烟熏防腐的作用已降到次要位置，烟熏的主要目的已成为赋予肉制品特有的烟熏风味。

一、烟熏的目的

烟熏目的归纳为三个，即是产品的颜色良好、赋予产品特殊香味和使产品贮藏性提高。此三种目的究竟以哪种目的为主，则依产品的种类而异。

1. 烟熏对风味的作用

起改善风味作用的主要是有机酸（甲酸和醋酸）、醛、乙醇、酯、酚类等，特别是酚类中的愈创木酚和4－甲基愈创木酚是最重要的风味物质。有资料指出，当酚类∶羰基类∶醛类的比例是0.81∶0.37∶0.32时，可以得到最佳风味，其中酚类占的比例大。将木材干馏时得到的木馏油进行精制处理后得到一种木醋液，它的主要成分为醋酸、酚类、水，除具有较强的杀菌、抗菌、防虫的功效外，用在烟熏食品上也能起到增加风味的作用。

2. 烟熏对颜色的作用

木材烟熏时产生的羰基化合物，可以和蛋白质或其他含氮物中的游离胺基发生美拉德反应；另一方面随着烟熏的进行，肉温提高，促进一些还原性细菌的生长，因而加速了一氧化氮血色原形成稳定的颜色。另外还会因受热有脂肪外渗，有润色作用。

3. 防腐抗氧化作用

使肉具有防腐性的主要是木材中的有机酸、醛和酚类等三类物质。

有机酸可以与肉中的氨、胺等碱性物质中和，由于其本身的酸性而使肉向酸性方向发展。而腐败菌在酸性条件下一般不易繁殖，而在碱性条件下易于生长。醛类一般具有防腐性，特别是甲醛其作用更重要。甲醛不仅本身有防腐性，而且还与蛋白质或氨基酸等含有的游离氨基结合，使碱性减弱，酸性增强，从而也增加肉的防腐作用。

酚类具有良好的抗氧化作用，虽然也有防腐性，但其防腐作用比较弱，因而经过烟熏的制品抗氧化性增强。有人曾用煮制的鱼油试验，通过烟熏与未经过熏制的产品进行比较，在夏季的室温下放置，经过12d测定它们的过氧化物值，经烟熏的为2.5mg/kg，而未经烟熏的为5mg/kg，由此证明熏烟具有抗氧化能力，而其抗氧化物质主要是酚类及其衍生物。

过去以烟熏作为防腐手段时，应用冷熏法，进行1~2星期甚至3星期的长时期烟熏过程，这样的长时间烟熏过程中，不仅烟中的防腐物质得以较多浸入肉中，而且可使肉充分干燥，达到防腐目的。从这种长时期烟熏的防腐效果看，不能简单地归结为烟熏的作用，其中烟熏前的腌制及熏烟过程中的干燥脱水作用，都可赋予肉制品以防腐性。

由上述关系可知，由熏烟产生的防腐作用是比较弱的，熏制品之所以有贮藏性，主要是由于烟熏前腌制和烟熏中及烟熏后的干燥处理所赋予的。烟熏可使肉的重量减少，普通的烟熏火腿减重5%~10%，腌肉减重10%~20%，减重主要是由于水分蒸发。

二、熏烟的产生和成分

（一）熏烟的产生

用于熏制肉类制品的烟气，主要是硬木不完全燃烧而得到的。烟气是由空气（氮、氧等）和没有完全燃烧的产物——燃气、蒸汽、液体、固体物质的粒子所形成的气溶胶系统，熏制的实质就是产品吸收木材分解产物的过程，因此木材的分解产物是烟熏作用的关键。烟气中的烟黑和灰尘只能脏污制品，水蒸气成分不起熏制作用，只对脱水蒸发起决定作用。

熏烟中包括固体颗粒、液体小滴和气相，颗粒大小一般在50~800μm，气相大约占总体的10%。熏烟包括高分子和低分子化合物，从化学组成可知这些成分或多或少是水溶性的，这对生产液态烟熏制剂具有重要的意义，因水溶性的物质大都是有用的熏烟成分，而水不溶性物质包括固体颗粒（煤灰）、多环烃（PAH）和焦油等，这些成分中有些具有致癌性。

熏烟是由木材发生高温分解作用产生的。这一过程可以分为两步：①首先是木材的高温分解；②第二是高温分解产物的变化，形成环状或多环状化合物，发生聚合反应、缩合反应以及形成产物的进一步热分解。

木材和木屑热分解时表面和中心存在着温度梯度，外表面正在氧化时内部却正在进行着氧化前的脱水，在脱水过程中外表面温度稍高于100℃，脱水或蒸馏过程中外逸的化合物有CO、CO_2以及像醋酸那样某些挥发性的短链有机酸。当木屑中心内部水分接近零时，温度就迅速上升到300~400℃。温度一旦上升到这样的高度时，就会发生热分解并出现熏烟。实际上大多数木材在200~260℃范围内已有熏烟发生，温度达到260~310℃时则产生焦木液和一些焦油。温度再上升到310℃以上时则木质素裂解产生酚及其衍生物。

正常烟熏情况下常见的温度范围在100~400℃，这就会产生200种以上的成分。烟熏时引入的氧气导致氧化作用，因此熏烟成分会进一步复杂化。如果将空气严格地加以限制，熏烟呈黑色，并含有大量羧酸，这样的熏烟用于烟熏食品并不适宜，为此，设计熏烟发生器时应能为燃烧供应适量的空气。

烟熏时燃烧和氧化同时进行。供氧量增加时，酸和酚的量增加。供氧量超过完全氧化时需氧量的8倍左右，形成量就达到了最高值，如温度较低时酸的形成量就较大，如燃烧温度增加到400℃以上，酸和酚的比值就下降。因此以400℃温度为界限，高于或低于它时所产生的熏烟成分就有显著的区别。

燃烧温度在340~400℃以及氧化温度在200~250℃所产生的熏烟质量最高。在实际操作条件下很难将燃烧过程和氧化过程完全分开，因烟熏为放热过程，但是设计一种能良好控制熏烟发生的烟熏设备却是可能的。欧洲已创制了木屑流化床，能较好地控制燃烧温度和速率。虽然400℃燃烧温度最适宜形成最高值的酚，然而它也同时有利于苯并芘及其他烃的形成。如将致癌物质形成量降低到最低程度，实际燃烧温度应控制在343℃左右为宜。

（二）熏烟的成分

现在已在木材熏烟中分离出300种以上不同的化合物，但这并不意味着烟熏肉中存在着所有这些化合物。熏烟的成分常因燃烧温度、燃烧室的条件、形成化合物的氧化变化以及其他许多因素的变化而有差异。而且熏烟中有一些成分对制品风味及防腐作用来说无关紧要。熏烟中最常见的化合物为酚类、有机酸类、醇类、羰基化合物、烃类以及一些气体物质，如CO_2、CO、O_2、N_2等。

1. 酚类

从木材熏烟中分离出来并经鉴定的酚类达20种之多，其中有愈创木酚（邻甲氧基苯酚）、4-甲基愈创木酚、4-乙基愈创木酚、邻位甲酚、间位甲酚、对位甲酚、4-丙基愈创木酚、香兰素（烯丙基愈创木酚）、2，6-双甲氧基-4-丙基酚、2，6-双甲氧基-4-乙基酚、2，6-双甲氧基-4-甲基酚。尽管可能还存在其他酚类，但可能含量很少，并且作用也不大。对木材熏烟中各种酚的确切重要性尚不清楚。

在肉和其他食品熏制中，酚类有三种作用：①可作为抗氧化剂；②对产品的颜色和风味有作用；③抑菌防腐。其中酚类的抗氧化作用对烟熏肉制品最为重要。因此熏烟的抗氧化作用是熏制食品的重要任务之一。熏烟中存在大部分酚类抗氧化物质是由于其沸点较高，特别是2，6-双甲氧基酚，2，6-双甲氧基-4-甲基酚，2，6-双甲氧基-4-乙基酚。而低沸点的酚类其抗氧化作用也较弱。熏烟颜色的形成主要是烟气中的羰基化合物和食品中的氨基发生美拉德反应而形成的，而酚类也可促进熏烟色泽的形成。熏烟颜色的形成与熏烟浓度、温度和产品表面水分含量有关，肉制品表面水分含量在12%~15%最有利于熏烟色泽的产生。

熏制肉品特有的风味主要与存在于气相中的酚类有关。和风味有关的酚类主要是4-甲基愈创木酚、愈创木酚、2，6-二甲氧基酚等。然而熏烟风味还和其他物质有关，它是许多化合物综合作用的效果。例如香草醛酚使产品带有甜味。

烟熏的防腐性主要是烟熏的热作用、烟熏的干燥作用和烟熏产生的化学成分共同作用的结果。乙酸、甲醛、杂酚油（木馏油）等都可抑制微生物生长。酚类具有较强的抑菌能力，正由于此，酚杀菌系数（Phenil coefficient）常被用作衡量和酚相比时各种杀菌剂相对有效值的标准方法。高沸点酚类杀菌效果较强。然而，由于熏烟成分渗入制品深度是有限的，因而主要是对制品表面的细菌有抑制作用。

2. 醇类

木材熏烟中醇的种类很多，其中最常见和最简单的醇是甲醇或木醇，称其为木醇是由于它是木材分解蒸馏中主要产物之一。熏烟中还含有伯醇、仲醇和叔醇等，但是它们常被氧化成相应的酸类。木材中醇类的作用主要是作为挥发性物质的载体。醇对风味和香气并不起作用，它的杀菌性也较弱，因此，醇类可能是熏烟中最不重要的成分。

3. 有机酸类

在整个熏烟组成中存在含 1 ~ 10 个碳原子的简单有机酸，熏烟蒸汽相内为 1 ~ 4 个碳的酸，而 5 ~ 10 个碳的长链有机酸附着在熏烟内的微粒上。因而熏烟蒸汽相中常见的酸为蚁酸、醋酸、丙酸、丁酸和异丁酸，附在微粒上的酸有戊酸、异戊酸、己酸、庚酸、辛酸、壬酸和癸酸。

有机酸对烟熏制品的风味影响较小，或无直接影响，它们积聚在制品的表面，有微弱的防腐性。用人工烟熏制剂进行试验时表明酸有促使烟熏肉表面蛋白质凝固的作用，在生产去肠衣的肠制品时，凝固较为重要。酸将有助于剥除该产品的肠衣。虽然热促使表面蛋白质凝固，但酸对形成良好的外皮也颇有好处。

4. 羰基化合物

熏烟中存在有大量的羰基化合物，现已确定的有 20 种以上的化合物：如 2 - 戊酮、戊醛、2 - 丁酮、丁醛和丙酮。同有机酸一样，它们存在于蒸汽蒸馏组分内，也存在于熏烟内的颗粒上。虽然绝大部分羰基化合物为非蒸汽蒸馏性的，但蒸汽蒸馏组分内有着非常典型的烟熏风味，而且还含有所有羰基化合物形成的色泽。因此，对熏烟色泽、风味来说，简单短链化合物最为重要。熏烟的风味和芳香味可能来自某些羰基化合物，但更可能来自熏烟中浓度特别高的羰基化合物，从而促使烟熏食品具有特有的风味。

5. 烃类

从烟熏食品中能分离出许多多环烃类，其中有苯并［a］蒽（Benz［a］anthracene）、二苯并［a、h］蒽（Dibenz［a，h］anthracene）、苯并［a］芘（Benz［a］pyrene）、芘（Pyrene）以及 4 - 甲基芘（4 - methylpyrene）。在这些化合物中至少有苯并［a］芘和二苯并［a、h］蒽两种化合物是致癌物质，经动物试验已证实能致癌。

在烟熏食品中，其他多环烃类，尚未发现它们有致癌性。多环烃类对烟熏制品来说无重要的防腐作用，也不能产生特有的风味，它们附在熏烟内的颗粒上，可以过滤除去。

6. 气体物质

熏烟中产生的气体物质如 CO_2、CO、O_2、N_2、N_2O 等，其作用还不甚明了，大多数对熏制无关紧要。CO 和 CO_2 可被吸收到鲜肉的表面，产生一氧化碳肌红蛋白，而使产品产生亮红色；氧也可与肌红蛋白形成氧合肌红蛋白或高铁肌红蛋白，但还没有证据证明熏制过程中会发生这些反应。气体成分中的 NO 可在熏制时形成亚硝胺，碱性条件有利于亚硝胺的形成。腌制发色剂（抗坏血酸钠或异抗坏血酸钠）能防止烟熏中亚硝胺的形成。

（三） 肉制品上熏烟的沉积和渗透

影响熏烟沉积量的因素有：食品表面的含水量、熏烟的密度、烟熏室内的空气流速和相对湿度。一般食品表面越干燥，沉积地越少（用酚的量表示）；熏烟的密度越大，熏烟的吸收量越大，与食品表面接触的熏烟也越多；然而气流速度太大，也难以形成高浓度的熏烟。因此实际操作中要求既能保证熏烟和食品的接触，又不致使密度明显下降，常采用 7.5 ~ 15.0m/min 的空气流速。相对湿度高有利于加速沉积，但不利于色泽的形成。

烟熏过程中，熏烟成分最初在表面沉积，随后各种熏烟成分向内部渗透，使制品呈现特有的色、香、味。影响熏烟成分渗透的因素是多方面的：熏烟的成分、浓度、温度、产品的组织结构、脂肪和肌肉的比例、水分含量、熏制方法和时间等。

三、烟熏的方法

肉品加工中使用的各种烟熏工艺导致了产品不同的感官品质和货架期。传统工艺基于加工人员的实践经验，但是要求工人在不同的气候条件下都能熟练控制烟熏的效果。在大规模的肉制品加工中，烟熏在自动烟熏室中进行，工艺参数由试验研究确定，并且由电脑控制。

（一）直接烟熏法

1. 冷熏法

冷熏法是将原料经过较长时间的腌渍，带有较强的咸味以后，在低温（15～30℃）下，平均25℃进行较长时间（4～7d）的熏制。这种方法在冬季比较容易进行，而在夏季时由于气温高，温度很难控制，特别当发烟很少的情况下，容易发生酸败现象。冷熏法生产的食品水分含量在40%左右，其贮藏期较长，但烟熏风味不如温熏法。冷熏法的产品主要是干制的香肠，如色拉米香肠、风干香肠等。

2. 温熏法

温熏法的温度为30～50℃，用于熏制脱骨火腿和通脊火腿及培根等，熏制时间通常为1～2d。熏材通常采用干燥的橡材、樱材、锯木，熏制时应控制温度缓慢上升，用这种温度熏制，重量损失少，产品风味好，但耐贮藏性差。

3. 热熏法

热熏法的温度为50～85℃，通常在60℃左右，熏制时间4～6h，这是应用较广泛的一种方法，因为熏制的温度较高，制品在短时间内就能形成较好的烟熏色泽。熏制的温度必须缓慢上升，不能升温过急，否则发色不均匀，一般灌肠产品的烟熏采用这种方法。熏制法兰克福肠时，第一阶段使用的温度是32～38℃，这样做的目的是除去表面的水分，保证制品表面颜色的均一。第二阶段使用控湿的浓烟热熏1～1.5h，则使肠体的中心温度升至60～68℃，产生制品理想的烟熏颜色和风味。

4. 焙熏法（熏烤法）

焙熏法烟熏温度为90～120℃，是一种特殊的熏烤方法，火腿、培根不采用这种方法。由于熏制的温度较高，熏制过程完成熟制的目的，不需要重新加工就可食用，而且熏制的时间较短。应用这种方法烟熏，肉制品缺乏贮藏性，应迅速食用。

5. 电熏法

在烟熏室配制电线，电线上吊挂原料后，给电线通10～20kV高压直流电或交流电，进行电晕放电，熏烟由于放电而带电荷，可以更深地进入肉内，以提高风味、延长贮藏期，这种通电的烟熏法称电熏法。电熏法的优点有：①贮藏期延长，不易生霉；②缩短烟熏的时间，只有温熏法的1/2；③原料内部的甲醛含量较高，使用直流电时烟更容易渗透。但用电熏法时在烟熏物体的尖端部分沉积物较多，会造成烟熏不均匀，再加上有需要装置费、电费及用电困难等因素，目前还不普及。

6. 液熏法

用液态烟熏制剂代替烟熏的方法称为液熏法。液态烟熏制剂一般是用硬木干馏制成并经过特殊净化，含有烟熏成分的溶液。表9－2所示为日本市场上的几种液态烟熏液。

表9-2　日本市场上的烟熏液（每100g中）

序号	性状	相对密度	酸含量（以醋酸计）/g	酚含量（以 C_6H_5OH 计）/g	醛含量/g	Dimedon 含量/mg	甲醇含量/μg	铅含量/μg	锌含量/μg
1	液状	1.048	4.5	0.095	6.25	9.07	0.106	3.0	0.8
2	液状	1.014	0.5	0.058	1.01	3.09	0.030	0	0.1
3	液状	1.006	0.5	0.056	0.60	1.11	0.009	0	1.0
4	液状	1.007	1.8	0.034	47.50	41.20	0.182	2.01	1.8
5*	液状	1.080	6.3	0.169	450.00	344.40	0.156	0	1.2
6	油状	1.170	0.1	0.093	2.02	1.82	—	0	2.0
7	固体	—	—	0.223	4.10	5.92	—	0	3.5
8	半固体	—	—	0.420	5.00	—	0.150	14.2	0

注：带*者为粗木醋液。

使用烟熏液和天然烟熏相比有不少优点，首先它不再需用熏烟发生器，这就可以减少大量的投资费用；其次，过程有较好的重现性，因为液态烟熏制剂的成分比较稳定；最后，制得的液态烟熏制剂中固相已去净，无致癌的危险。

一般用硬木制液态烟熏剂，软木虽然能用，必须注意将焦油物质去净，一般用过滤法即可除去焦油小滴和多环烃类。最后产物主要是由气相组成，并且含有酚、有机酸、醇和羰基化合物。对不少液态烟熏制剂进行分析，未发现有多环烃类特别是苯并芘的存在。动物中毒试验证实了化学分析的结果，即所生产的液态烟熏制剂内不含有致癌物质。

利用烟熏液的方法主要为两种。一为用烟熏液代替熏烟材料，用加热方法使其挥发，然后吸附在制品上。这种方法仍需要烟熏设备，但其设备容易保持清洁状态。而使用天然烟熏法时常会有焦油或其他残渣沉积，以致经常需要清洗。另一种方法为通过浸渍或喷洒法，使烟熏液直接加入制品中，这可省去全部的烟熏工序。采用浸渍法时，将烟熏液加3倍水稀释，将制品在其中浸渍10～20h，然后取出干燥，浸渍时间可根据制品的大小、形状而定。如果在浸渍时加入5g/L左右的食盐风味更佳。一般说在稀释液中长时间浸渍可以得到风味、色泽、外观均佳的制品，有时在稀释后的烟熏液中加5%左右的柠檬酸或醋，主要是对于生产去肠衣的肠制品，便于形成外皮。

用液态烟熏剂取代烟熏后，肉制品仍然要蒸煮加热，同时烟熏制剂溶液喷洒处理后立即蒸煮，还能形成良好的烟熏色泽，为此烟熏制剂处理应在即将开始蒸煮前进行。

（二）间接烟熏法

这是一种不在烟熏室内发烟，而是利用单独的烟雾发生器发烟，将燃烧好的具有一定温度和湿度的熏烟送入烟熏室，对肉制品进行熏烤的烟熏方法。这种方法不仅可以避免出现直接法烟气密度和温度不均现象，而且可以将发烟燃烧温度控制在400℃以下，减少有害物质的产生，因而间接法得到广泛的应用。间接烟熏法按照熏烟的发生方法和烟熏室内的温度条件分为以下几种：

1. 燃烧法

燃烧法是将木屑倒在电热燃烧器上使其燃烧，再通过风机送烟的方法。此法将发烟和熏制分在两处进行。烟的生成温度与直接烟熏法相同，需减少空气量和通过控制木屑的湿度进行调节。但有时仍无法控制在400℃以内。所产生的烟是靠送风机与空气一起送入烟熏室内的，所以烟熏室内的温度基本上由烟的温度和混入空气的温度所决定。这种方法是以空气的流动将烟尘附着在制品上，从发烟机到烟熏室的烟道越短焦油成分附着越多。

2. 摩擦发烟法

摩擦发烟法是应用钻木取火的发烟原理进行发烟的方法。如图9－2所示，在硬木棒上压以重石，硬木棒抵住带有锐利摩擦刀刃的高速旋转轮，通过剧烈的摩擦产生热量使削下的木片热分解产生烟，靠燃渣容器内水的多少来调节烟的温度。

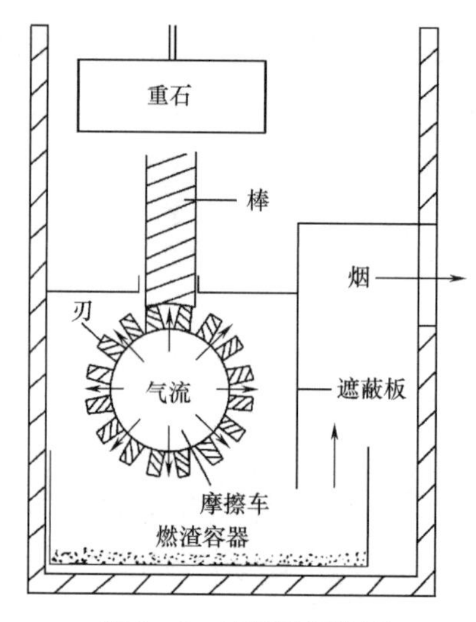

图9－2　摩擦发烟装置

3. 湿热分解法

此法是将水蒸气和空气适当混合，加热到300～400℃后，使热量通过木屑产生热分解（见图9－3）。因为烟和水蒸气是同时流动的，因此变成潮湿的高温烟。一般送入烟熏室内的烟温度约80℃，故在烟熏室内烟熏之前制品要进行冷却。冷却可使烟凝缩，附着在制品上，因此也称凝缩法。

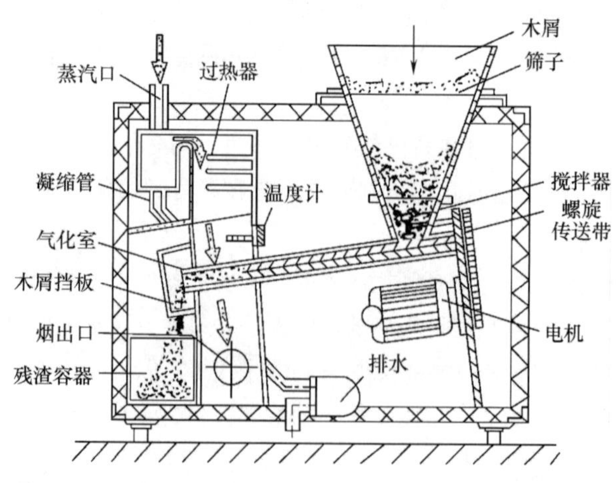

图9－3　湿热分解烟熏装置（也称蒸汽式烟雾发生器）

4. 流动加热法

流动加热法是用压缩空气使木屑飞入反应室内，经过300～400℃的过热空气，使浮游于反应室内的木屑热分解。产生的烟随气流进入烟熏室。由于气流速度较快，灰化后的木屑残渣很容易混入其中，需要通过分离器将两者分离。流动加热烟熏装置见图9－4。

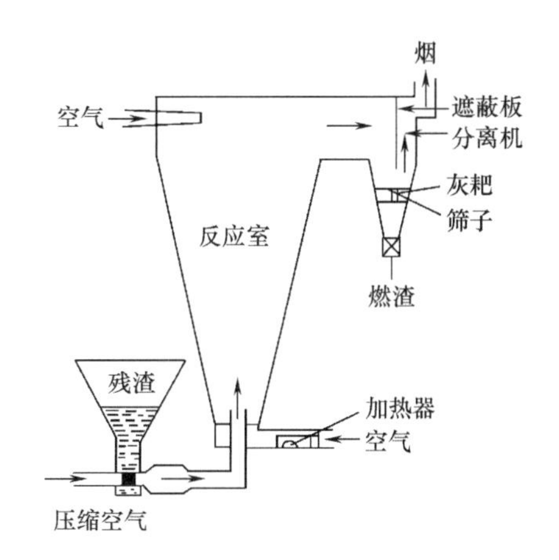

图9－4　流动加热烟熏装置

四、烟熏对产品的影响

随着消费者对烟熏食品风味的青睐，烟熏已作为肉类加工的一个主要工艺，被广泛采用。烟熏过程中产品发生的主要变化有如下几方面。

（一）重量的变化

烟熏过程中会发生水分蒸发、重量减少、挥发性成分减少，主要影响因素有烟熏温度、湿度以及空气流速。另外，经验证明，使用较干燥的熏材比用潮湿的熏材损失的重量少。

（二）主要营养成分的变化

1. 蛋白质的变化

不同产品烟熏过程中蛋白质的变化有所不同。最显著的变化是可溶性蛋白态氮和肌浆态氮含量减少，浸出物质氮含量增加。

2. 油脂的变化

熏烟中由于有机酸多，产品酸价明显增大，游离脂肪酸含量也增加，碘价增高。由于熏烟中含有抗氧化物质，可以使油脂的稳定性增加，抗氧化性增强。

（三）品质的变化

1. 发色作用

若产品只经腌制，不经熏制，则食品不会发生增色现象，熏制可以确保肉品充分发色。熏制时，硝酸还原菌繁殖快，可促进发色；再者，熏制中促进熏烟中的羰基化合物和食品中的氨基发生美拉德反应而形成茶褐色。熏制过程中，由于加工条件不适宜，可能会有发色环现象。腌制过程中，腌制温度低、时间短，发色反应不能充分进行，则会在熏制过程中继续进行，若熏制条件不适宜，受热不均匀，则发色不均匀，即出现发色环现象。不过，随着加工甚至贮藏时间的延长，发色环最终一定会消失。所以烟熏室放入产品之后应慢慢升温。一般前期温度稍高，后期温度稍低。

2. 形成油亮透明的光泽

产品在烟熏过程中会形成油亮透明的光泽，其原因主要有两点：①腌制过程中肌肉组织中的球蛋白溶于盐溶液中，形成溶胶，受烟熏干燥而生成透明有光泽的油膜；②熏烟中有醛类和酚类物质，这两类物质缩合形成树脂膜。

五、 熏烟中有害成分的控制

1. 从控制生烟温度来降低苯并芘的生成

因为苯并芘的生成需要较高的温度，只要适当控制烟熏室的供氧量，让木屑缓慢燃烧，降低火势，从控制温度着手，在一定程度上可以降低苯并芘的生成。根据对熏室条件下闷烧木屑测定，燃烧处温度接近500℃，大约生烟处的温度为400℃，一般认为理想温度以340～350℃为宜。这样既可达到烟熏目的，又可降低有害物质，两者得到兼顾。要注意的是木屑不可太潮，否则容易熄火；另一方面湿木屑容易产生灰炭，黏附在制品表面。

2. 湿烟法

用机械的方法把高热的水蒸气和空气混合物强行通过木屑，使木屑产生烟雾，并把它引进熏室，同样能产生烟熏风味，来达到熏制目的而又不会产生苯并芘污染制品。

3. 隔离保护法

由于苯并芘分子比熏烟中其他物质的分子大得多，况且它大部分附着在固体微粒上，所以可采用过滤的方法，选择只让小分子物质穿过而不让苯并芘穿过的材料，这样既能达到熏制目的，又能减少苯并芘的污染。如各种动物肠衣和人造纤维肠衣对苯并芘均有不同程度的阻隔作用。因此灌制品表面苯并芘的含量比肉馅中的含量高得多，食用时该把肠衣剥去。

4. 外室生烟法

为了把熏烟中的苯并芘尽可能除去，或减少其含量，还可采用熏室和生烟室分开的办法，即在把熏烟引入熏室前，用棉花或淋雨等方法进行过滤，然后把熏烟通过管道送入熏室，这样可以大大降低苯并芘含量。

5. 液熏法

上面已讲了这种方法。近十多年来，一些先进国家致力于用人工配制的烟熏制剂涂于制品表面，再渗透到内部来达到烟熏风味的目的，这种人工配制的烟熏液，经过特殊加工提炼，除去了有害物质。

思考题

1. 简述食盐和硝酸盐及亚硝酸盐在腌制过程中对肉类的防腐作用。
2. 试述腌肉的呈色机制以及影响腌肉色泽的因素。
3. 简述肉类腌制的方法有哪些。
4. 熏制过程中烟熏的目的是什么？
5. 如何进行熏烟中有害物质的控制？

扩展阅读

[1] 南庆贤. 肉类工业手册 [M]. 北京：中国轻工业出版社, 2003.

[2] 夏文水. 肉制品加工原理与技术 [M]. 北京：化学工业出版社, 2003.

第十章 腌腊肉制品及干腌火腿的加工

CHAPTER 10

内容提要

本章主要介绍了腌腊肉制品的种类、产品特点、加工工艺、单元操作要点；介绍了传统干腌火腿加工工艺和工艺要点；同时比较了传统和现代干腌火腿加工中存在的一些问题，介绍了控制干腌火腿品质的技术。

第一节　腌腊肉制品的加工

透过现象看本质

10－1. 腌腊肉制品为什么不能直接食用，需怎样加工后方可食用？

10－2. 中式腊肉和西式培根在工艺上有很多共同之处，但风味差异很大，为什么？

一、腌腊肉制品的种类

1. 腌腊肉制品的概念

腌腊肉制品是肉经腌制、酱渍、晾晒或烘烤等工艺制成的生肉制品，食用前需经熟制加工。

2. 腌腊肉制品的分类

腌腊肉制品包括咸肉、腊肉、酱封肉和风干肉等。

（1）咸肉　咸肉是预处理的原料肉经腌制加工而成的肉制品，如咸猪肉、板鸭等。

（2）腊肉　腊肉是原料肉经腌制、烘烤或晾晒干燥成熟而成的肉制品，如腊猪肉。

（3）酱封肉　酱封肉是用甜酱或酱油腌制后加工而成的肉制品，如酱封猪肉等。

（4）风干肉　风干肉是原料肉经预处理后晾挂干燥而成的肉制品，如风鹅和风鸡。

二、腌腊肉制品的加工

（一）广东腊肉

广东腊肉也称广式腊肉，是广东地方有名的肉食品，颇受消费者欢迎，畅销国内及香港、澳门和东南亚等地。其香味浓郁、色泽美观、肉质细嫩并具有脆性、肥瘦适中、无骨，不论烹调还是做馅，都很适宜。每条重150g左右，长33～35cm，宽3～4cm。所有腌制广东腊肉的原料取自健康猪肉，不带奶脯的肋条肉，修刮去皮上的残毛及污物。

1. 原料及辅料

以每100kg去骨猪肋条肉为标准：白糖3.7kg，硝酸盐40g，精制食盐1.9kg，大曲酒（酒精度60%）1.6kg，白酱油6.3kg，香油1.5kg。

2. 加工工艺及要点

广东腊肉一般按下列流程加工：

剔骨、切肉条→洗肉条→腌渍→烘烤→包装→成品

（1）剔骨、切肉条　将适于加工腊肉的猪肉腰部肉，剔去全部肋条骨、椎骨和软骨，修割整齐后，切成长35～50cm（根据猪身大小灵活掌握）、每条重180～200g的薄肉条，并在肉的上端用尖刀穿一个小孔，系上15cm长的麻绳，以便于悬挂。

（2）洗肉条　把切成条状的肋肉浸泡到约30℃的清洁水中，漂洗1～2min，以除去肉条表面的浮油，然后取出滴干水分。

（3）腌渍　按上述配料标准先把白糖、硝酸盐、精盐倒入容器中，然后再加大曲酒、白酱油、麻油，使固体腌料和液体调料充分混合拌匀，并完全溶化后，把切好的肉条放进腌肉缸（或盆）中，随即翻动，使每根肉条都与腌液接触，这样腌渍约8h，配料完全被肉条吸收，取出挂在竹竿上，等待烘烤。

（4）烘烤　烘房系三层式，肉在进入烘烤前，先在烘房内放火盆，使烘房内的温度上升到50℃，这时用炭把火压住，然后把腌渍好的肉条悬挂在烘房的横竿上。肉条挂完后，再将火盆中压火的炭拨开，使其燃烧，进行烘制。

烘制时底层温度在80℃左右，不宜太高，以免烤焦。但温度也不能太低，以免水分蒸发不足。烘房内的温度要求恒定，不可忽高忽低，影响产品质量，烘房内同层各部位温度要求均匀。如果是连续烘制，则下层的是当天进烘房的，中层系前一天进烘房的，上层则是前两天腌制的，也就是烘房内悬挂的肉条每24h往上升高一层，最上层经72h烘烤，表皮干燥，并有出油现象，即可出烘房。

烘制后的肉条，送入干燥通风的晾挂室中晾挂冷凉，等肉温降到室温时即可。如果遇到雨天，应将门窗紧闭，以免吸潮。

（5）包装　冷凉后的肉条即为腊肉成品，用竹筐或麻板纸箱盛装。箱底应用竹叶垫底，腊肉则用防潮蜡纸包装。由于腊肉极易吸湿，应尽量避免在阴雨天包纸装箱，以保证产品质量。

腊肉的最佳生产季节为农历每年11月至第二年2月间，气温在5℃以下最为适宜。如高于这个温度将不能保证质量。

（二）湖南腊肉

湖南腊肉分“带骨腊肉”和“去骨腊肉”两种。“带骨腊肉”是民间传统的腊肉制品，而“去骨腊肉”则是近年吸取四川、广东腊肉的特点制成的新品种。“冬至腊肉”是每年冬至节前后开始制作的腊肉。腊肉加工的副产品有腊碎肉、腊猪脚、腊排骨、腊猪头和各种腊内脏制品等。湖南腊肉的特点为腊肉皮色金黄，脂肪似蜡，肌肉橙红，具有浓郁的烟熏香味和咸淡适宜的特殊风味。腊肉容易保藏，通常可保藏一年左右，这样可以调节淡旺季节，保证市场需

要，而且比运输鲜肉方便，不需冷藏车辆。

1. 原料及辅料

腊肉加工使用的原材料为原料（猪肉）、调料、熏料三种。

（1）原料　湖南腊肉原料是猪肉。原料的好坏与腊肉的质量紧密相关。对原材料的质量要求是：选自健康猪，肉质要新鲜良好，肥瘦要适度，过肥或过瘦的猪肉都不适于加工腊肉。

（2）调料　食盐、优质酱油、白酒（含醇为45%～60%）、白糖（白砂糖或绵白糖）、桂皮、大茴香、小茴香、胡椒、花椒等，此外应加少许硝酸钠或亚硝酸钠。

（3）熏料　腊肉在加工熏制中，熏料的好坏直接影响腊肉的质量，熏制湖南腊肉常用的熏料有杉木、梨木和不含树脂的阔叶树类的锯屑，还可混合枫球（枫树的果实）、柏枝、瓜子壳、花生壳、玉米芯等。

选用熏料时应注意①熏味芳香，浓厚，无不良气味。②熏料应干燥，含水量在20%以下。③熏料发烟应是烟浓、火小，能在温度不高时发挥渗透作用，并能从表面渗入到深部。

2. 加工工艺及要点

湖南腊肉在工厂或家庭制作虽有不同，一般都是按下列流程加工：

修肉切条→配制调料→腌渍→洗肉坯→晾制→熏制→成品

（1）修肉切条　选择符合要求的原料肉，刮去表皮上的污垢（冻肉在解冻后修刮）及盖在肉上的印章，割去头、尾和四肢的下端，剔去肩胛骨、管状骨等，按重量0.8～1kg、厚4～5cm的标准分割，切成带皮带肋条的肉条。如果生产无骨腊肉，就应剔除脊椎骨和肋条骨，切成带皮无骨的肉条。无骨腊肉条的标准：长33～35cm，宽5～6cm，厚3～3.5cm，重500g左右，家庭制作的腊肉肉条，大都超过上述标准，而且多是带骨的。

肉条切好后，用尖刀在肉条上端3～4cm处穿一小孔，便于腌渍后穿绳吊挂。这一过程应在猪屠宰后4h或冻肉解冻后3h内操作完毕，在气温高的季节，更应迅速进行，以防肉质腐败。

（2）配制调料　腊肉的调料配制标准随季节不同而变化，原则是气温高，湿度大，用料要多一些；气温低，湿度小，调料少用一些。

（3）腌制　腌制方法可分干腌、湿腌和混合腌制三种。

干腌：取肉条与干腌料在案上擦抹，或将肉条放在盛腌料的盆内搓擦都可。搓擦时通常是左手拿肉，右手抓着干腌料在肉条的肉面反复擦搓，对肉条皮面适当擦，擦搓时不可损伤肌肉和脂肪。擦料要求均匀擦遍。擦好后按皮面向下、肉面向上的次序，放入腌肉缸（或池）中，顶上一层则皮面朝上。剩余的干腌料可撒在肉条的上层。腌制3d左右应翻缸一次，翻缸时，也就是把缸内的肉条从上到下，依次转移到另一个缸（或池）内，翻缸后再腌3～4d，共6～7d，腌制全部过程即完成，转入下一工序。

湿腌：这是腌渍去骨腊肉常用的方法。取切好后的肉条逐条放入配制好的腌渍液里，腌渍时应使肉条完全浸泡到腌渍液中，腌渍时间为15～18h，中间要翻缸两次。

混合腌制：混合腌制就是干腌后的肉条，再充分利用陈的腌渍液，以节约调料，加快腌制过程，并使肉条腌制更加均匀。混合腌制时食盐用量不超过6%，使用陈的腌渍液时，要先清除杂质，并在80℃温度煮30min，然后过滤，冷凉后备用。

家庭采取混合腌制时是先将肉条放在白酒中浸泡片刻，或在肉条上喷洒白酒，然后擦搓干腌料，擦好后放入容器内腌制20d左右。

腌制腊肉无论采用哪种方法，都应充分擦搓、仔细翻缸，腌制室温度保持在0～5℃，这些是腌制的关键环节。

（4）洗肉坯　腌制好的肉条称为肉坯。肉坯表面和里层所含的调料量常有差别，往往是表面多于内部，尤其是春秋季的制品，这种现象较多，表层过多的调料和附着的杂质，易使制品产生白斑（盐霜）和一些有碍美观的色调。所以在肉坯熏制前要进行漂洗，这一过程称为洗肉坯，是生产带骨腊肉的一个主要工序。去骨腊肉含盐量低，腌渍时间短，调料中有较多的糖和酱油，一般不用漂洗。家庭制作的腊肉，数量少，腌制的时间较长，肉坯内外调料含量大体上一致，所以不用漂洗。洗肉坯时是用铁钩把肉坯吊起，或穿上长约25cm的线绳，在清洁的冷水中摆荡漂洗。

（5）晾制　肉坯经过洗涤后，表层附有水滴。在熏制前应把水晾干，这个工序称为晾水。晾水是将漂洗干净的坯连钩或绳挂在晾肉间的晾架上，没有专门晾肉间的，可挂在空气流通而清洁的场所晾水。晾水的时间一般为半天至一天。但应看晾肉时的温度和空气流通情况适当掌握，温度高，空气流通快，晾水时间可短一些，反之则长一些。家庭加工的腊肉，多不加漂洗。这些肉坯晾水时间根据用盐量来决定。一般是带骨腊肉不超过半天，去骨腊肉在1d以上。

肉坯在晾水时如果风速大（5级风以上），时间太长，其外层易形成干皮，在烟熏时带来不良影响。如果时间太短，表层附着的水分没有蒸发，就会延长熏制时间，影响成品质量。晾水时如遇阴雨，可用干净纱布抹干肉坯表层的水分后，再悬挂起来晾干，以免延长晾水时间或发霉。

（6）熏制　熏制又称熏烤，是腊肉加工最后的一个工序。通常是熏制100kg肉块用木炭8～9kg，锯末屑12～14kg。熏制时把晾干水的肉坯悬挂在熏房内，悬挂的肉块之间应留出一定距离，使烟熏均匀。然后按用量点燃木炭和锯末屑，紧闭熏房门。

熏房内的温度在熏制开始时控制在70℃，待3～4h后，熏房温度逐步下降到50～55℃，该温度保持30h左右，锯末屑等熏料拌和均匀，分次添加，使烟浓度均匀。熏房内的横梁如系多层的，应把腊肉按上下次序进行调换，使各层腊肉色泽均匀。

家庭熏制腊肉更为简单，一般都是把肉坯悬挂在距灶台（湖南民间做饭菜时用的柴火灶）1.7～1.8m的木杆上，利用烹调时炊烟熏制。这种方法烟淡、温低，且常间歇，所以熏制缓慢，通常要熏15～20d。

（三）南京板鸭的加工

南京板鸭可分为腊板鸭和春板鸭两类。腊板鸭是指从大雪到冬至这段时间腌制的板鸭，品质最好。根据南京的传统习惯及气候条件，这段时间是腌制板鸭最理想的时间，所以大量腌制。这一期间腌制的板鸭成品可以保存到第二年不变质，像火腿中的冬腿一样。春板鸭则是指由立春到清明，从农历正月初到二月底制的板鸭，这种板鸭加工制作方法虽与腊板鸭完全相同，但这个期间生产的板鸭保存时间较短，经3～4个月就滴油变味了。

人们评价和形容南京板鸭的外观：体肥、皮白、肉红，食用时具有香、酥、板（板的意义是指鸭肉细嫩紧密，南京俗称发板）、嫩的特点。

1. 加工工艺及要点

（1）原料鸭的选择　做板鸭的鸭子，应健康无病、品种优良。

选择鸭子的基本方法是先从外表形态上眼看和手摸，从两侧看，鸭体要深（深指胸部、腹部都要肥壮）而长，偏视时体宽（即背部、腰部都要肥壮）。鸭子的羽毛要平顺光滑，行动活泼，精神饱满。有的鸭子饲养在湖泊中，吃鱼虾较多，它的皮肤呈淡黄色或微红色，肉质细嫩致密，腌成板鸭，不易变味，但肉中微有腥味。

（2）鸭的宰杀　做板鸭的鸭子，应施行短期催肥。南方板鸭中最优良的一种称“白油板鸭”，即收购活鸭后，以稻谷饲养数周，使膘肥肉嫩（称稻膘活鸭），再宰杀腌制。在宰杀前一天应停食，不断给水，禁食时间一般为12～24h。有颈部宰杀和口腔宰杀两种。

鸭宰杀后，在5min内烫毛，便于煺毛，如时间过久，毛孔收缩，尸体发硬，难于烫毛和煺毛，以致造成次品。

在右翅下开一直口（与鸭身平行的），长约5cm，因鸭的食道偏在右面，易于拉出食道。然后用右手指和中指伸入体内，拿出心脏，取出食道，再取鸭肫、鸭肝肺和肠子。

（3）整理　把鸭子放在案桌上，背向下，腹朝上，头向里，尾朝外，用右掌与左掌放在胸骨部，用力向下压，压扁三叉骨，鸭身呈长方形。这样从前面和后面看，鸭体方正、肥大，外形好看，在腌制或入缸贮存时，也可节省空间。

（4）腌制　其步骤如下：

①擦盐：一般2kg重的鸭子用炒盐125g。先用95g放入右翅下开口内，然后把鸭子放在案上，左右转动，使腹腔内布满食盐。再把余下的30g盐，在鸭双腿下部用力向上抹一抹，使肌肉因受抹的压力，离腿骨向上收缩，这时取盐在大腿上再抹两下，盐从骨与肉分离处入内，使大腿肌肉能充分腌制。在颈部刀口外也应撒盐，最后把剩余的盐轻轻搓揉在胸部两侧肌肉上，腌鸭用的盐一般用食盐，经炒干磨细，每100kg食盐加入八角茴香1.25kg。

②抠卤：擦盐后的鸭子，逐只叠入缸中，经过一夜或12h后，肌肉中的一部分水分、血液被盐液渗出存在腹腔内。为使这些卤水迅速流出，用右手提起鸭的右翅，再把左手的食指和中指插入肛门，即可放出盐卤。由于盐腌后，肛门收缩，盐卤不易流出，用手导出卤水，这一过程称“抠卤”。第一次抠卤后，鸭子再叠入缸中，8h后再行第二次抠卤，目的是使鸭子腌透，拔出肌肉中剩余血水，使肌肉美观。

③复卤：抠卤后进行复卤，这一过程特别重要。复卤方法如下：

卤的制备与存放：卤有新老之分，新卤是用去内脏后泡洗鸭体的血水加盐制成。煮沸后成饱和溶液，撇出表面泡沫，澄清后倒入缸中，冷却后加压扁的鲜姜，完整的八角茴香和整棵的葱。每缸约入盐卤200kg。用鲜姜60g，八角茴香31g，葱100g使盐卤产生香味。

新卤腌板鸭不如老卤好，卤越老越好。腌鸭后的新卤煮沸2～3次以上即称为老卤。盐卤须保持清洁，但腌一次后，一部分血液渗入卤内，使盐卤逐渐变为淡红色，所以要澄清盐卤，在腌鸭5～6次后，须煮沸一次。盐卤咸度保持在22～25°Bé为宜。

复卤时，右手抓鸭子右翅膀，熟练技工右手可抓4只鸭子，作业时5个手指间夹4只鸭子，左手各个指头分别抠鸭子右翅膀下的刀口，放入卤水中，使每只鸭子体腔内灌满盐卤，然后提起使鸭颈部也浸到盐卤中，再把鸭子放进卤缸，由直形口处再灌满盐卤，逐只平放在卤缸中。为防止鸭身上浮，应用竹箅盖上，放上木条及石块压紧压实。每缸盛卤200kg，可容复卤鸭子70只左右，在卤缸内复卤24h即可全腌透。但也要按鸭体大小、气候条件掌握复卤时间，复卤完的鸭子即可出缸。

（5）出缸　出缸时仍要抠卤，使盐卤很快流出，然后悬挂在架上滴出卤水。

（6）叠坯　将滴尽卤水的鸭子放在案板上，背向下，头向里，尾向外，用右手手掌与左手手掌相互叠起，放在鸭的胸部，用力下压，则胸部的人字骨被压下，使鸭成扁形。这种操作前面已做过，由于鸭子被卤水浸泡后，人字骨又凸起，必须再次将鸭体压扁，把四肢排开，然后盘入缸中，头向缸中心，鸭身沿缸边，把鸭子逐只盘叠好，这个工作称“叠坯”。叠在缸中时间为2～4d，此后就可出缸排坯。

（7）排坯把　叠在缸中的鸭子取出，用清水把鸭身洗净，排在木档钉子上，用手把嗉口（颈部）排开，按平胸部，裆挑起（使两腿间肛门部用手指挑成球形），再用清水冲洗，挂在通风良好处吹干。等鸭体上的水滴完，皮吹干后，收回再排一次，加盖印章，转入仓库晾挂保管，这个工序称“排坯”，目的在于使鸭形肥大美观，同时也使鸭子内部通气。

（8）晾挂　把排坯盖印后的鸭子悬挂在仓库内，库内必须四周通风，不受日晒雨淋。库房上空安设木档，各木挡间距离50cm。木档两面钉上悬挂鸭子的钉子，钉与钉间的距离为15cm，每个钉可挂2只鸭，在鸭与鸭之间加上芦柴一根，从腰部隔开，悬挂鸭坯时，必须选择长短一致的鸭子挂在一起，芦柴全部隔在腰部，晾挂两周后（若遇阴雨天，时间要适当延长），即为板鸭成品。

（9）南京板鸭的规格标准　制成的板鸭成品，手拿时腿部肉有发硬感，竖直时全身干燥无水分，皮面光滑无皱纹，肌肉发板（即肉质细嫩紧密），人字骨压扁，胸骨与膛部凸起，颈骨外露，眼球落膛，全身呈扁圆形。

2. 成品卫生检查

（1）视觉检查　眼看鸭体外观、色泽、表面和深部的色调，正常的应是：无黏液、无霉斑、皮白、肌肉切面平而紧密，呈玫瑰红色，颜色一致。

（2）嗅觉检查　以鼻嗅板鸭的气味。检查板鸭深部时，可用竹签刺入内部，一般多刺于腿肌及胸肌部，拔出后立即进行嗅辨，正常的板鸭具有香味，无任何异味。

（3）味觉检查　口尝板鸭味道，一般正常板鸭在20～45℃具有特有的美味。

（四）培根的加工

培根系英文Bacon的译音，即烟熏咸猪肉。因大多是由猪的肋条肉制成，也称烟熏肋肉。培根经过整形、盐渍，再经熏干而成。加拿大的培根中也有加入胡椒和辣椒的。培根为半成品，相当于我国的咸肉，但多一种烟熏味，咸味较咸肉轻，有皮无骨。培根为西餐菜肴原料，食用时须再加工。

1. 培根的分类

培根根据原料不同，分为大培根（或称丹麦式培根）、奶培根、排培根、肩肉培根、肘肉培根和牛肉培根等。

（1）大培根　以猪的第三肋骨至第一节腰椎骨处猪体中的中段为原料，去骨整形后，经腌制、烟熏而成，成品为金黄色，割开的瘦肉部分色泽鲜艳，每块重7～10kg。

（2）奶培根　以去奶脯、脊椎骨的猪方肉（肋条）为原料，去骨整形后，经腌制、烟熏而成。肉质一层肥、一层瘦，成品为金黄色，无硬骨，刀口整齐，不焦苦。分带皮和无皮两种规格，带皮的每块重2～4kg，去皮的每块不低于500g。

（3）排培根　以猪的大排骨（脊背）为原料，去骨整形后，经腌制烟熏而成。肉质细嫩，色泽鲜美。它是培根中质量最好的一种，成品为半熟品，金黄色，带皮，无硬骨，刀工整齐，不焦苦。每块重2～4kg。

（4）肩肉培根　以猪的前、后臀肩肉作原料。

（5）肘肉培根　用猪肘子肉作原料。

2. 加工工艺及要点

各种培根的加工方法基本相同，其工艺流程如下：

选料和去骨→初步整形→冷藏腌制→浸泡整形→烟熏→成品

（1）选料和去骨　去骨之前须对原料进行挑选。培根肉都是猪的各部分成块形原料，产品基本保持肉的原状，因此，原料规格、质量和产品之间有直接关系。在条件许可的地方，以选择瘦肉型猪种为宜。一般选用经兽医检验合格、肥膘厚1.5cm左右的细皮白肉猪身。去骨操作的主要要求为在保持肉皮完整、不破坏整块原料、基本保持原形的原则下，做到骨上不带肉，肉中无碎骨遗留。

（2）整形　将去骨后的原料，用修割方法使其表面和四周整齐、光滑。整形决定产品的规格和形状，培根呈方形，应注意每一边是否成直线。如果有一边不整齐，可用刀修成直线条，修去碎肉、碎油、筋膜、血块等杂物，刮尽皮上残毛，割去过高、过厚肉层。

（3）腌制　腌制过程需在低温库中进行，即将原料送至2~4℃的冷库中，先用盐及亚硝酸钠揉擦原料肉表面（每100kg肉用盐3.5~4.0kg、亚硝酸钠5g拌和），腌制12h以上。次日再将肉泡在15~16°Bé（波美度）的盐水中。

盐水配制：食盐50kg，白糖3.5kg和适量亚硝酸钠，加水溶解而成，每隔5d将生坯上下翻动一次，腌制12d。

（4）整修　腌好的肉出缸后，浸在水中2~3h，再用清水洗1次。然后刮净皮面上的细毛杂质，修整边缘和肉面的碎肉、碎油。穿绳，即在肉条的一端穿麻绳，便于串入串杆，每杆挂肉4~5块，保持一定间距后熏烤。

（5）熏烤　将串上串杆的肉块挂上烘房铁架，推入烘房，用干柴生火，盖上木屑，温度保持在60~70℃，经10h熏烤（木屑可分2~3次添加），待皮面上呈金黄色后取出即为成品。如果是无皮培根，熏烤时则在生坯下面挂一层纱布，以防木屑灰尘污染产品。

3. 工艺的改进

近些年，培根产品的加工方法得到不断改进，以降低成本和改进产品的质量。主要采用多针头盐水注射和滚揉按摩，提高了腌制速度，而且在腌制中添加聚磷酸盐等品质改良剂，提高了产品的出品率，缩短了加工时间。

第二节　干腌火腿的加工与品质控制

透过现象看本质

10-3. 金华火腿加工中第一次和第二次上盐间隔多久，为什么？

10-4. 干腌火腿现代化加工中主要强化了什么新的工艺技术？

传统火腿即干腌火腿，是以带骨猪后腿或前腿为主要原料，经修整、干腌、风干、成熟等主要工艺加工而成的风味独特的生肉制品。我国传统的干腌火腿品种很多，著名的产品有浙江的金华火腿、云南的宣威火腿和江苏的如皋火腿等，其中以金华火腿最为著名。世界上其他著名的干腌火腿大都出自地中海地区，主要有西班牙的伊比利亚火腿（Iberianham）和索拉那火腿（Serrano ham）、意大利的帕尔玛火腿（Parma ham）和圣丹尼尔火腿（San danielle ham）、法国的巴约纳火腿（Bayonne ham）和科西嘉火腿（Corsica ham）。美国的乡村火腿（Country - style ham）和德国的威斯特伐利亚火腿（Westphalia ham）也有很高的知名度。

干腌火腿的加工工艺大同小异，不同品种的主要区别在于所用的原料、腌制剂成分及加工技术参数各有特色。著名的干腌火腿传统上大都有其独特的猪种要求，如金华火腿以金华“两头乌”猪后腿为原料，宣威火腿以乌金猪后腿为原料，伊比利亚火腿以伊比利亚猪后腿为原料等。近年来随着干腌火腿生产量扩大，除原产地保护的传统产品外，许多干腌火腿开始使用其他猪后腿进行加工；在腌制剂方面，我国传统干腌火腿一般都仅用食盐腌制，目前多数在食盐中混合少量硝酸盐。帕尔玛火腿加工技术源于我国金华火腿，通常仅用食盐腌制；但其他欧洲干腌火腿干腌制时，食盐中一般添加硝酸盐、葡萄糖等物质；南欧干腌火腿加工还普遍使用胡椒，而北欧则通常要经过烟熏处理。各种干腌火腿的共同特点是在气候较为温和的山区或丘陵地区经过长时间的成熟过程，形成独特的风味。成熟时间较长者如西班牙的伊比利亚火腿可达24个月，成熟时间较短者如宣威火腿为4~6个月。火腿的风味除受原料和腌制剂影响外，主要取决于成熟温度和成熟时间，成熟温度越高、时间越长，则火腿的风味越强烈。

下面仅以金华火腿为例介绍干腌火腿的加工工艺。

一、 传统干腌火腿的加工工艺

金华火腿的优良品质是与金华地区的自然条件、猪的品种、腌制技术分不开的。首先，金华火腿所用的猪种为金华猪，又称“两头乌”，是我国最名贵的猪种之一，这种猪生长快、脂肪沉积少、皮薄肉嫩、瘦肉多，适于腌制。第二，加工工艺精细，技术精湛。在整个加工过程中，从选料、腌制、洗晒、发酵、整形、分级保管等方面，均有系统的程序和正确操作方法，特别是盐工、做工、刀工要求十分严格，如用盐量做到按气温的高低、腿只大小、腿质新鲜程度，恰如其分地掌握用量。第三，金华火腿产区气候和地理条件得天独厚，也是某些地区难以具备的。

金华火腿加工工艺流程：

鲜猪肉后腿→修割→腌制→浸腿→洗腿→晒腿→整形→发酵→落架堆叠→成品

（腌制↓上盐6~7次；洗腿↓2次；整形↓若干次）

1. 鲜腿的选择与切割

火腿主要原料是鲜猪后腿，配料是食盐，要达到火腿质量高标准，只有保证鲜腿高质量才有可能。在选料时，对鲜腿重量、皮质、肥膘新鲜度应有严格的规定和要求。

重量：鲜腿重量以5~8kg为宜，如过大时不易腌透或腌制不均匀；过小肉质太嫩，腌制时失水量大，不易发酵，肉质咸硬，滋味欠佳。

皮薄：腌制火腿的鲜腿皮越薄越好，粗皮大腿、腿心瘪薄、有严重红斑者不宜加工火腿，皮的厚度一般以3mm以下为宜。皮薄不仅食盐易于渗透，而且肉质可食部分多。

肥膘：肥膘要薄，肥肉过厚，盐分不易渗透，容易发生酸败，一般肥膘厚度在2.5cm左右，色要洁白。

腿形：选择细皮小爪、脂肪少、腿心丰满的鲜猪腿。

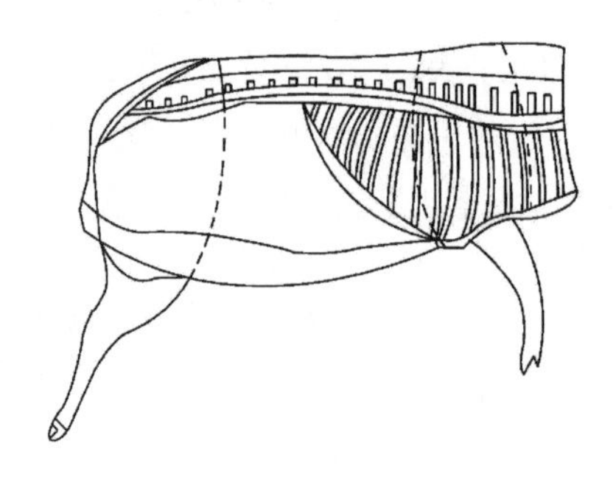

图 10－1　鲜腿切割线

加工火腿原料切割方法如图 10－1 所示，前后腿均可用来腌制火腿。后腿的切线：先在最后一节腰椎骨节处切断，然后沿大腿内斜向切下。前腿切线，前端沿颈椎第二骨节处将前颈肉切除，后端从前数第六肋骨处切下。最后将胸骨连同肋骨末端的软骨切下成方形。

切下的鲜猪腿一般不立即进行腌制，在 6～10℃的通风良好的条件下经 12～18h 的冷却，待冷却后方能进行加工整理。冷却后肌肉进行成熟作用，肉的 pH 下降，有利于食盐的渗透。

2. 鲜腿的修整

金华火腿对外形要求很严格。刚验收的鲜腿粗糙，不成“竹叶形”，因此必须初步整形（俗称修割腿胚），再进入腌制工序。整形的目的除使火腿有完美的外观，而且对腌后火腿的质量及加速食盐的渗透都有一定的作用。修整时特别注意不损伤肌肉面，仅露出肌肉表面为限。

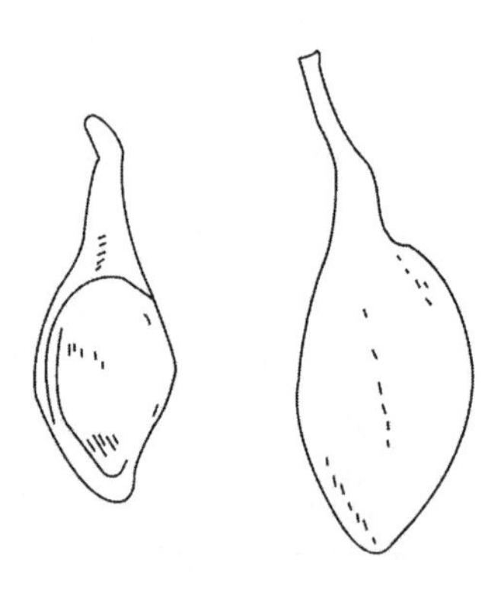

图 10－2　鲜腿

先用刀刮去皮面的残毛和污物，使皮面光洁，然后用削骨刀削平耻骨，修整坐骨，斩去脊骨，使肌肉外露，再将周围过多的脂肪和附着于肌肉表面的碎肉割去，将鲜猪腿修整成“琵琶形”，腿面平整（见图 10－2）。

在耻骨下面沿脊椎延长方向的肌肉内部有两条粗大的动脉血管，内积有淤血，而且该处又是大腿肌肉最厚的部位，同时此处肌肉内包有耻骨和大腿骨。因此，在修整时必须注意将血管中的淤血用大拇指挤出，防止腌制时腐败。

3. 腌制

修腿后即可用食盐和硝石（硝酸盐）进行腌制，腌制是加工火腿的主要工艺过程，根据不同气温适当地控制时间、加盐的数量、翻倒的次数，是加工火腿的技术关键。

腌制火腿的气温对火腿的质量有直接的影响，根据金华地区的气候，在 11 月至次年 2 月间是加工火腿的最适宜的季节。温度通常在 3～8℃，腌制的肉温在 4～5℃。

在一般正常气温条件下，金华火腿腌制过程中敷盐与倒堆七次，主要是前三次敷盐，其余四次根据火腿的大小、气温条件及不同部位控制腿上的盐量，每次上盐的同时翻倒一次。每次上盐的数量和间隔的时间不同，视当时的气温而定。根据金华火腿厂历年的经验数据，用盐量为鲜腿重的 9%～10%。当气温升高时用盐量增加，若腌制房的平均温度在 15～18℃时，用盐量可增加到 12%以上。因为随着温度的升高，敷在鲜腿表面的食盐溶化速度加快，流失增多，所以应适当增加盐量；反之温度降低，食盐溶化得慢，流失得少，溶化后的食盐几乎全部渗透到肌肉内部。此外，腌制时的气温不仅决定加盐量，而且也影响腌制时间，即当温度高时堆叠腌制的时间应适当缩短，否则因食盐渗透过快，加工后的产品含盐量高。腌制时间还受腿的大小、脂肪层的厚薄等决定。如 6～10kg 的鲜腿，腌制时间 40d 左右。

（1）第一次上盐（出血水盐）　将腿肉面敷一薄层盐，并在敷盐时在腰椎骨节、耻骨节以及肌肉厚处敷少许硝酸钠（见图 10－3）。然后以肉面朝上重复依次堆叠，并在每层之间隔以竹条，如图 10－4 所示。在一般气温下可堆叠 12～14 层，气温高时少堆叠几层或经 12h 再敷盐一次。这次用盐少而均匀，因为这时腿肉含水分较多，盐撒多了，难停留，会被水分冲流而落盐，起不到深入渗透的作用。

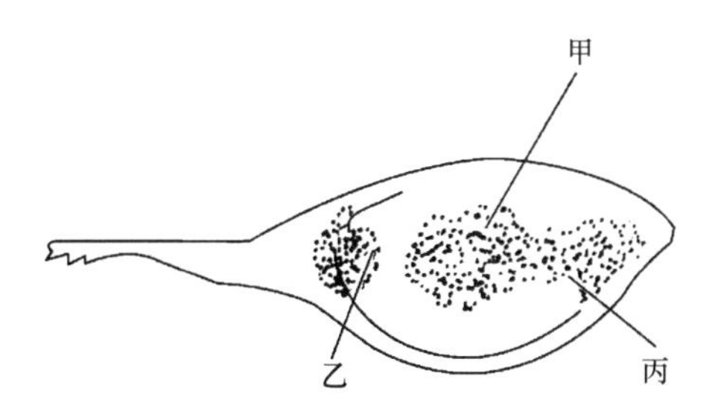

图 10－3　腿面敷盐部位

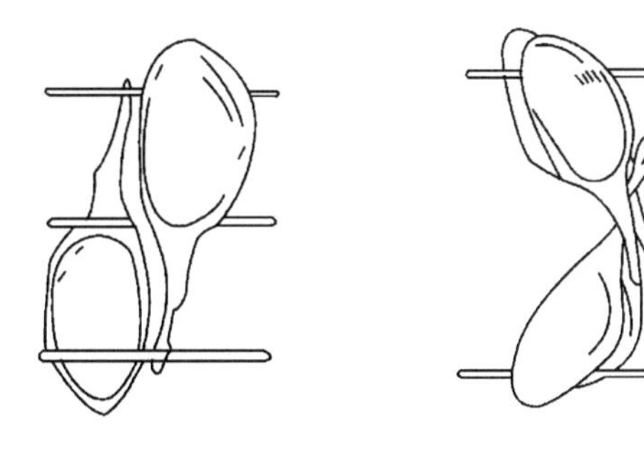
图 10－4　腌腿堆叠方法

（2）第二次上盐　第一次上盐后经 24h 进行第二次上盐，也称上大盐，加的盐量最多，约占总用盐量的 50%，而且腿面的不同部位敷盐层的厚度不同。在腰荐骨及耻骨关节处敷盐层厚；其次是大腿上部的肌肉较厚处，因为这三个部位不仅肌肉厚而且在肌肉内部包藏有扁圆形大腿骨、耻骨，故必须多加盐量以加速食盐的渗透。第二次敷盐后堆叠方式与第一次敷盐后堆法相同。

这次上盐后肌肉变化比较明显，肌肉组织呈暗红色，特别是经过两天腌制后更为明显。其次肌肉脱水收缩变得坚实，腿呈扁平状，中间肌肉处凹陷，而四周因多脂肪而显得突起而丰满。

第二次上盐也称上大盐，一定要在出血水盐的次日，因为鲜肉经过出血水盐后，已开盐路，这时盐分渗透最快，若误期就易导致变质。

（3）第三次上盐　在上大盐后4～5d进行，这次用盐量要根据火腿的大小不同，控制腿面盐层的厚度。若火腿较大，而脂肪层又较厚，则应多加盐量，对小型火腿则只是修补而已，然后重新倒堆，将原来的上层换到底层。

（4）第四次上盐　第三次上盐后经5～6d后进行第四次上盐，用盐量更少，一般只占总用盐量的5%左右，主要看不同部位腌透程度，这时火腿有的部位已经腌好，仅是三签区域尚未腌透，将食盐适当收拢到三签处继续腌制。

鉴别火腿是否腌好或不同部分是否腌透，以手指按压肉面，若按压时有充实坚硬的感觉，说明已腌透，否则虽表面发硬而内部空虚发软，表明尚未腌透，肉面应保存盐层。第四次上盐后堆叠的层数应视气温不同而适当增加，加以大压力增加食盐的渗透。

（5）第五、第六次上盐　这两次上盐间隔时间为7d左右，这次敷盐主要视火腿的大小或厚薄不同，肉面敷盐的面积更为明显地集中在三签地方，露出肌肉面积更大些。火腿已大部分腌透，主要在脊椎骨下部的肌肉尚未完全腌透，仍然很松软，应上少许盐。火腿的颜色转变成较鲜艳的红色。

经过第六次上盐后，腌制时间已近30d，小腿已可挂出洗晒，大腿进行第七次腌制。

从以上腌制方法看，可以总结口诀为："头盐上滚盐，大盐雪花盐，三盐靠骨头，四盐守签头，五盐六盐保签头"。用盐间隔天数，除上大盐时务必按规定为首次用盐的次日外，其他各次应灵活掌握，而不应强求统一。

火腿腌制过程应注意以下几个问题：①鲜腿腌制应按先后顺序排列堆叠，标明日期、只数，不准乱堆乱放；②4kg以下的小腿应当单独腌制堆叠，避免与大、中火腿混堆，以便控制盐量，保证质量；③如果温度变化较大，要及时翻堆，更换食盐；④腌制时要抹盐均匀，腿皮切忌用盐，以防腿皮无光；⑤翻堆时要轻拿轻放，堆叠整齐，防止脱盐。

4. 洗晒和整形

腌好的火腿要经过浸泡、洗刷、挂晒、印商标、校形等过程。

（1）洗晒　鲜腿经腌制后，腿面上留有黏腻油污物质，通过清洗可除去污物，便于整形和打皮印，也能使肉中盐分散失一部分，使咸淡适度，有利于酶在正常情况下发生作用。

洗腿前首先应浸泡，将腌好的火腿放入清水池中浸泡一定时间，浸泡的时间视火腿的大小和咸淡而定，如气温在10℃左右，约浸泡10h，浸泡时肉面向下，全部浸没。

浸泡后即可洗刷，将火腿皮面朝上、肉面朝下捏好，然后按顺序，先洗脚爪，依次为皮面、肉面到腿下部，将盐污和油垢洗净，使肌肉表面露出红色。经过初次洗刷的腿，可在水中再浸泡3h，再进行第二次洗刷。

浸泡洗刷完毕，每两只火腿用绳结在一起，挂在晾腿架上晾晒，约经4h，待肉面无水微干后，进行打印商标，再经3~4h，腿皮微干但肉面尚软开始整形。

(2) 整形 所谓整形就是在晾晒过程中将火腿逐渐校成一定形状。将小腿骨校直，脚爪弯曲，皮面压平，腿心丰满，使火腿外形美观，而且使肌肉经排压后更加紧缩，有利于贮藏时发酵。

整形分三步：在火腿部（即腿身），用两手从腿的两侧向腿心挤压，使腿心饱满，成橄榄形；在小腿部，先用木榧敲打膝部，再将小腿插入校骨凳圆孔中，轻轻攀折，使小腿正直，至膝踝部无皱纹为止；在腿爪部，将脚爪加工成镰刀形，整形后继续暴晒，在腿没变硬前接连整形2~3次（每天一次）。腿形固定后，腿重为鲜腿重的85%~90%，腿皮呈黄色或淡黄色，皮下脂肪洁白，肌肉呈紫红色，腿面各处平整，内外坚实，表面油润，可停止暴晒。

5. 发酵

发酵作用是达到火腿成熟，因为经腌制后还没有达到特有的芳香气味，还必须经过一定时间的发酵，使其发生肉的变化，才能具有独特芳香气味。

发酵时间与温度有很大关系，温度越高则所需时间越短。一般时间较长，从阴历3月至8月份完成。在发酵过程中，火腿表面会长出霉菌，过去认为绿色霉菌是有益霉菌，经过发酵使蛋白质、脂肪发酵分解逐渐形成特殊的芳香味，这一变化过程是极为复杂的。其变化机制的研究还不够充分。

火腿在发酵过程中还要注意进一步整形，称为修干刀。修干刀一般在清明前后，火腿已上架发酵到一定程度，水分已大量蒸发，肌肉不再有大的收缩，即形状基本稳定后进行。

6. 落架和堆叠

火腿经过5个月左右的发酵期，已经达到贮藏的要求，就可以从火腿架上取下来，进行堆叠，堆高不超过15层，采用肉面向上、皮面向下逐层堆放，并根据气温不同每隔10d左右倒堆一次。在每次倒堆的同时将流出的油脂涂抹在肉面上，这样不仅可防止火腿的过分干燥，而且可以保持肉面油润有光泽。

7. 质量规格

火腿的质量主要从颜色、气味、咸度、肌肉丰满程度、重量、外形等方面来衡量。

从火腿的颜色可以鉴别出加工季节和含量。不同季节加工的火腿品质有很大差异，保藏时间也不同。冬季加工的品质最佳，早冬和春季则次之。

气味是鉴别火腿品质的主要指标，通常以竹签插入火腿的三个肉厚部位的关节处嗅其香气程度来确定火腿的品级。金华火腿三签部位如图10-5所示。打签后随手封闭签孔，以免深部污染，打签时如发现某处腐败，应立即换签，用过的签用碱水煮沸消毒。金华火腿的分级标准见表10-1。

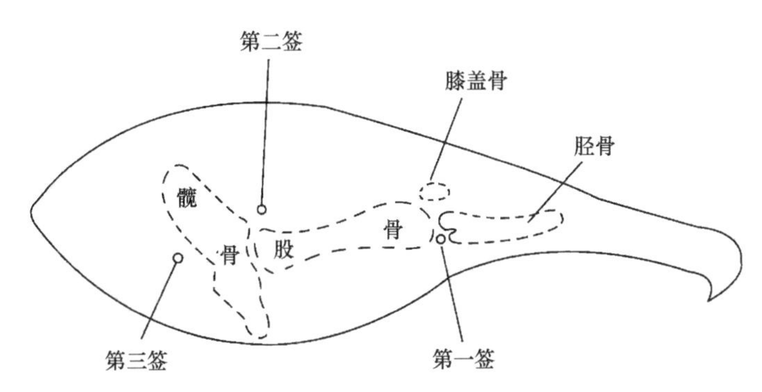

图10-5 火腿三签部位

表 10－1　　金华火腿分级标准

等级	香味	肉质	重量（只）	外观
特级	三签香	精多肥少 腿心饱满	2.5～5kg	“竹叶形”，薄皮细脚，皮色黄亮，无毛，无红斑，无破损，无虫蛀鼠咬，油头无裂缝，小蹄至龙眼骨 40cm 以上，刀工光洁，印证明
一级	两签香 一签好	精多肥少 腿心饱满	2kg 以上	出口腿无红斑，内销腿无大红斑，其他要求与特级同
二级	一签香 两签好	腿心稍偏薄 油头部分稍咸	2kg 以上	“竹叶形”爪弯脚直稍粗，无鼠咬虫蛀，刀口光洁无毛，印证明
三级	三签中有一签 有异味（无臭味）	腿质较咸	2kg 以上	无鼠咬虫蛀，刀工略粗，印证明

二、金华火腿传统加工工艺的改进

金华火腿 800 多年一直沿用旧的传统工艺，每年只能在立冬至立春进行，季节性加工，生产周期长达 7～10 个月。经过多年的研究试验，通过不同温度、湿度和食盐用量等对火腿质量影响的探索，已创造出独特的“低温腌制、中温风干、高温催熟”的新工艺，并获得成功，突破了季节性加工的限制，实现了一年四季连续加工火腿，并使生产周期缩短到 3 个月左右。采用新工艺加工的火腿，其色、香、味、形以及营养成分都符合传统方法加工的火腿的质量要求，并在卫生指标方面有所提高。

1. 挂腿预冷

选用新鲜合格的金华猪后腿（俗称鲜腿），送进空调间，挂架预冷，控制温度 0～5℃，预冷时间 12h。要求鲜腿深层肌肉的温度下降到 7～8℃。同时将鲜腿初步修成“竹叶形”腿坯。

2. 低温腌制

经过预冷后的腿坯移入低温腌制间进行堆叠腌制。控制温度 6～10℃，先低后高，平均温度要求达到 8℃。控制相对湿度 75%～85%，先高后低，平均相对湿度要求达到 80%。加盐方法为少量多次，上下翻堆一次，肉面敷盐一次，骨骼部位多敷。使用盐量为每 100kg 净腿冬季 3.25～3.50kg、春秋季 3.50～4.00kg、炎热季节 4.00～4.25kg。腌制过程中，每 4h 进行空气交换一次。腌制时间 20d。腌制中要严格控制温湿度。过高，则盐溶解过快，重量流失过多；过低，则食盐溶解困难，渗透缓慢，也会影响火腿质量。

3. 中温风干

将腌制透的腿坯移到控温室内，在室温和水温 20～25℃的条件下洗刷干净，待腿表略干后盖上商标印，并校正成“竹叶形”。然后移到中温恒温柜内悬挂风干，控制温度 15～25℃，先低后高，平均温度要求达到 22℃以上，控制相对湿度 70% 以下。为使腿只风干失水均匀，宜将挂腿定期交换位置，从每天一次延长到四五天一次。最后进行一次干腿修正定型。风干时间 20d。

4. 高温催熟

经过腌制风干失水的干腿，放入高温恒温柜内悬挂，催熟致香。宜分两个阶段进行：前阶段控制温度25～30℃，逐步升高，平均温度要求达到28℃以上；后阶段控制温度30～35℃，逐步升高，平均温度要求达到33℃以上。相对湿度都控制在60%以下。要防止温湿度过高，加剧脂肪氧化与流失；又要防止温湿度过低，影响腿内固有酶的活动，达不到预期成熟出香的目的。为使腿只受热均匀，每隔3～5d将挂腿位置交换一次。成熟时间35～40d。

5. 堆叠后熟

把已经成熟出香的火腿移入恒温库内，堆叠8～10层，控制温度25～30℃，控制相对湿度60%以下。每隔三五天翻堆抹油（菜、茶油或火腿油）一次，使其渗油匀、肉质软、香更浓。后熟时间10d，即为成品。经检验分级，包装出厂。

6. 质量分析

感官鉴定结果：新工艺加工的火腿符合良质火腿（一级鲜度）标准，保持了传统的风味和特色。传统工艺加工的火腿在发酵初期低温高湿，腿表生长霉菌，给人一种不卫生和不愉快的感觉。而新工艺加工的火腿采取恒温低湿、抑菌发酵（不长霉菌），腿面洁净，提高了卫生质量。

理化测定结果：从蛋白质及脂肪变化指标分析，新工艺加工的火腿的三甲胺和挥发性总氮的含量，明显低于传统加工的火腿，酸价、过氧化值和丙二醛含量也低于传统生产工艺。

三、 传统火腿加工中存在的问题

金华火腿有很好的营养价值，但是新近食品毒理及卫生方面的研究却表明金华火腿所含的一些成分对健康有害。金华火腿的制作工艺存在的最大问题是不适宜于工业化生产，而且对加工地区、加工时间都有限制。综合起来，金华火腿及其同类制品加工制作中存在以下几个问题。

1. 含脂肪和胆固醇氧化产物

金华火腿及其他腌腊制品生产周期很长，在长时间的加工及保存过程中脂肪氧化十分严重。脂肪氧化产生的小分子物质是金华火腿的特色风味形成的重要因素之一。然而毒理学研究表明，脂肪氧化物可引起人体的氧化胁迫，并引起与氧化损伤相关的一些慢性疾病，最明显的是心血管疾病。目前已经证实，脂肪和胆固醇的氧化产物可以导致动脉粥样硬化。动脉粥样硬化的发生是一个缓慢的累积过程，它最初发生可能是因为血管上皮细胞的局部损伤。损伤可以由氧化自由基、物理剪切力、病毒及细菌等引起。局部损伤引起局部炎症反应，分泌细胞因子，导致白细胞在炎症反应区聚集。动物实验和人体实验都已证实，脂肪和胆固醇氧化产物能被小肠吸收，实验结果还表明氧化产物的摄入可明显加重动脉粥样硬化。金华火腿及其他腌腊制品中高含量的脂肪、胆固醇氧化产物很可能会诱发和加剧动脉粥样硬化，当然目前还没有食用腌腊制品引起和加重动脉粥样硬化的直接实验证据，但氧化脂肪对动脉硬化的诱发和加重是肯定的。如何减少金华火腿等传统腌腊制品中脂肪的氧化很值得研究。不含或基本不含胆固醇和脂肪氧化产物的腌腊制品将是未来的发展方向。

2. 盐对健康的影响

过多食用盐对健康有害。已经证实，长期过多摄入食用盐可导致高血压等心血管疾病，而且加重肾的负担。一般认为人体所需要的盐分可以从天然食物中充分获得，不必再在食物中添加盐分，但人们认为淡而无味，添加食盐以促进风味已经给机体造成一定负担，如果再过多食用，对健康必然有害。腌腊制品含有较多的盐分，不但限制了其食用量（如金华火腿，一般只是做汤时用，消费量低），而且对健康不利。如果能降低腌腊制品的盐分，使之类似于西式火腿一样食用，销量会大大增加。所以降低盐分也应该是腌腊制品今后的发展方向。

3. 霉菌及其他微生物分泌的毒素及诱变剂

在金华火腿及其他一些腌腊制品制作过程中，尤其是在成熟过程中，表面会长霉。尽管其表面所长的绿霉基本不分泌毒素，或在盐浓度较高的情况下可抑制其毒素分泌，但是其他一些可能生长的霉菌及在制作过程中，如腌制过程中细菌生长可能分泌的毒素都会在腌腊制品中积累。虽然这些多数是非急性的、毒性低的毒素，却往往有诱变作用。因为毒理实验已经表明，多数霉菌毒素能诱发肝癌的发生。因此在金华火腿及其他腌腊制品制作中的卫生问题也有待于进一步解决。

4. 加工工艺复杂，时间长，难以工业化生产

金华火腿的加工目前还是作坊式的，繁杂的腌制、漂洗、整形等加工工序，需要大量的体力劳动，不适应于工业化生产。这些加工工艺在目前看来许多是不必要的，或至少可以简化和改进。如整形，传统加工工艺中需要反复多次进行，使金华火腿的外观呈竹叶形，十分漂亮。然而对一个现代家庭，一整只火腿确实太多，大量消费者倾向于选用分切为小块的火腿心。火腿的小块分割销售可以简化整形工序，甚至不必要。

5. 加工时间和地区受限

金华火腿的加工时间只能是在冬季和早春气温较低的季节，因为只有在这一时期腌制的火腿才能保证低温而不至于腐败。同时，火腿制作过程需要有较高的湿度环境，这样就使其加工只限于金华地区，其他腌腊制品也只限于南方高湿地区。这一生产地点和时间的限制，极大地限制了金华火腿的发展。目前控温控湿冷库的普及为打破地区和时间的限制提供了可能，但这需要对金华火腿的加工工艺做进一步的改进，从而使加工不受时间和地点的影响。

6. 成品含水量偏低

一定的含水量是产品保持良好口感的前提，同时还可提高成品出品率。金华火腿及其他腌腊肉制品的含水量偏低，口感受到一定的影响，生产成本也高。保持金华火腿较低的含水量曾经是必需的，因为只有这样才能在室温下长时间保存，但在制冷技术十分发达的今天，这一点已不再必要，反之提高含水量可以改善产品口感。所以如何提高制品含水量也是一个值得研究的课题。

四、 干腌火腿现代化工艺

从传统小规模到现代化大规模生产方式是国际传统干腌火腿近 30 多年走过的发展历程，成套技术装备体系的研究开发是其走向现代化的关键。欧洲国家以干腌火腿为主导的干腌发酵成熟肉制品，通过对传统工艺和品质风味形成机制、现代工艺方法及装备技术等的系统研究和开发，经过 20 多年的努力完成了对干腌火腿工艺的现代化改造，基本实现了腌制机械化、发酵成熟采用智能化控温控湿的工业化生产方式，大大提高了生产规模效率和品质安全性。

我国从本世纪初开始，在国家和地方政府的科技政策和项目支撑下，南京农业大学联合浙江大学、中国农业大学、浙江工商大学、金华火腿企业等对传统火腿工艺过程中蛋白质脂质分解氧化—风味形成机制和调控机制进行了较为系统的研究，并在现代工艺及关键技术装备的研究开发、现代工艺改造方面进行了卓有成效的探索，形成了一批具有自主知识产权的关键工艺、装备专利和技术成果；国内著名企业对金华火腿的工艺现代化也进行了投入，引进了国际

先进的意大利火腿装备成套技术，对传统火腿现代化进行了创新探索，但引进整套技术装备的投入大、运行成本高，很难适应目前中国国情和市场行情。因此，研究开发适合我国传统火腿产业、保持传统工艺特色、适用于大规模生产的关键工艺装备技术系统，是振兴我国传统火腿产业的必由之路，这对推动具有中华民族特色和饮食文化底蕴的传统腌腊肉制品走向世界，扩大国内外市场占有率具有重要意义。

（一）干腌火腿辊揉腌制现代工艺装备技术

干腌火腿辊揉腌制现代工艺装备技术是在吸收意大利火腿现代辊揉腌制成套装备关键技术基础上，研制开发适合我国传统火腿中小企业的火腿辊揉腌制自动撒盐生产线，通过正交试验，优化火腿辊揉腌制工艺，从而达到降低产品 NaCl 含量，减少产品 NaCl 含量的标准差，提高产品品质标准化程度的目的。

1. 火腿辊揉腌制工艺

火腿辊揉腌制是将原料猪腿置于输送滚道上，由人工推进或随输送滚道自动送进辊揉机中，并随辊揉机中的输送带同步移动，同时受到输送带下部凸轮和上部揉性滚子的滚动挤压，实现对加盐猪腿的辊揉挤压；辊揉后的猪腿送入撒盐设备自动上盐，再由人工往猪腿侧边部位擦盐，骨骼部位补三签盐，然后堆叠静置 5 ~ 7d；将堆叠静置后的猪腿重复上述辊揉挤压、自动上盐和补三签盐、堆叠静置全过程 2 ~ 3 次完成腌制；腌制工艺环境温度（5 ± 3）℃，相对湿度 75% ± 5%。整个腌制过程在保留传统工艺补三签盐和堆叠静置特点的基础上，在关键工艺点上实现机械化，大大减轻劳动强度，提高工作效率，并避免因人工上盐带来的较大随机误差，且对腌制工艺过程的温湿度实施有效调控，突破传统工艺生产的季节性限制，可实施全年生产。

2. 干腌火腿辊揉腌制自动化生产线

干腌火腿辊揉腌制自动化生产线由辊揉腌制机和自动撒盐机组成，采用变频无级调速和 PLC 控制实现火腿辊揉腌制工艺参数的自动控制。火腿辊揉腌制机由机架、火腿输送带装置、上部辊揉带装置组成，辊揉带上部设有三组空间仿形辊揉压辊机构和张紧装置，多自由度空间仿形辊揉压辊机构能使压辊分段仿形地辊压猪腿。工作时猪腿位于输送带和上部辊揉带之间，输送带下方凸轮带动输送带使猪腿作上下振动，上部辊揉带装置在弹簧作用下使仿形辊揉压辊也随之同步振动，使猪腿受到上下两面的振动、辊揉、挤压，从而加速猪腿表层盐分和内部水分传质渗透速度，提高工作效率。自动撒盐机由输送带装置、振动撒盐装置、盐回收装置组成，通过调节振动器工作频率、振动幅度和输送带速度来控制撒盐机的撒盐密度，从而有效控制用盐量及其均匀性。

辊揉腌制自动化生产线采用的辊揉腌制和自动撒盐技术，彻底摆脱了火腿传统原始的生产方式，提高了工作效率，减轻了劳动强度，实现了腌制工艺过程的标准化管理。与国际同类技术比较，在采用了辊揉腌制和自动撒盐技术装备的同时，保持了补三签盐、堆叠静置的传统工艺特色，现代技术和传统工艺的有效结合控制了用盐量，加快了腿中盐分和水分传质渗透速度，低温腌制时间、腌制专用空间和设备投入、运行能耗等技术指标低于国际同类技术指标；在火腿辊揉腌制工艺装备的自动化程度、工作可靠性和设备性能等方面也接近国际同类设备技术水平，且采用的成套关键技术装备与意大利食品工艺集团推出的同类设备（图 10 - 8）相比，投资少，价格仅为引进生产线的 1/10，运行成本低，更适合中国火腿生产中小企业的工艺装备现代化需要。

（二）干腌火腿清洗脱盐风干脱水现代工艺及装备成套技术

传统火腿一般在冬季初春腌制，经清洗脱盐、晾晒风干脱水后进入发酵成熟。清洗脱盐即将腌好的腌腿放入水池中浸泡约24h，由人工进行刷洗清除表面余盐，然后晾晒风干脱水，晴天一般需要10～15d，如果遇到雨雪或异常天气，则需要更长的晾晒周期。因此，中国传统火腿工艺装备现代化，要保持其传统工艺特色，必须自主创新，开发符合中国火腿传统工艺特色的关键技术装备和生产线，突破传统工艺生产季节性限制，彻底摆脱气候条件影响，在保持火腿传统风味特色基础上，提高生产效率和产品安全质量。

1. 干腌火腿现代清洗脱水工艺

将腌制结束的腌腿通过输送链条自动送入第一清洗池，洗脱表面的涂盐，然后自动送入配有水温控制系统的第二清洗池浸泡清洗，控制水温使表层过量的盐分溶入水中；当腌腿通过输送链条自动送入清洗池，利用超声波与气泡清洗水流中的协同效应，快速洗脱清除腌腿表面的涂盐；第二清洗池长度大大超过第一清洗池，超声波发生器和气泡对腌腿作用的时间也比较长，能使腌腿表层过量的盐分溶入水中而使腌腿表层和内部的盐分趋于均匀。将浸洗后的猪腿经清水冲淋后进入风淋设备，使表面脱水吹干，进入干腌火腿的后续工艺。

洗腿工艺采用自动化程度较高的超声波和气泡组合清洗方式，大大改善了劳动生产条件，提高了清洗的工作效率和效果，使火腿生产工艺基本上符合现代食品的规模化生产要求及GMP要求，为后续脱水成熟工艺提供了良好的条件。

2. 干腌火腿腌腿清洗脱盐风干脱水生产线

腌制腿首先通过输送链条自动送入第一清洗池洗脱表面的涂盐，然后自动送入配有水温控制系统的第二清洗池浸泡清洗，将浸洗后的猪腿经清水冲淋后进入风淋设备，使表面脱水吹干，进入干腌火腿的后续工艺。该生产线已通过小规模生产性试验，生产能力达到150～200条/h，可适应年产量100万条火腿的规模。

该生产线工艺装备技术在保留国内传统火腿浸泡脱盐清洗工艺特点基础上，彻底改变了传统生产方式，大大改善了劳动生产条件，可实现干腌火腿清洗脱盐—风干脱水自动化和标准化生产，也为后续风干发酵成熟工艺提供了良好的条件。与国际同类技术装备比较，其在保持我国传统火腿工艺特点的同时，大大减少了投资，运行成本低，更切合中国国情。

（三）干腌火腿气候模拟发酵成熟现代工艺及装备成套技术

发酵成熟是干腌火腿整个加工过程中的关键工艺，其工艺时间的长短、技术参数等影响干腌火腿发酵成熟过程中的蛋白质、脂质分解氧化程度及其风味物质的形成，对火腿品质风味质量起决定性作用。传统干腌火腿的发酵成熟一般历经春夏两季6～8个月时间，可分为“低温脱水，中温发酵，高温成熟”三个阶段。以金华火腿为例，一般在立春前后干腌腿经过洗晒风干后上架，经过20～30d低温脱水后肉面开始生长各种霉菌而进入中温发酵；中温发酵历经春季初夏4～6个月的时间过程，也是金华地区的多雨季节，火腿表面的菌群生长和菌相变化由当时的气候条件决定；高温成熟在7月中旬至8月中旬完成，这是金华地区的高温季节，是火腿风味形成的关键时期，温湿度通过开关门窗调节，即晴天开窗通风，雨天关窗防潮，高温天气昼关夜开。这种原始落后的传统生产方式工艺时间长，受环境气候条件的制约，遭遇异常气候时其风味品质难以保证，且不符合现代食品规模化生产的安全质量控制要求。

为在保持传统特色风味基础上，实现传统火腿的现代规模化生产，提高产品的安全性和出品率。南京农业大学国家肉品工程技术中心通过产学研合作，跟踪研究金华火腿传统的发酵成熟工艺方法，借鉴国外的干腌火腿成熟工艺装备技术，在保持火腿传统工艺特色基础上，采用先进的现代化技术和装备，研究开发了火腿发酵成熟现代工艺和装备成套技术。

1. 干腌火腿气候模拟发酵成熟现代工艺技术原理

将经浸洗冲淋并吹干的干腌猪腿按照一定的间距挂在发酵成熟房的架子上，经过脱湿控温的空气从发酵成熟一侧底部进风口以一定风速进入，以紊流状态均匀穿过挂在发酵成熟房每个部位的干腌猪腿间隙，带走表面的水分和水汽、并调节发酵成熟房的温湿度，通过另一侧顶部吸风口把潮湿的空气吸走，并输送到空气处理系统实施潮湿空气的冷凝脱水、新风补充、提高风速、调节气流温度后再次以一定风速进入进风口，完成发酵成熟房脱水和温湿度控制的一个工作循环。

2. 干腌火腿发酵成熟工艺装备技术

干腌火腿发酵成熟工艺设备由制冷系统、风干气流循环调节系统、控制系统和发酵成熟房组成，如图 10－6 所示。

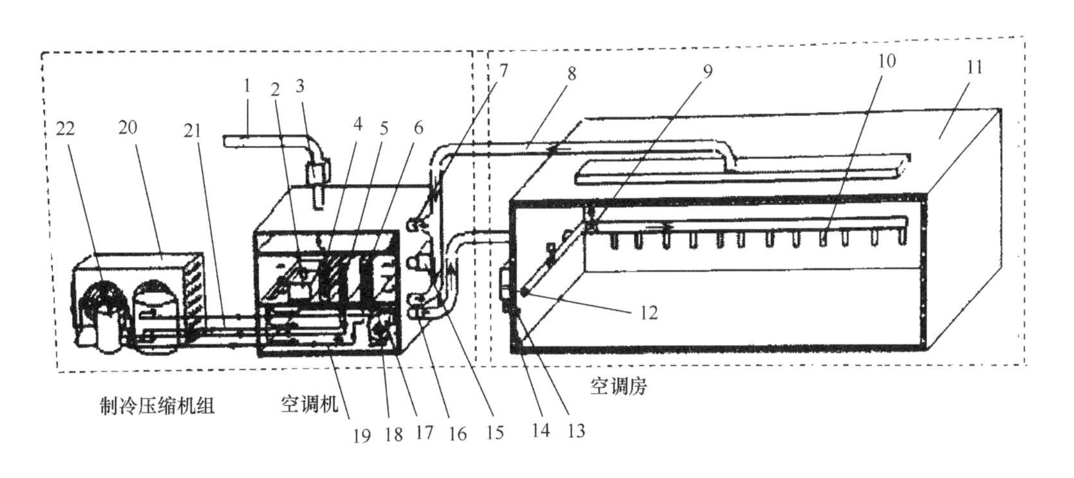

图 10－6 干腌火腿发酵成熟工艺设备结构示意图

1— 排风管 2—电加湿器 3—排风机 4—电加热器 5—回热器 6—蒸发器 7—回风口 8—回风管 9—1#电磁阀 10—2#电磁阀 11—发酵成熟车间 12—微机控制系统 13—湿度传感器 14—温度传感器 15—新风调节阀 16—送风管 17—送风口 18—送风机 19—热力膨胀阀 20—冷凝器 21—制冷剂输送铜管 22—压缩机

（1）制冷系统 由压缩机、冷凝器、热力膨胀阀、蒸发器、回热器和制冷剂输送铜管组成。由制冷剂输送铜管将压缩机、冷凝器、热力膨胀阀、蒸发器和回热器串联，形成制冷工作循环。压缩机提供独立冷源，通过蒸发器用于风干成熟车间内的工作气流的降温除湿；回热器依据设定的温度利用制冷系统本身产生的热量加热工作气流；加热器通过蒸汽电磁阀提供主要热源；加湿器用蒸汽电磁阀来补充调节工作气流的相对湿度，实现风干成熟车间工作气流的温湿度控制。

（2）风干气流循环调节系统 由回风管、蒸发器、回热器、加热器、加湿器、送风机、送风管、排风管、排风机、1#电磁阀与2#电磁阀组成。回风管安装在风干成熟车间顶部，与回风口连接形成排风回路；回风口设置上下两个，进入上回风口的工作气流经过蒸发器、回热器、加热器、加湿器调节温湿度，再由送风机加速经送风管进入风干成熟车间，也可通过设置在上回风口工作气流下游上方的排风管、排风机排放一部分从成熟间回流的浑浊气体；进入下回风口的工作气流经冷凝脱水后，再由送风机加速进入风干成熟车间。风干气流循环调节系统的送风管进入风干成熟车间后沿两侧面安置，出风口向下，间隔设置为0.5～1.5m，出口风速1～5m/s。使风干成熟车间内气流保持紊流状态，均匀送风。

（3）控制系统　采用PLC程序控制通过安装在风干成熟车间的温度传感器和湿度传感器采集信号，反馈控制加湿器和电加热器蒸汽电磁阀、制冷系统来控制风干成熟车间的温湿度按照设定的工艺参数自动运行。

具体实施时，从风干成熟车间顶部抽出的工作气流经回风管吸入本装置上回风口，其中一部分风干气流由排风机经排风管排放到外界，另一部分风干气流经蒸发器降温降湿、回热器与加热器加热升温、加湿器加湿，调节温湿度达到设定的要求，再与从下回风口吸入的一部分风干气流混合，由送风机加速，经送风管进入风干成熟车间，通过两组电磁阀交替工作以振荡送风方式送风，出口风速1～5m/s，保持紊流状态，均匀吹流过风干成熟车间的每个产品，带走表面蒸发的水分，保持风干成熟车间气流的设定的温湿度条件，然后由风干成熟车间顶部抽出，实现工作循环。控制系统可根据风干成熟温湿度技术参数自动调整设备运转工作模式（降温降湿、加热升温、加湿），以最节能经济的工作模式达到风干成熟工艺设定效果。

火腿现代工艺装备技术基本改变了传统落后甚至原始的生产工艺方式，彻底摆脱环境气候条件的制约，在大大缩短工艺时间的同时，有效地提高产品的均一化和出品率，为现代火腿生产实现食品GMP和HACCP全程安全质量控制提供了技术装备保证。

思考题

1. 腌腊肉制品是如何分类的？
2. 试述金华火腿的加工工艺和详细工艺要点。
3. 简述金华火腿加工过程中存在的一些问题。
4. 试述南京板鸭的加工工艺和要点。
5. 干腌火腿现代化加工如何控制产品品质？

扩展阅读

［1］章建浩．腌腊肉制品加工技术［M］．北京：中国农业出版社，2014.

［2］赵改名．肌肉蛋白水解酶在金华火腿加工过程中作用的研究［D］．南京：南京农业大学，2004.

［3］章建浩．金华火腿工艺改造对传统特色风味品质影响的研究［D］．南京：南京农业大学，2005.

第十一章 香肠及西式火腿的加工

内容提要

本章主要介绍了中西式传统香肠类制品的加工工艺和配方，重点是哈尔滨风干肠、红肠、法兰克福香肠的工艺流程和操作要点。

第一节 香肠制品的加工

透过现象看本质

11－1. 为什么大部分中式香肠在加工过程中要经过晾晒的过程？

11－2. 红肠加工过程中为什么要首先进行烤制？

11－3. 法兰克福香肠、慕尼黑白肠、维也纳香肠加工中为什么会用到乳化皮？

香肠类制品是我国肉类制品中品种最多的一大类制品。它是以畜禽肉为主要原料，经腌制（或未经腌制）、绞碎或斩拌乳化成肉糜状，并混合各种辅料，然后充填入天然肠衣或人造肠衣中成型，根据品种不同再分别经过烘烤、蒸煮、烟熏、冷却或发酵等工序制成产品。由于所使用的原料、加工工艺及技术要求、调料辅料的不同，所以各种香肠不论在外形上和口味上都有很大区别。

在现代人们生活中，肠类制品是一种优质的方便食品，它是肉类加工的一种古老形式，在历史发展的不同时期，都一直备受欢迎。香肠（Sausage）拉丁语的意思为保藏，意大利语为盐腌，而由于其要使用动物肠衣，我国称之为香肠。

肠制品最早的记载是在公元前九世纪约2800年以前，荷马的古希腊史诗《奥得塞》中曾有描述。据考证，在3500年以前，古巴比伦已开始生产和消费肠类制品。到中世纪，各种肠制品风靡欧洲，由于各地地理条件和气候条件的差异，形成各种品种。在气候温暖的意大利、西班牙南部、法国南部开始生产干制和半干制香肠，而气候比较寒冷的德国、澳大利亚和丹麦等国家，由于保存产品比较容易，开始生产鲜肠类和熟制香肠。现代肠类制品的生产，无论种类和生产技术都得到巨大发展，许多工厂的肠制品生产已实现了高度机械化和自动化，大大提高了生产效率，同时产品的食用品质、营养品质和安全品质得到了极大保障。

一、 香肠制品的分类及辅料

（一） 国内香肠制品的分类

在我国各地的香肠制品生产上，习惯上将中国原有的加工方法生产的产品称为香肠或腊肠，把国外传入的方法生产的产品称为灌肠。表 11－1 所示为中式香肠和西式灌肠在加工原料、生产工艺和辅料要求等方面的不同点。

表 11－1　　中式和西式肠制品的区别

对比项目	中式香肠	西式灌肠
原料肉	以猪肉为主	除猪肉外，还可用牛肉、马肉、鱼肉、兔肉等
原料肉的处理	瘦肉、肥肉均切成肉丁	瘦肉绞成肉馅，肥肉切成肉丁或瘦肉，肥肉都绞成肉馅
辅调料	加酱油，不加淀粉	加淀粉，不加酱油
日晒、烟熏	长时间日晒、挂晾	烘烤、烟熏

西式香肠的口味特点，是在辅料中使用了具有香辣味的玉果和胡椒，咸味用盐而不用酱油，因而使产品都具有不同程度的辣味，一部分品种还使用大蒜，产品具有明显的蒜味。西式香肠的另一特点为肉馅大多是由猪肉、牛肉混合制成。香肠的原料，既可以精选上等肉制成高档产品，也可以利用肉类加工过程中的碎肉制成低档产品。

关于香肠类制品的分类，目前我国还没有确切的方法，按照加工工艺，一般可以分为以下几种。

1. 中国香肠

以猪肉为主要原料，经切碎或绞碎成丁，用食盐、硝酸钠、糖、曲酒、酱油等辅料腌制后，灌入可食性肠衣中，经晾晒、风干或烘烤等工艺制成香肠制品。食用前需经熟制加工。主要产品有皇上皇腊肠、正阳楼风干肠、顺香斋南肠、枣肠、香肚等产品。

2. 熏煮香肠

以各种畜禽肉为原料，经切碎、腌制、绞碎、斩拌处理后，充入肠衣内，再经烘烤、蒸煮、烟熏（或不烟熏）、冷却等工艺制成的肉制品。这类产品是我国目前市场上品种和数量最多的一类产品。主要包括哈尔滨红肠、茶肠、松江肠、法兰克福香肠、北京蒜肠等。

3. 发酵香肠

以牛肉或猪肉、牛肉为主要原料，经绞碎或粗斩，添加食盐、（亚）硝酸钠等辅助材料，充入可食性肠衣中，经发酵、烟熏、干燥、成熟等工艺制成的肠类制品。产品有萨拉米香肠（Salami）、熏香肠（Summer sausage）等。

4. 粉肠

以猪肉为主要原料，不需经过腌制，拌馅中加入较多量的淀粉和水，淀粉一般要使用质量较高的绿豆淀粉，灌入猪肠衣或肚皮中，经过煮制、糖熏即为成品。产品用糖熏制，着色快，失水量小，所以这类产品出品率高，产品含水量高，因而耐贮藏性差。

（二） 国外香肠制品分类

国外根据肠制品的制作情况，分为非加热制品和加热制品两大类，其中非加热制品包括鲜香肠（又名生香肠）、生熏肠、半干香肠、干香肠；加热制品包括熟熏肠、熟制肠。

1. 鲜肠类（又名生香肠）

这类肠是由鲜肉制成，未经煮熟和腌制，通常在冷却或冻结条件下保存。鲜肠类在冷却条件下的保存期不应超过3d，食用前应经熟制。这类产品包括鲜猪肉肠、基尔巴萨香肠（Kielbase，波兰产）、意大利香肠（Italian sausage）、Bratwarst（德国一种供油煎的鲜猪肉香肠）、Bockwarst（德国制的一种猪肉及小牛肉制成的趁热食用的小香肠）、Chorizos（口利左香肠，加调料的西班牙猪肉香肠）、Thuringer（德国图林根香肠）等。

这类肠除用肉为原料外，还混合其他食品原料而制成，如猪头肉、猪内脏加土豆、淀粉、面包渣等制成的鲜香肠；猪肉、牛肉再加鸡蛋、面粉的混合香肠；牛肉加面包渣或饼干面制成的肠；猪肉、牛肉加西红柿和椒盐饼干面的西红柿肠；猪肉、油脂加米粉的香肠等。这类肠由于本身含水分较多，组织柔软，又没有经过高温杀菌工序，所以一般不能长期贮存。制作这种香肠，既不经过加硝酸盐和亚硝酸盐处理，也不经过腌制水煮等工序。消费者食用时，还需自己再加工制作，在国内这种肠很少。

2. 生熏肠

这类肠的原料肉可用盐和硝酸盐腌制，也可以不经腌制，产品要经过烟熏而不进行水煮，因此肉还是生的，食用前应保存在冰箱中，保存期不应超过7d。消费者在食用前要进行水煮，因而叫生熏肠。

3. 熟熏肠

原料与香辛料调味品等的选用与生熏肠相同，搅拌充填入肠衣内后，再进行烟熏水煮，此种肠最为普通，占整个灌肠生产的一大部分。这种肠已经过熟制，故可以直接食用。

4. 干制和半干制香肠

原料需经过腌制，一般干制肠不经烟熏，半干制肠需要烟熏，这类肠也叫发酵肠。干香肠一般都采用鲜度高的牛肉、猪肉与少量的脂肪作原料，再添加适量的食盐和发色剂等制成。一般都要经过发酵、风干脱水的过程，并保持有一定的盐分。在加工过程中重量减轻25%～40%，因而在夏天放在阴凉的地方不用冷藏也可以长时间贮藏，如意大利色拉米肠（Salami）、德式色拉米肠。半干香肠加工过程与干香肠相似，但风干脱水过程中重量减轻3%～15%，其干硬度和湿度介于全干肠与一般香肠之间。这类产品经过发酵，产品的pH较低（4.7～5.3），这使产品的保存性增加，并具有很强的风味。干制香肠需要很长的干燥时间，不同直径的肠所需时间不同，一般为21～90d。由于香肠制品可以广泛地利用原料肉，并且可以利用修整下来的小块肉，同时就餐简便，携带方便，受到消费者的欢迎。

（三）主要原辅料

1. 原料肉

各种不同的原料肉可用于不同类型的香肠生产，而使产品具有各自的特点。不同的原料肉中各种营养成分（如蛋白质、水分、脂肪和矿物质）的含量也不同，并且颜色深浅、结缔组织含量及所具有的持水性、黏着性也不同。表11－2所示列出了用于肠制品加工的27种肉的各种成分及性质，此表中的各个数值只代表一个总的平均值，同一种原料肉的每块肉的值可能有很大差异。并且肉中未除去骨、碎骨、软骨和筋腱，但此表可扩大应用于机械脱骨肉。弄清楚肉的蛋白质、水分、脂肪、胶原蛋白的含量及颜色和黏着性，有利于加工厂进行加工，特别对大的加工厂进行计算配方有很大的指导作用。

表 11－2　　常用于肠制品加工的肉（带骨、带筋腱和软骨）

原料肉	蛋白/%	水分/%	脂肪/%	胶原蛋白[①]/%	颜色[②]（指标）	黏着性[③]（指标）
公牛肉，全胴体（Bullmeat，full carcase）	20	68	11	20	100	100
母牛肉，全胴体（Cow meat，full carcase）	19	70	10	21	95	100
牛小腿肉（Beef shank meat）	19	73	7	66	90	80
牛肩肉（Beef chucks）	18	61	20	30	85	85
牛肉边角料，90%瘦肉（Beef trimmings，90% lean）	17	72	10	30	90	85
牛肉边角料，75%瘦肉（Beef trimming，75% lean）	15	59	25	38	85	80
牛胸肉（Beef plates）	15	34	50	—	—	—
牛后腹肉（Beef flanks）	13	43	42	—	55	50
牛头肉（Beef head meat）	17	68	14	73	60	85
牛颊肉（Beef cheeks，trimmed）	17	68	14	59	10	85
牛肉去脂肪组织（Beef tissue，partially defatted）	20	59	20	—	30	25
小牛肉下脚料，90%瘦肉（Veal trimming，50% lean）	18	70	10	—	70	80
羊肉（Mutton）	19	65	15	—	85	85
禽肉（Poultry meat）	19	67	12	—	80	90
猪肉边角料，50%瘦肉（Pork trimmings，50% lean）	10	39	50	34	35	55
猪肉边角料，80%瘦肉（Pork trimmings，80% lean）	16	63	20	24	57	58
猪前肩肉，95%瘦肉（Pork blade，95% lean）	19	75	05	23	80	95
猪前腿肉边角料，5%瘦肉（Picnic trimmings，85% lean）	17	67	15	24	60	85
猪颊肉（Pork jowls）	06	22	72	43	20	35
修整猪颊肉（Pork cheeks trimmed）	17	67	15	72	65	75
去脂肪猪肉组织（Pork tissue，partially defatted）	14	50	35	—	15	20
猪心肉（Pork hearts）	16	69	14	27	85	30

续表

原料肉	蛋白/%	水分/%	脂肪/%	胶原蛋白[①]/%	颜色[②]（指标）	黏着性[③]（指标）
猪肚（Pork tripe）	10	74	15	—	20	05
牛心肉（Beef hearts）	15	64	20	27	90	30
牛肚（Beef lipe）	12	75	12	—	05	10
牛唇肉（Beef lips）	15	60	24	—	05	20
牛喉管肉（Beef weasand meat）	14	75	11	—	75	80

注：①此值代表胶原蛋白占总蛋白质的百分含量。

②颜色中数值代表："100"为肉的颜色最吸引人，"0"表示肉的颜色很差，很难接受，是一个相对值。

③黏着性中数值代表："100"为肉具有最大的黏着性，"0"代表肉的黏着性很差，是一个相对值。

最近几年，国外有很多加工厂使用禽肉加工肠制品，这是由于禽肉比其他肉要便宜，而且禽肉的瘦肉含量高，营养价值高，因而受到生产者和消费者的关注。用于生产肠制品的内脏肉主要包括心肉、舌头、肝、肾、牛肚（牛胃）、猪胃等。这些内脏肉的使用量和使用类型主要决定于产品种类和产品质量。如果使用黏着性很低的牛胃和猪胃，一定要注意使用量要有一定的限制，不得超过15%，否则生产出的产品不稳定。国外有一种熏香肠（Summer sausage），这种产品要求颜色较深，心脏肉可作为这种产品的良好原料。心脏肉也可用于乳化型香肠的生产。肾脏肉在肠制品生产中应用的较少。

适当地选择原料肉是生产质量均一的肠类产品的先决条件，这并不意味着所有的肠制品都要选价格高的肉，而应与产品规定的脂肪含量、颜色指标、黏着能力和其他特征相结合考虑。原料肉最好采用新鲜的、微生物污染不严重的肉。不同原料中，蛋白质和水的比率、瘦肉和脂肪的比率、肉的持水性、色素的相对含量等都不相同。肉的黏合性是指肉所具有的乳化脂肪和水的能力，也指其具有使瘦肉粒黏合在一起的能力。

原料肉可以按其黏着能力进行分类，具有黏合性的肉又可以分为高黏合性、中等黏合性和低黏合性。一般认为牛肉骨骼肌的黏合性最好，例如牛小腿肉，去骨牛肩肉等。具有中等黏合能力的肉包括头肉、颊肉和猪瘦肉边角料。具有低黏合性的肉包括含脂肪多的肉、非骨骼肌肉和一般的猪肉边角料、舌肉边角料、牛胸肉、横隔膜肌等。很差或几乎没有黏合性的肉叫填充肉（Filler meat），这些肉包括牛胃、猪胃、唇、皮肤及部分去脂的猪肉和牛肉组织，这些肉具有营养价值，但在肠制品生产中应限制使用。

2. 肠衣

肠衣主要分为天然肠衣和人造肠衣两大类。过去灌肠制品生产，都是使用富有弹性的动物肠衣，随着灌制品的发展，动物肠衣已满足不了生产的需要，因此世界上许多国家都先后研制了人造肠衣。

（1）天然肠衣　天然肠衣也叫动物肠衣，是由猪、牛、羊的大肠、小肠、膀胱等加工制成，具有良好的韧性和坚实度，能够承受生产加工过程中的重力和加热处理的压力，并且有和灌容物同样收缩和膨胀的性能。肠衣制造是通过刮去黏膜、浆膜和肌肉等油脂杂物后的半透明坚韧薄膜。在整理脏器时，将小肠和大肠扯下后，应立即除去肠内粪便，用清水冲洗干净，保持清洁，然后送刮肠加工车间进行刮制。刮制肠衣的加工工艺程序为：漂浸、刮肠、灌水、量码、腌肠、缠把、下缸、漂洗、分路、配码、再腌再缠、缠后即为成品。

天然肠衣共分腌制和干制两种，干制肠衣在使用前应用温水浸泡变软后方可使用；盐渍肠衣则需在清水中经正反面反复漂洗，使其充分除去黏着在肠衣上的盐分和污物。灌制前不论干制或盐渍肠衣均应拣出破损变质的部分。另外，肠衣在保管过程中应注意将干制品一定要放在通风干燥场所，防止虫蛀，盐渍肠衣应隔10d或半月，将桶摇动一次或上下翻倒一次，以使盐卤能均匀浸润肠衣。

（2）人造肠衣　人造肠衣可实现生产规格化，易于充填，加工使用方便。这对熏煮加工成型，保持风味，延长成品保存，减少蒸发干耗等，具有明显的优点。

人造肠衣一般分为四类：纤维素肠衣、胶原蛋白肠衣、塑料肠衣和玻璃纸肠衣，其中胶原蛋白肠衣又分为可食用和不可食用肠衣两种。

①纤维素肠衣：纤维素肠衣是用短棉绒、纸浆作为原料制成的无缝筒状薄膜。这种肠衣具有韧性、收缩性、规格统一、卫生、透气透湿性、可烟熏、表面可印刷、机械强度好等特点。适合高速灌装和自动化连续生产。此种肠衣不可食，但是在使用前不需要进行处理，可直接灌装。根据纤维素的加工技术不同，这种肠衣分为小直径和大直径纤维素肠衣。

纤维素肠衣用于加工各种类型的法兰克福肠、无皮香肠。通常情况下，当产品烟熏蒸煮完后，用手工或机械剥离此肠衣。目前，有各种不同的纤维素肠衣可以让厂家根据不同需要进行选择：a. 易剥离型，肠衣更加容易剥离，并适合高速机器剥皮；b. 焦糖色型，可以在不改变产品风味和结构情况下，给予产品表皮从金黄色到深褐色不同深度的颜色，从而减少或不用烟熏上色过程；c. 条纹型，在透明肠衣上印有1到4条黑色条纹，可以用来区分不同产品，使加工中减少失误。

②胶原蛋白肠衣：胶原蛋白肠衣是以牛、猪真皮层的胶原蛋白纤维为原料制成的，用于制备中西式灌肠的蛋肠衣。其色泽为半透明米黄色，形状呈无缝管状，无破孔。胶原蛋白肠衣分为可食性和不可食性两种。

可食性胶原蛋白肠衣可用于生肠、蒸煮/烟熏类产品、干制/半干制类产品。口感好，直径均匀，抗压强度是天然肠衣的四倍以上。易使用，适合于工业化大生产，不仅可以提高产品的灌装速度，还可以使产品有稳定的出品率，一定程度延长产品的保质期，具有天然肠衣无法比拟的优势。

使用胶原蛋白肠衣灌制时必须保持相对湿度在40%～50%，否则肠衣会因干燥而破裂，但相对湿度过大而又会引起肠衣潮解，并使产品软坠。其次，在热加工时要特别注意肠体的软硬适度，否则熏制时会使肠衣破裂，煮制时会使肠衣软化。肠衣的软硬度可用手触肠衣的一段来检测，以干而不裂为标准。一般在充填前用温水泡湿备用。

③塑料肠衣：这种肠衣是由聚偏二氯乙烯薄膜制成的，只能煮制而不能熏制。品种也很多，各种制品均可使用。

a. K型聚偏二氯乙烯肠衣：这种肠衣不具有渗透性，结实而有柔韧性且便于使用。用这种肠衣制作的肠制品一经蒸煮加热，肠衣就会收缩并紧紧包住填充物，产品的外观较好。蒸煮后要立即冷却。冷却时间约为蒸煮时间的一半，冷却后肠衣就会出现皱纹，故在97～100℃热水中浸泡5～7s，皱纹即可消退，肠衣表面的光泽也会恢复。这种肠衣的拉伸强度比较差，充填可用大充填口低压力充填，不需要在肠衣上扎孔排气。平时储存温度在18～

20℃以下，充填前也不需要浸泡。蒸煮温度82℃左右，煮熟为止。成熟冷却后灌肠内部温度达23℃即可。

b. K型聚偏二氯乙烯薄膜：这种薄膜肠衣基本上有两种：一种专供冰激凌和牛肉泥之类的半黏稠食品使用，并能一次完成制品的定型、充填、封口和夹口等工作。不仅可以控制一定的重量，而且还可以扩大品种；另一种只适合于生切肉片、腌肉等食品使用。

④玻璃纸肠衣：玻璃纸肠衣是一种价廉物美的人造肠衣。玻璃纸又称透明纸，是一种再生胶质纤维素薄膜，有无色和有色两种，纸质柔软而有弹性，由于它的纤维素为晶体且呈纵向平行排列，故纵向强度大，横向强度小。玻璃纸因塑化处理而含有甘油，因而吸水性大（浸水时的吸水量可达本身重量的100%）。在潮湿时易发生皱纹，甚至互相粘结，遇热时，因水分蒸发而使纸质变脆。特别是这种纸具有不透过油脂、干燥时不透过气体、在潮湿状态下水蒸气透过量高易印刷、可层合、强度高等特点。

二、 中国传统香肠

我国传统香肠的种类很多，以地区命名的有哈尔滨风干香肠、广式香肠、川式香肠、南京香肚、南京肉枣等。以生熟来分可以分成生干香肠和熟制香肠两大类。生干香肠由于经过日晒和烘干使大部分水分除去，因此富于贮藏性，又因大部分生干香肠都经过较长时间的晾挂成熟过程，具有浓郁鲜美的风味。熟制香肠由于水分含量较多，一般不耐贮存。

（一） 哈尔滨风干肠

1. 配方

配方1：猪精肉90kg，猪肥肉10kg，酱油18～20kg，砂仁粉125g，紫蔻粉200g，桂皮粉150g，花椒粉100g，鲜姜100g。

配方2：猪瘦肉85kg，猪肥肉15kg，精盐2.1kg，桂皮面200g，丁香60g，鲜姜1g，花椒面100g。

配方3：猪瘦肉80kg，猪肥肉20kg，味素500g，白酒500g，精盐2kg，砂仁150g，小茴香100g，豆蔻150g，姜1kg，桂皮400g。

2. 原料肉选择

原料肉一般以猪肉为主，选择经兽医卫生检验合格的肉作为原料，以腿肉和臀肉为最好。因为这些部位的肌肉组织多，结缔组织少，肥肉一般选用背部的皮下脂肪。香肠是一种高级的肉制品，因此在选用辅助调料时都应采用优质的。选用的精盐应颜色洁白、粒细、无杂质；酒选用酒精体积分数为50%的白酒或料酒；酱油选用特级的、无色或色淡的。

3. 切肉

剔骨后的原料肉，首先将瘦肉和肥膘分开，剔除瘦肉中筋腱、血管、淋巴。瘦肉与肥膘切成1.0～1.2cm见方的立方块，最好用手工切。用机械切由于摩擦产热使肉温提高，影响产品质量。目前为了加快生产速度，一般采用筛孔1.5cm直径的绞肉机绞碎。

4. 制馅

将肥瘦猪肉倒入拌馅机内，开机搅拌均匀，再将各种配料加入，待肠馅搅拌均匀即可。

5. 灌制

肉馅拌好后要马上灌制，用猪或羊小肠衣均可。灌制不可太满，以免肠体过粗。灌后要裁成每根长1m，且要用手将每根肠撸匀，即可上杆晾挂。

6. 日晒与烘烤

将香肠挂在木杆上，送到日光下暴晒2~3d，然后挂于阴凉通风处，风干3~4d。如果烘烤时，烘烤室内温度控制在42~49℃；最好温度保持恒定。温度过高使肠内脂肪融化，产生流油现象，肌肉色泽发暗，降低品质。如温度过低，延长烘烤时间，肠内水分排出缓慢，易引起发酵变质。烘烤时间为24~48h。

7. 捆把

将风干后的香肠取下，按每6根捆成一把。

8. 发酵成熟

把捆好的香肠，横竖码垛，存放在阴凉、湿度合适场所，库房要求不见光，相对湿度为75%左右。如果存放场所过分干燥，易发生肠体流油、食盐析出等现象；如果湿度过大，易发生吸水，影响产品质量。发酵需经10d左右。在发酵过程中，水分将进一步蒸发少量，同时在肉中自身酶及微生物作用下，肠馅又进一步发生一些复杂的生物化学和物理化学变化，蛋白质与脂肪发生分解，产生风味物质，并使之和所加入的调味料互相弥合，使制品形成独特风味。

9. 煮制

产品在出售前应进行煮制，煮制前要用温水洗一次，刷掉肠体表面的灰尘和污物。开水下锅，煮制15min即出锅，装入容器晾凉即为成品。

10. 产品特点

瘦肉呈红褐色，脂肪呈乳白色，切面可见有少量的棕色调料点，肠体质干略有弹性，有粗皱纹，肥肉丁突出，直径不超过1.5cm；具有独特的清香风味，味美适口，越嚼越香，久吃不腻，食后留有余香；易于保藏，携带方便。

（二）广式香肠

广式香肠，又称广式腊肠，具有外形美观、色泽明亮、香味醇厚、鲜味可口、皮薄肉嫩的特色。

1. 配方

猪瘦肉35kg，肥膘肉15kg，食盐1.25kg，白糖2kg，白酒1.5kg，无色酱油750g，鲜姜500g（剁碎挤汁用），胡椒面50g，味精100g，亚硝酸钠3g。

2. 原料肉选择

选择经兽医卫生检验合格的猪肉作为原料，以腿肉和臀肉为最好。

3. 修整

首先将瘦肉和肥膘分开，剔除瘦肉中筋腱、血管、淋巴。

4. 肉的切块

瘦肉切成1.0~1.2cm见方的立方块，肥膘切成0.9~1.0cm见方的立方块。最好用手工切。用机械切由于摩擦产热使肉温提高，影响产品质量。拌料前肉块需要用35℃左右的温水浸烫，并洗掉肥膘丁表面的油污。

5. 制馅

先在拌馅机内加入少量温水，放入盐、糖、酱油、姜汁、胡椒面、味精、亚硝酸钠等辅料，待搅拌均匀并且辅料溶解后加入瘦肉和肥丁，最后加入白酒，制成肉馅。拌馅时，要严格掌握用水量，一般为4~5kg。

6. 灌制

先用温水将羊肠衣泡软，洗干净。用灌肠机将肉馅灌入肠衣内。灌装时，要求均匀、结实，发现气泡用针刺排气。每隔12cm为1节，进行结扎。然后用温水将灌好的香肠漂洗一遍，串挂在竹竿上。

7. 晾晒与烘烤

串挂好的香肠，放在阳光下暴晒，3h左右翻转一次。晾晒0.5～1d后，转入烘房烘烤。温度要求50～52℃，烘烧24h左右，即为成品。出品率62%。

8. 产品特点

外观小巧玲珑，色泽红白相间，鲜明光亮。食之口感爽利，香甜可口，余味绵绵。

（三）川式腊肠

川式腊肠又称川式香肠、川味腊肠、川味香肠等，是一种非常古老的食物生产和肉食保存技术，以肉类为原料，经切碎，绞成丁，配以辅料，灌入动物肠衣经发酵、成熟干制而成。川式腊肠口味麻辣，外表油红色，色泽鲜艳，切开后红白相间，辣香扑鼻。食用方法多样，可蒸食、炒食、泡汤煮面等。

1. 配方

猪瘦肉80kg，肥膘肉20kg，食盐3.0kg，白糖1.0kg，曲酒1.0kg，酱油3.0kg，亚硝酸钠3g，花椒粉0.1kg，大料粉15g，山柰粉15g，桂皮粉45g，甘草粉30g，荜拨粉45g。

2. 原料肉选择

选择经兽医卫生检验合格的猪肉作为原料，以腿肉和臀肉为最好。

3. 修整

首先将瘦肉和肥膘分开，剔除瘦肉中筋腱、血管、淋巴。

4. 肉的切块

瘦肉切成0.8～1.0cm见方的立方块，肥膘切成0.6～1.8cm见方的立方块。最好用手工切。用机械切由于摩擦产热使肉温提高，影响产品质量。拌料前肉块需要用35℃左右的温水清洗一次，以除去浮油和杂质，沥干水分后待用。

5. 制馅

先在拌馅机内加入6%～10%（原料肉重）的温水，放入盐、糖、酱油、亚硝酸钠、香辛料等辅料，待搅拌均匀并且辅料溶解后加入瘦肉和肥丁，最后加入曲酒，制成肉馅。腌制数分钟以后，就可以进行灌制。

6. 灌制

先用温水将猪小肠衣泡软，洗干净。用灌肠机将肉馅灌入肠衣内。灌装时，要求均匀、结实，发现气泡用针刺排气。每隔10～20cm为1节，进行结扎。

7. 漂洗

将灌制好的香肠用35℃左右的温水漂洗一次，除去表面的污物，然后依次挂在竹竿上，以便晾晒和烘烤。

8. 晾晒与烘烤

串挂好的香肠，放在阳光下暴晒，3h左右翻转一次。晾晒2～3d后，转入烘房烘烤。温度要求40～60℃，烘烤72h左右，即为成品。然后再晾挂到通风良好的场所风干10～15d后即为成品。

9. 产品特点

外表色泽红亮，切开后红白相间，味道鲜美；肠体表面无霉点、无异味、无酸败味。

（四）南京香肚

南京香肚形似苹果，肥瘦红白分明。香肚外皮虽薄，但弹性很强，不易破裂，便于贮藏和携带。食时香嫩可口，略带甜味。南京香肚加工工艺与腊肠相近，但要灌装入经处理的膀胱中。

1. 泡肚皮

不论干膀胱或是盐渍的膀胱，都要进行浸泡，然后清洗，挤沥去水分。

2. 原料肉选择

最好选择新鲜的腿肉，分割肉下脚料也可使用，要除去黏膜、淤血、伤斑等以免影响风味。

3. 配方

瘦肉 80kg，肥膘 20kg，食盐 4kg，糖 5kg，五香粉 50g，硝酸钠 30g。

4. 制馅

将瘦肉切成细的长条，肥膘切成肉丁，然后将各种调料加入肉中搅拌均匀，停放 20min，待各种配料充分渗入随即装馅。

5. 装馅扎口

根据肚皮的大小不同，将肉馅装入肚内，一般重 250g 为一个，然后进行扎口。根据所用肚皮不同，扎口方法不同，湿肚皮采用别签扎口，干肚皮直接用麻绳扎口。

6. 晾晒

扎口的香肠挂在阳光下通风的地方晾晒，晒 2 ~ 3d 即可。晾好的香肚肚皮呈半透明状，瘦肉与脂肪的颜色鲜明。肚皮扎口处要干透，即可发酵。

7. 发酵

晒干后的香肚，每 10 个拴在一起，放在通风的库房内晾挂，同时注意肚皮之间不要靠的太密集，便于通风。一般需经发酵晾挂 40d 左右即可完成，这时应将库门关闭，防止过于干燥，发生变形流油现象。

8. 叠罐贮藏

将晾挂好的香肚，去掉表面霉菌，将 4 只扣在一起叠入缸中，这样可以保藏半年以上。

9. 煮制

香肚食用前要进行煮制。在煮制时，先将肚皮表面用水刷洗，放在冷水锅中加热煮沸，沸腾后立即停止加热，使水温保持在 85 ~ 90℃，经 1h 左右即可煮熟。煮熟的香肚待冷却后方能切开，否则因脂肪熔化而流失，肉馅也容易松散。

10. 产品特点

色泽红润，香醇鲜嫩，油而不腻，佐餐下酒均宜。

三、西式灌肠

我国肉品行业习惯将熟熏肠类称为西式灌肠。西式灌肠相传在一百多年前由国外传入，由于营养丰富、口味鲜美、适于规模化、工厂化大批量生产，且具有携带、保管、食用方便等特点，逐渐成为我国肉制品加工行业产量最多的产品之一。尤其在近几年，生产和科研部门已研制出许多具有中国特色的灌肠类产品。这类肠一般要经过腌制、蒸煮、烟熏等过程。西式灌肠的品种很多，主要包括红肠、法兰克福香肠、慕尼黑白肠、维也那肠、西班牙辣味肠等。

（一）红肠

1. 原料的选择和粗加工

牛肉和猪肉是红肠的主要原料。羊肉、兔肉、马肉、禽肉等也可做红肠的原料。原料肉必须是健康动物宰后质量良好的并经兽医卫生检验合格的肉。最好用新鲜肉或冷却肉，也可以用冷冻肉，使用冻白条肉需提前一天缓化。

猪肉在红肠生产中一般是用瘦肉和皮下脂肪作为主要原料。过肥易使皮下脂肪过多，过瘦则有时皮下脂肪不够用，目前一般工厂都使用分割肉。牛肉在红肠生产中只用瘦肉部分，不用脂肪；牛肉中瘦肉的黏着性和色泽都很好，可提高结着力。增加产品弹性和保水性。另外，头肉、肝、心、血液等也可作为原料，增加新品种。

原料肉在使用前应首先进行解冻剔骨。剔骨一般为手工剔骨，剔骨时注意不要将碎骨混到剔好的肉中，或残留未剔净的碎骨，更不能混入毛及其他污物。

2. 肉的切块

剔骨后的大块肉，还不能直接做灌肠的原料，必须去掉不适宜制作灌肠的皮、筋腱、结缔组织、淋巴结、腺体、软骨、碎骨等，然后将大块肉按生产需要切块。

（1）皮下脂肪切块　将皮下脂肪与肌肉的自然连接处，用刀分割开，背部较厚的皮下脂肪带皮自颈部至臀部宽 15 ~ 30cm 割开，较薄的带皮脂肪切成 5 ~ 7cm 长条。

（2）瘦肉的切块　将瘦肉按肌肉组织的自然块分开，顺肌纤维方向切成 100 ~ 150g 的小肉块。

3. 肉的腌制

用食盐和硝酸盐腌制，提高肉的保水性、黏着性，并使肉呈鲜亮的颜色。

（1）瘦肉的腌制　用盐量为 3%，亚硝酸盐为 0.01%，磷酸盐为 0.4%，抗坏血酸盐为 0.1%，将腌料与肉充分混合进行腌制，腌制时间为 3d。

（2）脂肪的腌制　用盐量为 3% ~ 4%，不加亚硝酸盐，腌制时间 3 ~ 5d。

（3）腌制室的要求　室内要清洁卫生，阴暗不透阳光；空气相对湿度 90% 左右；温度在 10℃以内，最好 2 ~ 4℃；室内墙壁要绝缘，防止外界温度的影响。

4. 制馅

（1）瘦肉绞碎　腌制好的瘦肉用绞肉机绞碎，绞肉机筛孔直径为 5 ~ 7mm。绞肉能使余下的结缔组织、筋膜等同肌肉一起被绞碎，同时增加肉的保水性和黏着性。

（2）脂肪切块　将腌制后的脂肪切成 $1cm^3$ 的小块。脂肪切丁有两种方法，手工法和机械法。手工切丁是一项细致的工作，要有较高的刀功技术，才能切出正立方体的脂肪丁。机械法是采用脂肪切丁，切丁效率高。

（3）配方　瘦肉 75kg，脂肪 19kg，淀粉 6kg，胡椒粉 200g，味素 200g，桂皮粉 100g，大蒜 1kg。

（4）拌馅　先加入猪瘦肉和调味料，拌制一定时间后，加一定量水继续拌制，最后加淀粉和脂肪块。拌制时间一般为 6 ~ 10min。拌馅是在拌馅机中进行的，由于机械运转和肉馅的自相摩擦产生热，肉馅温度不断升高，因而在拌馅时要加入凉水或冰水，加水还可以提高出品率，且可在一定程度上弥补熏制时重量的损失，拌制好的标准是馅中没有明显肌肉颗粒，脂肪块、调料、淀粉混合均匀，馅富有弹性和黏稠性。

5. 灌制

用猪小肠衣，灌制前先将肠衣用温水浸泡，再用温水反复冲洗并检查是否有漏洞。肉制品厂一般都用灌肠机灌制。其方法是把肠馅倒入灌肠机内，再把肠衣套在灌肠机的灌筒上，开动灌肠机将肉馅灌入肠衣内。灌肠机有两种，活塞式灌肠机和连续真空式灌肠机。灌制的松紧要适当，过紧在煮制时由于体积膨胀使肠衣破裂，灌得过松煮后肠体出现凹陷变形。灌完后拧节，每节长为 18～20cm，每杆穿 10 对，两头用绳系，如果不够对数要用绳子接起来。

6. 烘烤

经晾干后的红肠送烘烤炉内进行烘烤，烤炉温度为 70～80℃，时间为 25～30min。

（1）烘烤目的　经烘烤的蛋白质肠衣发生凝结并使其灭菌，肠衣表面干燥柔韧，增强肠衣的坚固性；使肌肉纤维相互结合起来提高固着能力；烘烤时肠馅温度升高，可进一步促进亚硝酸盐的呈色作用。

（2）烘烤设备　有连续自动烤炉、吊式轨道滑行烤炉和简易小烤炉。热源有远红外线、热风、木材或无烟煤等。用红砖砌的简易炉，高 4m，长、宽各 3m，一次可烘烤 100kg。用木材烘烤时，要用不含树脂的木材，如椴木、榆木、柞木、柏木等，不能用松木，因松木含有大量油脂，燃烧时产生大量黑烟，使肠衣表面变黑，影响红肠质量。也可使用无烟煤和焦炭代替木材烘烤，获得良好的效果。

（3）烘烤方法　首先点燃炉火，使烘烤炉内温度升到 60～70℃时，将装有香肠的铁架推入炉内，关好炉门。注意低层肠与火相距 60～100cm 以上，每 5～10min 检查一次。如使用热风烘烤，则操作比较简单。

经过烘烤的灌肠，肠衣表面干燥没有湿感，用手摸有沙沙声音；肠衣呈半透明状，部分或全部透出肉馅的色泽；烘烤均匀一致，肠衣表面或下垂一头无熔化的油脂流出。

7. 煮制

（1）煮制目的　煮制后使瘦肉中的蛋白质凝固，部分胶原纤维转变成明胶，形成微细结构的柔韧肠馅，使其易消化，产生挥发性香气。杀死肠馅内的条件病原菌（68～72℃），破坏酶的活性。

（2）煮制方法　有两种煮制方法，一种是蒸汽煮制，适合于较大的肉制品厂，在坚固而密封的容器中进行；另一种为水煮制法，我国大多数肉制品采用水煮法。锅内水温升到 95℃左右时将红肠下锅，以后水温保持在 85℃，水温如太低不易煮透；温度过高易将灌肠煮破，且易使脂肪熔化游离，待肠中心温度达到 74℃即可。煮制时间为 30～40min。

鉴别灌肠是否煮好的方法有两种，一是测肠内温度，肠内温度达到 74℃可认为煮好；二是用手触摸，手捏肠体，肠体硬、弹力很强，说明已煮好。

香肠类制品煮制温度较低，这是由于香肠中大多数结缔组织已除去，肌纤维又被机械破坏，为此不需要高温长时间的熟制。

8. 熏制

（1）熏烟目的　熏烟过程可除掉一部分水分，使肠干燥有光泽，肠馅变鲜红色，肠衣表面起皱纹使肠具有特殊的香味，并增加了防腐能力。

（2）熏烟方法　把红肠均匀地挂到熏炉内，不挤不靠，各层之间相距 10cm 左右，最下层的灌肠距火堆 1.5m。一定要注意烟熏温度，不能升温太快，否则易使肠体爆裂，应采用梯形升温法，熏制温度为 35℃－55℃－75℃，熏制时间 8～12h。

9. 产品特点

产品表面呈枣红色，内部玫瑰红色，脂肪乳白色；具有该产品应有的滋味和气味，无异味；表面起皱，内部组织紧密而细致，脂肪块分布均匀，切面有光泽且富有弹性。

（二）茶肠

1. 配方

瘦肉68kg，脂肪19kg，食盐3kg，亚硝酸钠7g，淀粉13kg，胡椒粉150g，味精150g，肉蔻粉100g，青豆500g，大蒜1kg。

2. 工艺

工艺过程基本同红肠。瘦肉需斩拌成肉泥状，并且产品煮制后即为成品，不需要熏制。肠衣为猪盲肠，也可用玻璃纸肠衣，肠体直径为6cm，脂肪切块为0.7cm^3，煮制时间为60～90min。

（三）松江肠

1. 配方

瘦肉79kg，脂肪17kg，食盐3kg，亚硝酸钠8g，淀粉4kg，花椒粉150g，胡椒粒200g，桂皮粉100g，味素200g，大蒜1kg。

2. 工艺

工艺过程基本同红肠。使用肠衣为牛盲肠、也可使用玻璃纸肠衣，灌制饱满，结扎紧密，每根长50～60cm，直径12cm。扎口后肠体要按每道5～6cm的距离进行编花捆绑，然后按其自然弯曲部的弓弦处吊绑，以防肠体过重而坠断。肠体如有空气应扎眼放气，然后每杆穿2～3根挂炉摆匀。煮制时间为120～150min，以肠体中心的温度达74℃以上为煮熟。烘烤、熏烟与红肠相同。

（四）法兰克福香肠

法兰克福香肠是全世界最受欢迎的香肠之一，历史非常悠久，可以追溯到1562年。法兰克福香肠的做法非常严格，各个步骤都有着严格的要求，制作工艺十分精细。

1. 配方

（1）基础配方　猪瘦肉2.5kg，五花肉0.75kg，乳化皮0.25kg，猪脂肪0.5kg，冰水1kg，盐75g，亚硝酸钠0.03g，抗坏血酸5g，复合磷酸盐20g，白胡椒粉15g，肉豆蔻衣粉12.5g，芫荽籽粉2.5g，姜粉15g，红柿椒粉12.5g，味精2.5g，洋葱100g。

（2）乳化皮的制作　用10%的盐水将猪皮在其中浸泡12～24h，使毛孔全部张开，然后利用刮刀将肉皮上面残留的毛发剔除干净；然后将猪皮切块冷冻；猪皮+50%的清水+50%浸泡时的盐水进行共同斩拌，斩拌以后进行冷冻；然后重复斩拌2～3次，作为基础乳化皮备用。

2. 原料的选择

选择经兽医卫生检验合格的猪肉作为原料，瘦肉以腿肉和臀肉为最好，五花肉以不带奶脯的猪肋条肉为最好，脂肪以背部的脂肪为最好。

3. 绞碎

将瘦肉、五花肉、脂肪用绞肉机绞碎，绞肉机筛孔直径为3mm。

4. 腌制

将绞碎的原料肉用食盐、亚硝酸盐、抗坏血酸盐进行腌制，于4℃冰箱中冷藏过夜12h。

5. 斩拌

将基础乳化皮+瘦猪肉+五花肉（均为事先3mm筛孔绞好）共同放入斩拌机中，高速斩拌1～2min，添加1/3的碎冰；继续高速斩拌，然后添加磷酸盐，斩拌3～5min；加入香辛料，继续斩拌；加入脂肪（事先3mm筛孔绞好）和剩余的碎冰，继续高速斩拌至温度为12～14℃即可。

6. 灌制

用灌肠机将肉馅灌入肠衣内（口径22mm的羊肠衣或者胶原蛋白肠衣）。灌装时，要求均匀、结实。联结到所需长度，然后再盘绕起来。

7. 干燥

在全自动一体化烟熏箱中进行干燥，箱温45℃，相对湿度0%，时间20min，风速2挡。

8. 烟熏

在全自动一体化烟熏箱中进行烟熏，箱温60℃，相对湿度0%，时间30min，风速2挡。

9. 蒸煮

在全自动一体化烟熏箱中进行蒸煮，箱温78℃，相对湿度60%，时间30min，风速2挡，测定肠体温度达到72～74℃时即可。

10. 冷却

肠体迅速从蒸煮箱中取出，放在冰水中浸泡，使肠体的中心温度迅速降低到30℃以下，捞出以后控干水分，迅速放入4℃成品间冷藏。冷藏10～12h以后，将肠体进行真空包装。此类产品在冷藏的环境下，保质期最多在15d左右。

11. 产品特点

色泽红棕色，肠衣饱满有光泽，结构紧密有弹性，香气浓郁，口味纯正，口感脆嫩。

（五）慕尼黑白肠

慕尼黑白肠，是巴伐利亚一种传统香肠，因为白色的外表而得名。

1. 配方

（1）基础配方　猪瘦肉2.5kg，五花肉0.75kg，乳化皮0.25kg，猪脂肪0.5kg，冰水1kg，盐75g，复合磷酸盐20g，脱脂奶粉120g，白胡椒粉12.5g，肉豆蔻衣粉3g，洋葱粉12.5g，味精2.5g，碎欧芹50g，柠檬半个（挤汁备用），抗坏血酸5g。

（2）乳化皮的制作　利用10%的盐水将猪皮在其中浸泡12～24h，使毛孔全部张开，然后利用刮刀将肉皮上面残留的毛发剔除干净；然后将猪皮切块冷冻；猪皮+50%的清水+50%浸泡时的盐水进行共同斩拌，斩拌以后进行冷冻；然后重复斩拌2～3次，作为基础乳化皮备用。

2. 原料的选择

选择经兽医卫生检验合格的猪肉作为原料，瘦肉以腿肉和臀肉为最好，五花肉以不带奶脯的猪肋条肉为最好，脂肪以背部的脂肪为最好。

3. 绞碎

将瘦肉、五花肉、脂肪用绞肉机绞碎，绞肉机筛孔直径为3mm。

4. 腌制

将绞碎的原料肉用食盐进行腌制，于4℃冰箱中冷藏过夜12h。

5. 斩拌

将基础乳化皮+瘦猪肉+五花肉共同放入斩拌机中，高速斩拌1～2min，添加1/3的碎冰；继续高速斩拌，然后添加磷酸盐，斩拌3～5min；加入香辛料，继续斩拌；加入脂肪（事先3mm筛孔绞好）和剩余的碎冰，继续高速斩拌至温度为12～14℃即可。

6. 灌制

用灌肠机将肉馅灌入肠衣内（口径24mm的猪小肠衣）。灌装时，要求均匀、结实。联结到所需长度，然后再盘绕起来。

7. 煮制

灌好的香肠放入热水中进行煮制，水温控制在78℃左右，煮制时间大约20min，最后要测定肉的中心温度，中心温度达到72～74℃即可。

8. 冷却

肠体迅速从蒸煮箱中取出，放在冰水中浸泡，使肠体的中心温度迅速降低到30℃以下，捞出以后控干水分，迅速放入4℃成品间冷藏。冷藏10～12h以后，将肠体进行真空包装。此类产品在冷藏的环境下，保质期最多在15d左右。

9. 产品特点

色泽洁白，肠衣饱满有光泽，结构紧密有弹性，香气浓郁，口味纯正。

（六）维也纳肠

维也纳肠属于乳化肠，一般需经过斩拌乳化的过程，肉馅呈泥状，较细腻。

1. 配方

根据使用瘦肉量的不同，分为高档类和低档类。

配方1：瘦肉75kg，肥肉15kg，淀粉10kg，乳化剂500g，大蒜1kg，胡椒面150g，味素150g，红曲米100g，属高档肠。

配方2：瘦肉40kg，肥肉40kg，淀粉20kg，混合乳化剂1kg，大豆蛋白2kg，大蒜1kg，胡椒面150g，味素150g，红曲米100g，属中档肠。

配方3：瘦肉20kg，肥肉55kg，淀粉25kg，混合乳化剂1.5kg，大豆蛋白3kg，大蒜1kg，胡椒面150g，味素150g，红曲米100g，属低档肠。

2. 原料肉选择

主要为猪肉，也可使用部分牛肉，首先进行解冻，分割剔骨，也可使用分割肉。

3. 腌制

瘦肉部分用1.5～2cm筛孔绞肉机绞成肉粒，加3%食盐和0.01%的亚硝酸钠。肥肉切成大块状用3%食盐腌制。腌制温度为4～10℃，腌制时间为24h。

4. 制馅

制馅主要在斩拌机中进行。斩拌机就是绞肉和搅拌合二为一的机器，外形像一个大铁盘，盘上安有固定并可高速旋转的刀轴，刀轴上附有一排刀，随着盘的转动刀也转动，从而把肉块切碎。有的机器上附加了抽真空的设备，这样可避免空气进入肉馅内。机器开动后原料就在搅拌盘中作螺旋式运动，盘体内的刀具是特制的，采用双重固定，根据生产的不同要求可以使用2～6个刀片。斩拌机可以充分保证肉糜的混合与乳化质量，节省生产时间，占地面积小，生产效率高，清洁卫生。斩拌时先加入瘦肉和调味料，加肉量20%的冰水，最后加淀粉和肥膘。加冰水是防止肉在斩拌中由于机械摩擦引起的升温。

5. 灌制

可采用泵式或活塞式，也可采用连续灌肠机。该机装有一个料斗和一个叶片式连续泵，为除掉肉馅中的空气，还装有真空泵，有的还配有自动称量、打结和肠衣截断等装置。这类肠可用天然肠衣，也可使用人造肠衣，灌制后不需扎眼放气。

6. 烤、蒸、熏制

可以采用自动熏烟炉，在同一熏室内完成烘烤、煮制、熏烟三道工序。熏室内空气用风机循环，产品的加热源是煤气或蒸汽，温度和湿度都可自动控制，在烘烤时通以热风，蒸煮时通以热蒸汽，熏制时通以烟气。这种设备可以缩短加工时间，减少重量损耗。烘烤条件为70～80℃、30min，蒸煮条件为80～85℃、40min。

第二节　西式火腿的加工

西式火腿虽名曰火腿，但它与中国的传统火腿截然不同，它是用大块肉经整形修割（剔去骨、皮、脂肪和结缔组织）、盐水注射腌制、嫩化、滚揉、充填入肠衣或模具中，再经熟制、烟熏（或不烟熏）、冷却等工艺制成的熟肉制品。

一、西式火腿的种类和特点

（一）熏煮火腿

熏煮火腿（Smoked and cooked ham）是熟肉制品中火腿类的主要产品，是西式肉制品中主要的制品之一。它是用大块肉经整形修割、盐水注射腌制、嫩化、滚揉、充填入粗直径的肠衣或模具中，再经熟制（煮制或烟熏）、冷却等工艺制成的熟肉制品。包括盐水火腿、方腿、圆腿、庄园火腿等。

熏煮火腿选料精良，加工工艺科学合理，采用低温巴氏杀菌，可以保持原料肉的鲜香味，产品组织细嫩，色泽均匀鲜艳，口感良好。我国自20世纪80年代中期引进国外先进设备及加工技术生产以来，深受消费者的欢迎，生产量逐年大幅提高。

（二）压缩火腿

压缩火腿（Press ham）是用小块肉为原料，并加入芡肉，经滚揉腌制、冲填入肠衣或模具中熟制、烟熏等工艺制成的熟肉制品。压缩火腿根据原料肉的种类，可分为猪肉火腿、牛肉火腿、兔肉火腿、鸡肉火腿、混合肉火腿等；根据对肉切碎程度的不同，可分为肉块火腿、肉粒火腿、肉糜火腿等；根据成型形状，可分为方火腿、圆火腿等。

压缩火腿最大特点是良好的成形性和切片性、适宜的弹性、鲜嫩的口感和很高的出品率。在压缩火腿加工中，使肉块、肉粒或肉糜粘结为一体的粘结力主要来源于两方面：一是经过腌制尽可能使肌肉组织中的盐溶性蛋白溶出；另一方面在加工过程中加入适量的添加剂，如卡拉胶、植物蛋白、淀粉及改性淀粉。经滚揉后肉中的盐溶性蛋白及其他辅料均匀包裹在肉块、肉粒表面并填充于其空间，经加热变性后则将肉块、肉粒紧紧粘在一起，并使产品富有弹性和良好的切片性。

二、熏煮火腿的加工

（一）盐水火腿

盐水火腿是在西式火腿加工工艺的基础上，吸收国外新技术，根据化学原理并使用物理方法，对原来的工艺和配方进行了改进。盐水火腿已成为欧美各国主要肉制品品种之一。盐水火腿与老式的西式火腿相比较，其主要优点是：①生产周期短，从原来的7～8d缩短到2d；②成品率高，从原来的70%左右提高到110%左右；③盐水火腿由于选料精良，且只用纯精肉，加工细腻，辅料中又添加了品质改良剂磷酸盐和维生素C、葡萄糖、植物蛋白等辅料，所以营养价值高，质量好，色味俱佳，切面呈鲜艳的玫瑰红色，肉质鲜嫩可口，咸淡适中，风味好；④由于对原料采用滚揉按摩，使肌肉内部的蛋白质外渗，所以成品的黏合性强；⑤成品可直接食用，可切成片或丁，与其他食品混合烹调；⑥由于成品率高，降低了成本，可作为方便食品等。盐水火腿由于具有上述优点，因此深受消费者的欢迎，是肉制品生产的新方向。盐水火腿的生产工艺流程如下：

原料选择和整理→注射盐水腌渍→嫩化→滚揉按摩→装模成型→蒸煮、烟熏→冷却→出模→包装→成品

1. 原料的选择和拆骨整理

（1）原料　应选择经兽医卫生检验符合鲜售的猪后腿或大排（即背肌），两种原料以任何比例混合或单独使用均可。

（2）剔骨和整理　后腿在剔骨前，先粗略剥去硬膘。大排则相反，先去掉骨头再剥去硬膘。剔骨时应注意，要尽可能保持肌肉组织的自然生长块型，刀痕不能划得太大太深，且刀痕要少，做到尽量少破坏肉的纤维组织，以免注射盐水时大量外流。让盐水较多地保留在盐水内部，使肌肉保持膨胀状态，有利于加速扩散和渗透均匀，以缩短腌制时间。

（3）修肉　剥尽后腿或大排外层的硬膘，除去硬筋、肉层间的夹油、粗血管等结缔组织和软骨、淤血、淋血、淋巴结等，使之成为纯精肉，再用手摸一遍，检查是否有小块碎骨和杂质残留。最后把修好的后腿精肉，按其自然生长的结构块型，大体分成四块。对其中块型较大的肉，沿着与肉纤维平行的方向，中间开成两半，避免腌制时因肉块过大而腌不透，大排肌肉则保持整条使用，不必开刀。然后把经过整理的肉分装在能容20～25kg的不透水的浅盘内，每50kg肉平均分装三盘，肉面应稍低于盘口为宜，等待注射盐水。

2. 注射盐水腌渍

盐水的主要成分是盐、亚硝酸钠和水，以及品质改良剂磷酸盐、淀粉、助色剂柠檬酸、抗坏血酸、尼克酰胺和少量味精等，还可加些其他辅料。盐水中使用的食品添加剂，应先用少许清洁水充分调匀成糊状，再倒入已冷却至8～10℃的清洁水内，并加以搅拌，待固体物质全部溶解后，稍停片刻，撇去水面污物，再行过滤，以除去可能悬浮在溶液中的杂质。

用盐水注射器，把8～10℃的盐水强行注入肉块内。大的肉块应多处注射，以达到大体均匀的原则。盐水的注射量，一般控制在20%～25%，注射多余的盐水可加入肉盘中浸渍。注射工作应在8～10℃的冷库内进行，若在常温下进行，则应把注射好盐水的肉，迅速转入2～4℃的冷库内。若冷库温度低于0℃，虽对保质有利，但却使肉块冻结，盐水的渗透和扩散速度大大降低，而且由于肉块内部冻结，按摩时不能最大限度地使蛋白质外渗，肉块间黏合能力大大减弱，制成的产品容易松碎。腌渍时间常控制在16～20h，因腌制所需时间与温度、盐水是否注射均匀等因素有关，且盐水渗透、扩散和生化作用是个缓慢过程，尤其是冬天或低温条件下，若时间过短，肉块中心往往不能腌透影响产品质量。

盐水注射的关键是确保盐分准确注入，且剂量能在肉块中均匀分布，此工艺一般采用盐水注射机（见图11－1）来完成。将盐水储装在带有多针头能自动升降的机头中，使针头顺次地

插入由传送带输送过来的肉块里，针头通过泵口压力，将盐水均匀地注入到肉块中。为防止盐水在肉外部泄露，注射机的针头都是特制的，只有针头碰触到肉块产生压力时，盐水开始注射，而且每个针头都具备独立的伸缩功能，确保注射顺利。

图 11 -1　盐水注射机

3. 嫩化

肉块注射盐水之后，还要用特殊刀刃对其切压穿刺，以扩大肉的表面积，破坏筋和结缔组织及肌纤维素等，以改善盐水的均匀分布，增加盐溶性蛋白质的提出和提高肉的黏着性，这一工艺过程叫肉的嫩化，通常在嫩化机中进行（见图 11 -2）。其原理是将 250 个排列特殊的角钢型刀插入肉里，使盐溶性蛋白质不仅从肉表面提出，也能从肉的内层提出来，以增加产品的黏合性和持水性，增加出品率。

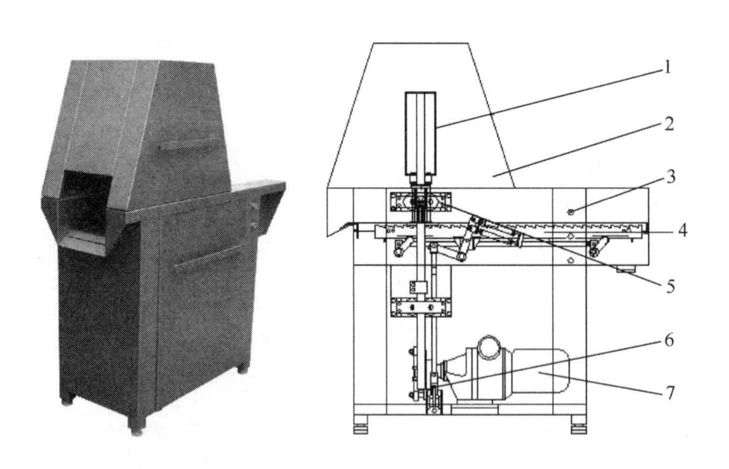

图 11 -2　针扎型嫩化机及其结构示意图

1—刀架　2—机架　3—控制按钮　4—步进送给机构　5—嫩化针刀组
6—扎割机构　7—减速电机

4. 滚揉按摩

注射盐水、嫩化后的原料肉，放在容器里通过转动的圆筒或搅拌轴的运动进行滚揉。通过滚揉使注射的盐水沿着肌纤维迅速向细胞内渗透和扩散，同时使肌纤维内盐溶性蛋白质溶出，从而进一步增加肉块的黏着性和持水性，加速肉的 pH 回升，使肌肉松软膨胀，结缔组织韧性降低，提高制品的嫩度。通过滚揉还可以使产品在蒸煮工序中减少损失，产品切片性好。滚揉时应注意温度不宜高于 8℃，因为蛋白质在此温度时黏性较好。

滚揉按摩的主要作用有三点：一是使肉质松软，利于加速盐水渗透扩散，使肉发色均匀；二是使蛋白质外渗，形成黏糊状物质，增强肉块间的黏着能力，使制品不松碎；三是加速肉的成熟，改善制品的风味。

肉块在滚揉按摩机（见图 11－3）的机肚（图 11－4）里翻滚，部分肉由机肚里的挡板带至高处，然后自由下落，与底部的肉互相冲击。由于旋转是连续的，所以每块肉都有自身翻滚、互相摩擦和撞击的机会。一方面可使原来僵硬的肉块软化，肌肉组织松弛，让盐水容易渗透和扩散，同时起到拌和作用；另一方面，肌肉里的可溶性蛋白（主要是肌浆蛋白），由于不断滚揉按摩和肉块间互相挤压而渗出肉外，与未被吸收尽的盐水组成胶状物质，烧煮时一经受热，这部分蛋白质首先凝固，并阻止里面的汁液外渗流失，这是提高制品持水性的关键所在，使成品的肉质鲜嫩可口。

经过按摩的肉，其物理弹性降低，而柔软性大大增加，能拉伸压缩，比按摩前有较大的可塑性，因此，成品切片时出现空洞的可能性减少。按摩工作应在 8～10℃ 的冷库内进行，因为蛋白质在此温度范围内黏性较好，若温度偏高或偏低，都会影响蛋白质的黏合性。

图 11－3　滚揉按摩机

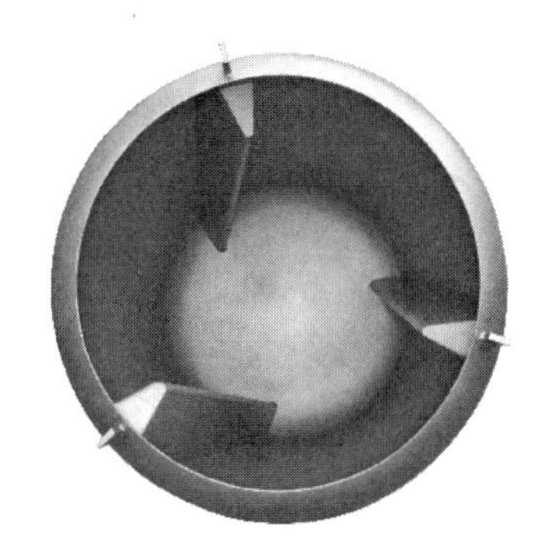

图 11－4　滚揉桶内部桨叶结构

5. 装模

经过两次按摩的肉，应迅速装入模型，不宜在常温下久搁，否则蛋白质的黏度会降低，影响肉块间的黏着力。装模前首先进行定量过磅，然后把称好的肉装入尼龙薄膜袋内，然后连同尼龙袋一起装入预先填好衬布的模子里，再把衬布多余部分覆盖上去，加上盖子压紧。盖子上面应装有弹簧，因为肉在烧煮受热时会发生收缩，同时有少量水分流失。弹簧的作用是使肉在烧煮过程中始终处于受压状态，防止火腿内部因肌肉收缩而产生空洞。图 11－5 所示为各种火腿模具。

6. 蒸煮与冷却

熏煮火腿的加热方式一般有水煮和蒸汽加热两种方式，蒸煮锅如图 11－6 所示。金属模具

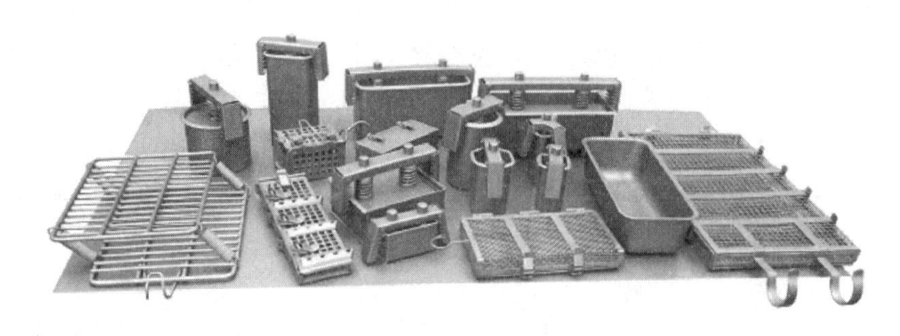

图 11－5　各种火腿模具

火腿多用水煮办法加热，充入肠衣内的火腿多在全自动烟熏室内完成熟制。为了保持熏煮火腿的颜色、风味、组织形态和切片性能，熏煮火腿的熟制和热杀菌过程，一般采用低温巴氏杀菌法，即火腿中心温度达到 68～72℃即可。若肉的卫生品质偏低时，温度可稍高，以不超过 80℃为宜。

蒸煮后的火腿应立即进行冷却，采用水浴蒸煮法加热的产品，是将蒸煮篮重新吊起放置于冷却槽中用流动水冷却，冷却到中心温度 40℃以下。在全自动烟熏室进行煮制后，可用喷淋冷却水冷却，水温要求 10～12℃，冷却至产品中心温度 27℃左右，送入 0～7℃冷却间内冷却到产品中心温度至 1～7℃，再脱模进行包装即为成品。

图 11－6　蒸煮锅

（二）庄园火腿

庄园火腿是用猪前、后腿精肉，按自然结构分割成 0.5～1.0kg 的肉块。经腌制、烟熏、蒸煮而制成的产品。

1. 工艺流程

原料肉选择→腌制→烟熏→蒸煮→冷却→成品

2. 原料及配方

猪精肉 50kg，精盐 1.1kg，混合磷酸盐 0.2kg，味素 0.15kg，大豆蛋白 1kg，混合调味料 150g，卡那胶 0.3kg，亚硝酸钠 5g。

3. 操作要点

（1）选择符合卫生要求的猪前、后腿精肉，分割成0.5～1.0kg左右的自然块。用盐水注射机将配制好的盐水注入原料肉块中。盐水总用量为肉重的25%～30%，然后在4～8℃的低温下滚揉12～14h。

（2）腌制好的肉块，直接穿绳吊挂在烟熏炉内，在50～60℃条件下进行1～2h干燥，然后在60～70℃条件下烟熏2～3h。

（3）烟熏结束后，在75～85℃条件下蒸煮1～2h，中心温度达68℃以上即可。然后立即进行自然冷却。

三、压缩火腿的加工

（一）基本配方

原料肉100kg，食盐3.5kg，白糖2kg，三聚磷酸钠0.6kg，味精0.25kg，异抗坏血酸钠20g，亚硝酸钠7g，红曲米60g，淀粉8kg，水32kg。

（二）加工工艺

（1）原料的选择与处理　选用猪的臀腿肉，经修整去除筋、腱、结缔组织后，切成3～5cm大小的肉块，原料肉的肥肉率应小于5%。

（2）滚揉　按照配方要求，用冷（冰）水将所有配料溶解后，同原料肉一起倒入滚揉机内，在（2±2）℃条件下，滚揉16～20h，然后加入淀粉或大豆蛋白继续滚揉30min。

（3）充填　用灌肠机将滚揉好的原料肉定量充入肠衣内并打卡封口。

（4）熟制　将灌好的火腿挂在肉车上，推入全自动烟熏室，用80℃温度熟制至火腿中心温度超过75℃，然后在70℃温度下、烟熏20min～1h（依产品的直径而异）后冷却至10℃以下。

（5）包装　将充分冷却的火腿真空包装在包装袋内，在0～10℃条件下贮存、运输和销售。

思考题

1. 简述香肠制品的分类。
2. 试述红肠的加工工艺及操作要点。
3. 试述盐水火腿的加工工艺及操作要点。
4. 试述哈尔滨风干肠的加工工艺及操作要点。

扩展阅读

[1] 海因茨，霍辛吉．中小规模肉类加工企业生产技术手册［M］．北京：中国农业出版社，2009.

[2] 周光宏．肉品加工学［M］．北京：中国农业出版社，2008.

第十二章

酱卤、烧烤及调理肉制品的加工

内容提要

本章主要介绍了肉在酱卤、烧烤、油炸等加工工艺条件下各成分的变化，以及各种酱卤、烧烤和调理肉制品的加工工艺。

透过现象看本质

12-1. 为什么酱卤制品在煮制时温度超过75℃以后，失水量反而有所降低？

12-2. 传统烧烤过程会对产品有哪些影响？

12-3. 为什么说食用过多油炸食品不易于身体健康？

第一节　酱卤肉制品的加工

在水中加入食盐或酱油等调味料以及香辛料，经煮制而成的一类熟肉类制品叫酱卤肉制品。酱卤肉制品以酥软著称，口味可满足我国广大消费者需要，为广大消费者所喜爱，是中国典型的传统肉制品。酱卤肉制品都是熟肉制品，根据地区不同与风土人情特点，形成了独特的地方特色，如苏州酱汁肉、北京月盛斋酱牛肉、南京盐水鸭等。

一、酱卤肉制品加工原理及技术

酱卤肉制品中，酱和卤两种制品所用原料及原料处理过程相同，但在煮制方法和调味料上有所不同，所以产品的特点、色泽、风味也不相同。在煮制方法上，卤制品通常将各种辅料煮成清汤后将肉块下锅以旺火煮制；酱制品则与各辅料一同下锅，大火烧开，文火收汤，最终使汤汁形成浓汁。在调料使用上，卤制品主要是用盐水，所有香料和调味料数量不多，故产品色泽较淡，突出原料的原有色、香、味；而酱制品所用香辛料和调味料数量较多，故酱香味浓厚。酱卤制品因加入调料的种类、数量不同又有很多品种，通常分为五香制品、酱汁制品、卤制品、糖醋制品和糟制品。

酱卤肉制品的加工方法主要包括两个过程，一是调味，二是煮制（酱制）。

（一）调味

酱卤制品随地区不同，在调味上有甜、咸之别。北方式的酱卤制品用调料及香辛料多，咸味重，而南方制品则味甜、咸味轻。由于季节的不同，制品风味也不同，夏天口重，冬天口轻。

调味的方法根据加入调味料的时间大致可分为基本调味、定性调味、辅助调味。在加工原料整理之后，经过加盐、酱油或其他配料腌制，奠定产品的咸味，叫基本调味；原料下锅后，随同加入主要配料如酱油、料酒、香料等，加热煮制或红烧，决定产品的口味，叫定性调味；加热煮制之后或即将出锅时加入糖、味精等以增进产品的色泽、鲜味，叫辅助调味。

酱卤制品中又因加入调味料的种类、数量不同而分为五香或红烧制品、酱汁制品、蜜汁制品、糖醋制品、卤制品等。

五香或红烧制品是酱制品中最广泛的一大类。这类产品的特点是在加工中用较多量的酱油，所以叫红烧；另外在产品中加入八角茴香、桂皮、丁香、花椒、小茴香等五种香料，故又名叫五香制品。在红烧的基础上使用红曲米做着色剂，产品为樱桃红色，鲜艳夺目，稍带甜味，叫酱汁制品。在辅料中加入的糖较多，产品色浓味甜，又叫蜜汁制品。而辅料中加糖醋，使产品具有甜酸的滋味，又叫糖醋制品。肉在白煮后，再用“香糟”糟制，产品保持固有色泽和曲酒香味，叫糟制品。

（二）煮制

煮制是酱卤制品加工中主要的工艺环节，包括清煮和红烧。清煮在肉汤中不加任何调味料，只是清水煮制。红烧是在加入各种调味料中进行煮制。无论是清煮或红烧对形成产品的色、香、味、形及产品的化学成分的变化等都有决定性的作用。一般来说，原料经整理加工（即生加工）后采取紧汤工序是非常必要的，它可以去除部分或大部分异味，杀灭附着在原料肉上的细菌，对色、香、味的形成也起着一定的积极作用。

煮制也就是对产品实行热加工的过程，加热的方式有用水、蒸汽、油炸等，其目的是改善感官的性质，降低肉的硬度，使产品达到熟制，容易消化吸收。无论采用什么样的加热方式，加热过程中，原料肉及其辅助材料都要发生一系列的变化。

1. 物理性变化

肉类在煮制过程中最明显的变化是失去水分重量减轻，如以中等肥度的猪、牛、羊肉为原料，在100℃的水中煮沸30min，重量减少的情况如表12－1所示。

表12－1　　肉类水煮时重量的减少　　单位：%

名称	水分	蛋白质	脂肪	其他	总量
猪肉	21.3	0.9	2.1	0.3	24.6
牛肉	32.2	1.8	0.6	0.5	35.1
羊肉	26.9	1.5	6.3	0.4	35.1

为了减少肉类在煮制时营养物质的损失，提高出品率，在原料加热前可经过预煮。将小批原料放入沸水中经短时间预煮，使产品表面的蛋白质立即凝固，形成保护层，减少营养成分的损失，提高出品率。用150℃以上的高温油炸，也可减少有效成分的流失。

此外，肌肉中肌浆蛋白质，在受热之后由于蛋白质的凝固作用而使肌肉组织收缩硬化，并失去黏性。但若继续加热，随着蛋白质的水解以及结缔组织中胶原蛋白质水解成明胶等变化，则肉质又会变软。

2. 蛋白质的变化

（1）肌肉蛋白质受热凝固　肉经加热煮制时，有大量的汁液分离，体积缩小，这是由于构成肌肉纤维的蛋白质因加热变性发生凝固而引起的。肌球蛋白的凝固温度是45～50℃，当有盐类存在时，30℃即开始变性。肌肉中可溶性蛋白的热凝固温度是55～65℃，肌球蛋白由于变性凝固，再继续加热则发生收缩。肌肉中水分被挤出，当加热到60～75℃失水量多，随后随温度的升高反而相对减少。

（2）肉保水性的变化　由于加热，肉的保水性降低，其幅度因加热的温度而不同。在20～30℃时，保水性没有发生变化。30～40℃时则保水性开始逐渐降低，40℃开始急剧下降，到50～55℃基本停止了，到55℃以上又继续下降，但不像40～50℃时那样迅速，到60～70℃时基本结束了。

（3）蛋白质酸性和碱性基团变化　加热对肌肉蛋白质碱性基团的影响研究结果表明，从20～70℃的加热过程中，碱性基团的数量几乎没有什么变化，但酸性基团大约减少三分之二。酸性基团的减少同样表现为不同的阶段，从40℃开始急速减少，50～55℃停止，55～60℃又继续减少，一直减少到70℃。当80℃以上时开始形成 H_2S。所以加热时由于酸性基团的减少，肉的 pH 上升。

（4）结缔组织中蛋白质的变化　肌肉中结缔组织含量多，肉质坚韧，但在70℃以上长时间煮制，结缔组织多的反而比结缔组织少的肉质柔嫩，这是由于结缔组织受热软化的程度对肉的柔软起着更为突出作用的缘故。结缔组织中的蛋白质主要是胶原蛋白和弹性蛋白，一般加热条件下弹性蛋白几乎不发生多大变化，主要是胶原蛋白的变化。

肉在水中煮制时，由于肌肉组织胶原纤维在动物体不同部位分布情况的不同，肉发生收缩变形。当温度加热到64.5℃时，其胶原纤维在长度方向可迅速收缩到原长度的60%。因此，肉在煮制时收缩变形的大小是由肌肉间结缔组织的分布所决定的。

3. 脂肪的变化

加热时脂肪融化，包围脂肪滴的结缔组织由于受热收缩使脂肪细胞受到较大的压力，细胞膜破裂，脂肪融化流出。不同动物脂肪融化所需要的温度不同，牛脂为42～52℃，牛骨脂为36～45℃，羊脂为44～55℃，猪脂为28～48℃，禽脂为26～40℃。

随着脂肪的融化，释放出某些与脂肪相关联的挥发性化合物，这些物质给肉和肉汤增加了香气。脂肪在加热过程中有一部分发生水解，生成脂肪酸，因而使酸价有所增高，同时也发生氧化作用。生成氧化物和过氧化物。

4. 风味的变化

生肉的香味是很弱的，但是加热之后，不同种类动物肉产生很强烈的特有风味。通常认为是由于加热导致肉中的水溶性成分和脂肪的变化造成的。加热肉中的风味成分，与氨、硫化氢、胺类、羰基化合物、低级脂肪酸等有关。在肉的风味里有共同的部分，也有因肉的种类不同的特殊部分。共同成分主要是水溶性物质，如加热含脂肪很少的肌肉，对牛肉和猪肉所得到的风味大致相同，可能是氨基酸、肽和低分子的碳水化合物之间进行反应的一些生成物（氨基—羰基反应）。特殊成分则是因为不同种类的脂肪和脂溶性物质的不同，由加热所形成的特有风味，如羊肉不快的气味是由辛酸和壬酸等饱和脂肪酸所致。

5. 颜色的变化

肉加热时的颜色受加热的方法、时间、温度的影响。如肉温在60℃以下，肉的颜色几乎没有什么变化，仍呈鲜红色，而升高到60～70℃时，变为粉红色，再升高到70～80℃以上为淡灰色，这主要是由于肌肉中的色素肌红蛋白热变性而造成的。肌红蛋白变性之后成为不溶于水的物质。肉类在煮制时，一般都以沸水下锅为好，一方面可使肉表面蛋白质迅速凝固，阻止了可溶性蛋白质溶入汤中，另一方面可以减少大量的肌红蛋白质溶入汤中，保持肉汤的清澈。

6. 浸出物的变化

在加热过程中，由于蛋白质变性和脱水的结果，汁液从肉中分离出来，汁液中含有浸出物质，这些浸出物溶于水，易分解，并赋予煮熟肉特殊的风味。肌肉组织中含有的浸出物是很复杂的，有含氮浸出物和非含氮浸出物两类。

7. 维生素的变化

肌肉与脏器组织中含B族维生素多，是硫胺素、核黄素、烟酸、维生素B_6、泛酸、生物素、叶酸及维生素B_{12}的良好来源，脏器组织中含一些维生素A和维生素C。在热加工过程中通常维生素含量降低，其降低量取决于处理的程度和维生素的敏感性。硫胺素对热不稳定，加热时在碱性环境中被破坏，但在酸性环境中比较稳定。如炖肉可损失60%～79%的硫胺素、26%～42%的核黄素。猪肉及牛肉在100℃水中煮沸1～2h后，吡哆醇损失量多。在120℃灭菌1h，猪肉吡哆醇损失61.5%，牛肉损失63%。

8. 火候的掌握

火候的掌握在酱卤肉制品中显得很重要。煮制时以急火求韧，以慢火求烂，先急后慢求味美。这实际上是掌握火候大小的原则。以急火煮制的成品，吃起来比较有“劲”，耐咀嚼，但料味不宜浸入，香气不足；以慢火煮制的成品，料味浓，香气足，入口酥软。如果先以急火煮开，过一段时间以后，再以文火慢煮，这样煮制出来的成品，则各取所长，既味道好，又不过烂。如果煮制火候掌握不好，则会严重影响产品的质量。

二、酱卤肉制品加工工艺

（一）苏州酱汁肉

苏州酱汁肉是江苏省苏州市的著名产品，为苏州的陆稿荐熟肉店所创造，历史悠久，享有盛名。特点为酥润浓郁，入口即化，肥而不腻，色泽鲜艳，气味芳香。

酱汁肉的产销季节性很强，通常在每年的清明节（4月5日前后）前几天开始供应，到夏至（6月22日前后）结束。在这约两个半月的时间内，在江南正值春末夏初，气候温暖，根据苏州的地方风俗，清明时节家家户户都有吃酱汁肉和青团子的习惯，由于肉呈红色，团子为青色，两种食品一红一绿，色泽艳丽美观，味道鲜美适口，颇受消费者欢迎。因此流传很广，为江南的特色食品。

1. 配方

猪肋条肉100kg，绍兴酒4～5kg，白糖5kg，精盐3～3.5kg，红曲米1.2kg，桂皮200g，八角茴香200g，葱2kg（捆成束），姜200g。

2. 加工工艺

(1) 原料整理　选用江南太湖流域地区产的太湖猪为原料，这种猪毛稀、皮薄、小头细脚，肉质鲜嫩，每只猪的重量以出净肉35～40kg为宜，去前腿和后腿，取整块肋条肉（中段）为酱汁肉的原料。带皮猪肋条肉选好后，剔除脊椎骨，使肉块成带大排骨的整方肋条肉，之后切成肉条，肉条宽约4cm，肉条切好后再砍成4cm方形小块。

（2）酱制　按照原料规格，分批把肉块下锅用白水煮，用大火烧煮1h左右，当锅内的汤沸腾时，即加入红曲米粉、绍兴酒和糖，转入中火，再煮40min后出锅，平整摆放在搪瓷盘中。

（3）制卤　酱汁肉的质量关键在于制卤，食用时还要在肉上泼卤汁，使肉色鲜艳，味道出现甜中带咸，甜味为主，好的卤汁具有黏稠、细腻、流汁而不带颗粒，卤汁制法是将余下的1kg左右的白糖加入肉汤中，用小火煎熬，不断地用锅铲翻动，防止烧焦和凝块，使汤汁逐步形成浆糊状。卤汁制备好后，舀出装在带盖的缸或钵内，用盖盖严，出售时应在酱肉上浇上卤汁。

（二）北京酱肘子

北京酱肘子以天福号最有名，是北京的著名产品。天福号开业于清代乾隆三年，至今已有200多年的历史。北京天福号酱肘呈黑色，吃时流出清油，香味扑鼻，利口不腻，外皮和瘦肉同样香嫩。

1. 配方

肘子100kg，盐4kg，桂皮200g，鲜姜500g，八角茴香100g，糖800g，绍兴酒800g，花椒100g。

2. 加工工艺

精选猪肘子，洗干净放入锅中，加入配料，用旺火煮1h，待汤的上层出油时，取出肘子，用清洁的冷水冲洗，与此同时，打捞出锅内煮肉汤中的残渣碎骨，撇去汤表面的泡沫及浮油，再把锅内的煮肉汤过滤，彻底去除汤中的物质。然后再把已煮过并清洗的肘子肉放入锅内用更旺的火煮4h，最后用微火焖煮（汤表面冒小泡）1h，即得成品。

（三）酱牛肉

酱牛肉是一种味道鲜美、营养丰富的酱肉制品，它的种类很多，深受消费者欢迎，尤以北京月盛斋的酱牛肉最为有名。

1. 配方

以精牛肉100kg为标准：精盐6kg，面酱8kg，白酒800g，葱（碎）1kg，鲜姜末1kg，大蒜（去皮）1kg，茴香面300g，五香粉400g（包括桂皮、八角茴香、砂仁、花椒、紫蔻）。

2. 加工工艺

（1）切肉块　把精牛肉切成0.5～1kg重的方块。

（2）烫煮　把肉块放入100℃的沸水锅中煮1h，为了除去腥膻味，可在水里加几块胡萝卜，到时把肉块捞出，放入清水中浸漂，清除血沫及胡萝卜块。

（3）煮制　加入各种调料（即按上述配料标准）同漂洗过的牛肉块一齐入锅煮制，水温保持在95℃左右（勿使沸腾），煮2h后，将火力减弱，水温降低到85℃左右，在这个温度继续煮2h左右，这时肉已烂熟，立即出锅，放冷即为成品。酱牛肉块的出品率在60%左右。

（四）镇江肴肉

镇江肴肉是江苏省镇江市的著名传统肉制品。肴肉皮色洁白，光滑晶莹，卤冻透明，有特殊香味，肉质细嫩，味道鲜美，最大的特点是表层的胶冻，透明似琥珀状。肴肉具有香、酥、鲜、嫩四大特色。

1. 配方

按猪蹄膀100只计：绍兴酒250g，大盐6.5kg，葱（切成段）250g，姜片125g，花椒75g，八角茴香 75g，硝水 3kg（硝酸钠 10g 混合于 5kg 水中），明矾 30g。

2. 加工工艺

（1）原料整理　将蹄膀平放在案板上，皮朝上，用铁钎在每只蹄膀的瘦肉上戳若干小孔，用精盐干擦皮、肉各处，等各部位都擦到以后，层层叠叠放在腌制缸中，皮面向下，叠时用 3% 的硝水溶液洒在每层肉上，多余的食盐同时撒在肉面上。在冬季约腌制 6 ~ 7d，每只蹄膀用盐 90g，春秋季为 3 ~ 4d，用盐 110g，夏季为 1 ~ 2d，用盐 125g。腌到中心部位肌肉变红。腌制好的蹄膀从腌制缸内取出，用 15 ~ 20℃ 的清水浸泡 2 ~ 3h（冬季浸泡 3h，夏季浸泡 2h），适当减轻咸味并去掉涩味，同时刮去皮上的杂物污垢，用清水漂洗干净。

（2）煮制　用清水 50kg，加食盐 5kg 及明矾粉 15 ~ 20g，加热煮沸，撇去表层浮沫，并使其澄清。将上述澄清盐水注入锅中，加入酒精体积分数为 60% 的曲酒 250g，白糖 250g，另外取花椒及八角茴香各 125g，鲜姜、葱各 250g，分别装在两只纱布袋内，扎紧袋口，作为香料袋，放入盐水中，然后把腌制好洗净的蹄膀 50kg 放入锅内，猪蹄膀皮朝上，逐层摆叠，最上一层皮向下，上用竹编的盖盖好，使蹄膀全部浸没在汤中。用旺火烧开，撇去浮在表层的泡沫，用重物压在竹盖上，改用小火煮，温度保持在 95℃ 左右，时间为 90min，将蹄膀上下翻换，重新放入锅内再煮 3h，用竹筷子试一试，如果肉已煮烂，竹筷很容易刺入，这就恰到好处。捞出香料袋，肉汤留下继续使用。

（3）压蹄　取长宽都为 40cm、边高为 4. 3cm 的平盘 50 个，每个盘内平放猪蹄膀 2 只，皮向上，每 5 个盘压在一起，上面再盖空盘 1 个，经 20min 后，将盘逐个移至锅边，把盘内油卤倒入锅内，用旺火把汤卤煮沸，撇去浮油，放入明矾 15g，清水 2. 5kg，再煮沸，撇去浮油，将汤卤舀入蹄盘，使汤汁淹没肉面，放置于阴凉处冷却凝冻（天热时凉透后放入冰箱凝冻），即成晶莹透明的浅琥珀状水晶肴肉。

（五）酱鹅（或鸭）

1. 配方

按 50 只鹅计：酱油 2. 5kg，盐 3. 75kg，白糖 2. 5kg，桂皮 150g，八角茴香 150g，陈皮 50g，丁香 15g，砂仁 10g，红曲米适量，葱 1. 5kg，姜 150g，亚硝酸钠 30g（用水溶化成 1kg），黄酒 2. 5kg。

2. 加工工艺

（1）原料的处理　用盐把鹅身全部擦遍，腹腔内也要上盐少许，放入木桶中腌渍，根据不同的季节掌握腌渍时间，夏季为 1 ~ 2d，冬季需 2 ~ 3d。

（2）煮制　下锅前，先将老汤烧沸，将上述辅料放入锅内，并在每只鹅腹内放入丁香、砂仁少许、葱结 20g、姜 2 片、黄酒 1 ~ 2 汤匙，随即将鹅放入沸汤中，用旺火烧煮。同时加入黄酒 1. 75kg；汤沸后，用微火煮 40 ~ 60min，当鹅的两翅“开小花”时即可起锅，盛放在盘中冷却 20min 后，在整只鹅体上，均匀涂抹特制的红色卤汁，即为成品。

（3）卤汁的制作　用 25kg 老汁以微火加热融化，再加火烧沸，放入红曲米 1. 5kg、白糖 20kg、黄酒 0. 75kg、姜 200g，用铁铲在锅内不断搅动，防止锅底结糊，熬汁的时间随老汁的浓度而定，一般烧到卤汁发稠时即可。以上配制的卤汁可连续使用，供 400 只酱鹅生产。

酱鹅挂在架上不要滴卤，外貌似整鹅状，外表皮呈琥珀色。食用时，取卤汁 0. 25kg，用锅熬成浓汁，在鹅身上再涂抹一层，然后鹅切成块状，装在盘中，再把浓汁浇在鹅块上，即可食用。

（六）卤猪心

1. 配方

以50kg原料肉为标准：清水50kg，盐4kg，大料75g，花椒75g，大葱500g，鲜姜250g，桂皮50g，制备卤汤。

2. 加工工艺

选用新鲜猪心，将心室中的余血冲洗干净。用清水浸泡2h。放入沸水中预煮20min。汤锅沸后，投入猪心加料袋慢火煮60min，捞出凉透即为成品。

（七）卤猪头仿火腿

1. 配方

（1）腌制　盐水的配制按每100kg水中加盐15kg、花椒300g、硝酸钠100g，先将花椒装入料袋放在水内煮开后加入全部食盐，食盐全部溶化并再次煮开后倒入腌制池（缸），待冷却至室温并加入硝酸钠后搅匀即可使用。

（2）煮汤　配方按每100kg猪头加盐1kg、花椒200g、大料200g、生姜500g、味精200g、白酒500g，花椒、大料、生姜装入料袋和猪头一起下锅煮，白酒在起锅前0.5h加入，味精在起锅前5min加入。

2. 加工工艺

（1）原料处理　将处理洁净的猪头用劈头机劈为两半，取出猪脑，用清水洗刷干净。

（2）腌制　将处理好的猪头放入腌制池中，在5℃左右，以盐水腌制1d，盐水以淹没猪头为宜，并在上面加篦子压住，不使猪头露出水面。

（3）煮熟　将腌制过的猪头入锅内加水至淹没猪头，煮开后保持90min左右，煮至汁收汤浓，即可出锅。

（4）拆骨、分段　猪头煮熟后趁热取出头骨及小碎骨，摘除眼球，然后将猪头肉切成三段，齐耳根切一刀，将两耳切下，齐下颈处切一刀，将鼻尖切下，中段为主料。

（5）装模　将洗净消毒过的铝制方模底及两壁先垫上一层消过毒的垫布，然后放入食品塑料袋，口朝上，先放一块中段，皮朝底，肉朝上，再将猪耳纵切为三至四根长条连同鼻尖及小碎肉放于中间，上面再盖一块中段，皮朝上，肉朝下，将塑料袋口叠平摺好再将方模盖压紧扣牢即可。

（6）冷却定型　装好模的猪头肉应立即送入0~3℃的冷库内，经冷却12h，即可将猪头方腿从模中取出进行冷藏或销售。

第二节　烧烤制品的加工

一、烧烤肉制品加工原理及技术

肉制品的烤制也称烧烤，烧烤制品系指将原料肉腌制，然后经过烤炉的高温将肉烤熟的肉制品。烤制是利用热空气对原料肉进行热加工。原料肉经过高温烤制，使肉制品表面酥脆，产生美观的色泽和诱人的香味。肉类经烧烤产生的香味，是由肉类中的蛋白质、糖、脂肪、盐和金属等物质在加热过程中，经过降解、氧化、脱水、脱胺等一系列变化，生成醛类、酮类、醚类、内酯、硫化物、低级脂肪酸等化合物形成的，尤其是糖与氨基酸之间的美拉德反应，不仅生成棕色物质，同时伴随着生成多种香味物质；脂肪在高温下分解生成的二烯类化合物，赋予肉制品以特殊香味；蛋白质分解产生谷氨酸，使肉制品带有鲜味。

此外，在腌制时加入的辅料也有增香作用。如五香粉含有醛、酮、醚、酚等成分，葱、蒜含有硫化物，在烤猪、烤鸭、烤鹅时，浇淋糖水所用的麦芽糖，烧烤时这些糖与蛋白质分解生成的氨基酸，发生美拉德反应，不仅起着美化外观的作用，而且产生香味物质。烧烤前浇淋热水，使皮层蛋白凝固，皮层变厚、干燥；烤制时，在热空气作用下，蛋白质变性而酥脆。

1. 明炉烧烤法

明炉烧烤是用不关闭炉门的烤炉，在炉内烧红木炭，然后把腌制好的原料肉，用一条烧烤用的长铁叉叉住，放在烤炉上进行烤制。在烧烤过程中，原料肉不断转动，使其受热均匀。这种烧烤法的特点是设备简单，比较灵活，火候均匀，成品质量较好，但花费人工多。广东的烤乳猪就是采用此种烧烤方法。此外，野外的烧烤肉制品，多属此种烧烤。

2. 挂炉烧烤法

挂炉烧烤法是用一种特制的可以关闭的烧烤炉，在炉内通电或烧红木炭，然后将腌制好的原料肉（鸭坯、鹅坯、鸡坯、猪坯、肉条）穿好挂在炉内，关上炉门进行烤制。烧烤温度和烤制时间视原料肉而定。一般为200～220℃，叉烧肉烤制25～30min，鸭（鹅）烤制30～40min，猪烤制50～60min。挂炉烧烤法应用比较多，它的优点是花费人工少，一次烧烤的量比较多。

3. 气体射流冲击烧烤

气体射流冲击是将具有一定压力的加热气体，经一定形状的喷嘴喷出，直接冲击物料表面的一种新的干燥方法。对不规则形体的物料，可扩大其加热面，避免了普通加热方法能量传递不均和局部过热的问题，可使产品在极短的时间内完成熟化过程，同时使物料内部的水分损失最少，最终达到外焦内嫩的优良品质。气体射流冲击是新研制的一种烧烤方法，特别适合鸡、鸭等的烤制。

（1）原理与特点　采用气体射流冲击技术进行鸡、鸭等的烘烤，由于气流冲击速度较高，气流与肉坯间的传热系数高，因此肉坯在相同的时间内，以较低的温度获得与高温烤制相等的热量，不仅避免了高温带来的污染（易产生含有致癌物PAHs的烟气），而且解决了肉坯受热不均而产生的外焦内生的问题。

设备主要包括四部分装置（图12－1）：供风装置、加热装置、喷嘴、控制装置。气体射流冲击设备没有明火，加热气流温度和时间可控，设计了鸭油排出装置和过滤装置，达到减少PAHs（致癌物）的目的。另外，由于气体射流冲击传热系数高，肉坯升温快，因此能保证完全杀灭致病菌，相对于传统烤制方法，卫生和安全性明显提高。

（2）操作技术　鸡、鸭悬挂在旋转电机上，以12r/min匀速转动，使肉坯不同部位均受到高速热气流冲击；盛油盘设计有出油管道，可将烤制中受热熔出的油脂直接引出机器，避免二次加热引发高温裂解而产生含多环芳烃的烟气；冲击物料后的热废气在进入回风管路前，经过一个过滤装置，滤除气体中的有害成分，避免重复使用造成污染。

4. 远红外烧烤

（1）无烟远红外气热烧烤　采用高品质远红外线催化燃烧陶瓷板作为核心发热体，实现

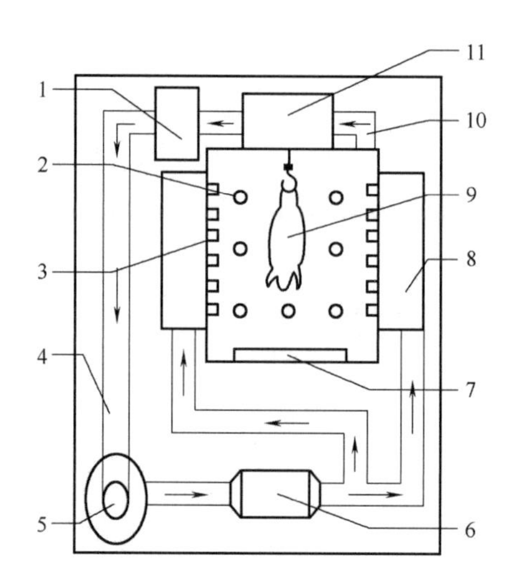

图 12－1　气体射流冲击设备工作示意图

1—过滤装置　2—排气孔　3—喷嘴　4—回风管路　5—风机　6—加热器
7—盛油器　8—气流分配室　9—鸭坯　10—输送管道　11—旋转电机

天然气、液化石油等气体燃料的无火焰催化燃烧。燃气燃烧能量的绝大部分（95%以上）将直接转化成有效热能辐射到物体上，其加热成本是电烤、炭烤的一半或更低，使用非常经济。远红外线可不受中间空气干扰，能非常均匀地直接加热物体，且能穿透到物体深度部位。在远红外线催化燃烧陶瓷板上，高性能储氧材料保证气体燃料充分燃烧和燃烧火孔永不结炭；高选择性的催化剂有效地抑制有害物质（如 CO 等）的生成。

（2）无烟远红外电热烧烤　采用远红外电热元件作热源，将烧烤的食品放置在做往复运动的烧烤玻璃板上，通过远红外线的辐射和热传导，对烧烤原料进行穿透加热，达到烧烤的目的。

无烟远红外烧烤具有如下优点：①洁净，无烟远红外电热烧烤食物不含致畸、致癌的有害物质，不损害烧烤制品美食者的健康；②美味，所烤制品不但无烟熏火燎、烧焦、烧糊之味，而且烧烤过程中采用的远红外加热元件和烧烤玻璃，专为烧烤精心设计和制造，所烤制品还保持炭火烧烤的风味；③环保，所烤制品不但在烧烤过程中没有油烟异味，而且其热源也不产生烟雾及一氧化碳，彻底解决了在烧烤过程中对环境及食品的污染。

5. 微波烧烤

微波烧烤是一种利用高频电波——微波进行加热的先进烧烤方法。微波烧烤较传统的烧烤方式有以下的优点：加热均匀，耗电量低。早期的微波炉不能使烧烤的食物表面有焦黄色，但现在的微波炉已经解决了此问题。由于微波烧烤不仅操作简单、方便，使用安全、卫生，而且速度快，节能省电，能最大限度地保持食物中原有的维生素与其他营养成分，同时还具有杀菌、消毒、解冻等功能，因此受到了越来越多消费者的青睐。

6. 国外烧烤方式

国外烧烤方式也是多种多样。欧美国家几乎每个家庭都备有烧烤炉，消费者对烧烤非常喜欢。其重要的烧烤特色是“酱烤”，即在原料表面涂以口味各异的酱料进行烤制。巴西烧烤代表了拉丁美洲的正宗烧烤，注重外焦里嫩，一般用大块肉烤制。传统的日本烧烤采用炭烤，炭烤时火力要旺，但炭火不能直接烧到肉。美国出现了一种结合欧美传统美食和拉美特色烹饪于一体的美国得克萨斯州窑烤方式。火山石烧烤以煤气或天然气作为燃料，利用火山石优异的导热性、稳定性和极强的吸附能力，使食物在烧烤过程中受热均匀，效率大大提高；同时由于加热燃料是罐装煤气或天然气，完全不用担心食物被炭黑或炭燃烧后产生的灰烬所污染。

二、烧鸡加工工艺

（一）道口烧鸡

道口烧鸡是河南省有名的特产肉食制品，历史悠久，始创于清朝顺治十八年，至今已有300多年历史，经过乾隆年间不断的摸索和改进，不仅烧鸡造型美观，色泽鲜艳，黄里带红，而且味香独特，肉嫩易嚼，食有余香。

1. 配方

以100只鸡计：砂仁15g，丁香3g，肉桂90g，陈皮30g，豆蔻15g，草果30g，良姜90g，白芷90g，食盐2~3kg。

2. 加工工艺

（1）造型　造型是道口烧鸡的一大特点，用一节竹竿撑开鸡腹，将两侧大腿（爪已切去）插入腹下三角处，两翅交叉插入鸡口腔内，使鸡体成为两头尖的半圆型。把造型完毕的鸡胴体，浸泡在清水中1~2h，待鸡体发白后取出沥干。

（2）上色和油炸　沥干的鸡体，用饴糖水或蜂蜜水均匀地涂抹于鸡体全身，饴糖和水之比通常为1∶2，稍许沥干。然后将鸡放入加热到150~180℃的植物油中，翻炸约1min左右，待鸡体呈柿黄色时就取出。油炸时间和温度极为重要，温度达不到时，鸡体上色就不好。油炸时必须严禁弄破鸡皮，否则皮肤会有较大裂口而造成次品。

（3）煮制　将各种辅料，用纱布包好平铺锅底，然后将鸡放入，倒入老汤并加适量清水，使水面高出鸡体，上面用竹篦压住，以防加热时鸡体浮出水面。先用旺火将汤烧开。然后用文火徐徐焖煮至熟。老鸡2~3h，幼鸡约1h，煮制火候是重要关键，对烧鸡的香味、鲜味和外型有很大关系。出锅捞鸡时要小心，确保鸡型，不散不破。

（二）符离集烧鸡

符离集烧鸡是安徽特产，已有上百年历史。在原料鸡的处理上同道口烧鸡相似，但在开膛、造型和配料上有所不同，因此形成独特的外型和特有的风味。

1. 配方（以50kg鸡为原料）

以50kg鸡的重量计：食盐2~2.5kg，白糖0.5kg，茴香150g，山柰35g，小茴香25g，良姜35g，砂仁10g，肉豆蔻25g，白芷40g，花椒5g，桂皮10g，陈皮10g，丁香10g，辛夷10g，草果25g，硝酸钠10g。

2. 加工工艺

使鸡体倒置，鸡腹肚皮绷紧，用刀贴龙骨向下切开小口（切口不能大），以能插进二指为宜。用手指将全部内脏扒出，清水洗净内膛。用刀背将大腿骨打断（不能破皮），然后把两腿交叉插入腹内。把右翅从颈部刀口穿入，从嘴里拔出向右扭，鸡头压在右翅内侧，右小翅压在大翅上。左翅也向里扭，同右翅一样并成一直线，使鸡体呈现十字型。造型后用清水反复清洗。鸡体上色油炸成柿黄色后进行煮制，方法同道口烧鸡。

（三）德州扒鸡

德州扒鸡产自山东德州，又名德州五香脱骨扒鸡，是著名的地方特产。由于操作时小火慢焖而至烂熟故名“扒鸡”，德州扒鸡已有70多年的历史，其产品特点是色泽金黄，肉质粉白，皮透微红，油而不腻，热时一抖即可脱骨。

1. 配料

以200只鸡（重150kg）计：八角茴香100g，桂枝125g，肉豆蔻50g，花椒100g，砂仁10g，小茴香100g，盐3.5kg，酱油4kg，生姜250g。

2. 加工工艺

（1）宰杀和整型　在颈部宰杀，放血，经过浸烫脱毛，腹下开膛，除净内脏，清水洗净后，将两腿交叉盘至肛门内，将双翅向前由颈部刀口处伸进，在喙内交叉盘出，形成卧体含双翅的状态，造型优美。

（2）上色和油炸　把造好型的鸡，用毛刷涂抹以糖色，再放到油温为180℃的油中炸1～2min，以鸡全身为金黄透红为宜，防止炸的时间过长，会变成黄黑色，影响产品质量。

（3）煮制　将配料装入纱袋放入锅内，将炸好的鸡按顺序放入锅内排好，然后放汤（上次煮鸡老汤和新汤对半），汤的用量以高出上层鸡身为标准，上面压铁篦子和石块以防止汤沸时鸡身翻滚，先用旺火煮沸后，改用微火焖煮。

3. 质量要求

优质扒鸡的翅、腿齐全，鸡皮完整，外形美观，色泽金黄透微红，亮处闪光，热时一抖即可脱骨，凉后轻轻一提，骨肉即可分离。

三、烤肉类制品加工工艺

（一）北京烤鸭

北京烤鸭是我国著名特产，也可谓“举世闻名”。烤鸭的原料是经过填肥的北京鸭，这种填鸭制成的烤鸭具有香味纯正、浓郁，皮脂酥脆，肉质鲜嫩细致，肥而不腻的特点。北京烤鸭制作十分细致，约有10多道工序，如打气、净膛、烫皮、支撑、挂糖色、晾皮、挂色、烤制等。它对原材料的选择也极为严格，烤鸭用的木炭一般要求是枣木、梨木等果木炭。另外，对原料也都有一定的要求，并严格掌握火候，这是一道关键工序，以便使鸭烤得恰到好处。

1. 宰杀及胴体修整

（1）宰鸭　将鸭倒挂，用刀在鸭脖处切一小口，相当于黄豆粒大小。以切断气管、食管、血管为准，随即用右手捏住鸭嘴，把脖颈拉成斜直，使血滴尽，待鸭只停止抖动，便可下池烫毛。

（2）烫毛　水温不宜高，因填鸭皮薄，易于烫破皮。一般61～62℃即可，最高不要超过64℃，然后进行褪毛。

（3）剥离　将颈皮向上翻转，使食道露出，沿着食道向素囔剥离周围的结缔组织，然后再把脖颈伸直，以利于打气。

（4）打（充）气　用手紧握住鸭颈刀口部位，由刀口处插入气筒的打气嘴于皮肤及肌肉之间向鸭体充气，这时气体就可充满皮下脂肪和结缔组织之间，当气体充至八成满时，取下气筒，用手卡住鸭颈部，严防漏气。用左手握住鸭的右翅根部，右手拿住鸭的右腿，使鸭呈倒卧姿势，鸭脯向外，两手用力挤压，使充气均匀，如果打气过猛过大，就易造成胸脯破裂，气体就保存不住；相反，如充气太少还不到量，就不会形成漂亮的鸭体外观。

（5）拉直　肠打气以后，在操作过程中，尽可能地保持鸭体膨大的外形。拉断直肠的操作程序是：右手食指插入肛门，将直肠穿破。食指略向下一弯即将直肠拉断，并将直肠头取出体外，拉断直肠的作用是便于开膛取出消化道。

（6）切口　开膛开的口子呈月牙形状，在右翅下开口。取内脏的速度要快，以免污染切口。用一根 7～8cm 长的秸秆由刀口送入腔内，秸秆下端放置在脊柱上，呈立式，但向后倾斜，一定要放稳。支撑的目的在于支住胸膛，使鸭体造型漂亮。

（7）清洗　清洗胸腹腔，将鸭坯浸入 4～8℃清水中，反复清洗。

2. 烫坯

用 100℃沸水，采用淋浇法烫制鸭体。烫坯时用鸭钩钩在鸭的胸脯上端颈椎骨右侧，再从左侧穿出，使鸭体稳定地挂在鸭钩上，然后用水浇。先浇刀口及四肢皮肤，使之紧缩，严防从刀口跑气，然后再浇其他部位。一般情况下三勺水即可使鸭体烫好。烫坯的目的有三个，一是使毛孔紧缩，烤制时可减少从毛孔流出的皮下脂肪；二是使表皮蛋白质凝固；三是能使充气的皮层下的气体尽量膨胀，表皮显出光亮，使之造型更加美观。

3. 上糖色

以一份麦芽糖兑六份水的比例调制成溶液，入锅前呈棕红色，淋浇在鸭体上，三勺即可。上糖色的目的有二：一是能使烤鸭经过烤制后全身呈枣红色，二是能使烤制后表皮酥脆，食之适口不腻。

4. 晾皮

晾皮又称风干。将鸭坯放在阴凉、通风处，使肌肉和皮层内的水分蒸发，使表皮和皮下结缔组织紧密结合在一起，经过烤制可增加皮层的厚度。

5. 挂烘烤制

（1）灌汤和打色　制好的鸭坯在进炉以前，向腔内注入 100℃的沸汤水，这样强烈地蒸煮肌肉脂肪，促进快熟；即所谓“外烤里蒸”以达到烤鸭具有“外焦内嫩”的特色。灌汤方法是用 6～8cm 高粱秸插入鸭体的肛门，以防灌入的汤水外流，然后从右翅刀口灌入 100℃的汤水 80～100mL，灌好后再向鸭体浇淋 2～3 勺糖液，目的是弥补个别部位第一次挂糖色不均匀。

（2）烤制　鸭子进炉后，先挂在炉内的前梁上，先烤刀口这一边，促进鸭体内汤水汽化，使其快熟。当鸭体右侧呈橘黄色时，再转烤另一侧，直到两侧相同为止，然后鸭体用挑鸭杆挑起在火上反复烤几次，目的是使腿和下肢着色，烤 5～8min，再左右侧烤，使全身呈现橘黄色，便可送到炉的后梁，这时鸭体背向炉火，经 15～20min 即可出炉。

（3）烤制温度和时间　鸭体是否烤好的关键是温度。正常炉温应在 230～250℃，如炉温过高，会使鸭烧焦变黑，如炉内温度过低，会使鸭皮收缩，胸脯塌陷。掌握合适的烤制时间很重要，一般 2kg 左右的鸭体烤制 30～50min，时间过长，火头太大，皮下脂肪流失过多，使皮下造成空洞，皮薄如纸，使鸭体失去了脆嫩的独特风味。母鸭肥度高，因此烤制时间较公鸭长。

烤成后的鸭体甚为美观，表皮和皮下结缔组织以及脂肪混为一体，皮层变厚；在高温作用下一部分脂肪渗出皮外，把皮层炸酥，使呈焦黄色，散发出诱人的香味。成品的刀工是一项重要手艺。片削鸭肉，第一刀先把前胸脯取下，切成丁香叶大的肉片，随后再取右上脯和左上脯，各 4～5 刀，然后掀开锁骨，用刀尖向着脯中线，靠胸骨右边剁一刀，使骨肉分离，便可以从右侧的上半部顺序往下片削，直到腿肉和尾部。左侧的工序同右侧。切削的要求是手要灵活，每片大小均匀，皮肉不分离，片片带皮，一般中等烤鸭可削 100～120 片。

（二）烤鸡的加工

1. 配方

（1）腌制料（按每 50kg 腌制液计） 生姜 100g，葱 150g，八角茴香 150g，花椒 100g，香菇 50g，食盐 8.5kg。

配制：将八角茴香、花椒，包入纱布包内，和香菇、葱、姜放入水中煮制，沸腾后将料水倒入腌制缸内，加盐溶解，冷却后备用。

（2）腹腔涂料 香油 100g，鲜辣粉 50g，味精 15g，拌匀后待用。上述涂料约可涂 25～30 只鸡。

（3）腹腔填料 每只鸡放入生姜 2～3 片（10g）、葱 2～3 根（15g）、香菇 2 块（10g），姜切成片状，葱打成结，香菇预先温水泡软。

（4）皮料浸烫 涂料为水 2.5kg、饴糖 500g，溶解加热至 100℃ 待浸烫用，此量够 100～150 只鸡用。刚出炉后的成品烤鸡表皮涂上香油。

2. 加工工艺

（1）原料选择 选用体重 1.5～2kg 的肉用仔鸡。这样的鸡肉质香嫩，净肉率高，制成烤鸡出品率高，风味佳。

（2）整形 将全净膛光鸡，先去腿爪，再从放血处的颈部横切断，向下推脱颈皮、切断颈骨，去掉头颈，再将两翅反转成“8”字形。

（3）腌制 将整形后的光鸡，逐只放入腌制缸中，用压盖将鸡压入液面以下，腌制时间根据鸡的大小、气温高低而定，一般腌制时间在 40～60min。腌制好后捞出晾干。不同腌制浓度对成品烤鸡的滋味、气味和质地三大指标影响较大，高浓度腌制液（17%）使得鸡体内的水分向外渗透，肉质相应老些，同时由于肌纤维的收缩，蛋白质发生聚合收缩，从而影响了芳香物质的挥发，导致鸡体香味不如腌制液浓度 8% 及 12% 的好。另外，高浓度盐液渗透性强，因而短时间即可达到腌制效果。腌制浓度为 12% 的腌制液则较为理想。且咸度适中，色、香、味俱全。

（4）涂放 腔内涂料把腌制好的光鸡放在台上，用带回头的棒具。挑约 5g 左右的涂料插入腹腔向四壁涂抹均匀。

（5）填放 腹内填料向每只鸡腹腔内填入生姜 2～3 片、葱 2～3 根、香菇 2 块，然后用钢针绞缝腹下开口，不让腹内汁液外流。

（6）浸烫涂皮料 将填好料缝好口的光鸡逐只放入加热到 100℃ 的皮料液中浸烫，约 0.5min，然后取出挂起，晾干待烤。

（7）烤制 一般用远红外线电烤炉，先将炉温升至 100℃，将鸡挂入炉内，不同规格的烤炉挂鸡数量不一样，当炉温升至 180℃ 时，恒温烤 15～20min，这时主要是烤熟鸡，然后再将炉温升高至 240℃ 烤 5～10min，此时主要是使鸡皮上色、发香。当鸡体全身上色均匀达到成品红色时立即出炉。出炉后趁热在鸡皮表面涂上一层香油，使皮更加红艳发亮，擦好香油后即为成品烤鸡。

（三）烧鹅

烧鹅各地均有制作，以广东烧鹅为好。烧鹅的特点是色泽鲜红，皮脆肉香，味美适口。选择经过肥育的鹅为最好，重量在 2.3～3.0kg 之间。

1. 配料

以50kg鹅计：精盐2kg，五香粉200g，酒精体积分数50%白酒50g，碎葱白100g，芝麻酱100g，生抽200g，混合均匀。麦芽糖溶液是每100g麦芽糖掺0.5kg凉开水。

2. 加工工艺

将活鹅宰杀、放血、去毛后，在鹅体尾部开直口，取出内脏，并在第二关节处除去脚和翅膀，清洗干净。然后再在每只鹅坯腹腔内放五香粉、盐1汤匙，或者放进酱料2汤匙，使其在体腔内均匀分布，用竹针将刀口缝合，以70℃热水烫洗鹅坯，再把麦芽糖溶液涂抹鹅体外表，晾干。把已晾干的鹅坯送入烤炉，先以鹅背向火口，用微火烤20min，将鹅身烤干，然后把炉温升高到200℃，转动鹅体，使胸部向火口烤25min左右，即可出炉。在烤熟的鹅坯表层涂抹一层花生油，即为成品。

烧鹅出炉后稍冷时食用最佳。烧鹅应现做现吃，保存时间过长，质量会明显下降。

（四）叫化鸡

叫化鸡，是江南名吃，历史悠久，是把加工好的鸡用泥土和荷叶包裹好，用烘烤的方法制作出来的一道特色菜，尤以江苏常熟叫化鸡最为著名。该产品的特点是色泽金黄，油润细致，鲜香酥烂，形态完整。

1. 配方

新鲜鸡1只，虾仁25g，鲜猪肉（肥瘦各半）150g，热火腿25g，猪网油适量，鲜猪皮适量（以能包裹鸡身为宜），酒坛的封口泥5块，大荷叶（干的）4张，细绳6m，透明纸1张，熟猪油50g，酱油150g，肉豆蔻1~3粒。黄酒、精盐、味精、芝麻油、姜、丁香、八角茴香、葱段、甜面酱各少许，也可配入干贝、蘑菇等。

2. 加工工艺

（1）选料　选用鹿苑鸡、三黄鸡（常熟一带品种鸡），体重1.75kg左右的新母鸡最为适宜，其他鸡也可选择。

（2）原料处理　制作叫化鸡的鸡坯，应从翼下（即翅下）切开净膛（即开月牙子、掏出腔内内脏），然后剔除气管和食道，并洗净沥干，用刀背拍断鸡骨，切勿破皮，再浸入特制卤汁（卤汁可只用酱油，亦可由八角茴香、酒、白糖、味精、葱段等调味料配制而成），30min后取出沥干。

（3）辅料加工　将熟猪油用旺火烧热，再投入香葱、姜、香料，随即放入肉丁、熟火腿丁、肉片、虾仁等，边炒边加酒、酱油及其他调料，炒至半熟起锅。

（4）填料　将炒过的辅料，沥去汤汁，从翼下开口处填入胸腹腔内并把鸡头曲至翼下由刀口处塞入，在两腋下各放丁香一颗（粒），用盐10~15g撒于鸡身，用猪网油或鲜猪皮包裹鸡身，然后将浸泡柔软的荷叶两张裹于其外，外覆透明纸一张，再覆荷叶两张，用细绳将鸡捆成蛋形，不松散。最后把经过特殊处理的坛泥平摊于湿布上，将鸡坯置于其中，折起四角，紧箍鸡坯。

酒坛泥的制备方法，将泥碾碎，筛去杂质，用绍兴黄酒的下脚料酒、盐和水搅成湿泥巴。

（5）烤制　将鸡体放入烤鸡箱内，或直接用炭火烤，先用旺火烤40min左右，把泥基本烤干后改用微火。每隔10~20min翻一次，共翻4次，有经验的师傅能凭溢出的气味判断成熟程度，一般烤4~5h。

产品成熟后，去下泥、绳子、荷叶、肉皮等，装盘，浇上香油、甜面酱即可食用。

（五）烤乳猪

烤乳猪是广州最著名的特色菜。早在西周时此菜已被列为“八珍”之一，那时称为“炮豚”。在南北朝时，贾思勰把烤乳猪作为一项重要的烹饪技术成果记载在《齐民要术》中。清朝康熙年间，烤乳猪是宫廷名菜，成为“满汉全席”中的一道主要菜肴。随着“满汉全席”盛行，烤乳猪曾传遍大江南北。在广州，烤乳猪在餐饮业中久盛不衰，深受食客青睐。该品色泽红润，光滑如镜，皮脆肉嫩，香而不腻。

1. 配方

原料为一只重5~6kg乳猪，辅料为香料粉7.5g，食盐7.5g，白糖150g，干酱50g，芝麻酱25g，南味豆腐乳50g，蒜和酒少许，麦芽糖溶液少许。

2. 加工工艺

（1）原料整理　选用皮薄、身躯丰满的小猪。宰后的猪身要经兽医卫生检验合格，并冲洗干净。

（2）上料腌制　将猪体洗净，将香料粉炒过，加入食盐抹匀，涂于猪的胸腹腔内，腌10min后，再在内腔中按配料比例加入白糖、干酱、芝麻酱、南味豆腐乳、蒜、酒等，用长铁叉把猪从后腿穿至嘴角，再用70℃的热水烫皮，浇上麦芽糖溶液，挂在通风处吹干表皮。

（3）烧烤　烧烤有两种方法，一种是明炉烧法，另一种是挂炉烧法。

明炉烧法：用铁制的长方形烤炉，将炉内的炭烧红，把腌好的猪用长铁叉叉住，放在炉上烧烤。先反烤猪的内胸腹部，约烤20min后，再在腹腔安装木条支撑，使猪体成型，顺次烤头、尾、胸部的边缘部分和猪皮。猪的全身特别是鬃头和腰部，须进行针刺和扫油，使其迅速排出水分，保证全猪受热均匀。使用明火烧烤，须有专人将猪频频滚转，并不时针刺和扫油，费工较大，但质量好。

挂炉烧法：用一般烧烤鸭鹅的炉，将炭烧至高温，再将乳猪挂入炉内，烧30min左右，在猪皮开始转色时取出针刺，并在猪身泄油时将油扫匀。

第三节　油炸制品的加工

一、油炸肉制品加工原理及技术

油炸是将油脂加热到较高的温度对肉食品进行热加工的过程。油炸制品在高温作用下可以快速熟制，营养成分最大限度地保持在食品内不易流失，赋予食品特有的油香味和金黄色泽。油炸工艺早期多应用在菜肴烹调方面，近年来则应用于食品工业生产方面，列为肉制品加工种类之一。

（一）油炸的作用

油炸制品加工时，将食物置于一定温度的热油中，油可以提供快速而均匀的传导热，食物表面温度迅速升高，水分汽化，表面出现一层干燥层，形成硬壳，然后，水分汽化层便向食物内部迁移，当食物表面温度升至热油的温度时，食物内部的温度慢慢趋向100℃，同时表面发生焦糖化反应及蛋白质变性，其他物质分解产生独特的油炸香味。

油炸传热的速率取决于油温与食物内部之间的温度差和食物的导热系数。在油炸热制过程中，食物表面干燥层具有多孔结构特点，其孔隙的大小不等，油炸过程中水和水蒸气首先从这些大孔隙中析出。由于油炸时食物表层硬化成壳，使其食物内部水蒸气蒸发受阻，形成一定蒸汽压，水蒸气穿透作用增强，致使食物快速熟化，因此油炸肉制品具有外脆里嫩的特点。

（二）油炸用油及质量控制

油炸用油一般使用熔点低、过氧化值低和不饱和脂肪酸低的植物油。我国目前炸制用油主要是大豆油、菜籽油和葵花籽油。油炸技术的关键是控制油温和油炸时间。油炸的有效温度可在100～230℃。为延长油炸用油的寿命，除掌握适当油炸条件和添加抗氧化物外，最重要的是清除积聚的油炸物碎渣。碎渣的存在加速油的变质并使制品附上黑色斑点，因此油炸用油应每天过滤一次。

（三）油炸对食品的影响

1. 油炸对食品感官品质的影响

油炸的主要目的是改善食品的色泽和风味。在油炸过程中，食品发生美拉德反应和部分成分的降解，使食品呈现金黄或棕黄色，并产生明显的油炸芳香风味。在油炸过程中，食物表面水分迅速受热蒸发，表面干燥形成一层硬壳。当持续高温油炸时，常产生挥发性的羰基化合物和羟基酸等，这些物质会产生不良风味，甚至出现焦糊味，导致油炸食品品质低劣，商品价值下降。

2. 油炸对食品营养价值的影响

与油炸工艺条件有关，油炸温度高，油炸时间短，食品表面形成干燥层，这层硬壳阻止了热量向食品内部传递和水蒸气外逸，因此，食品内部营养成分保存较好，含水量较高。油炸食品时，食物中的脂溶性维生素在油中的氧化会导致营养价值的降低，甚至丧失，视黄醇、类胡萝卜素、生育酚的变化会导致风味和颜色的变化。维生素C的氧化保护了油脂的氧化，即起了油脂抗氧化剂的作用。油炸时食品成分变化最大的是水分，水分的损失最多。油炸对肉品蛋白质利用率的影响较小，其生理效价和净蛋白质利用率（NPN）几乎没有变化。油炸温度虽然很高，但是食品内部的温度一般不会超过100℃。因此，油炸加工对食品的营养成分的破坏较少，即油炸食品的营养价值没有显著的变化。

3. 油炸对食品安全的影响

在油炸过程中，油的某些分解和聚合产物对人体是有毒害作用的，如油炸中产生的环状单聚体、二聚体及多聚体，会导致人体麻痹，产生肿瘤，引发癌症，因此油炸用油不宜长时间反复使用，否则将影响食品安全，危害人体健康。

（四）油炸的方式

1. 传统油炸技术

我国食品加工厂长期以来对肉制品的油炸大多采用燃煤或油的锅灶，少数采用钢板焊接的自制平底油炸锅。这些油炸装置一般都配备了相应的滤油设备，对用过的油进行过滤。

间歇式油炸机（如图12－2所示）是普遍使用的一种油炸设备，此类设备的油温可以进行准确控制。油炸过滤机可以利用真空抽吸原理，使高温炸油通过助滤剂和过滤纸，有效地滤除油中的悬浮微粒杂质，抑制酸价和过氧化值升高，延长油的使用期限及产品的保质期，明显改善产品外观、颜色，既提高油炸肉制品的质量，又降低了成本。

2. 水油混合式油炸技术

水油混合式食品油炸工艺是指在同一敞口容器内加入油和水，相对密度小的油占据容器的上半部分，相对密度大的水则占据容器的下半部分，在油层中部水平设置加热器加热。经过特殊设计的加热器能够实现只在炸制食品的油层加温，温度可自行控制在150～230℃，在加热油

图 12－2　间歇式油炸设备

层的容器外侧设置保温隔热层以提高热效率，在油层和水层的交界面水平设置冷却循环气筒，通过冷却装置强制风冷降温，温度可自动控制在 50℃ 以下。油炸食品时产生的食物残渣则从油层中落下，积存在水层底部，食物残渣所包含的油遇水分离后又返回油层，容器下部的水层在油炸过程中具有滤油和冷却的双重作用。油炸过程中产生的油烟则通过脱排油烟装置自动排除（图 12－3）。

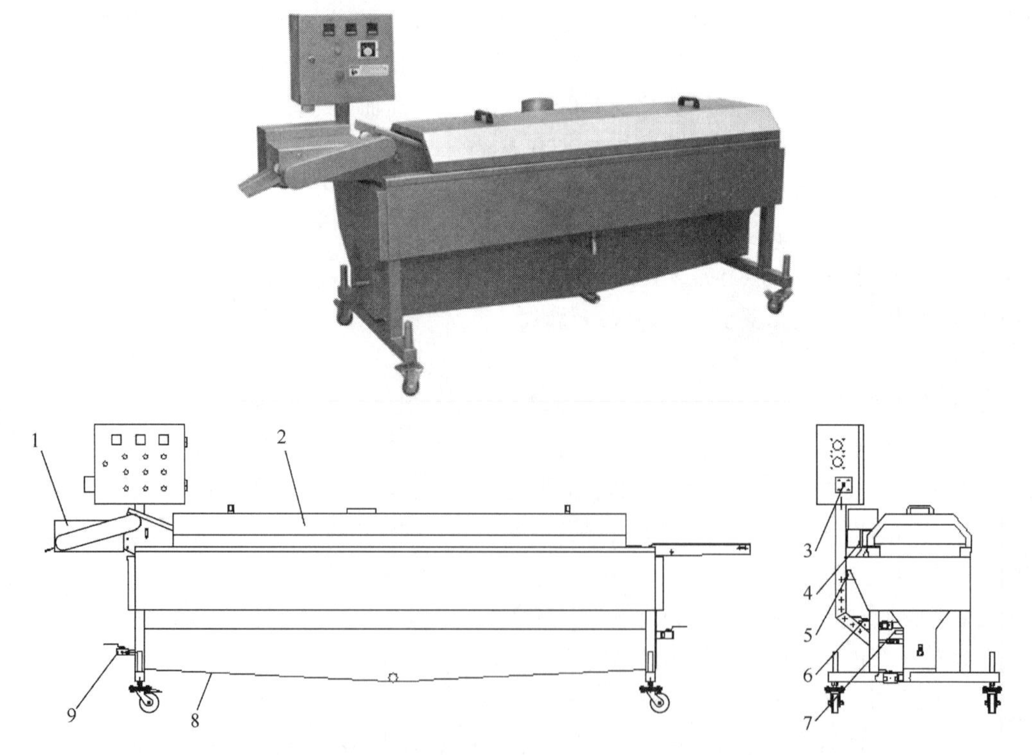

图 12－3　新型油水混合油炸机及其结构示意图

1—输送机架　2—箱盖部件　3—电控箱　4—加热翻转部件　5—油温控制
6—油路管道部件　7—水温控制　8—箱体组件　9—水路管道部件

3. 真空低温油炸技术

真空油炸技术将油炸和脱水作用有机地结合在一起，使样品处于负压状态，在这种相对缺氧的条件下进行食品加工，可以减轻甚至避免氧化作用（例如脂肪酸败、酶促褐变和其他氧化变质等）所带来的危害，并且具有以下特点：

（1）保色作用　采用真空油炸，油炸温度大大降低，而且油炸锅内的氧气浓度也大幅度降低。油炸食品不易褪色、变色、褐变，可以保持原料本身的颜色。

（2）保香作用　采用真空油炸，原料在密封状态下被加热，原料中的呈味成分大多数为水溶性，在油脂中并不溶出，并且随着原料的脱水，这些呈味成分进一步得到浓缩，因此采用真空油炸技术可以很好地保存原料本身具有的香味。

（3）降低油脂劣变程度　炸用油的劣化包括水解、氧化、聚合、热分解等，尤其以水或水蒸气与油接触产生水解为主。在真空油炸过程中，油处于负压状态，溶于油脂中的气体很快大量逸出，产生的水蒸气压力较小，故水解过程不易发生。而且油炸温度低，因此油脂的劣化程度大大降低。

4. 高压油炸技术

高压油炸技术是在一定的高压下（高于正常大气压）对肉原料进行炸制，油炸温度高于油炸用油的沸点，起源于美式肯德基家乡鸡的制作和加工。通常采用美式压力炸锅，此设备目前通过吸取国外先进技术已实现国产化，整体采用不锈钢材料，自动定时，自动控压排气，可燃气或电力加热。高压油炸技术具有能源消耗低、无污染、效率高、使用方便、经久耐用等优点，可炸鸡、鸭、猪排骨、羊肉等各种肉类，油炸时间短，油炸的食品外酥里嫩、色泽鲜明。

（五）降低油炸制品含脂率的研究

众所周知，油炸食品中脂肪含量较高，而目前食品中的脂肪含量已经成为公众评价膳食健康的指标之一，因此国内外许多专家致力于降低油炸制品含脂率的研究。总结起来主要有以下四种方法：

第一，用于油炸食品的可食性涂膜材料，主要包括多糖类（如改性淀粉、改性纤维素、明胶、果胶、葡萄糖等）和蛋白质材料（如大豆分离蛋白、乳清蛋白等），此外，还包括一些无毒性的高分子聚合物，如聚乙烯吡咯烷酮、聚羧乙烯、聚氧乙烯等。

第二，在油炸介质中配入超过50%人体不能消化吸收的多元脂肪酸类脂，而使制品所含的可消化吸收的油脂显著降低。

第三，可通过预处理技术提高油炸制品中的固形物含量，如通过热风干燥、微波干燥或渗透脱水等技术提高固形物含量从而降低产品的脂肪含量。

第四，物理方法采用真空离心脱油和过热蒸汽脱油技术降低油炸制品的含油率，此方法得到广泛应用并更能为消费者所接受。

二、油炸制品加工工艺

（一）走油肉

1. 配方

以猪肋条肉500g计：豆苗500g，白糖25g，味精3g，酱油40g，精盐2g，黄酒25g，葱段25g，姜块25g，水淀粉20g，麻油10g，花生油1000g（实耗50g）。

2. 加工工艺

刮净猪肉细毛，放入热水锅中煮一下，捞出洗净，再放清水锅中，加葱、姜、黄酒烧沸后，撇去浮沫，改用小火炖至八成熟、肉皮已酥时捞出，抹上酱油。豆苗摘去老叶梗茎，洗净待用。

锅烧热后倒入花生油，烧至八成热时，用漏勺装上猪肉，放入油锅中炸 1min 后，锅内爆声停止，改用小火再炸至肉皮发黄、起小泡时即可捞出，放进冷水中浸冷，使肉皮起皱纹。然后将肉捞起，切成长 6.6cm、厚 1.3cm 的块，皮朝下排列在碗中，加入酱油、白糖、黄酒、葱、姜等配料，上笼置旺火上蒸 1h 左右，蒸至肉质酥烂脱骨。炒锅中放入熟猪油 10g，倒入豆苗，加细盐、味精炒至熟，出锅装在盆内周围。将蒸过的走油肉取出，放在豆苗中央。卤汁加入味精，用火收浓；再用水淀粉勾芡，淋上麻油，浇在走油肉上即成。

3. 成品特点

肉红菜绿，造型美观，肉质酥而不烂，肥而不腻。

（二） 走油蹄膀

1. 配方

以 1.5kg 猪蹄计：食盐 50g，红酱油 40g，白糖 20g，黄酒 50g，味精 5g，猪油 100g，葱 50g，姜 30g。

2. 加工工艺

选用皮嫩猪蹄去爪，刮尽皮面余毛、污物，洗净。先将蹄膀在砂锅中加水、葱、姜、黄酒煮沸，撇沫，焖酥。捞出后趁热在皮面上涂上酱油，凉干后用温油炸至皮面起泡呈黄色，捞出浸于温水中，至皮皱取出。再入锅加酱油、盐、糖、味精及猪油、原汤煮沸，改用小火焖制即成。

3. 成品特点

色泽深酱红，皮皱肉酥，汤浓味香，鲜美可口。

（三） 桂花肉

1. 配方

以瘦猪肉 200g 计：鸡蛋黄 1 个，鸡蛋 1 只，干淀粉 3 汤匙，葱花 5g，料酒半汤匙，酱油半汤匙，盐 0.5g，熟花生油 400g（耗 30g），麻油 1/3 汤匙。

2. 加工工艺

瘦猪肉去净筋膜，切成小薄片，加绍酒、酱油、细盐、打散的鸡蛋和鸡蛋黄，再加干淀粉，连肉片调成淡黄色的厚糊备用。锅上火，加入熟花生油，用旺火烧五成热时，将上糊的肉片抓匀逐片投入热油里，炸 1min 左右后捞出，待油温度六成热时，再把肉片回锅复炸，炸到外皮香脆捞出沥干油，锅里油倒干，放入葱花，把炸好的肉片回锅翻动几下，淋几滴麻油盛出装盘。随带花椒盐或番茄沙司蘸食。

3. 成品特点制品色如桂花，皮脆肉嫩，滋味鲜美，芳香诱人。

（四） 炸狮子头

1. 配方

原料肉 25kg，粉面 6.75kg，精盐 625g，味精 75g，花椒粉 12.5g，鲜姜 250g，大葱 500g，亚硝酸钠 3.5g。

2. 加工工艺

把原料肉用精盐、亚硝酸钠腌制，冬季可腌制 8～12h，春、夏、秋腌制 2h 即可。把腌制好的原料肉用绞肉机绞碎。把肉、淀粉、调料加适量的水和在一起，做成直径 4cm 大的圆球形，放在沸油锅中炸至八成熟。把从油锅中捞出的半成品放入蒸锅中，蒸 20min 即可。

（五）炸肉丸

1. 配方

净猪肉 50kg，淀粉 12kg，盐 750g，酱油 750g，鲜姜 500g，大葱 l000g，豆油 4500g。

2. 加工工艺

把肉、葱、姜等佐料用绞刀绞细，放上淀粉，调料拌均匀，入油锅炸，使肉丸子呈深黄色即好。

第四节　调理肉制品的加工

调理肉制品又称预制肉制品，是以畜禽肉为主要原料，添加适量的调味料或辅料，经适当加工，以包装或散装形式在冷冻（－18℃）或冷藏（7℃以下）或常温条件下贮存、运输、销售，可直接食用或经简单加工、处理就可食用的肉制品。

一、产品特点

调理肉制品实质是一种方便肉制品，有一定的保质期，其包装内容物预先经过了不同程度和方式的调理，食用非常方便，并且具有附加值高、营养均衡、包装精美和小容量化的特点，深受消费者喜爱，现已成为国内城市人群和发达国家的主要消费肉制品品种之一。

调理肉制品的种类在不断发展演变，从传统火腿到风味火腿，从熏制肉品到炭烧食品，从西式炸鸡块到红烧肉，从比萨饼到回锅肉。调理肉制品逐渐从过去的方便贮存、保鲜转向家庭菜肴，引导健康饮食文化潮流。伴随着冷藏链、冰箱、微波炉的普及，调理肉制品不仅满足了消费者的饮食需求，而且大大缩短了消费者的备餐时间。目前市场上常见的调理肉制品油炸类如炸鱼排、炸大虾、炸鸡块等；烧烤类如炭烤腿肉串、烤牛肉串、川香烤鸡翅等；菜肴类如鱼香肉丝、宫爆鸡丁、酸菜鱼等；乳化类如鱼肉丸、羊肉丸、鸡肉丸等；汤羹类如滋补鸡汤、羊肉汤、鱼汤等；肉酱类如酱香鸡肉酱、羊肉酱、香菇肉酱等。

二、产品分类

调理肉制品按其加工方式和运销贮存特性，分为低温调理类和常温调理类。

（一）常温调理肉制品

1. 罐头食品

罐头食品被人们称为第一代调理食品，它具有以下显著特征：

（1）卫生安全性高，保质期长，有利于流通和经营。

（2）无需冷藏，在常温下贮运流通和销售。

（3）完全调理，开罐即食，比较方便，尤其适用于野外和军队膳食供应。

（4）高温烹煮，对某些鲜食产品的风味造成极大破坏，如质地软烂，香气异变，色泽晦暗，完全丧失新鲜度；某些肉类制品的质地变劣，口感下降，切片性变差。

（5）高温下热敏性成分维生素被破坏，蛋白质变性凝固，某些氨基酸含量下降。

（6）难以获得日常烹饪方式使食品具有的色、香、味。

由此可见，罐头食品在拥有许多优点的同时，却在品质和风味上存在缺陷，值得重视和解决。

2. 软罐头食品

指以优质复合材料热封而成的容器包装经预处理后的食品原料，严密封口后在100℃以上的湿热条件下处理以达到商业无菌要求的食品。软罐头食品的原料主要是畜禽肉类、水产品，用它们单独或配合生产的熟制方便食品种类繁多，一般按包装形式分为：袋装食品、盘装食品和结扎食品。在严格灭菌、调理加工方面与罐头食品很相似，但在其他方面也存在明显区别：

（1）开启容易，携带和食用都更为方便。

（2）加热时属薄板型传热，传热效率高，能耗更少。

（3）包装材料质轻，可减少装卸、运输负荷。

（4）调理方式多样，产品种类更为丰富。

（二）低温调理肉制品

1. 低温调理肉制品的分类

低温调理肉制品现在已经被大众广为接受，究其原因，除了其本身所具备的耐贮存、易调理、口味多样等特性十分符合现代消费需求外，家用冰箱、微波炉的日渐普及，以及低温调理食品所依存贩售的超市、大卖场呈现清洁舒适的购物环境等因素也有催化的作用。低温调理类又包括冷冻调理肉制品和冷藏调理肉制品。

（1）冷冻调理肉制品　人工制冷技术的问世催生了冷冻调理肉制品，各种冷冻调理肉制品给人们的生活带来了极大的方便，使一日三餐丰富多彩。现在多为速冻调理肉制品。这类肉制品的主要特点是：①在肉制品调理加工完毕后进行包装并立即冻结，产品必须在－18℃的条件下贮运、销售，风味和品质都能很好保持；②一般不存在加热过度的情况，调理方式更灵活多变；③在生产过程中易被微生物污染，包装后不再灭菌，存在着卫生安全方面的隐患；④必须构建配套完善的冷链流通系统，才能保证产品品质和经济效益。

（2）冷藏调理肉制品　冷藏调理肉制品是采用新鲜原料，经一系列的调理加工后真空封装于塑料或复合材料包装物中，经巴氏灭菌、快冷、再低温冷藏的新型方便肉制品。与软罐头肉制品相比，它的最大优势是在100℃以下灭菌，可最大限度地保持肉制品的色、香、味、营养成分和组织质地，使产品具有良好的鲜嫩度和口感。除此之外，还有以下优点：①真空封装，以控制肉制品成分的氧化和好氧性微生物的生长繁殖；②先包装后灭菌，避免了二次污染；③灭菌后快速冷却，低温保存和流通。

2. 低温调理肉制品的工艺流程

原料肉及配料前处理→调理（成型、加热、冷却或冻结）→包装→金属或异物探测→入库

3. 低温调理肉制品的操作要点

（1）原料　只有高品质的原料才能生产出高品质的产品。原料肉营养价值高且易腐败，其贮藏期限主要受好氧性低温菌的繁殖所限制。对于水产品、畜产品等原材料，在购入时还要对每一批次的原材料的规格、数量进行检查，检查有无混入异物、变色、变味等异常情况。进行原料肉的鲜度、有无异常肉、寄生虫害等的检查，还要进行细菌检查和必要的调理试验。

（2）前处理　根据原料特性和加工需要，原料前处理含清洗、修整切分、糊化、软化、预煮、预烤、调味、调色、成形以及装填等许多环节，物料一般暴露于空气中，污染可能性极大，必须严格做好卫生管理工作，才能保证产品的品质。

（3）调理　对于不同的产品，成型的要求不同。肉丸、汉堡包等是一次成型，而水饺、烧麦等是采用皮和馅分别成型后再由皮来包裹成型。夹心制品一般由共挤成型装置来完成（如图12－4所示）。有些制品还需要进行裹涂处理，如撒粉、上浆、挂糊或面包屑等。

图12－4　夹心肉丸共挤机

为充分加热，加热的原则是以肉制品的中心温度能杀死病原菌为关键控制点。一般要求产品的中心温度达到70～80℃。低温调理肉制品有各种调配料，各调配料占主产品的比率虽然不高，但各调配料的充分加热也不可缺少，当一种配料的微生物过高时，往往会使整个产品不符合卫生标准。

（4）冷却　加热后迅速冷却可以避免产品在高温下时间过长，品质劣变；还可以避免自然冷却的时间过长，产品再遭污染，微生物菌数再增加。

根据FDA水产品HACCP法规草案建议，食物应2h内由60℃降至20℃。再于另一个4h内降至4.4℃。冷却的方法常使用的有两种方法：冰水冷却、冷风冷却。

（5）冻结　现在的冻结方式多为速冻。在对速冻调理肉制品的品质设计时，一定要充分考虑到满足消费者对食品质地、风味等感官品质的要求。制品要经过速冻机快速冻结。食品的冻结时间必须根据其种类、形状而定，要采用合适的冻结条件。

（6）包装

①真空袋包装：优点是对个体较为厚重的肉制品（比如猪蹄或大丸子等），这种紧密包装会给消费者感官产生一定的价值感。真空自动包装设备容易操作，外观效果好，调理方便。另外一种方式是采用全自动化的新型设备，分别由设备将上部薄膜和下部薄膜加以组合包装。充

填的内容物首先被放置在有下部薄膜的机器上，然后与上部薄膜进行第一次三面封口，然后进行抽真空，紧接着再进行第二次封口、切断的连续操作。在国外，这种设备效益很高，在大规模生产汉堡包等多种调理肉制品中均已经使用了这种包装方式。包装材料主体采用软质类型，大多用成型性好、无伸展性的尼龙/PE，上部薄膜采用对光电管标志灵敏、适合印刷的聚酯/PE 复合材料。

②纸盒包装：这种包装形式除保持膨胀外观外，还具有外观效果好、容易处理、方便调理等特点。冷冻肉制品的纸盒包装分为上部装载和内部装载两种方式。前者的材料是表面由 PF、PP 塑料薄膜与纸板压合在一起，由小型包装机冲压裁剪，由制盒机制盒，内容物从上部充填后，机械自动用盖封口。盒盖与盒身是连成一体的片形体，机械将其上、下分开时，内容物从侧面进入，再自动封口，这种方式采用的较多。

③铝箔包装：铝箔作为包装材料具有耐热、耐寒、良好的阻隔性等优点，能够防止肉制品吸收外部的不良滋味和气味。这种材料热传导性好，适合作为解冻后再加热的容器。

④微波炉用包装物：随着微波炉的普及，适合于微波炉加热的塑料盒被广泛使用，这种材料在微波炉和烤箱中都可使用。由美国开发出来的压合容器，用长纤维的原纸和聚酯挤压成型，一般能够耐受 200～300℃的高温。日本的专用微波炉加热的包装材料使用的是聚酯纸、聚丙烯和耐热的聚酯等。

（7）贮运及销售　冷藏或冻结保藏是低温调理食品安全保藏的重要手段，与灭菌有相辅相成的作用，依照货架期的不同要求，冷藏产品一般 0～3℃保存，冷冻产品在 -20～-18℃保存。巴氏灭菌后，嗜冷菌和大多数不耐热的嗜温菌已被杀灭，可能残存的都是耐热性菌。各种微生物有各自不同的最低生长温度，在此范围内，它们的生长极为缓慢。增代时间显著延长，而当温度再低于最低生长温度时，抑制作用则更强，有的微生物还会迅速死亡，据报道，嗜热菌的最低生长温度是在 25℃，可见在提供的冷存温度下，它们是不能生长繁殖的。但考虑到微生物特性的多变和大批量产品灭菌难以保证绝对一致的效果，故对冷藏的巴氏杀菌产品，其货架期有严格控制，一般是几天至十几天。

在 -18℃以下，为数极少的即使保存活力的微生物也不可能生长繁殖，因此冻结保存的巴氏杀菌调理食品具有更高的卫生安全性，因而货架期明显延长。根据冻结速度不同，冻结有速冻和缓冻之分，速冻有利于食品，但对微生物而言，两个阶段影响不同。食品冻结前的阶段，快速降温促进微生物死亡；食品冻结后的阶段，快速降温使死亡率减小。原因在于微生物在对生命细胞造成致命影响的温度段（-2～5℃）停留时间很短，受到伤害很小，且温度达到 -18℃时，酶的活性和胶体变性都受到抑制。冷藏、冷冻中最为重要的是控制温度的恒定。

三、调理肉制品加工工艺

（一）速冻鸡肉丸

1. 工艺流程

原料肉 → 预处理和配料 → 制馅 → 成型 → 熟制 → 冷却 → 速冻 → 品检和包装 → 冷藏

2. 配方

鸡肉 16kg，猪背膘 2kg，鸡皮 2kg，食盐 1.35kg，白砂糖 0.3kg，丸子胶 200g，品质改良剂 240g，生姜 600g，大葱 1.8kg，味精 200g，鸡肉香精 200g，白胡椒粉 75g，冰鸡蛋液 3kg，玉米淀粉 5kg，冰屑适量。

3. 操作要点

（1）原料肉的选择　选择来自非疫区的经兽医卫检合格的新鲜（冻）鸡大胸肉、鸡皮和适量的猪肥膘（以猪背膘肥肉为好）作为原料肉。加入猪肥肉膘和适量鸡皮可提高产品口感和嫩度。

（2）配料及调味　按产量根据配料要求选择合适的各种辅助材料，并准确称量备用。

（3）原辅料的处理　选品质优良的新鲜大葱，剥去老皮和枯青叶，生姜去皮，洗净用绞肉机粗绞后备用；鸡胸肉、鸡皮、猪肥膘稍解冻后切成条块状，用绞肉机绞制。原料经绞制后立即斩拌。

（4）制馅（打浆）　准确按配方称量粗绞后的肉料，倒入斩拌机里，斩拌成泥状后按先后秩序添加品质改良剂、食盐、调味料、丸子胶，高速斩拌成黏稠的细馅，最后加入淀粉，充分斩拌均匀。在整个斩拌过程中，肉馅的温度要始终控制在10℃以下。一般在斩拌过程中添加适量的冰水来控制温度。

（5）成型　手工或用肉丸成型机，调节好肉丸成型机的速度，使肉丸子饱满，将成型的鸡肉丸立即放入80～85℃的热水槽中浸煮成型，也可以将成型的鸡肉丸通过油炸成型起色，一般炸至外壳呈均匀的浅棕色或黄褐色后立即将肉丸从油锅里捞出，适当冷却后入沸水锅中煮熟

（6）熟制（油炸或水煮）　成型后在90～95℃的热水中煮5～10min即可避免肉丸出油而影响风味和口感，煮熟时间不宜过长。为了保证煮熟并达到杀菌的效果，通常是使鸡肉丸中心温度达72℃并维持1min以上。

（7）预冷　将煮熟后的肉丸立即进入预冷室预冷，预冷温度要求0～4℃，冷却至肉丸中心温度8℃以下，要求预冷间清洁卫生且排湿良好。

（8）速冻　将冷却后的肉丸转入速冻库冷冻，速冻间库温－30℃以下，速冻20～35min后取出装袋封口，在－18℃以下冻藏。

（二）鸡柳

1. 工艺流程

鸡大胸肉（冻品）→解冻→切丁→切条→（加入香辛料，冰水）真空滚揉→腌渍→上浆→裹屑→速冻→包装→入库

2. 配方

鸡胸肉100kg，冰水20kg，食盐1.6kg，白砂糖0.6kg，复合磷酸盐0.2kg，味精0.3kg，白胡椒粉0.16kg，蒜粉0.05kg，其他香辛料0.8kg，鸡肉香精0.3kg。其他风味可在这个风味的基础上做一下调整：香辣味加辣椒粉1kg，孜然味加孜然粉1.5kg，咖喱粉0.5kg，小麦粉、裹粉、裹屑适量。

3. 操作要点

（1）解冻　将经兽医检验合格的鸡大胸肉，拆去外包装纸箱及内包装塑料袋，放在解冻室不锈钢案板上自然解冻至肉中心温度－2℃即可。

（2）切条　将胸肉沿肌纤维方向切割成条状，每条重量为7～9g。

（3）真空滚揉腌渍　将鸡大胸、香辛料和冰水放入滚揉机，抽真空，真空度－0.9Pa，正转20min，反转20min，共40min。腌渍。在0～4℃的冷藏间静止放置12h，以利于肌肉对盐水的充分吸收入味。

（4）上浆　将切好的鸡肉块放在上浆机的传送带上，给鸡肉块均匀的上浆。浆液配比为

粉∶水 =1∶1.6，在打浆机中，打浆时间 3min。浆液黏度均匀。

（5）上屑　采用专用的裹粉，在不锈钢盘中，先放入适量的裹屑，而后胸肉条沥去部分腌渍液放入裹粉中，用手工对上浆后的鸡肉条均匀地上屑后轻轻按压，裹屑均匀，最后放入塑料网筐中，轻轻抖动，抖去表面的附屑。

（6）油炸　首先对油炸机进行预热到 185℃，使裹好的鸡肉块依次通过油层，采用起酥油或棕榈油，油炸时间 25s。也可不采用油炸步骤。根据加工的条件来调整工艺的要求。

（7）速冻　将无骨鸡柳平铺在不锈钢盘上，注意不要积压和重叠，放进速冻机中速冻。速冻机温度 -35℃。时间 30min。要求速冻后的中心温度 -8℃以下。

（8）包装入库　将速冻后的无骨鸡柳放入塑料包装袋中，利用封口机密封，打印生产的日期，包装后即时送入 -18℃冷库保存，产品从包装至入库时间不得超过 30min。

（三）骨肉相连串

1. 工艺流程

原料整理→清洗→切块→调味→腌渍→成串→装袋→冻藏→成品

2. 配方

鸡肉 1kg，HP 酱 45mL、番茄酱 30mL、小茴香粉 3g、白胡椒粉 10g、姜粉 5g、辣椒粉 10g、盐 5g、白砂糖 15g。将以上调料充分混合均匀。

3. 操作要点

（1）原料　所用原料为鸡腿肉和鸡脆骨，脆骨要清洗后去掉带血的黑色部分。

（2）清洗　将处理后得到的鸡肉和鸡软骨用清水清洗 2～3 遍，沥干水分备用。

（3）切块　将鸡肉和鸡软骨分别切成 3cm 左右见方的块，备用。

（4）调味　取容器放入所有调料，将其与鸡肉进行充分混合、调味。

（5）腌渍　把切好的鸡肉与鸡软骨放入调料中充分腌渍，时间约为 3h，腌渍过程中每小时翻动一次，使调料均匀附着在鸡肉与软骨表面。

（6）成串　将腌渍好的鸡肉与软骨取出，然后将鸡肉与软骨按 7∶3 的比例穿到长度为 25～30cm 的竹签上。

（7）装袋　将竹签装入尺寸适合的复合蒸煮袋中，排干袋中空气，用封口机进行密封。

（8）冻藏　将生产好的产品置于 -18℃的条件下冷冻保存。

思考题

1. 试述肉在煮制过程中所发生的变化。
2. 简述肉制品烤制的原理以及常见的烤制方法。
3. 简述加工过程中油炸的作用以及油炸对食品的影响。
4. 简述调理肉制品的概念、特点及其分类。

扩展阅读

[1] 孙京新. 调理肉制品加工技术［M］. 北京：中国农业出版社，2014.
[2] 许瑞. 新型肉制品加工技术［M］. 北京：化学工业出版社，2016.
[3] 赵改名. 酱卤肉制品加工技术［M］. 北京：中国农业出版社，2014.

CHAPTER 13

第十三章 干制及发酵肉制品的加工

内容提要

本章主要介绍了干肉制品的加工的原理及技术，以及肉松、肉干及肉脯的加工工艺；主要介绍了发酵肉制品种类及特点、发酵肉制品中常用的微生物。

第一节 干肉制品的加工

干肉制品是指将肉先经熟加工再成型干燥或先成型再经热加工干燥制成的肉制品。这类肉制品可直接食用，成品呈小的片状、条状、粒状、团粒状、絮状。干肉制品主要包括肉干、肉脯和肉松三大类。我国的这三大肉类制品具有加工方法相对简单、易于贮藏和运输、食用方便、风味独特等特点，因而深受消费者的喜爱。

我国干肉制品的加工方法对世界肉制品加工也有很大影响，亚洲许多国家干肉制品的加工方法和配方都起源于我国。近年来，随着远红外加热干燥和微波加热干燥设备的发展及食品营养学、卫生学的发展，丰富了干制品的加工工艺和配方，生产出满足消费者需求的新型干肉制品。在营养物质含量相同的情况下，干制品具有重量低、体积小、便于携带、运输和贮藏等优点。干制品的缺点是在干制过程中某些芳香物质和挥发性成分会随着水分的蒸发而散到空气中，同时在非真空的条件下干燥时易发生氧化作用，尤其在高温下更为严重。我国传统的肉干和肉松等干制品是一种调味性的干制品，几乎完全失去对水分的可逆性。

一、干肉制的加工原理及技术

（一）干肉制品的贮藏原理

1. 降低食品的水分活度

微生物经细胞壁从外界摄取营养物质并向外界排出代谢物时，都需要以水作为溶剂或媒介质，故水为微生物生长活动必需的物质。水分对微生物生长活动的影响，起决定因素的并不是食品的水分总含量，而是它的有效水分，即用水分活度进行估量。对食品中有关微生物需要的 A_w 进行研究表明，各种微生物都有自己适宜的 A_w。A_w 下降，它们的生长速率也下降，A_w 还可以下降到微生物停止生长的水平。各种微生物保持生长所需的最低 A_w 值各不相同，大多数最重要的食品腐败细菌所需的最低 A_w 都在 0.9 以上，但是肉毒杆菌则在 A_w 低于 0.95 时就不能生长。芽孢的形成和发芽需要更高的 A_w。大多数新鲜食品的 A_w 在 0.99 以上，虽然这对各种微生物的生长都适宜，但最先导致牛乳、蛋、鱼、肉等食品腐败变质的微生物都是细菌，这类食品属于易腐食品。食品在干制过程中，随着水分含量的下降，A_w 下降，因而可被微生物利用的水分减少，抑制了其新陈代谢而不能生长繁殖，从而延长了其保藏期限，但干制并不能将微生物全部杀死，只能抑制它们的活动，环境条件一旦适宜，又会重新吸湿恢复活动。因此对干制品中一般肠道杆菌和食品中毒菌应特别注意控制，就应在干制前设法将它杀灭。

2. 降低酶的活力

酶为食品所固有，同样需要水分才具有活力。水分减少时，酶的活性也就降低，在低水分制品中，特别在它吸湿后，酶仍会慢慢地活动，从而引起食品品质恶化或变质。只有干制品水分降低到 1% 以下时，酶的活性才会完全消失。酶在湿热条件下处理时易钝化，如于 100℃ 时瞬间即能破坏它的活性。但在干热条件下难以钝化，如在干燥条件下，即使用 104℃ 热处理，钝化效果也极其微弱。因此，为控制干制品中酶的活动，就有必要在干制前对食品进行湿热或化学钝化处理，使酶失去活性。

（二）干制方法

（1）自然干燥　主要包括晒干、风干等，为古老的干制方法，要求设备简单、费用低，但受自然条件的限制，湿度条件很难控制，大规模的生产很难采用，只是作为某些产品的辅助工序。

（2）烘炒干制　亦称热传导干制，靠间壁的导热将热量传给与壁面接触的物料，由于湿物料与加热的介质（载热体）不是直接接触，又称间接加热干燥。传热干燥的热源可以是水蒸气、热水、燃料、热空气等；可以在常压下干燥，也可以在真空下进行。

（3）烘房干燥　亦称对流热风干燥。直接以高温的热空气为热源，对流传热将热量传给物料。热空气既是热载体又是湿载体。一般对流干燥多在常压下进行。对流干燥室中的气温调节比较方便，物料不会被过热，但热空气离开干燥室时带走相当大的热能，因此对流干燥热能的利用率较低。

（4）低温升华干燥　是指在低温下，一定真空封闭的容器中，物料中的水分直接以冰升华为蒸汽，使物料脱水干燥。比较上述三种干燥方法，此法最能保持产品原来的性质，加水后能迅速恢复原来产品的性质，保持原有的成分，很少发生蛋白质变性等。但设备较复杂，投资大，费用高。

（5）微波干燥　食品中有大量的带正负电的分子，它们在微波电场作用下，分子间因运动摩擦而产生热量，使肉块得以干燥。而且这种效应在微波一旦接触到肉块时就会在肉块内外同时产生，而无需热传导、辐射、对流，在短时间内即可达到干燥的目的，且使肉块内外受热均匀，表面不易焦煳。但微波干燥有设备投资费用较高，干肉制品的特征性风味和色泽不明显等缺陷。

此外，还有辐射干燥、介电加热干燥等，在肉类干制品加工中很少使用，故此处不作介绍。

二、 干肉制品加工工艺

（一） 肉干的加工

肉干类制品是指瘦肉经预煮、切丁（条、片）、调味、浸煮、收汤、干燥等工艺制成的干熟肉制品。由于原辅料、加工工艺、形状、产地等不同，肉干的种类很多，按原料可分为猪肉干、牛肉干等，按形状可分为片状、条状、粒状等，按配料可分为五香肉干、辣味肉干和咖喱肉干等。

1. 肉干的传统加工工艺

（1）工艺流程

原料→初煮→切坯→煮制汤料→复煮→收汁→脱水→冷却→包装→成品

（2）加工工艺

①原料预处理：多采用新鲜的猪肉和牛肉，以前后腿的瘦肉为最佳。先将原料肉的脂肪和筋腱剔去，然后用清水浸泡 1h 左右除去血水、污物，沥干后，切成 1kg 左右的肉块。

②初煮：初煮时以水盖过肉面为原则，一般不加任何辅料，但有时为了去除异味可加1% ~ 2% 的鲜姜。初煮时水温保持在 90℃ 以上，并及时撇去汤面污物。初煮时间随肉的嫩度及肉块大小而异，以切面呈粉红色、无血水为宜。通常初煮 1h 左右。肉块捞出后，汤汁过滤待用。

③切坯：肉块冷却后，可根据工艺要求在切坯机中切成小片、条、丁等形状，不论什么形状，要大小均匀一致。

④复煮、收汁：复煮是将切好的肉坯放在调味汤中煮制，其目的是进一步熟化和入味。复煮汤料配制时，取肉坯重 20% ~40% 的过滤初煮汤，将配方中不溶解的辅料装袋入锅，煮沸后加入其他辅料及肉坯，用大火煮制 30min 左右后，随着剩余汤料的减少应减小火力，以防焦锅。用小火煨 1 ~2h，待卤汁基本收干即可起锅。复煮汤料配制时，各种调味料和香辛料的用量变化较大，以下是几种适合消费者口味及富有地方特色的肉干配方。

上海咖喱牛肉干配方：鲜牛肉 100kg，精盐 3kg，酱油 3. 1kg，白糖 12kg，白酒 2kg，咖喱粉 0. 5kg。

新疆马肉五香肉干配方：鲜肉 100kg，食盐 2. 86kg，白糖 4. 5kg，酱油 4. 8kg，黄酒 750g，花椒 150g，八角茴香 200g，小茴香 150g，丁香 50g，桂皮 300g，陈皮 750g，甘草 100g，姜 500g。

成都麻辣猪肉干配方：猪瘦肉 100kg，精盐 1. 5kg，酱油 4kg，白糖 1. 5 ~2kg，香油 1kg，白酒 500g，味精 100g，辣椒面 2 ~2. 5kg，花椒面 300g，五香粉 100g，芝麻面 300g，菜籽油适量。

⑤脱水：肉干常规的脱水方法有三种。烘烤法：将收汁后的肉坯铺在竹筛或铁丝网上，放置于三用炉或远红外烘箱中烘烤。烘烤温度前期可控制在 80 ~90℃，后期控制在 50℃ 左右。一般需要 5 ~6h 即可使含水量下降到 20% 以下。在烘烤过程中要注意定时翻动。炒干法：收汁结束后，肉坯在原锅中文火加温，并不停翻搅，炒至肉块表面微出现蓬松茸毛时，即可出锅，冷却后即为成品。油炸法：先将肉切条后，用 2/3 的辅料（其中白酒、白糖、味精后放）与肉条拌匀，腌渍 10 ~20min 后，投入 135 ~150℃ 的菜油锅中油炸。炸到肉块呈微黄色后，捞出并滤净油，再将酒、白糖、味精和剩余的 1/3 辅料混入拌匀即可。在实际生产中，也可先烘干再上油衣。

⑥冷却、包装：冷却以在清洁室内摊晾、自然冷却较为常用。必要时可用机械排风，但不宜在冷库中冷却，否则易吸水返潮。包装以复合膜为好，尽量选用阻气、阻湿性能好的材料。

⑦肉干成品标准：参考（GB/T 23969—2009《肉干》）。

感官指标：黄色或黄褐色，色泽基本均匀，具有该品种特有的香味和滋味，咸甜适中。

理化指标：理化指标见表 13 - 1。

表 13 - 1 肉干的理化指标 （GB/T 23969—2009）

项目		指标	
		牛肉干	猪肉干
水分/（g/100g）	≤	20.0	
脂肪/（g/100g）	≤	10	12
蛋白质/（g/100g）	≥	30	28
氯化物（以 NaCl 计）/（g/100g）	≤	5	
总糖（以蔗糖计）/（g/100g）	≤	35	
铅（Pb）/（mg/kg）	≤	0.5	
无机砷/（mg/kg）	≤	—	
镉（Cd）/（mg/kg）	≤	0.1	
总汞（以 Hg 计，mg/kg）	≤	0.05	

微生物指标：微生物指标见表 13 - 2。

表 13 - 2 肉脯微生物指标 （GB/T 2726—2016）

项目	采样方案及限量				检验方法
	n	c	m	M	
菌落总数/（cfu/g）	5	2	10^4	10^5	GB 4789.2—2016
大肠菌群/（cfu/g）	5	2	10	10^2	GB 4789.3—2016

注：样品的采样和处理按 GB 4789.1—2016 执行。

2. 肉干生产新工艺

随着肉类加工业的发展和人们生活水平的提高，消费者要求干肉制品向着组织较软、色淡、低糖方向发展。Lothar leistner 等在调查中式干肉制品配方、加工和质量的基础上，对传统中式肉干的加工方法提出了改进，并把这种改进工艺生产的肉干称为莎脯（Shafu）。

（1）工艺流程

原料肉修整→切块→腌制→熟制→切条→脱水→包装→成品

（2）加工工艺 选用牛肉、羊肉、猪肉或其他畜禽肉，剔除脂肪和结缔组织，切成大约 4cm 见方的块，每块重 200g，然后按配方要求加入辅料，在 4 ~ 8℃下腌制 48 ~ 56h，腌制结束后，在 100℃蒸汽下加热 40 ~ 60min 至中心温度为 80 ~ 85℃，冷却至室温后再切成大约 3mm 厚的肉条。然后将其置于 85 ~ 95℃下脱水至肉表面成褐色，含水量低于 30%，成品的 A_w 低于 0.79（通常为 0.74 ~ 0.76），最后用真空包装。

（二）肉脯的加工

肉脯是指瘦肉经切片（或绞碎）、调味、腌制、摊筛、烘干、烤制等工艺制成的干、熟薄片形的肉制品。因原料、辅料、产地等的不同，肉脯的名称及品种不尽相同，其加工工艺包括传统工艺和新工艺两种。

1. 肉脯的传统加工工艺

（1）工艺流程

原料选择→修整→冷冻→切片→腌制→摊筛→烘烤→烧烤→压平→成型→包装→成品

（2）加工工艺

①原料预处理：传统肉脯一般是由猪、牛肉加工而成，但现在也选用其他畜禽肉。选用新鲜的牛、猪后腿肉，去掉脂肪、结缔组织，顺肌纤维切成1kg重的肉块。要求肉块外形规则、边缘整齐，无碎肉、淤血。

②冷冻：将修割整齐的肉块移入-20～-10℃的冷库中速冻，以便于切片。冷冻时间以肉块深层温度达-5～-3℃为宜。

③切片：将冻结后的肉块放入切片机中切片，须平行肌肉纤维方向切，以保证成品不易破碎。切片厚度一般控制在1～3mm。但国外肉脯有向超薄型发展的趋势，最薄的肉脯只有0.05～0.08mm，一般在0.2mm左右。超薄肉脯透明度、柔软性、贮藏性都很好，但加工技术难度较大，对原料肉及加工设备要求较高。

④拌肉、腌制：将粉状辅料混匀后，与切好的肉片拌匀，在不超过10℃的冷库中腌制2h左右。肉脯配料各地不尽相同，以下是两种常见肉脯辅料配方：

猪肉脯：原料肉100kg，食盐2.5kg，白酱油1.0kg，小苏打0.01kg，蔗糖1kg，高粱酒2.5kg，味精0.3kg。

牛肉脯：牛肉片100kg，酱油4kg，山梨酸钾0.02kg，食盐2kg，味精2kg，五香粉0.3kg，白砂糖5kg，维生素C 0.02kg。

⑤摊筛：在竹筛上涂刷食用植物油，将腌制好的肉片平铺在竹筛上，肉片之间彼此靠溶出的蛋白质粘连成片。

⑥烘烤：烘烤的主要目的是促进发色和脱水熟化。将摊放肉片的竹筛上架晾干水分后，进入三用炉或远红外烘箱中脱水、熟化。其烘烤温度控制在55～75℃，前期烘烤温度可稍高。肉片厚度为2～3mm时，烘烤时间为2～3h。

⑦烧烤：烧烤是将半成品放在高温下进一步熟化并使其质地柔软，产生良好的烧烤味和油润的外观。烧烤时可把半成品放在远红外空心烘炉的转动铁网上，200℃左右烧烤1～2min至表面油润、色泽深红为止。成品中含水量小于20%，一般以13%～16%为宜。

⑧压平、成型、包装：烧烤结束后用压平机压平，按规格要求切成一定的形状。冷却后及时包装。塑料袋或复合袋需真空包装。马口铁听装加盖后锡焊封口。

2. 肉脯加工新工艺

（1）工艺流程

原料肉处理→斩拌配料→腌制→抹片→变温烘烤→烧烤→压平→烧烤→包装→金属探测

（2）肉脯配方　以鸡肉脯为例：鸡肉100kg，浅色酱油5.0kg，味精0.2kg，糖10kg，姜粉0.3kg，白胡椒粉0.3kg，食盐2.0kg，白酒1kg，维生素C 0.05kg，混合磷酸盐0.3kg。

（3）操作方法　将原料肉经预处理后，与辅料入斩拌机斩成肉糜，并置于10℃以下腌制1.5～2.0h。竹筛表面涂油后，将腌制好的肉糜涂摊于竹筛上，厚度以1.5～2.0mm为宜，在

65～85℃下变温烘烤2h，120～150℃下烧烤2～5min，压平后按要求切片、包装。

（4）质量控制

①肉糜斩拌程度：肉糜斩得越细，腌制剂的渗透就越迅速、充分，盐溶性蛋白质的溶出量就越多。同时肌纤维蛋白质也越容易充分延伸为纤维状，形成蛋白的高黏度网状结构，其他成分充填于其中而使成品具有韧性和弹性。

②腌制时间：腌制时间对肉脯色泽无明显影响，而对质地和口感影响很大。腌制时间以1.5～2.0h为宜。

③肉脯的涂抹：厚度以1.5～2.0mm为宜。因为涂抹厚度增大，肉脯柔性及弹性降低，且质脆易碎。

④烘烤温度和烧烤温度：若烘烤温度过低，不仅费时耗能，且香味不足、色浅、质地松软。温度超过75℃，在烘烤过程中肉脯很快卷曲，边缘易焦，质脆易碎，且颜色开始变褐。蒋爱民等研究表明采用55～90℃的“分段－平衡脱水方法”比传统脱水方法缩短了18%烘烤时间，且产品质地均匀。烘烤温度为70～75℃，则时间以2h左右为宜。烧烤时若温度超过150℃，肉脯表面起泡现象加剧，边缘焦煳、干脆。当烧烤温度高于120℃，则能使肉脯具有特殊的烤肉风味，并能改善肉脯的质地和口感。因此，烧烤以120～150℃，2～5min为宜。

⑤表面处理：通过在肉脯表面涂抹蛋白液和压平，可以使肉脯表面平整，增加光泽，防止风味损失和延长货架期。

⑥烘烤：烘烤的主要目的是促进发色和脱水熟化。将摊放肉片的竹筛上架晾干水分后，进入三用炉或远红外烘箱中脱水、熟化。其烘烤温度控制在55～75℃，前期烘烤温度可稍高。肉片厚度为2～3mm时，烘烤时间为2～3h。

⑦烧烤：烧烤是将半成品放在高温下进一步熟化并使其质地柔软，产生良好的烧烤味和油润的外观。烧烤时可把半成品放在远红外空心烘炉的转动铁网上，200℃左右烧烤1～2 min至表面油润、色泽深红为止。成品中含水量小于20%，一般以13%～16%为宜。

⑧压平、成型、包装：烧烤结束后用压平机压平，按规格要求切成一定的形状。冷却后及时包装。塑料袋或复合袋需真空包装。马口铁听装加盖后锡焊封口。

⑨肉脯的卫生标准：参考GB/T 2726—2016。

肉脯的感官指标：片型规则，薄厚均匀，允许有少量脂肪析出和少量空洞，无焦片、生片。色泽均匀透明有油润光泽，可呈现棕红、深红、暗红色。咸甜适中，香味纯正。无杂质。

理化和微生物指标见表13－3、表13－4。

表13－3　肉脯的理化指标（GB/T 31406—2015）

项目		指标		
		特级	优级	普通级
蛋白质/（g/100g）	≥	35	30	28
脂肪/（g/100g）	≤	12	14	16
水分/（g/100g）		18	20	
氯化物（以NaCl计）/（g/100g）	≤		5	
总糖（以蔗糖计）/（g/100g）	≤	30	35	38

表 13-4　　肉脯微生物指标（GB/T 2726—2016）

项目	采样方案及限量				检验方法
	n	c	m	M	
菌落总数/（cfu/g）	5	2	10^4	10^5	GB 4789.2—2016
大肠菌群/（cfu/g）	5	2	10	10^2	GB 4789.3—2016

注：样品的采样和处理按 GB 4789.1—2016 执行。

（三）肉松的加工

肉松（Dried meat floss）是指瘦肉经煮制、撇油、调味、收汤、炒松干燥或加入食用植物油或谷物粉，炒制而成的肌肉纤维蓬松成絮状或团粒状的干熟肉制品。按原料除猪肉松外还可用牛肉、兔肉、鱼肉生产各种肉松。肉松按形状分为绒状肉松和粉状（球状）肉松。我国有名的传统产品是太仓肉松和福建肉松等。太仓肉松属于绒状肉松，福建肉松属于粉状肉松。

1. 肉松的传统加工工艺

（1）太仓肉松工艺流程

选料→配料→煮制→炒压→炒松→搓松→拣松→包装加工→成品

（2）工艺要点

①选料：传统肉松是由猪瘦肉加工而成，结缔组织的剔除一定要彻底，否则加热过程中胶原蛋白水解后，导致成品粘结成团块而不能呈良好的蓬松状。将修整好的原料肉切成 1.0～1.5kg 的肉块。切块时尽可能避免切断肌纤维，以免成品中短绒过多。

②配料：瘦肉 100kg，黄酒 4kg，糖 3kg，白酱油 15kg，八角茴香 0.12kg，生姜 1kg。

③煮制：将香辛料用纱布包好后和肉一起入夹层锅，加与肉等量的水，用蒸汽加热常压煮制。煮沸后撇去油沫。肉不能煮得过烂，否则成品绒丝短碎。以筷子稍用力夹肉块时，肌肉纤维能分散为宜。煮肉时间为 2～3h。

④炒压（打坯）：肉块煮烂后，改用中火，加入酱油、酒，一边炒一边压碎肉块。然后加入白糖、味精，减小火力，收干肉汤，并用小火炒压肉丝至肌纤维松散时即可进行炒松。

⑤炒松：肉松中由于糖较多，容易塌底起焦，要注意掌握炒松时的火力。炒松有人工炒和机炒两种。在实际生产中可人工炒和机炒结合使用，炒松机见图 13-1。当汤汁全部收干后，用小火炒至肉略干，转入炒松机内继续炒至水分含量小于 20%，颜色由灰棕色变为金黄色，具有特殊香味时即可结束。在炒松过程中如有塌底起焦现象，应及时起锅，清洗锅巴后方可继续炒。

⑥搓松：为了使炒好的松更加蓬松，可利用滚筒式搓松机搓松，使肌纤维成绒丝松软状。

⑦拣松：搓松后送入包装车间的木架上凉松，肉松凉透后便可拣松，将肉松中焦块、肉块、粉粒等拣出，提高成品质量。

⑧包装贮藏：传统肉松生产工艺中，在肉松包装前需约 2d 的凉松。凉松过程不仅增加了二次污染的几率，而且肉松含水量会提高 3% 左右。肉松吸水性很强，不宜散装。短期贮藏可选用复合膜包装，贮藏 3 个月左右；长期贮藏多选用玻璃瓶或马口铁罐，可贮藏 6 个月左右。

福建肉松与太仓肉松的加工方法基本相同，只是在配料和加工方法上有区别。成品呈均匀

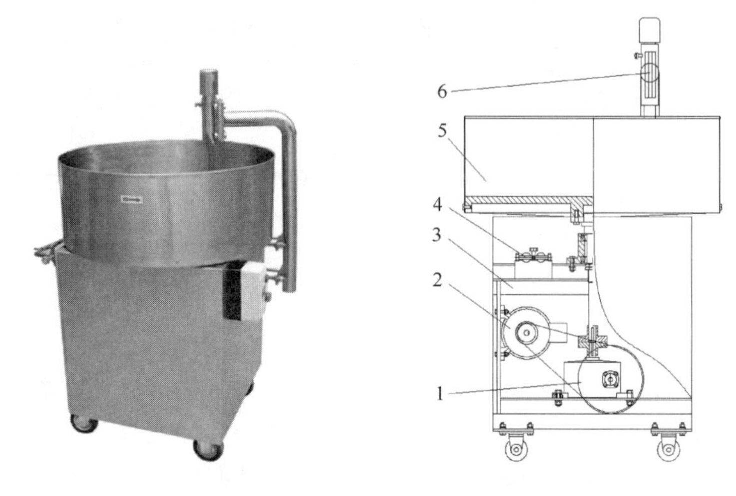

图 13－1　炒松机及其结构示意图

1—传动组件　2—电机　3—机架　4—燃烧器　5—锅体　6—铲刀组件

的粒状，无纤维状，金黄色，香甜有油，无异味。因成品含油量高而不耐贮藏。福建肉松的配方：猪瘦肉 100kg、白糖 8kg、白酱油 10kg、红糟 5kg，每 1kg 肉松加 0.4kg 猪油。加工工艺基本同太仓肉松，只是增加油酥工序。经炒好的肉松坯再放到小锅中用小火烘焙，随时翻动，待大部分松坯都成酥脆的粉状时，用筛子把小颗粒筛出，剩下的大颗粒的松坯倒入已液化猪油中，要不断搅拌，使松坯与猪油均匀结成球形圆粒，即为成品。

（3）肉松卫生标准　参考 GB/T 23968—2009。

感官指标：呈絮状，纤维柔软蓬松，无焦头，色泽均匀呈浅黄色和金黄色，咸甜适中，无不良气味，无肉眼可见杂质。

理化和微生物指标：理化和微生物指标见表 13－5 和表 13－6。

表 13－5　　肉松的理化指标（GB/T 23968—2009）

项目	指标	
	肉松	油酥肉松
水分/（g/100g）≤	20	符合 GB 2726—2016 的规定
脂肪/（g/100g）≤	10	30
蛋白质/（g/100g）≥	32	25
氯化物（以 NaCl 计）/（g/100g）≤	7	
总糖（以蔗糖计）/（g/100g）≤	35	
淀粉/（g/100g）≤	2	
铅（Pb）/（mg/kg）≤	0.5	
无机砷/（mg/kg）≤	—	
镉（Cd）/（mg/kg）≤	0.1	
总汞（以 Hg 计，mg/kg）≤	0.05	

表 13-6　　肉松微生物指标 （GB/T 2726—2016）

项目	采样方案及限量				检验方法
	n	c	m	M	
菌落总数/（cfu/g）	5	2	10^4	10^5	GB 4789. 2—2016
大肠菌群/（cfu/g）	5	2	10	10^2	GB 4789. 3—2016

注：样品的采样和处理按 GB 4789. 1—2016 执行。

2. 肉松加工新工艺

传统工艺加工肉松时存在着以下两个方面的缺陷：一是复煮后收汁工艺费时，且工艺条件不易控制。若复煮汤不足则导致煮烧不透，给搓松带来困难；若复煮汤过多，收汁后煮烧过度，使成品纤维短碎。二是炒松时肉直接与炒松锅接触，容易塌底起焦，影响风味和质量。因此，蒋爱民等人以鸡肉为原料，提出了肉松生产改进工艺、参数及加工中的质量控制方法。

（1）工艺流程

原料鸡处理→初煮、精煮（不收汁）→烘烤→搓松→炒松→成品

控制添加的调味料和煮烧时间，精煮后无需收汁即可将肉捞出，所剩肉汤可作为老汤供下次精煮时使用。这样既能达到简化工艺的目的，又能达到煮烧适宜和入味充分的目的。同时因精煮时加入部分老汤，能丰富产品的风味。然后可利用远红外线烤箱或其他加热脱水设备，则既有利于工艺条件控制，稳定产品质量，又有利于机械化生产。

（2）质量控制

①煮烧时间：初煮和精煮的时间在很大程度上决定了成品的色泽、入味程度、搓松难易程度和成品形态。在加热煮制过程中鸡肉颜色会发生变化。新鲜鸡肉为浅粉红色。当加热至 80℃左右时，肌纤维由浅粉红色变为白色。继续加热，肌纤维又由白色变为黄色，最后变成黄褐色。随着煮烧时间的延长，成品颜色变深、碎松增加。颜色变深是加热过久，非酶促褐变加剧所致；若煮烧时间过短，成品风味不足，颜色苍白，且不易搓成松散绒状，成品中常出现干棍状肉棒。通常初煮 2h 然后精煮 1. 5h，则成品色泽金黄，味浓松长，且碎松少。

②烘烤温度和时间及脱水率：精煮后肉松坯的脱水是在红外线烘箱中进行。烘烤温度和时间对肉松坯的黏性、搓松难易程度、颜色及风味都有不同程度的影响，但对其黏性及搓松的难易程度影响最大。肉松坯在烘烤脱水前水分含量大，黏性很小，几乎无法搓松。随着烘烤时水分的减少，黏性逐渐增加，脱水率达到 30% 左右时黏性最大，此时搓松最为困难；随着脱水率的增加，黏性又逐渐减小，搓松变得易于进行。脱水率超过一定限度时，由于肉松坯变干，搓松又变得难以进行，甚至在成品中出现干肉棍。研究结果表明，精煮后的肉松坯 70℃烘烤 90min，或 80℃烘烤 60min，肉松坯的烘烤脱水率为 50% 左右时搓松效果最好。

③炒松：鸡肉经初煮和复煮后脱水率为 25% ~30%，烘烤脱水率 50% 左右，搓松后含水量为 20% ~25%，而肉松含水量要求在 20% 以下。炒松可以进一步脱水，同时还具有改善风味、色泽及杀菌作用。因搓松后肌肉纤维松散，炒松仅 3 ~5min 即能达到要求。

第二节　发酵肉制品

发酵肉制品是以畜禽肉为原料，在自然或人工控制条件下，借助微生物发酵作用，产生具有典型发酵风味、色泽和质地，且具有较长保存期的一类肉制品。传统发酵肉制品生产借助原料肉中的内源酶、香辛料以及自然状态的优势菌株或人工接种的发酵剂来实现肉的发酵和成熟。微生物能产生胞外蛋白酶和脂肪酶，分解肌肉蛋白生成多肽和氨基酸，水解肉中脂肪生成短链脂肪酸等挥发性物质，提高肉制品的营养价值，并赋予产品特有的风味，同时保证了产品的安全性和稳定性。

我国发酵肉制品的生产具有悠久的历史，如享誉中外的金华火腿、宣威火腿以及品质优良的中式香肠和民间传统发酵型肉制品等，由于其具有良好的特殊风味，深受国内外广大消费者的青睐。在欧洲，发酵肉制品的生产可追溯到2000年前，具有色香浓郁、工艺考究、风味独特等特点，深受消费者的欢迎。而目前利用乳酸菌发酵剂制作适合中式风味的发酵肉制品，其发展前景甚为广阔。

一、发酵肉制品的种类及特点

（一）发酵肉制品的种类

目前，发酵肉制品主要分为发酵香肠和发酵火腿两大类。发酵香肠以多种肉类为原料，采用不同的产品配方和添加剂，使用不同的加工条件进行生产，所以至今已经开发的产品种类不计其数。因此要对发酵香肠进行分类是比较困难的。发酵香肠常以产地命名，如塞尔维拉特香肠、萨拉米香肠、巴嫩大香肠等。发酵香肠还可以根据肉馅颗粒的大小、香肠的直径、使用或不使用烟熏以及成熟过程中是否使用霉菌等方面进行分类。此外，人们还习惯按照产品在加工过程中失去水分的多少，将发酵香肠分成干香肠、半干香肠和不干香肠等，其相应的加工过程中的失重分别为30%以上、10%～30%和10%以下（见表13－7）。发酵香肠还可根据加工过程的时间长短、最终的水分含量和最终的A_w这些标准，可以将发酵香肠分成三大类：涂抹型、短时切片型和长时切片型（见表13－8）。

表13－7　按脱水程度香肠的种类

产品类型	干燥失重	烟熏	表面霉菌及酵母菌	举例
风干肠	>30%	不熏	有	Salami 肠；法国 Saucisson
熏干肠	>20%	熏	无	德国 Katenrauchwurst
半干肠	<20%	熏	无	美国 Summer sausage
不干肠	<10%	常熏	无	德国 Teewurst；鲜 Mettwurst

表 13-8 发酵香肠的分类

产品类型	加工时间/d	最终水分含量/%	最终水分活度	举例
涂抹型	3~5	34~42	0.95~0.96	德国的 Teewurst 肠和 Frische Mettwurst 肠
短时加工切片型	1~4	30~40	0.92~0.94	美国的夏肠，德国的图林根肠
长时加工切片型	12~14	20~30	0.82~0.86	德国、丹麦和匈牙利的萨拉米肠，意大利吉诺亚肠，法国干香肠，西班牙的 Chorizo 肠

发酵香肠还可以根据发酵程度（成品的 pH）可分为低酸发酵肉制品和高酸发酵肉制品。成品的发酵程度是决定发酵肉制品品质的最主要因素，因此，这种分类方法最能反映出发酵肉制品的本质。传统上认为低酸发酵肉制品是指在0~25℃低温下进行腌制、发酵、干燥的产品，pH 为5.5 或大于5.5。高酸发酵肉制品指在25℃以上温度进行发酵，干燥产品 pH 在5.5 以下的发酵肉制品，如各种美式半干发酵香肠。

（二）发酵肉制品的特点

发酵肉制品在其生产过程中采用了微生物发酵技术，风味独特、营养丰富、保质期长是其主要特点，具体特点表现为：

（1）风味独特，具有营养性和保健性　在发酵过程中，由于微生物产生的酶能分解肉中的蛋白质，从而提高了游离氨基酸的含量和蛋白质的消化率，并且形成了醇类、酸类、氨基酸、杂环化合物和核苷酸等风味物质，使产品的营养价值和风味得到提升。

（2）货架期较长　发酵肉制品由于降低了水分含量和 pH，货架期一般较长。

（3）微生物安全性　发酵肉制品的 A_w 值较低，同时乳酸的生成也降低 pH，从而抑制了肉中病原微生物的增殖。经过研究香肠的 pH 小于5.3，就能有效地控制金黄色葡萄球菌的繁殖。但在 pH 降至5.3 的过程中，必须控制香肠肉馅放置在15.6℃以上温度的时间。

（4）具有抗癌作用　经研究发现，食用有益微生物发酵成的肉制品，会使其有益菌在肠道中定殖，减少致癌前体物质的含量，降低致癌物污染的危害。研究发现摄食乳酸杆菌和含活乳酸菌的食品会使乳酸菌定殖到人的大肠内，继续发挥作用，从而形成不利于有害菌增殖的环境，有利于协调人体肠道内微生物菌群的平衡。

（5）降低生物胺的形成　生物胺是由于酪氨酸与组氨酸被有害微生物中的氨基酸脱羧酶经催化作用而成的，危害人体健康。应用有益发酵剂后，脱羧酶的活性降低，降低生物胺的形成。另外，还可以改善肉制品的组织结构，促进其发色，降低亚硝酸盐在肉中的残留量，减少有害物质形成。

二、发酵肉制品常用的微生物及其特性

微生物在发酵肉制品中的作用主要表现在以下几方面：

1. 降低肉品 pH，改善肉品组织结构

乳酸菌发酵糖类产生乳酸，是其作为肉品发酵剂的重要特性。原料肉接种乳酸菌后，乳酸

菌会利用原料肉内源性及外源添加的碳水化合物产生乳酸，使得原料肉的 pH 降至 4.8 ~ 5.2。pH 接近肌肉蛋白的等电点时，肌肉蛋白保水能力减弱，同时肌肉蛋白会在酸性的条件下发生变性，增加肉块间的黏着力，改善肉品的品质状态，提高其弹性及切片性。

2. 促进发色，防止氧化变色

肉制品的色泽是决定其食用品质的重要指标之一。在发酵肉制品中主要是葡萄球菌起到发色的作用，发酵肉制品在加工过程中会添加亚硝酸盐，葡萄球菌可促进 NO_2^- 生成 NO，NO 与肌红蛋白结合形成亚硝基肌红蛋白，进而呈现出良好的腌肉色泽。在这个过程中，低 pH 利于 NO_2^- 分解生成 NO，乳酸菌产酸特性可为此反应提供酸性条件，促进腌肉色泽的形成。

此外，原料中污染异型发酵的乳酸菌会导致 H_2O_2 的生成，而 H_2O_2 可与肉中肌红蛋白可形成胆绿肌红蛋白，使肉品变色。接种优势乳酸菌会抑制这些杂菌的生长，进而将其产生的 H_2O_2 还原成 H_2O 和 O_2，防止肉色变化和脂肪氧化。

3. 抑制腐败微生物的生长

乳酸菌对腐败微生物的抑制作用可以表现在以下两个方面：一是，通过代谢产生有机酸，如乳酸、乙酸、苯乳酸等降低肉品的 pH，进而抑制不耐酸微生物的生长代谢；二是，通过代谢产生的抑菌性物质抑制腐败菌的生长，如细菌素（乳酸链球菌属、片球菌素、罗氏菌数等）以及类细菌素。通过这两方面的协同抑菌作用实现对一些腐败微生物生长的抑制。

4. 降低亚硝胺的形成

亚硝胺是一类含氮的化学物质，具有致癌、致畸、致突变性，在腌制肉中的亚硝胺是由残留的 NO_2^- 与二级胺反应生成的。如果在肉中加入乳酸菌，使其产生乳酸降低 pH，促使亚硝酸盐分解，可以减少其残留的 NO_2^- 与二级胺作用生成亚硝胺的可能性。因此发酵肉制品中亚硝酸盐含量很低，大部分都转化为一氧化氮。乳酸的产酸加速了亚硝酸盐向一氧化氮肌红蛋白的转化，减少了肉制品中亚硝酸盐的残留量。

5. 促进发酵风味的形成

研究表明接种木糖葡萄球菌和肉葡萄球菌的香肠有较香气味，香气的主要成分是 3 - 甲基丁醛（L - 亮氨酸代谢）、3 - 甲基丁酮、3 - 羟基丁醛。然而将接种木糖葡萄球菌的香肠和不接菌的香肠风味对照，发现前者可以产生一种水果味。葡萄球菌和微球菌还具有硝酸盐还原酶和触酶活性，可以抑制不良风味的形成。

在发酵香肠生产中，常用的微生物种类有酵母菌、霉菌和细菌（见表 13 - 9），且在生产加工中的作用也各不相同。作为发酵剂的微生物应具有以下特征：食盐耐受性，能耐受 6% 的食盐溶液；能耐受亚硝酸盐，在 80 ~ 100mg/kg 浓度条件下仍能生长；能在 27 ~ 43℃ 范围内生长，最适温度为 32℃；同型发酵，且发酵副产物不产生异味；无致病性；在 57 ~ 60℃ 范围内灭活。

表 13 - 9　　发酵肉制品中常见的微生物种类

微生物种类	菌种
酵母菌（Yeast）	汉逊氏德巴利酵母菌（*Dabaryomyces hansenii*） 法马塔假丝酵母菌（*Candida famata*）

续表

微生物种类		菌种
霉菌（Fungi）		产黄青霉（*Penicillium chrysogenum*）
		纳地青霉（*Penicillium nalgiovense*）
		扩张青霉（*Penicillium expansum*）
		娄地青霉（*Penicillium roqueforti*）
		白地青霉（*Penicillium candidium*）
细菌（Bacteria）	乳酸菌（Lactic acid bacteria）	植物乳杆菌（*Lactobacillus plantarum*）
		清酒乳杆菌（*Lactobacillus sake*）
		乳酸乳杆菌（*Lactobacillus lactis*）
		干酪乳杆菌（*Lactobacillus casei*）
		弯曲乳杆菌（*Lactobacillus curvatus*）
		发酵乳杆菌（*Lactobacillus fermenti*）
		乳酸片球菌（*Pediococcus acidilactici*）
		戊糖片球菌（*Pediococcus Pentosaceus*）
		乳酸片球菌（*Pediococcus lactis*）
	微球菌（Micrococci）	变异微球菌（*Micrococcus varians*）
		橙色微球菌（*Micrococcus auterisiae*）
		亮白微球菌（*Micrococcus camdidus*）
		表皮微球菌（*Micrococcus epidermidis*）
	葡萄球菌（Staphylococcus）	木糖葡萄球菌（*Staphylococcus xylosus*）
		肉糖葡萄球菌（*Staphylococcus carnosus*）
		松鼠葡萄球菌（*Staphylococcus sciuri*）
		耳氏葡萄球菌（*Staphylococcus auricularis*）
		模仿葡萄球菌（*Staphylococcus simulans*）
	片球菌（Pediococcus）	啤酒片球菌（*Pediococcus cererisiae*）
		乳酸片球菌（*Pediococcus acidilactis*）
		戊糖片球菌（*Pediococcus pentosaceus*）
	链球菌（Streptococcus）	乳酸链球菌（*Streptococcus lactis*）
		乳链球菌（*Streptococcus acidilactis*）
		二乙酸链球菌（*Streptococcus diacetilactis*）
	放线菌（Actinomycetes）	灰色链球菌（*Streptomyces griseus*）
	肠细菌（Enterobacteria）	气单胞菌（*Aeromonas* sp.）

（一）酵母菌

酵母菌是加工干发酵香肠时发酵剂中常用的微生物，汉逊氏德巴利酵母应用最多。这种酵母菌耐高盐，好气并具有较弱的发酵产酸能力，一般生长在肉品表面，也可生长在浅表层。汉逊氏德巴利酵母本身没有还原硝酸盐的能力，但是会使肉中固有微生物菌群的硝酸盐还原能力减弱。这就要求酵母菌与其他菌种混合发酵，以提高产品质量。此外，法马塔假丝酵母菌酵母和克洛氏德巴利酵母也能用于肉品发酵。酵母菌用作发酵剂时在香肠中的接种量是10^6cfu/g，可使制品具有酵母味，并有利于发色的稳定性，且对微球菌的硝酸盐还原性也有轻微抑制作用。酵母菌除能改善肉品的风味和颜色外，还能对金黄色葡萄球菌有一定抑制作用。

（二）霉菌

霉菌在发酵肉制品中起着重要作用，主要是由于霉菌的酶系发达，代谢能力强，属好气型，在肉制品表面生长，形成一层“保护膜”。这层膜不但可以减少肉品感染杂菌的几率，还能很好地控制肉品水分蒸发，防止出现“硬壳”现象，同时也起到隔氧的作用，防止酸败。

霉菌在肉品发酵过程中的作用有：①形成特征的表面外观，并通过霉菌产生的蛋白酶、脂肪酶作用于肉品形成特殊风味；②通过霉菌生长耗掉O_2，防止氧化褪色；③竞争性抑制有害微生物的生长。传统的发酵香肠的霉菌主要来自于环境，其组成较复杂，主要是青霉。霉菌典型的变化是在发酵的第2~3d，鲜香肠的表面长出霉菌。这些产品接触空气和加工设备，发生自然污染。有些加工厂家采用风扇、风机吹干或干脆用菌丝体涂抹鱼香肠来加速交叉污染。金华火腿在生产过程中须经2~3个月的晾挂自然发酵过程。在长期生产实践中，人们也总结出“油花”（绿色霉菌）是火腿干湿、咸淡适中的标志，而“水花”（黄色霉菌）是晒腿不足，肉湿易腐的标志。

（三）细菌

1. 乳酸菌

乳酸菌是发酵肉制品中最为常见的微生物之一，它可以利用碳水化合物产酸，降低肉品pH，抑制腐败微生物的生长，改善肉品的组织结构，可保证发酵肉制品色泽的稳定性，并且乳酸菌可以分解碳水化合物产生挥发性物质，一些乳酸菌具有较弱的蛋白水解能力，可以产生挥发性和非挥发性的化合物，这些物质对发酵肉制品风味的形成都有一定的促进作用。乳酸菌是在自然发酵时最易生长的微生物菌系，在自然发酵过程中它仍占主导地位。常用作发酵剂的乳酸菌有乳杆菌属、片球菌属和链球菌属。

乳杆菌是最早从发酵肉制品中分离出来的微生物，在肉制品自然发酵过程中仍占主导地位。最适生长温度为30~40℃，对食盐耐受能力较强，能发酵果糖、葡萄糖、麦芽糖、蔗糖、乳糖等产生乳酸，但不能分解蛋白质、脂肪，且不具有还原硝酸盐能力。干香肠的生产中常用由乳杆菌组成的肉发酵剂，其发酵温度在15.6~35℃，常用的有植物乳杆菌、干酪乳杆菌和发酵乳杆菌。

植物乳杆菌是欧洲最早采用的肉制品发酵剂，目前在工业上的应用也很广泛。植物乳杆菌的特定菌株（NRRL-B-5461）是另一种革兰阳性、大小在0.6~0.8μm、1~1.2μm和6μm的不能运动的杆状菌，它以单个或短链存在。在盐浓度大于9%仍能发育，它特别耐盐。该菌能发酵各种碳水化合物，包括果糖、葡萄糖、半乳糖、蔗糖、麦芽糖、乳糖、糊精、山梨醇、甘露糖和甘油，但不能发酵木糖、半乳糖醇、水杨苷。

此外，乳酸菌中清酒乳杆菌和弯曲乳杆菌可产生乳杆菌素，抑制许多有害菌生长，提高产品安全性。因此，那些能产生乳杆菌素的乳酸菌发酵剂还可用于肉制品生物防腐剂，如肉的保鲜、非发酵肉制品的保藏以及其他食品的保藏等方面。

2. 片球菌

片球菌在肉类工业中被广泛用作发酵剂，其中啤酒片球菌使用较早，为革兰阳性菌，分解可发酵的碳水化合物产生乳酸，不产生气体，不能分解蛋白，不能还原硝酸盐。由于该菌生长快、抗冷冻能力强，适宜生长温度为43～50℃，比发酵肉制品中污染杂菌的生长温度高，利用这一特性，可在夏季生产香肠，其发酵培养物具有乳酸片球菌和戊糖片球菌的共同特征，是最早用于肉类工业的发酵培养物。片球菌株主要是乳酸片球菌，在26.7～48.9℃发酵最有效。在发酵过程中代谢产物能使作用于肌肉蛋白，使肉制品具有独特风味，这种风味是不能用化学试剂调配出来的。目前，片球菌已成为欧美国家发酵肉制品的主要发酵剂。

3. 葡萄球菌和微球菌

葡萄球菌和微球菌是发酵肉制品中常见的微生物，它们在发酵肉制品发酵成熟过程中具有发色、防止脂肪氧化酸败以及促进风味形成等作用。而葡萄球菌和微球菌之间主要的区别在于它们对氧气的需求不同。微球菌只能在有氧的条件下代谢能力才较强，类似于香肠火腿类产品其内部几乎是无氧条件，故其生长受到了一定的限制；而多数的葡萄球菌对环境中氧气含量要求不高，无论有氧无氧都能正常的代谢生长，故这两种菌常常经复合后使用。

微球菌属由三个种组成：藤黄微球菌、玫瑰色微球菌和变异微球菌。变异微球菌有良好的嗜冷性，藤黄微球菌和变异微球菌能产生黄色色素，玫瑰色微球菌能产生红色色素，这给产品的外观形态提供了多样选择。还有橙色微球菌、亮白微球菌、表皮小球菌。但微球菌在发酵过程中产酸速度较慢，因而将其同乳杆菌结合使用，利用其可以分解蛋白质和脂肪以及还原硝酸盐的能力，从而使产品形成腌制色泽和风味。变异微球菌是目前唯一用于商业肉品发酵剂的微球菌种。它具有很强的硝酸盐还原能力，在较低的温度（5℃）和 pH > 5.4 时都表现出硝酸盐还原活性，促进腌肉色泽的形成。此外，微球菌还具有分解蛋白质和脂肪的能力。通过分解肌肉蛋白质产生游离氨基酸来促进风味的形成。微球菌具有强烈的脂肪分解特征，使大量脂肪酸释放出来，进一步转化形成甲基酮和醛，为肉制品提供了独特的风味。

商业发酵剂中常用的葡萄球菌有肉葡萄球菌、木糖葡萄球菌和拟葡萄球菌。其中肉葡萄球菌是非乳酸菌发酵剂的主要微生物，至今为止尚无任何肉葡萄球菌存在安全性方面问题的报道。实际上除乳酸菌外，在肉制品发酵剂中，肉葡萄球菌是最重要的。国外研究发现三种葡萄球菌，即肉葡萄球菌、腐生葡萄球菌、维勒葡萄球菌是较佳的发酵菌。

4. 其他细菌

在自然发酵肉品中发现了唯一的放线菌——灰色链霉菌（*Streptomyces griseus*）。此菌可以提高发酵肉制品的风味，但产品的特有风味是否得益于这一微生物的特异代谢活性，以及产生的香味成分是否源于此菌还不清楚。还有肠细菌中的气单胞菌也可作为肉品发酵菌种。此菌在发酵过程中没有任何致病菌和产毒能力，对香肠的风味还有益处。

（四） 多菌种混合发酵特性

多菌种混合发酵可以增加产品的多样性，还可弥补单菌种发酵的单调性，使产品风味物质更丰富、质量更好，并扩大市场消费。但在实际应用中，要注意菌种之间的相互关系。对其中每一种微生物的基本要求是它们必须能较好地共生，或者最好具有协同作用。研究表明，多数快速发酵菌株的混合培养都没有非常理想的结果。自然发酵肉制品就是多菌种混合发酵。如湘西侗族的“酸肉”经研究主要微生物菌群是乳酸菌、微球菌、葡萄球菌及酵母菌；金华火腿也主要是乳酸菌、酵母菌和霉菌共同作用的产物。菌种之间相互作用，形成独特的风味。

目前采用纯培养菌种混合发酵的研究很多，其中植物乳杆菌与啤酒片球菌混合发酵最为普遍。这样有利于工厂化，产品的质量可以得到保证。有研究将植物乳杆菌和嗜酸乳杆菌混合发酵，使两菌优势互补，开发了有利于人体健康的肉制品。还有人将植物乳杆菌、啤酒酵母、米曲霉按2∶1∶1的比例很好地混合发酵，可赋予产品独特的风味和良好的色泽。但乳酸菌与酵母菌、霉菌共同发酵的研究较少，需要今后深入研究。

综上所述，肉制品发酵剂的研究主要集中于乳酸菌发酵香肠方面，且发酵肉制品特殊风味的形成不是单一菌种所能达到的，只能是合理的复合菌系共同作用的结果。总之，我们应综合应用基因工程、细菌工程、发酵工程、酶工程等生物工程技术，开发出既营养又保健，且口味适合的发酵肉制品。

三、发酵肉制品的加工

所有的发酵香肠具有类似的基本加工工艺，工艺流程如下：

瘦肉＋脂肪→绞碎、混合→填充→发酵→（干型）→干燥→成熟

瘦肉＋脂肪→绞碎、混合→填充→发酵→（半干型）→干燥→（烟熏）→加热→成熟

（一）原辅料

1. 原料肉

用于制造发酵香肠的肉馅中瘦肉一般占50%～70%，几乎可以使用任何一种肉类原料，不过通常需根据各地的饮食传统做出选择。比如，在欧洲的大部分地区、美国以及亚洲的许多国家，猪肉是使用最广泛的原料。而在其他国家和地区，人们更多地使用羊肉和牛肉作为原料。鸡肉也可用于发酵香肠的生产，可是目前的产量很低。不管使用什么种类的原料肉，都必须保证产品具有很好的质量，不允许存在明显的质量瑕疵，如血污等。影响原料肉作为发酵香肠加工适应性的主要因素包括持水力、pH和颜色。当使用猪肉作为原料时，初始pH应在5.6～6.0范围内，这样有利于发酵的启动，保证pH的下降。因此，DFD肉不适合加工发酵香肠，而PSE肉可以用于生产干发酵香肠，但其添加量以不超过20%为宜。另外，人们通常认为以老龄动物肉为原料生产的干发酵香肠质量更好，所以常常优先选用这类原料。

2. 脂肪

脂肪是发酵香肠中的重要组成成分，干燥后的含量有时可以高达50%。脂肪的氧化酸败是发酵香肠（尤其是干香肠）贮藏过程中最主要的质量变化，是限制产品货架期的主要因素。因此要求使用融点高的脂肪，也就是说脂肪中不饱和脂肪酸的含量应该很低。牛脂和羊脂因气味太大，不适于用作发酵香肠的脂肪原料。一般认为色白而又结实的猪背脂是生产发酵香肠的最好原料。这部分脂肪只含有很少的多不饱和脂肪酸，如油酸和亚油酸的含量分别为总脂肪酸的8.5%和1.0%，这些多不饱和脂肪酸极其容易发生自动氧化。如果猪脂肪中多不饱和脂肪酸的含量较高，脂肪组织会较软，使用这样的猪脂肪后会导致最终产品的风味和颜色发生不良变化，并且会迅速发生脂肪氧化酸败，缩短货架期。

3. 腌制剂

腌制剂中主要包括氯化钠、亚硝酸盐或硝酸盐、抗坏血酸钠等。

（1）氯化钠　氯化钠在发酵香肠中的添加量通常为2.5%～3.0%，能够将原料的初始水

分活度降到0.96左右。在某些意大利萨拉米香肠中其添加量更大一些，干燥后制品中的含量可以达到8%以上。这样高的氯化钠含量与亚硝酸盐（浓度可以达到150mg/kg）以及低pH共同作用，使得原料中的大部分有害微生物的生长被抑制，同时有利于乳酸菌和微球菌的生长。氯化钠可促进肌原纤维蛋白（盐溶蛋白）部分溶出，提高了肉粒之间的粘结性，利于产品质地的形成。

（2）亚硝酸盐　除了干发酵香肠外，其他类型的发酵香肠在腌制时首先选用亚硝酸盐。亚硝酸盐添加量一般小于150mg/kg。亚硝酸盐可促进发酵香肠颜色的形成，控制脂质的氧化，抑制肉毒梭状芽孢杆菌的生长，并且利于形成腌制肉特有的香味。

（3）硝酸盐　在发酵香肠加工的传统工艺中以及干发酵香肠加工过程中，一般加入硝酸盐而不加入亚硝酸盐，添加量通常为200～600mg/kg。同所有肠类肉制品一样，最终在加工中起作用的仍然是亚硝酸盐，所以加入的硝酸盐必须经微生物或还原剂（如抗坏血酸钠）还原为亚硝酸盐。为此肉馅中应保证足够数量的硝酸还原微生物的存在，有时需在发酵剂中添加。如果肉馅中初始亚硝酸盐的浓度偏高，会显著抑制那些对促进风味物质形成的微生物的活力。因此，用硝酸盐作腌制剂生产的干香肠在风味上常常要优于直接添加亚硝酸盐生产的发酵香肠。在某些地方的传统产品中，既不添加硝酸盐也不添加亚硝酸盐，比如西班牙的辣香肠（Chorizo），其中少量存在的硝酸盐是从其他成分转化而来的，比如是大蒜粉和辣椒粉。

（4）抗坏血酸钠　抗坏血酸钠为腌制剂中的发色助剂，起还原剂的作用，能将硝酸根离子还原为亚硝酸根离子，再将后者还原为NO；或者将高铁肌红蛋白和氧合肌红蛋白还原为肌红蛋白。

4. 碳水化合物

碳水化合物的存在和无氧环境会促进乳酸菌的生长，而乳酸菌的代谢产物是乳酸，这样就进一步降低了肉的pH，从而抑制了其他细菌（尤其是腐败菌和致病菌）的生长，防止肉的腐败变质，保证产品的食用安全性。

刚宰完的鲜猪肉和鲜牛肉，其中葡萄糖的含量分别只有7μmol/g和4.5μmol/g左右，这意味着其宰后的pH不可能大幅度下降。为了保证获得足够低的pH，就需要添加一定数量的碳水化合物。在发酵香肠生产中所添加的碳水化合物一般是葡萄糖与低聚糖的混合物。如果只添加葡萄糖，需要添加的量较大，会导致pH下降过快，使肉中的某些酸敏感细菌不能生长，而这些细菌对发酵香肠的成熟和最终产品的特性是有益的；反之，如果添加的葡萄糖的量过少或者只添加降解速度很慢的低聚糖，香肠在发酵后的成熟过程中，由于温度较高（可达近30℃以上），可能导致有害微生物的生长。只有将这两种糖结合使用，才能保证既获得较低的初始pH，抑制有害微生物的生长，又不会对有益于香肠特性的成熟菌造成损害。

葡萄糖和低聚糖的添加量一般为0.4%～0.8%，发酵后香肠的pH为4.8～5.0。但是在生产意大利式萨拉米香肠时添加量较低，为0.2%～0.3%。这是因为这类发酵香肠中一般添加硝酸盐而不添加亚硝酸盐。添加碳水化合物的量要少，以降低有机酸形成的速度，从而避免硝酸盐还原微生物过早被抑制。相反，在生产美式半干发酵香肠时，为保证pH快速下降，添加量一般较大，可达2.0%，产品的最终pH为4.5左右，口味偏酸。

尽管在发酵香肠生产中添加碳水化合物已经是常规做法，但有人通过对发酵肉制品商业化进程的系统研究后，对在发酵香肠中添加碳水化合物的作用提出了质疑。研究表明，在未使用外加发酵剂制造的一种德式香肠中，不添加碳水化合物的酸化速率与含糖量为0.8%或1.6%

的酸化速率相同。这说明添加的糖类可能没有被利用，可能只被利用了一部分。相反，另外的研究显示，在一种意大利香肠中添加0.2%的糖，结果这些糖在发酵过程中被完全利用。添加碳水化合物的量不能过多，否则会使肉馅的初始水分活度较低，再加上所添加的氯化钠也会降低初始水分活度，以至于过低的水分活度使发酵难以启动，影响产酸速率和pH的下降。在有些国家，还采用添加乳粉的办法作为乳糖的来源，或者添加马铃薯粉作为淀粉的来源。这些添加物主要是作为肉类填充剂使用的，由于它们的持水性与肉不同，在产品干燥过程中会存在一些问题。

5. 发酵剂

发酵香肠中使用的发酵剂主要由乳酸菌组成，主要是为了改善品质特性，提高产品质量稳定性及食用安全性。不同发酵剂在发酵肉制品中所起作用不同，详见本节中的“二、发酵肉制品常用的微生物及其特性”部分。

6. 香辛料及其他组分

大多数发酵香肠的肉馅中均可以加入多种香辛料，如黑胡椒、大蒜（粉）、辣椒（粉）、肉豆蔻和小豆蔻等。香辛料在发酵香肠中发挥以下几方面的作用：①赋予产品香味；②刺激乳酸的形成，这是因为像胡椒、芥末、肉豆蔻等香辛料中锰的含量较高，而锰是乳酸菌生长和代谢中多种酶所必需的微量元素，包括关键的糖酵解酶如6－二磷酸果糖缩醛酶；③抗脂肪氧化，大蒜、迷迭香等香辛料中含有抗氧化物质，能抑制脂肪的自动氧化作用，从而延长产品的货架期。一些国家还允许在发酵香肠中添加抗氧化剂和L－谷氨酸，后者为滋味助剂。

（二）肉馅的制备和填充

尽管各种类型的发酵香肠结构差异很大，但大多数产品发酵前的肉馅可以被看成均匀分散的乳化体系。该体系必须考虑到两个方面的因素：一是要保证香肠在干燥过程中易于失去水分；二是要保证肉馅具有较高的脂肪含量。为此，瘦肉一般需在－4～0℃下绞成相对较大的颗粒而不能将其斩拌成肉糊状，以免持水力太强。脂肪则需在－8℃左右的冻结状态下切碎，这样可以防止脂肪的所谓“成泥”现象，否则泥状的脂肪会包裹在肉粒表面，阻碍干燥过程中水分的脱除。通常将绞碎的瘦肉和脂肪混合好以后，再加入腌制剂、碳水化合物、发酵剂和香辛料并混合均匀，注意必须保证食盐等组分在肉馅中分布均匀。有时可以先将瘦肉预腌一下，也可以使用未经预腌和经预腌的瘦肉的混合物，但必须使其在发酵前达到平衡。

（三）接种霉菌或酵母菌

对于许多干发酵香肠来说，肠衣表面生长的霉菌或酵母菌对产品形成良好的感官特性（尤其是风味和香气）起着重要的作用。霉菌或酵母菌对抑制其他有害菌、保护香肠免受光和氧的作用以及产生过氧化氢酶等也有一定的作用。在传统加工工艺中，这些微生物是从工厂环境中偶然“接种”到香肠表面的，然而这种偶然的自发接种会带来产品质量的不稳定，更重要的是经常会有产真菌毒素的霉菌生长，对人类的健康造成潜在的危害。正是由于这些原因，在发酵香肠的现代加工工艺中，经常采用在香肠表面接种不产真菌毒素的纯发酵剂菌株的办法。大多数情况下，香肠在灌肠后直接接种，通常的做法是将霉菌或酵母菌培养液的分散体系喷洒在香肠表面。或者准备好霉菌发酵剂的悬浮液后，将香肠在其中浸一下，这是一种既简单又有效的接种方法，但是与悬浮液接触的所有器具和设备必须经过严格的卫生处理，以防止环境中霉菌的污染。有时这种接种在发酵后干燥开始前进行。

（四）发酵

狭义地讲，发酵是指香肠中的乳酸菌生长和代谢并伴随着 pH 快速下降的过程。实际上，在这一阶段香肠中还发生许多其他的重要变化，乳酸菌通常在半干发酵香肠的干燥和烟熏过程中继续生长。而对干发酵香肠来说，发酵是与初期干燥同时进行的。另外，即使当加工中的外部条件不允许微生物生长，微生物代谢所产生的各种酶类其活性还会在香肠中长期存在。所以从这个角度来说，发酵可以认为是在发酵香肠整个加工过程中持续发生的。

1. 自然发酵

发酵香肠的传统加工工艺中，发酵是完全依赖原料肉中存在的乳酸菌进行的自然发酵。发酵香肠肉馅的初始条件一般不利于肉中数量占优势的革兰阴性菌的生长，而有利于革兰阳性菌以及凝固酶阳性和凝固酶阴性的葡萄球菌和乳酸菌的生长。乳酸发酵过程涉及由肠杆菌到肠球菌最后再到乳杆菌和片球菌的“接力传递”。如果发酵进行顺利的话，乳酸菌生长将会很快，一般发酵 2～5d 后其数量即可达到 10^6～10^8cfu/g。相应的 pH 的降低导致假单胞菌和其他酸敏感革兰阴性杆菌在 2～3d 内死亡，但耐酸性较好的细菌，如沙门菌等可能存活更长的时间。乳酸菌的数量在达到最大值后趋于下降，但在霉菌成熟的香肠中经常会在约 15d 后出现第二个生长高峰期，这与乳酸盐代谢引起的 pH 的升高相吻合。如果乳酸发酵的启动被延迟、pH 下降缓慢，则金黄色葡萄球菌易生长并产生肠毒素，其他杂菌的生长可能会使香肠的风味变差。对干发酵香肠而言，由于香肠中通常只含有硝酸盐而不含亚硝酸盐，这时能够生长的细菌种类很多，这对改善干发酵香肠的风味品质有利。

在采用自然发酵法生产发酵香肠时，为了提高发酵过程的稳定性和可靠性，最初通常采取“回锅”的办法。所谓“回锅”是指在新的肉馅中加入前一个生产周期中的部分发酵后的材料作为菌种接种的方法。这种做法曾经被广泛使用，但并不是好方法。首先，“回锅”材料中的乳酸菌生理上可能已经处于衰老状态，不能快速启动新一轮的发酵；其次，“回锅”方法的不可控性意味着接种进去的乳酸菌可能具有一些人们不希望的特性，如形成过氧化物，这种性质一旦成为香肠中的主要变化，其结果将给香肠的品质带来严重的不良影响。

2. 接种发酵

由于自然发酵过程存在着不可靠性和不可控性，人们倾向于在现代加工工艺中采用发酵剂来实现对发酵过程的有效控制，保证产品的安全性和产品质量的稳定性。由乳酸菌发酵剂启动的发酵过程基本上与成功的自然发酵相同，并且通过人工接种发酵，乳酸菌会更快地成为优势菌。

3. 发酵工艺

工业上使用的发酵剂一般都是冻干的菌粉，使用前需先使其复水复原。复原后的发酵剂，通常需要将其在室温下放置 18～24h，恢复发酵剂中微生物的活力，然后添加到香肠肉馅中。接种量一般为 10^6～10^7cfu/g 肉馅，采用短时高温发酵时接种量更大，可以高达 10^8cfu/g 肉馅。

发酵温度随产品类型而异。一般来说，当需要 pH 快速下降时，温度应稍高，发酵温度每升高 5℃，产酸速率可以增加一倍。但是如果发酵的启动被延迟，高温会增大病原菌尤其是金黄色葡萄球菌生长的可能性。发酵温度还会影响所产酸中乳酸和乙酸的相对数量，一般认为较高温度更有利于乳酸的生成。在实际生产中，各类香肠发酵的温度和时间差别很大。一般来讲，干香肠通常在 15～27℃下发酵 24～72h，涂抹型香肠需在 22～30℃下发酵 48h，而半干型切片香肠则需在 30～37℃下发酵 14～72h。然而，世界各地加工发酵香肠的条件千差万别，不能一概而论，例如，匈牙利生产的萨拉米肠，发酵时的温度不到10℃；而美国生产的低 pH 半干发酵香肠（Summer sausage）发酵温度却高达40℃。

发酵过程中环境的相对湿度无论对香肠干燥过程的启动，还是对防止产品表面酵母菌和霉菌的过度生长都非常重要。此外，控制相对湿度也可防止产品在干燥过程中形成坚硬外壳。如果发生表面结壳，一方面会阻碍香肠内部水分的脱除，延长干燥时间；另一方面会造成产品在贮藏过程中表面水分过高导致霉菌生长。一般情况下，高温短时发酵时设定空气相对湿度为98%左右；但在较低温度下发酵时，一般原则是发酵间的相对湿度应比香肠内部的平衡水分含量（90%左右）对应的相对湿度低5%～10%。

香肠发酵后酸化的程度因产品类型不同而有很大差异。一般来说，半干香肠的酸度最高，尤其是美国生产的半干香肠，发酵后的 pH 经常在5.0以下。德国干香肠发酵后的 pH 通常在5.0～5.3，其他干香肠发酵后的酸化程度一般都较低，如法国和意大利干香肠等。香肠中的某些组分虽然含量很低却会对香肠发酵后的酸化程度造成影响，如抗氧化剂叔丁基羟基醌即能降低 pH 的下降速度，尽管该抗氧化剂本身可抑制单胞增生李斯特氏菌和其他病原菌的活性。通常在真空填充的香肠或直径较大的香肠中酸化的程度最高，这是因为缺氧造成的。可是在直径较大的香肠中，发酵后会使其中氨的数量增加，这样对由于乳酸生成导致 pH 的下降产生了抵消作用。

（五）干燥和成熟

各种类型的发酵香肠干燥程度差异很大，它是决定产品的物理化学性质和感官性状及其贮藏性能的主要因素。对干发酵香肠而言，由于产品不经过热处理，干燥还是杀灭猪旋毛虫的关键控制工序。在所有发酵香肠的干燥过程中，都必须注意控制水分从香肠表面蒸发的速率，使其与水分从香肠内部向表面转移的速率相等。对半干香肠而言，其干燥失重不到20%，干燥温度通常为37～66℃，相对湿度低至60%。在较高的温度下，干燥在数小时内即可完成，但在较低温度下则需干燥数天。快速干燥只有在低 pH 下才可能，因为这时蛋白质的溶解度较低，有利于水分的脱除。高温干燥可以只设定单一湿度条件，但在其他情况下，干燥是根据相对湿度递减分几个阶段完成的。半干香肠干燥后的加热目的是杀死猪旋毛虫，这是香肠冷却前的最后一道工序，是产品质量的关键控制点。产品最终需经冷却，即将香肠的温度降至0℃并保持24h。这类产品的干燥通常在较低温度下进行，最常用的温度范围是12～15℃。在实际生产中，通常采取在初始阶段使用较高温度，然后随着干燥的进行，温度逐渐降低的办法。干燥过程中，空气的相对湿度也逐渐降低，但通常保持比香肠内的水分所对应的平衡相对湿度低10%左右。

（六）发酵肉制品加工实例——发酵香肠的加工

发酵香肠是西方国家的一种传统肉制品。它经过微生物发酵，蛋白质分解为氨基酸、维生素等，使营养性和保健性得到进一步增强，加上具有独特的风味，近20年来得到了迅速的发展。

（1）工艺流程　猪肉切碎（瘦肉和脂肪）→ 斩拌 → 加入发酵剂和腌制剂 → 灌肠 → 发酵成熟 → 干燥 → 成品

（2）配方　猪肉80%，背脂20%，食盐2.5%，$NaNO_3$ 0.01g/kg，异抗坏血酸0.05%，胡椒粉0.2%，δ－葡萄糖酸内酯1%，葡萄糖0.6%，发酵剂（清酒乳杆菌和肉葡萄球菌混合5:1)。

(3) 原料肉　必须采用新鲜合格的原料肉，最好选用前后腿精肉，因为前后腿精肉中的肌原纤维蛋白含量较多，能包含更多的脂肪，使香肠不出现出油现象。对于脂肪的选择，一般认为色白而又结实的猪背脂是生产发酵香肠的最好原料，因为这部分脂肪含有很少的多不饱和脂肪酸，如油酸和亚油酸的含量分别占总脂肪的8.5%和1.0%。

(4) 原料肉的处理和腌制　将原料肉切割成3~5cm的条块，加入食盐、硝酸盐、异抗坏血酸钠、δ-葡萄糖酸内酯、葡萄糖，在0~5℃温度下腌制24~28h，腌制时要经常翻动，保证腌制的均匀性，并加冰，控制温度，防止微生物的生长。

(5) 肉馅的制备和填充　原料肉腌制好后，瘦肉一般在0~4℃绞成相对较大的颗粒，脂肪则在-8℃左右的冻结状态下切碎，将香辛料和发酵剂加入肉馅中并搅拌均匀。肉馅在灌制前应尽可能除净其中的氧气，因为氧的存在会对产品最终的色泽和风味不利，这可以通过使用真空搅拌机实现。灌制时肉馅的温度不应超过2℃。

(6) 发酵成熟　控制发酵和成熟过程中的温度与相对湿度对发酵香肠的生产是至关重要的。如果要获得质量好且货架期较长的产品应选用较低的温度，通常控制在15~26℃。发酵时环境的相对湿度通常控制在90%左右。干香肠的成熟和干燥通常在12~15℃和逐渐降低相对湿度下进行。成熟间的湿度控制要做到既能保证香肠缓慢稳定的干燥，又能避免香肠表面形成一层干的硬壳。一般发酵的过程为：22℃、相对湿度99%，发酵香肠发酵60h，失重约15%，在14℃相对湿度90%条件下再发酵48h。

(7) 干燥　干燥工艺对发酵肠的品质和外观影响较大，在生产过程中应控制好干燥的时间和温度。如果干燥速度太快，会使发酵肠表面形成硬壳，内部水分释放不出去；而干燥时间长，会使水分释放不均匀。为了达到有效的干燥过程，香肠的内部和外部的水分损失需要保持同一速度。但是如果干燥速度太慢，会使肠表面生长霉菌。有些霉菌对发酵风味是有利的，但有些霉菌产生毒素，或形成一定的颜色，影响发酵肠的品质和色泽。干燥条件为12℃，相对湿度85%。干燥48h后，在12℃相对湿度80%再干燥48h。完成成熟和干燥后的干香肠水分含量一般在35%左右或更低，水分活度在0.90左右，能有效抑制大多数有害微生物或腐败菌的生长。

(8) 蒸煮　在100℃以上的温度下，蒸30min左右，以蒸熟为准，同时能起到杀菌的作用。

生干香肠和半干香肠是我国的一种传统灌肠制品，因其采用自然界中的“野生”微生物，在干制过程中进行发酵，所以属于自然发酵过程，因此这种发酵香肠存在着质量不稳定和安全性难以保证等缺点。

思考题

1. 简述干制的原理以及干制的方法。
2. 试述肉松的加工工艺和操作要点。
3. 简述发酵肉制品的种类及其特点。
4. 简述微生物在发酵肉制品中所起的作用。
5. 试述发酵肉制品的加工工艺和操作要点。

扩展阅读

[1] 曹效海，高文杰，李红征，等. 微波生产牦牛肉干工艺研究 [J]. 黑龙江畜牧兽医, 2015 (1): 50-52.

[2] 韩玲. 新型牦牛肉干加工工艺 [J]. 甘肃农业大学学报, 2002 (4): 456-460.

[3] 黄丹，刘有晴，于华，等. 四川传统发酵肉中乳酸菌的分离及发酵特性研究 [J]. 食品工业科技, 2015 (3): 149-152.

[4] 王志威，吴素娟，李先保. 鹅肉发酵香肠菌种发酵性能与应用研究 [J]. 食品与机械, 2014 (5): 265-270.

CHAPTER 14

第十四章 肉品科学与技术实验指导

第一节　肉与肉制品成分的测定

一、 水分含量的测定 （直接干燥法）

水分是肉中含量最多的成分，也是肉制品加工中的重要添加成分，其对产品的加工特性、品质特性及贮藏特性具有非常重要的意义。

（一） 实验目的

1. 掌握常压干燥法测定肉及肉制品中水分含量的方法。

2. 熟练掌握分析天平的使用。

（二） 实验原理

利用食品中水分的物理性质，在 101.3 kPa（一个大气压），温度（100 ± 5）℃下对样品进行加热至恒重，通过称量样品干燥前后的质量损失，计算水分的含量。此法适合不含挥发性物质或者含其他挥发性物质甚微的样品。

（三） 实验材料与仪器

1. 实验材料

所用试剂均为分析纯，所用水为蒸馏水。

海砂：砂粒粒径应在 12 ~ 60 目，用自来水洗砂后，再用 6mol/L 盐酸煮沸 30min，并不断搅拌，倾去酸液，再用 6mol/L 盐酸重复这一操作，直至煮沸后的酸液不再变黄。用蒸馏水洗砂，至氯试验为阴性 [取洗砂后的水 1 mL，加 1 滴浓硝酸，1mL 20g/L 的硝酸银（$AgNO_3$）溶液，若不混浊，即为阴性]。于 150 ~ 160 ℃将砂烘干，贮存于密封瓶内备用。

2. 实验仪器

分析天平、绞肉机（孔径不超过 4mm）、扁形铝制或玻璃制称量瓶（内径 60 ~ 70mm，高约 35mm 以下）、电热恒温干燥箱、干燥器（内附有效干燥剂）、细玻璃棒（末端扁平，略长于称量瓶直径）、其他实验室常用设备。

（四） 实验方法与步骤

1. 样品前处理

取有代表性的试样至少200g，将样品于绞肉机中绞至少两次，使其均质化，充分混匀。绞碎的样品保存在密封的容器中，贮存期间必须防止样品变质和成分变化，处理好的样品需在24h内进行分析。

2. 器皿前处理

将盛有砂（砂重为样品的3～4倍）和玻璃棒的称量瓶置于（103±2）℃的干燥箱中，瓶盖斜支于瓶边，加热30～60min，盖上瓶盖后取出，置于干燥器中，冷却至室温，精确称量至0.001g，并重复干燥至恒重。

3. 干燥

精确称取试样5～8g（精确至0.001g）于上述干燥至恒重的称量瓶中，根据试样的量加入乙醇5～10mL，用玻璃棒混合后，将称量瓶及内含物置于水浴上，瓶盖斜置于瓶边。为了避免颗粒溅出，调节水浴温度为60～80℃，不断搅拌，蒸干乙醇。

将称量瓶及内容物移入（103±2）℃干燥箱内烘干2h，取出，放入干燥器中冷却至室温，精确称量，再放入干燥箱中烘干1h，并重复上述操作直至前后两次连续称量结果之差小于1mg。

（五） 结果计算

样品中的水分含量按下式计算：

$$X = \frac{m_2 - m_3}{m_2 - m_1} \times 100\ (\%) \tag{14-1}$$

式中 X——样品中的水分含量,%；

m_2——干燥前试样、称量瓶、玻璃棒和砂的质量，g；

m_3——干燥后试样，称量瓶、玻璃棒和砂的质量，g；

m_1——称量瓶、玻璃棒和砂的质量，g。

水分含量≥1%时，计算结果保留三位有效数字；水分含量<1%时，计算结果保留两位有效数字。当平行分析结果符合精密度的要求时，则取两次测定的算术平均值作为结果，精确到0.1%。

二、 蛋白质含量的测定 （凯氏定氮法）

（一） 实验目的

1. 掌握凯氏定氮法测定肉及肉制品中蛋白质含量的方法。
2. 熟练掌握凯氏蒸馏装置的使用。

（二） 实验原理

在凯氏定氮过程中，以硫酸铜为催化剂，用硫酸消化样品中的蛋白质，使有机氮分解，分解出来的氨与硫酸结合生成硫酸铵。将硫酸铵碱化蒸馏，用过量的硼酸溶液吸收，用盐酸标准溶液滴定硼酸溶液吸收的氨。根据盐酸的消耗量，计算出试样中氮的含量。由于非蛋白组分中也含有氮，所以此方法的分析结果为样品中的粗蛋白含量。

（三） 实验材料与仪器

1. 实验材料

所有试剂均用不含氨的蒸馏水配制。

五水硫酸铜，消化过程中加入硫酸铜是为了增加反应速度，硫酸铜可以起催化剂的作用。

无水硫酸钾，在消化过程中添加硫酸钾，它可与硫酸反应生成硫酸氢钾，可提高反应温度（纯硫酸沸点330℃，添加硫酸钾后，可达400℃），加速反应过程。

浓硫酸。

400g/L氢氧化钠溶液：称取400g氢氧化钠于2L烧杯中，不断搅拌下用水溶解并稀释至1000mL，转移到塑料瓶中贮存。

2%硼酸溶液。

0.1 mol/L盐酸标准溶液。

混合指示剂：1份0.1%甲基红乙醇溶液与5份0.1%溴甲酚绿乙醇溶液临用时混合。也可用2份0.1%甲基红乙醇溶液与1份0.1%次甲基兰乙醇溶液临用时混合。

2. 实验仪器

凯氏定氮蒸馏装置，凯氏烧瓶，分析天平，酸式滴定管，容量瓶（100mL），量筒（100mL），20mL吸管，10mL吸管，三角烧瓶。

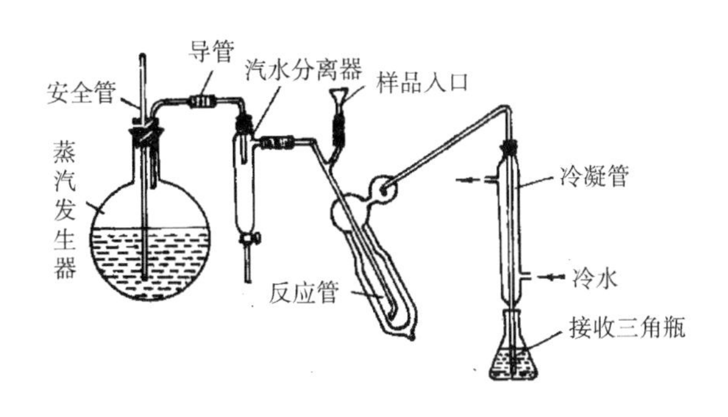

图14－1　凯氏蒸馏装置

（四）实验方法与步骤

1. 样品处理（消化）

称取肉样约2g（精确到1mg。若脂肪含量高，可称取1.5g），于凯氏烧瓶中，加入无水硫酸钾15g、五水硫酸铜0.5g，再加浓硫酸20mL，轻轻摇动使溶液浸湿试样。把烧瓶倾斜于加热装置上，缓慢加热，待内容物全部炭化，停止起泡后加大火力，保持瓶内液体沸腾，不时转动烧瓶，直到液体变成蓝绿色透明时继续沸腾90min，全部消化时间不应少于2h。消化过程中应避免溶液外溢，同时要防止由于过热引起的大量硫酸损失。消化液冷却到约40℃，小心地加入约50mL水，使其混合并冷却。

2. 组装凯氏定氮蒸馏装置

按图14－1组装好定氮蒸馏装置，在水蒸气发生瓶内装水至约2/3处，加甲基红指示液数滴及数毫升硫酸，以保持水呈酸性。加入数粒玻璃珠以防暴沸，加热煮沸水蒸气发生瓶内的水。

3. 半微量蒸馏

接收瓶内加入20g/L硼酸溶液10mL、指示剂2滴，混合后，将接收瓶置于蒸馏装置的冷凝管下，使出口全部浸入硼酸溶液中。准确移取样品消化液10mL注入蒸馏装置的反应室中，用少量蒸馏水冲洗进样入口，立即将夹子夹紧，再加入氢氧化钠溶液10mL，小心松动夹子使之流入反应室，将夹子夹紧，且在入口处加水密封，防止漏气。加热让烟气通过凯氏烧瓶使消化液煮沸并持续5min，收集蒸馏液。停止蒸馏时，将接收瓶降低使接口露出液面，再蒸馏1min，用少量水冲洗出口，用蒸馏水浸湿的红石蕊试纸检验氨是否蒸馏完全，否则应重新测定。

4. 滴定

蒸馏后的吸收液立即用0.05mol/L硫酸或0.05mol/L盐酸标准溶液（邻苯二甲酸氢钾法标定）滴定，溶液由蓝绿色变成灰色或灰红色为终点。同时吸取10mL空白液按上述方法蒸馏。

（五）结果计算

$$\text{粗蛋白质含量} = \frac{(v_2 - v_1) \times c \times 0.0140 \times 6.25}{m \times \frac{V'}{V}} \times 100(\%) \tag{14-2}$$

式中 v_2——滴定样品时所需标准酸溶液体积，mL；

v_1——滴定空白样品时所需标准酸溶液体积，mL；

c——盐酸标准溶液浓度，mol/L；

m——试样质量，g；

V——试样消化液总体积，mL；

V'——试样消化液蒸馏用体积，mL；

0.0140——与1.00mL盐酸标准溶液（1.000mol/L）相当的、以克表示的氮的质量；

6.25——氮换算成蛋白质的平均系数。蛋白质中氮含量一般为15%～17.6%，按16%计算乘以6.25即为蛋白质。肉与肉制品为6.25，乳制品为6.38，面粉为5.70，玉米、高粱为6.24，大豆及其制品为5.71。

重复性要求

每个试样取两个平行样进行测定，以其算术平均值为结果。

①当粗蛋白质含量在25%以上时，允许相对偏差为1%。

②当粗蛋白质含量在10%～25%时，允许相对偏差为2%。

③当粗蛋白质含量在10%以下时，允许相对偏差为3%。

（六）凯氏定氮法的优缺点

优点：① 可用于所有食品的蛋白质分析中；

② 操作相对比较简单；

③ 实验费用较低；

④ 结果准确，是一种测定蛋白质的经典方法；

⑤ 用改进方法（微量凯氏定氮法）可测定样品中微量的蛋白质。

缺点：① 最终测定的是总有机氮，而不只是蛋白质氮；

② 实验时间太长（至少需要2h才能完成）；

③ 精度差，精度低于双缩脲法；

④ 所用试剂有腐蚀性。

三、 脂肪含量的测定 （索氏抽提法）

脂肪是肉中非常重要的化学成分，动物的脂肪可分为蓄积脂肪和组织脂肪两大类，不同动物的脂肪含有的脂肪酸组成有很大差别。肉中的脂肪含量以及分布影响肉的食用品质，此外，肉在贮藏过程中脂肪氧化对肉的品质产生不利的影响。

（一） 实验目的

1. 掌握索氏抽提法测定肉及肉制品中脂肪含量的方法。

2. 熟练掌握索氏蒸馏装置的使用。

（二） 实验原理

试样经盐酸加热水解，将包含的和结合的油脂释放出来，过滤，留在滤器上的物质经干燥后，用正己烷或石油醚抽提、去除溶剂，得到脂肪总量。

（三） 实验材料与仪器

1. 实验材料

蒸馏水、盐酸溶液（2mol/L）、沸石、滤纸筒（经脱脂）、脱脂棉、黄色石蕊试纸。

抽提剂：正己烷或石油醚，石油醚沸程为 30～60℃ 。

2. 实验仪器

表面皿（直径不小于 80mm）、恒温水浴锅、铁架台及铁夹、小烧杯、锥形瓶、分析天平、干燥箱、干燥器、绞肉机（孔径不超过 4mm）、索氏抽提器（见图 14－2）。

3. 索氏抽提器的结构及作用原理

索氏抽提器（如图 14－2）由抽提管（A）、接收瓶（B）和回流冷却器（C）三个部分组成。在抽提时，抽提管下端与接收瓶相接，而冷却器则与抽提管上端相接，抽提管经过管（D）与接收瓶相通，以供醚的蒸汽由接收瓶进入抽提管中。而提取液则通过虹吸管（E）重新回流到接收瓶中。接收瓶在水浴上加热，所形成的蒸汽沿管（D）进入冷却器，并于冷却器中冷凝。被冷凝的醚滴入抽提管中，进行抽提，将脂肪抽出。当吸有脂肪的溶剂超过虹吸管（E）的顶端时，则发生虹吸作用，使溶剂回流到接收瓶中，一直到溶剂吸净则虹吸管自动吸空。回流到接收器的溶剂继续受热蒸发。再经过冷却器冷凝重新滴入抽提管中，如此反复提取，将脂肪全部抽出。称取脂肪质量即可知脂肪的百分含量。

（四） 实验方法及操作

1. 样品前处理

至少取有代表性的试样 200g，于绞肉机中至少绞两次使其均质化并混匀，试样必须封闭贮存于一个完全盛满的容器中，防止其腐败和成分变化，称取充分混匀后的试样 2～5g，准确至 0.001g，全部移入滤纸筒（已脱脂）内。

2. 酸水解

称取试样 3～5g（精确至 0.001g），置 250mL 锥形瓶中，加入 2mol/L 盐酸溶液 50mL，盖上小表面皿，于石棉网上用火加热至沸腾，继续用小火煮沸 1h 并不时振摇。取下锥形瓶，加入热水 150mL，混匀，过滤。锥形瓶和小表面皿用热水洗净，一并过滤。沉淀用热水洗至中性（用蓝石蕊试纸检验）。将沉淀连同滤纸置于大表面皿上，连同锥形瓶和小表面皿一起于（103±2）℃干燥箱内干燥 1h，冷却。

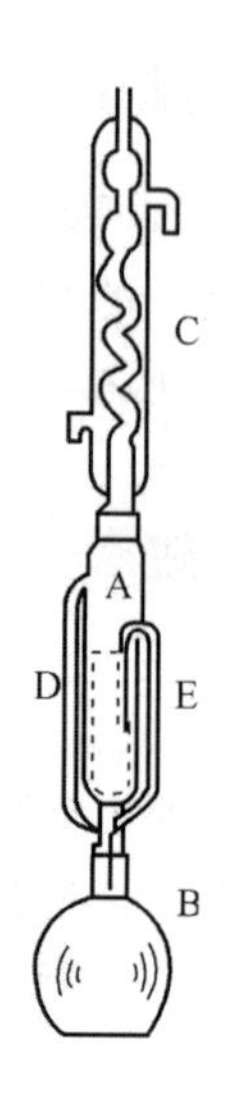

图 14－2　索氏抽提器

A—抽提管　B—接收瓶　C—回流冷却器

D—蒸汽沿管　E—虹吸管

3. 抽提脂肪

将烘干的滤纸放入衬有脱脂棉的滤纸筒中，用抽提剂润湿脱脂棉擦净锥形瓶、表面皿上遗留的脂肪，放入纸筒中。将滤纸筒放入索氏抽提器的抽提筒内，连接内已装有少量沸石，并已干燥至恒重的接收瓶，由抽提器冷凝管上端加入抽提剂至瓶内容积的三分之二处，于水浴上加热，每 5～6min 回流一次，抽提 6～8h。

4. 称量

取下接收瓶，回收抽提剂，待接收瓶内溶剂剩余 1～2mL 时在水浴上蒸干，再于（103±2)℃干燥 1h，放干燥器内冷却至室温，准确称量至 0.001g。重复以上操作直至恒重，直至两次称量结果之差不超过试样质量的 0.1%。

5. 抽提完全程度检验

用第二个内装沸石、已干燥至恒重的接收瓶，用新的抽提剂继续抽提 1h，增量不超过试样质量的 0.1%。

（五）结果计算

$$X = \frac{m_2 - m_1}{m} \times 100\,(\%) \tag{14-3}$$

式中　X——试样的总脂肪含量，%；

m_2——接收瓶、沸石连同脂肪的质量，g；

m_1——接收瓶和沸石的质量，g；

m——试样的质量，g。

由同一分析者在同一实验室、采用相同方法和相同的仪器，在短时间间隔内对同一样品独立测定两次，两次测定结果之差不得超过 0.5%。

第二节　肉与肉制品理化及品质特性的测定

一、 水分活度的测定

水分是微生物生长活动所必需的物质，一般而言，食品水分含量越高，越易腐败，但严格地说，微生物的生长并不取决于食品的水分含量，而是它的有效水分，即微生物能利用的水分，通常用水分活度（A_w）来衡量。所谓的水分活度是指食品在密闭容器内测定的蒸汽压与同温下侧得的纯水蒸汽压之比。

（一） 实验目的

1. 掌握水分活度测定的原理。

2. 熟练掌握肉及肉制品水分活度测定的方法。

（二） 实验原理

两种具有不同水分活度的物品放在一起就会有水分的传递，水分活度高的物品失水，水分活度低的物品吸水而达到新的动平衡，只有具有相同水分活度的物品才不会有水分的得失，水分的得失可用物品重量的增减来表示。我们用已知水分活度的物品与待测样品共存，给足够的时间让水分交换传递。然后算出水分得失量，最后用水分得失量为纵坐标，以水分活度为横坐标作图。交于横坐标的点（增重量为 0 的点）的数值即是被测物品的水分活度。

例如：25℃时

$MgCl_2$饱和液 A_w为 0.33　　　　待测样减重 20mg

NaCl 饱和液 A_w为 0.75　　　　待测样增重 10mg

作图：

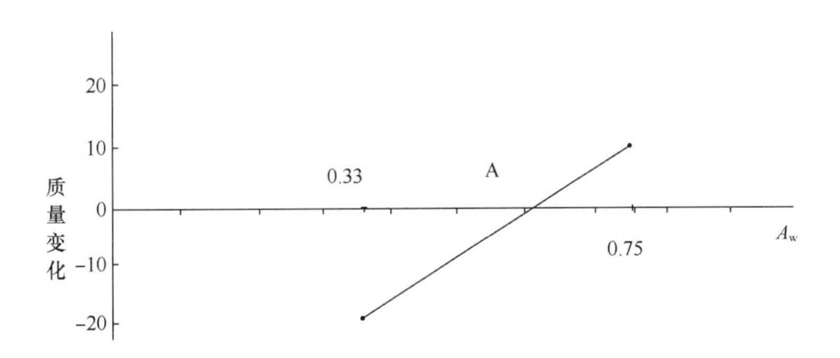

图中交于横坐标 A 点的值即为待测物品的水分活度。

（三） 实验材料与仪器

1. 实验材料

硝酸镁、硝酸钠、氯化钠、硫酸铵、氯化钾、硝酸钾、硫酸钾等。

表 14－1　　标准饱和盐溶液的 A_w 值（25℃）

化合物	A_w	化合物	A_w
$K_2Cr_2O_7$	0.980	$NaNO_3$	0.738
$BaCl_2 \cdot 2H_2O$	0.902	$SrCl_2 \cdot 6H_2O$	0.708
KNO_3	0.925	$NaBr \cdot 2H_2O$	0.58
KCl	0.843	$Mg(NO_3)_2 \cdot 6H_2O$	0.52
$CaCl_2$	0.82	K_2CO_3	0.43
KBr	0.807	$MgCl_2 \cdot 6H_2O$	0.33
NaCl	0.75	$K_2C_2H_3O_2$	0.23
$LiCl \cdot H_2O$	0.11		

2. 实验仪器

微量扩散皿、分析天平、恒温箱、载样铝盒。

（四）实验方法与步骤

1. 首先估计待测样的水分活性值，然后依据标准饱和盐溶液的 A_w（表 14－1）选取 2 种盐，使其 A_w 与待测样的 A_w 相接近。

2. 准确称取已选定的两种标准盐各 5g，各放于微量扩散皿外室，加几滴蒸馏水将标准盐湿润。

3. 在分析天平上称取待测样品中心部位 1.5g（连载样铝盒一起称重）两份，称重后连同铝盒一起分别放于两个装有标准盐的微量扩散皿内室中。

4. 将微量扩散皿边缘均匀地涂上凡士林，加盖密封，放于25℃的恒温箱中 3～4h，然后将载样盒取出，于分析天平上称重。

（五）结果计算

根据样品与标准盐液间的水分交换毫克数与标准盐液的 A_w 作图，找出与横轴交点。其 A_w 就是待测样品的水分活度。

注：称重的速度及精确度将直接影响结果的准确度。

挥发性物质含量较多时，不易用此法测定。

二、pH 的测定

肉及肉制品的 pH 是进行理化分析及品质评定时非常重要的指标，其可以反映肉及肉制品的生理生化变化情况。于原料肉而言，pH 的高低决定其保水性、嫩度及肉色等品质特性；于发酵肉制品而言，pH 可反映发酵的程度；于贮藏的肉及肉制品而言，pH 可反映贮藏过程中微生物及新鲜程度的变化情况。

（一）实验目的

1. 掌握 pH 计的校准和使用。
2. 熟练掌握肉及肉制品 pH 的测定方法。

（二）实验原理

利用玻璃电极作为指示电极，甘汞电极或银－氯化银电极作为参比电极，当试样或试样溶液中氢离子浓度发生变化时，指示电极和参比电极之间的电动势也随着发生变化而产生直流电势（即电位差），通过前置放大器输入到 A/D 转换器，以达到 pH 测量的目的。

（三） 实验材料与仪器

1. 实验材料

邻苯二甲酸氢钾、一水柠檬酸、磷酸二氢钾、磷酸氢二钠、氢氧化钠、氯化钾等。

pH 4.00 的缓冲溶液（20℃）：于 110～130℃将邻苯二甲酸氢钾干燥至恒重，并于干燥器内冷却至室温。称取邻苯二甲酸氢钾 10.211g，加入 800mL 水溶解，用水定容至 1000mL。此溶液的 pH 在 0～10℃时为 4.00，在 30℃时为 4.01。

pH 5.45 的缓冲溶液（20℃）：称取 7.010g 一水柠檬酸，加入 500mL 水溶解，加入 375mL 1.0mol/L 氢氧化钠溶液，用水定容至 1000mL。此溶液的 pH 在 10℃时为 5.42。

pH 6.88 的缓冲溶液（20℃）：于 110～130℃将无水磷酸二氢钾和无水磷酸氢二钠干燥至恒重，于干燥器内冷却至室温。称取上述磷酸二氢钾 3.402g 和磷酸氢二钠 3.549g，溶于水中，用水定容至 1000mL。此溶液的 pH 在 0℃时为 6.98，在 10℃时为 6.92，在 30℃时为 6.85。

以上缓冲液置于冰箱中可存放不超过 3 个月，一旦发现有混浊、发霉或沉淀等现象时，不能继续使用。

氯化钾溶液（0.1mol/L）：称取 7.5g 氯化钾于 1000mL 容量瓶中，加水溶解，用水稀释至刻度（若待测试样处在僵硬前的状态，需加入已用氢氧化钠溶液调节 pH 至 7.0 的 925mg/L 碘乙酸溶液，以阻止糖酵解）。

2. 实验仪器

pH 计：准确度为 0.01。仪器应有温度补偿系统，若无温度补偿系统，应在 20℃以下使用，并能防止外界感应电流的影响。

复合电极：由玻璃指示电极和 Ag/AgCl 或 Hg/Hg_2Cl_2 参比电极组装而成。

分析天平、手术刀、量筒、烧杯、均质器（转速可达 20000r/min）、磁力搅拌器。

（四） 实验方法与步骤

1. pH 计的校正

（1）置开关于“pH”位置，预热 30min。

（2）用标准缓冲溶液洗涤两次烧杯和电极，然后将适量标准缓冲溶液注入烧杯内，将电极浸入溶液中，使玻璃电极的玻璃珠和甘汞电极的毛细管浸入溶液，小心缓慢摇动烧杯。

（3）调节温度补偿器，使指针指在缓冲液的温度。

（4）调节零点调节器使指针指在 0 位置。

（5）将电极接头同仪器相联（甘汞电极接入接线柱，玻璃电极插入插孔）。

（6）按下读数开关，然后调节电位调节器，使读数与缓冲溶液的 pH 相同。

（7）放开读数开关，指针应回 0 处，如有变动，按（6）项重复调节，调节好后切勿再旋动定位调节器，否则必须重新校正。

2. 不同试样的 pH 的测定步骤

（1）非均质化的试样 pH 的测定　在试样中选取有代表性的 pH 测试点。用小刀或大头针在试样上打一个孔，以免复合电极破损。将 pH 计的温度补偿系统调至试样的温度。若 pH 计不带温度补偿系统，应保证待测试样的温度在（20±2）℃范围内。采用适合于所用 pH 计的步骤进行测定，读数显示稳定以后，直接读数，准确至 0.01。鲜肉通常保存于 0～5℃，测定时需要用带温度补偿系统的 pH 计。在同一点重复测定。必要时可在试样的不同点重复测定，测定点的数目随试样的性质和大小而定。同一个制备试样至少要进行两次测定。

（2）均质化的试样 pH 的测定　将选取的去除脂肪和结缔组织后至少 200g 肉样切割后利用绞肉机将肉绞碎。注意避免试样的温度超过 25℃。试样至少通过绞肉机两次，去除一定量的绞碎肉样，加入 10 倍于待测试样质量的氯化钾溶液，用均质器进行均质。将试样装入密封的容器里，防止变质和成分变化。试样应尽快进行分析，均质化后最迟不超过 24h。

取一定量能够浸没或埋置电极的试样，将电极插入试样中，将 pH 计的温度补偿系统调至试样温度。若 pH 计不带温度补偿系统，应保证待测试样的温度在（20±2）℃范围内。采用适合于所用 pH 计的步骤进行测定，读数显示稳定以后，直接读数，准确至 0.01。同一个制备试样至少要进行两次测定。

测定完毕，用脱脂棉先后蘸乙醚和乙醇擦拭电极，最后用水冲洗并按生产商的要求保存电极。

注意事项：

（1）甘汞电极中的氯化钾溶液应经常保持饱和，且在弯管内不应有气泡。否则将使溶液隔断。

（2）甘汞电极的下端毛细管与玻璃电极之间形成通路，因此在使用前必须检查毛细管并保证其畅通，检查方法是，先将毛细管擦干，然后用滤纸贴在毛细管末端，如有溶液流下，则证明毛细管未堵塞。

（3）使用甘汞电极时，要把加氯化钾溶液处的小橡皮塞拔去，以使毛细管保持足够的压差，从而有少量氯化钾溶液从毛细管中流出，否则样品试液进入毛细管。将使测定结果不准确。

（4）新的玻璃电极在使用前，必须在蒸馏水中或 0.1mol/L 盐酸中浸泡一昼夜以上，不用时，最好也浸泡在蒸馏水中。

三、肉嫩度的测定

肉的嫩度是备受重视的食用品质之一，它决定肉在食用时口感的老嫩，是反映肉质地的指标。嫩度评定可通过测定肌肉的剪切力来实现。剪切力是指测试仪器的刀具切断被测肉样时所用的力，反映猪肉的嫩度。通常采用 Warner Bratzler 剪切法。剪切力的单位是千克力（kg）或牛顿（N），两个单位可相互转换，转换关系为 1.0 kg 等于 9.8 N。

（一）实验目的

1. 掌握肉及肉制品嫩度测定的方法，明确嫩度和剪切力之间的关系。
2. 掌握肌肉嫩度仪的使用方法。

（二）实验原理

通过肌肉嫩度计的传感器记录刀具切割肉样时的用力情况，并把测定的剪切力峰值（力的最大值）作为肉样嫩度值来客观地表示肌肉的嫩度，从力学角度看，剪切是指物料受到两个大小相等，方向相反，但作用线靠得很近的两个力 F 和 F' 作用时（如图 14－3 所示），其结果使物料受力处的两个截面产生相对错动。当力值达到一定程度时，物料就被剪断了。

大量试验表明，剪切力值与主观评定法之间的相关系数达 0.60～0.85，平均 0.75，这表明该仪器可以对嫩度进行良好估计。

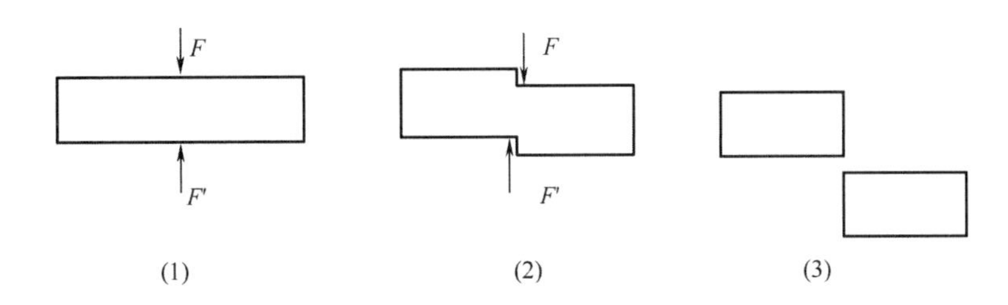

图 14－3　剪切的力学原理

（三）实验材料与仪器

肌肉嫩度仪、陶瓷刀、恒温水浴锅、热电偶测温仪（探头直径小于 2mm）、真空包装机。肌肉嫩度仪的主要构成部分见图 14－4。

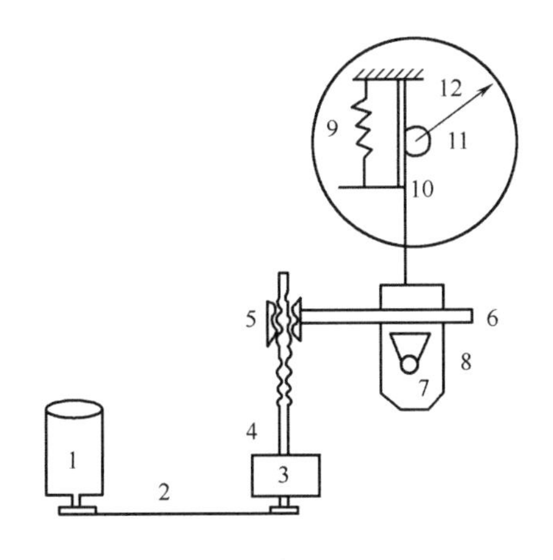

图 14－4　结构原理图

1—电动机　2—皮带传动　3—蜗轮减速器　4—螺杆　5—螺母　6—剪切板
7—剪切片　8—试样　9—弹性敏感元件　10—齿条　11—齿轮　12—指针

当电动机 1 转动时，通过皮带传动 2 使蜗轮减速器 3 上的蜗杆转动，蜗杆使蜗轮连同其上的螺杆 4 转动，这样螺母 5 及其上的剪切板 6 便会上、下移动，剪切板 6 在下降时与放在剪切片 7 上的肌肉试样 8 接触后开始进行剪切。剪切力在由弹性敏感元件 9 感受后通过与之并联的齿条 10 和相啮合的齿轮 11 传递到指针 12 上之后，由主针带动的副针所停留的位置按刻度盘上标定的力值读出。

在试验中，如将升降开关拨到“上升”的位置，并按下启动开关，则剪切板上升，待升到一定高度时，松开启动开关按钮，则剪切板停在所需要的位置上，此后，装进试样，将升降开关置于“下降”位置，并按下启动开关，则剪切板下降，当剪切板与剪切片孔中的试样接触时，便使试样受到剪切作用，这时便可读到剪切力的大小。

（四）实验方法与步骤

1. 样品的处理

推荐使用宰后 24h 或 48h 时的猪背最长肌胸段后端（位于第十一胸椎至第十三胸椎），或腰段前端（位于第一腰椎至第三腰椎）。沿与肌肉自然走向（即肌肉的长轴）垂直的方向切取

2. 54cm 厚的肉块（如图 14 -5 所示），去除样品表面的结缔组织、脂肪和肌膜，使其表面平整。

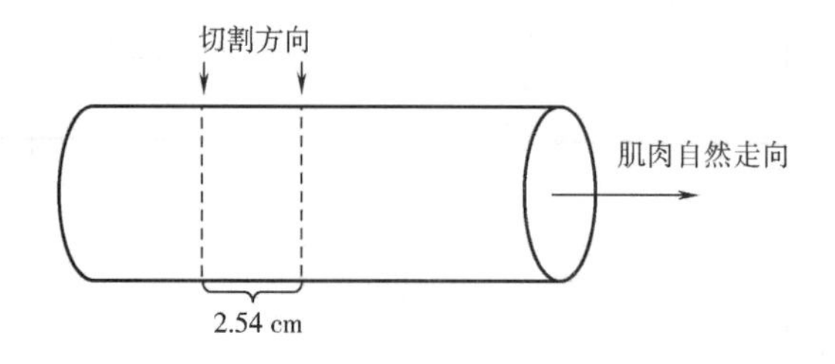

图 14 -5　肉块分切方法

2. 样品的煮制

将肉块从 -1. 5 ~7. 0℃的冷库或冰箱中取出，放在室温下（22. 0℃左右，可通过自来水或空调来调控）平衡 0. 5h，再将肉块放入塑料蒸煮袋（一般由三层结构组成：外层为聚酯膜，中层为铝箔膜，内层为聚丙烯膜）中，温度计探头由上而下插入肉块中心，记录肉块的初始温度，将蒸煮袋口用夹子夹住，之后将包装的样品放入 72. 0℃水浴锅内，水浴锅内水的高度应以完全浸没肉样为宜，袋口不得浸入水中（通常将自制"U"型的金属框架放入水浴中，再将肉样袋放入金属框内），当肉块中心温度达到 70. 0℃时，记录加热时间，并立即取出肉样（袋），将肉样（袋）放入流水中冷却 30min，水不得浸入包装袋内。之后将肉样（袋）放在 -1. 5 ~7. 0℃冷库或冰箱中过夜（约 12h）。

3. 肉柱的制备

将冷却的熟肉块放在室温下平衡 0. 5h，用普通吸水纸或定性滤纸吸干表面的汁液。用双片刀（间距 1. 0cm）沿肌纤维方向分切成多个 1. 0cm 厚的小块，再用陶瓷刀从 1. 0cm 厚的小块中分切 1. 0cm 宽的肉柱，肉柱的宽度用直尺测量，如图 14 -6 所示。肉块分切过程中，应避免肉眼可见的结缔组织、血管及其他缺陷，每个肉样分切得到的肉柱个数应不少于 5 个。

图 14 -6　肉柱的性状

4. 肉样的测定

在室温条件下置于剪切仪上测量剪切肉样所需的力值，剪切速度 1mm/s，将孔样置于仪器的刀槽上，使肌纤维与刃口走向垂直，启动仪器剪切肉样，测得刀具切割这一用力过程中的最大剪切力值（峰值），为孔样剪切力的测定值。嫩度计算以牛顿（N）为单位表示，数值越小，肉越嫩。反之则相反，可按三次重复计算平均值。

（五）结果计算

$$X = \frac{X_1 + X_2 + X_3 + \cdots + X_n}{n} - X_0 \tag{14-4}$$

式中　X——肉样的嫩度值，N；

$X_1 \cdots X_n$——有效重复孔样的最大剪切力值，N；

X_0——空载运行最大剪切力，N；

n——有效孔样的数量。

同一肉样，有效孔样的测定值允许的相对偏差应≤15%。

四、保水性的测定

保水性也称系水力或系水性，是指当肌肉受外力作用时，如加压、切碎、加热、冷冻、解冻以及腌制等加工或贮藏条件下保持其原有水分与添加水分的能力。它对肉的品质——色、香、味、营养成分、多汁性、嫩度等感官品质有很大的影响，是肉质评定时的重要指标之一。

保水性可以用系水潜能、可榨出水分、自由滴水和蒸煮损失等来表示。系水潜能表示肌肉蛋白质系统在外力影响下超量保水的能力，用它来表示在测定条件下蛋白质系统存留水分的最大能力；可榨出水分是指在外力作用下，从蛋白质系统榨出的液体量，即在测定条件下所释放的松弛水量；自由滴水量则指不施加任何外力只受重力作用下蛋白质系统的液体损失量（即滴水损失）；蒸煮损失是用来测量肌肉经适当的煮制后水分损失的量。本节实验主要介绍可榨出水分、滴水损失和蒸煮损失三种方法。

（一）方法一：压力法

1. 实验目的

了解并掌握压力法测定保水性的方法。

2. 实验原理

测定保水性使用最广泛的方法是压力法，即施加一定的重量或压力以测定被压出的水量。或按压出水湿面积与肉样面积之比以表示肌肉系水力。我国现行应用的系水力测定方法，是用35kg重量压力法度量肉样的失水率，失水力越高，系水力越低，反之则相反。

3. 实验材料与仪器

钢环允许膨胀压力计，取样器，分析天平，纱布，滤纸，书写用硬质塑料板。

4. 实验方法与步骤

（1）推荐使用宰后24h或48h时的猪背最长肌胸段后端（位于第十一胸椎至第十三胸椎），或腰段前端（位于第一腰椎至第三腰椎），沿着肌纤维垂直方向取1.0cm厚的薄片，再用直径2.523cm的圆形取样器（圆面积为5.0cm^2）切取中心部肉样，如图14－7所示。

（2）将切取的肉样用分析天平称重，然后将肉样置于两层纱布间，上、下各垫16层普通吸水纸或定性滤纸。滤纸外各垫一块书写用硬质塑料板。然后置于土壤压缩仪上加压，用匀速摇动摇把加压至35kg，并在35kg下保持5min，撤出压力后立即称量肉样重。

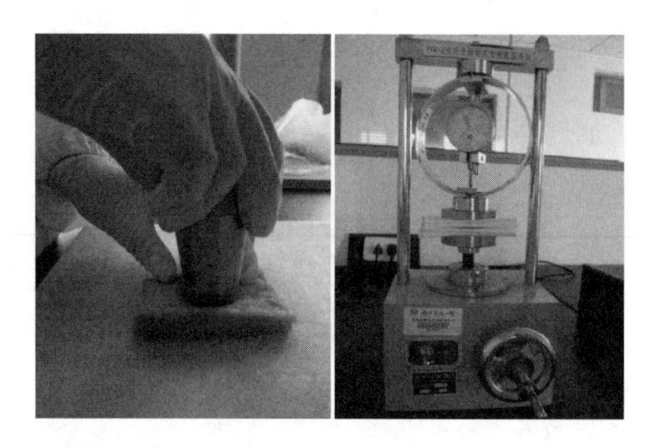

图 14－7　加压损失测定肉样制备方法和仪器

5. 结果计算

$$加压失水率 = \frac{压前肉样重 - 压后肉样重}{压前肉样重} \times 100(\%) \quad (14-5)$$

（二）方法二：滴水损失

1. 实验目的

了解并掌握滴水损失的测定方法及其适用范围。

2. 实验原理

在不施加任何外力的标准条件下，保存肉样一定时间（24h 或 48h），以测定肉样的滴水损失，这是一种操作简便、测值可靠和适于在现场应用的方法。

3. 实验材料与仪器

冰箱、分析天平、聚乙烯薄膜食品袋。

4. 实验方法与步骤

（1）推荐使用宰后 24h 或 48h 的猪背最长肌胸段后端（位于第十一胸椎至第十三胸椎），或腰段前端（位于第一腰椎至第三腰椎），沿肌纤维方向把肉样切成 2.0cm×3.0cm×5.0cm 肉条。

（2）用铁钩钩住肉条一端，悬挂于聚乙烯塑料袋中，充气，扎紧袋口后悬挂于冷库中（如图 14－8 所示），在－1.5～7.0℃下吊挂 24h，取出肉条，用普通吸水纸或定性滤纸吸干肉条表面水分，再次称重。

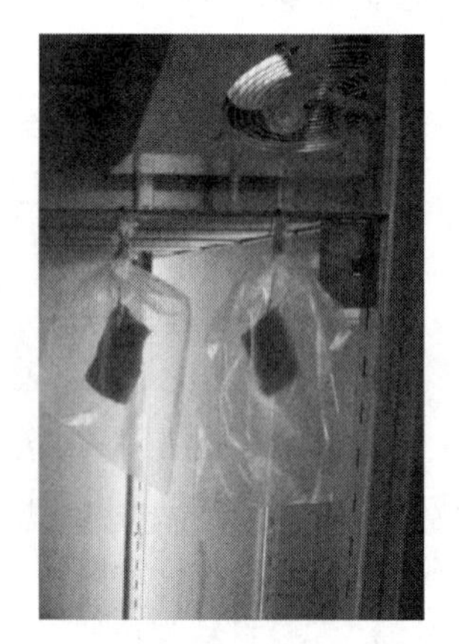

图 14－8　滴水损失测定样品吊挂的方法

5. 结果计算

$$滴水损失 = \frac{吊挂前肉样重 - 吊挂后肉样重}{吊挂前肉样重} \times 100(\%) \quad (14-6)$$

滴水损失与肌肉保水力呈负相关，即滴水损失越大，则肌肉保水力越差，滴水损失越少，则肌肉保水力越好。测定结果可按同期对比排序法评定优劣。一般情况下，滴水损失不超过 3%，可作为参考值。

（三）方法三：蒸煮损失

1. 实验目的

了解并掌握蒸煮损失的测定方法。

2. 实验原理

蒸煮损失是指特定大小的肉块在煮制过程中发生的重量损失。肉在加热过程中蛋白质变性，肌纤维收缩，使得纤维间的空隙变小，将水分挤出造成重量的损失。

3. 实验材料与仪器

水浴锅、热电偶测温仪、分析天平、蒸煮袋。

4. 实验方法与步骤

按照测定肌肉剪切力的方法煮制肉块。肉块蒸煮前后重量的损失占其原重量的百分比即为蒸煮损失。

$$\text{蒸煮损失} = \frac{\text{蒸煮前肉样重} - \text{蒸煮后肉样重}}{\text{蒸煮前肉样重}} \times 100(\%) \quad (14-7)$$

第三节　肉制品加工实验

一、红肠的制作

红肠是广受欢迎的灌肠类制品，原产于俄罗斯、立陶宛一带，也称“里道斯”。因其经腌制以后呈枣红色，所以称为红肠。红肠与其他肉制品相比，口味鲜嫩细腻，味香可口，营养丰富、肠体水分含量较低，便于贮藏携带，因此很受消费者欢迎。

（一）实验目的

1. 通过实验掌握灌肠的加工工艺及要点。

2. 熟练掌握绞肉机、拌馅机、灌肠机和烟熏设备的操作。

（二）实验材料与设备

1. 材料与配方

精瘦肉 75kg，肥肉 19kg，马铃薯淀粉 6kg，胡椒粉 200g，味精 200g，大蒜 1kg，精盐 2.25kg，亚硝酸盐 7.5g，抗坏血酸钠 75g，磷酸盐 0.30g，冰水 24 ~ 26kg，猪小肠衣。

2. 仪器与设备

刀具，刀辊，白线绳，排气针，案板，食品箱，不锈钢盆，电子秤，天平，挂肠架，挂肠杆，切丁机，绞肉机，拌馅机，灌肠机，蒸煮炉，熏烤炉。

（三）工艺流程

原料肉处理→腌制→绞肉切丁→制馅→灌制→烘烤→蒸煮→熏制→成品

（四）操作要点

1. 原材料处理

选择脂肪含量低、结着力好的新鲜猪肉、牛肉。剔除碎骨、血管、淋巴、筋膜，切成 150 ~ 200g 肉块，肥膘切成 5 ~ 7cm 长条，以备腌制。

2. 腌制

瘦肉用 3% 食盐、0.1% 亚硝酸盐、1% 抗坏血酸钠，4℃腌制 24 ~ 36h；

脂肪用 3% 食盐进行擦盐码垛，4℃腌制 72h。

3. 制馅

（1）绞肉、切丁　腌制后的肉块，用5mm孔板绞肉机绞碎；脂肪切成$1cm^3$的小丁。

（2）拌馅　先加入瘦肉、磷酸盐及冰水拌制一定时间后，再加入肥肉、大蒜及冰水拌制一定时间，最后加入调味料、淀粉及冰水，充分混匀。整个拌馅过程在拌馅机内进行，冰水共分三次加入。拌馅时间应以拌好的肉馅弹力好、包水性强、没有乳状分离、脂肪块分布均匀为宜，肉馅温度不应超过10℃。

4. 灌制

在装馅前对肠衣进行质量检查，肠衣必须用清水冲洗，不得有漏气。灌制时必须掌握松紧均匀，18～22cm扭节。灌好的肠子，须用小针戳孔放气。

5. 烘烤

烘烤温度保持在65～80℃，烘烤时间应以肠中心温度达45℃以上为准，待肠衣表皮干燥、光滑，手摸无黏湿感觉，表面深红色，肠头附近无油脂流出时即可。

6. 煮制

煮制通常用水煮，先使锅内水温达到90～95℃，放入灌肠，保持水温在80℃左右。待灌肠中心温度达75℃以上，用手掐肠体，感到挺硬、有弹性时，即为煮熟的标志。

7. 熏烟

熏房内温度须保持在60～70℃，熏制8～12h，待灌肠表面光滑而透出内部肉馅红色，并且有枣子式的皱纹时，即为熏烟成熟的成品。出烘房自然冷却，揩去烟尘，即可食用。

（五）感官评价

按照表14－2所示的感官评价指标对红肠进行评价。

表14－2　红肠感官评价指标

项目	评价内容
色泽	表面枣红色或红褐色
形状	肠体表面褶皱均匀，核桃纹式样，肥肉丁凸显表面，长度20cm，有红肠特有的油光，似香蕉形状
风味	熏香浓郁、蒜香突出，肉丁脆而不腻，有红肠特有的香味

二、风干肠的制作

风干肠是我国北方传统的肉制品，属于中式发酵肉制品，历史悠久，驰名中外，原产于1910年哈尔滨正阳楼，于1956年在全国食品展览会上获得盛名，被评为全国推广产品。风干肠因经长时间晾晒和发酵成熟，使组织蛋白质和脂肪在适宜条件下经微生物自然发酵，产生独特风味及质地。

（一）实验目的

1. 掌握中式香肠的生产工艺及操作要点。
2. 认识风干肠加工中常用的香辛料。
3. 正确使用干燥设备。

（二） 实验材料与设备

1. 材料与配方

瘦肉 90kg，肥肉 10kg，精盐 2.25kg，亚硝酸钠 9g，白砂糖 1kg，砂仁粉 50g，桂皮粉 120g，花椒粉 20g，肉蔻粉 50g，丁香粉 10g，味素 200g，曲酒 900g。

2. 仪器与设备

刀具，白线绳，排气针，不锈钢盆，案板，电子秤，天平，挂肠架，挂肠杆，绞肉机，拌馅机，灌肠机，烘烤炉，蒸煮锅。

（三） 工艺流程

原料肉的选择及处理→切块、绞肉→制馅→灌制→风干→捆把→发酵→蒸煮→成品

（四） 操作要点

1. 原料肉的选择及处理

选取合格的猪瘦肉及猪肥膘，去除碎骨、血管、淋巴、筋膜等杂物。猪瘦肉、肥膘切成 150～200g 肉块备用。

2. 绞肉

传统工艺中猪精肉采用手工切块，现代工艺中猪精肉用 12mm 孔板绞肉机绞制、肥肉切成 7mm 方丁，肉丁经 90℃热水浸烫两次后，用冷水降温至 10℃以下。

3. 制馅

将猪精肉、肥肉丁、混匀辅料、姜末、亚硝酸钠（用白酒溶解）、曲酒，倒入拌馅机，搅拌约 2～3min，拌匀即可。

4. 灌制

将制好的肉馅灌入六路猪肠衣内或胶原蛋白肠衣内（饱和度适中），35～37cm 系绳或打节。用排气针排气、穿杆、挂架，冷水喷淋。

5. 风干

将挂肠车推入风干炉进行第一轮干燥，炉内温度控制在 50℃左右，风干约 60min，放凉回潮至室温后，开启第二轮干燥，炉内温度控制在 45℃左右，风干约 60min，再放凉回潮至室温后，开启第三轮干燥，炉内温度控制在 38℃左右，风干 8～10h。

6. 捆把

每 8～10 根干肠捆成一把，每把干肠捆三道绳即可。

7. 发酵

将捆好把的干肠放在阴凉、湿度合适的场所，相对湿度为 75% 左右，发酵天数 10～15d。湿度过低导致肠体易发生流油、食盐折出等现象；湿度过大导致肠体易发生吸水、影响产品质量。

8. 蒸煮

风干肠在出售前应进行蒸煮，蒸煮前要用温水冲洗一次，洗刷掉肠体表面的灰尘和污物。将风干肠投入蒸煮设备中，温度控制在蒸煮 90℃，15min 即可，出炉晾凉即为成品。

（五） 感官评价

按照表 14－3 所示的感官评价指标对风干肠进行感官评价。

表 14－3 风干肠感官评价指标

项目	评价内容
色泽	瘦肉呈现红褐色，脂肪呈现乳白色，切面有少量棕色调料点
形状	肠体略干，有粗皱纹，肥肉丁突出，直径不超过 1.5cm
风味	具有独特的清香味，美味适口，越嚼越香，久吃不腻，食后留有余香

三、 松仁小肚的制作

松仁小肚属于中式常温肉制品，生产历史悠久，配料考究，因其馅料中含有松仁，灌入肚皮中而命名，营养丰富，消暑解毒，是哈尔滨人的佐酒佳肴。

（一） 实验目的

1. 掌握松仁小肚的加工工艺及操作要点。
2. 正确使用蒸煮设备、糖熏设备。

（二） 实验材料与设备

1. 材料与配方

猪瘦肉 70kg，水 60kg，湿绿豆淀粉 30kg，食盐 3.2kg，复合磷酸盐 0.35kg，味素 0.4kg，红曲米粉 150g，白砂糖 1kg，香油 1kg，松仁 500g，生姜 2.0kg，大葱 0.5kg，花椒面 0.2kg。

2. 仪器与设备

刀具，刀辊，白线绳，排气针，案板，食品箱，不锈钢盆，电子秤，天平，缝包针，切片机，拌馅机，灌肠机，夹层锅，烟熏锅，不锈钢帘子。

（三） 工艺流程

原料肉的选择→修整和切片→制馅→灌制→煮制→糖熏→成品

（四） 操作要点

1. 原料肉选择

选择经兽医卫生检验合格的猪肉作为原料，以腿肉和臀肉为最好，因为这些部位的肌肉组织多，结缔组织少。

2. 修整和切片

剔除瘦肉中筋腱、血管、淋巴，然后将肉切成 4～5cm 长、3～4cm 宽和 2～2.5cm 厚的小薄片。

3. 制馅

将切好的猪肉片投入拌馅机，加入盐、糖、磷酸盐、味精等混匀辅料，凉水（水分 3 次陆续加入），拌制 3～5min，加入湿绿豆淀粉、松仁、葱、姜、香油拌制到均匀即可。

4. 灌制

将肚皮洗净，沥干水分，灌入 70%～80% 的肉馅，用竹针缝好肚皮口，每灌 3～5 个以后将馅用手搅拌一次，以免肉馅沉淀。

5. 煮制

下锅前用手将小肚搓揉均匀，防止沉淀。水沸时入锅，保持水温 85℃左右。入锅后每半小时左右扎针放气一次，把肚内油水放尽。并经常翻动，以免生熟不均。锅内的浮沫随时清出，煮到2h出锅。

6. 糖熏

熏锅或熏锅内糖和锯末的比例为3:1。即3kg糖，1kg锯末。将煮好的小肚装入熏屉，间隔3~4cm，便于熏透熏均匀。熏制2~3min后出炉，晾凉后即为成品。

（五）感官评价

按照表14-4所示的感官评价指标对松仁小肚进行感官评价。

表14-4 松仁小肚感官评价指标

项目	评价内容
色泽	外表呈棕褐色，烟熏均匀，光亮滑润；肚内瘦肉呈淡红色，淀粉浅灰
形状	外皮无皱纹，圆形，不破不裂，坚实而有弹性；灌馅均匀，中心部位的馅熟透，无黏性，切断面较透明光亮
风味	熏香浓郁、肉香突出

四、酱牛肉的制作

酱牛肉是一种味道鲜美、营养丰富的酱肉制品，种类很多，深受消费者欢迎，尤以北京月盛斋的酱牛肉最为有名。酱牛肉主要有补中益气、滋养脾胃、强健筋骨、化痰息风、止渴止涎的功效。

（一）实验目的

掌握酱牛肉的生产工艺及操作要点。

（二）实验材料与设备

1. 材料与配方

以精牛肉100kg为标准：精盐6kg，面酱8kg，白酒800g，葱（碎）1kg，鲜姜末1kg，大蒜1kg，小茴香面300g，五香粉400g（包括桂皮、八角茴香、砂仁、花椒、紫蔻）。

2. 仪器与设备

刀具，砧板，台秤，不锈钢盆，蒸煮锅，电磁炉，水桶，不锈钢托盘。

（三）工艺流程

原料肉的选择→修整→预煮→煮制→成品

（四）操作要点

1. 原料肉选择

选用经过兽医卫生检验合格的鲜牛肉为原料。

2. 修整

将牛肉放入15℃左右的水中浸泡，洗去肉表面的血液和杂物，把精牛肉切成0.5~1kg重的方块。

3. 预煮

把肉块放入100℃的沸水锅中煮1h，为了除去腥膻味，可在水里加几块胡萝卜，到时把肉块捞出，放入清水中浸漂，清除血沫及胡萝卜块。

4. 煮制

加入各种调料（即按上述配料标准）同漂洗过的牛肉块一起入锅煮制，水温保持在95℃左右（勿使沸腾），煮2h后，将火力减弱，水温降低到85℃左右，在这个温度下继续煮2h左右即可出锅。

5. 成品

酱牛肉出锅时尽可能保持肉块的完整，放入不锈钢托盘中冷却后即为成品。酱牛肉的出品率约60%。

（五）感官评价

按照表14－5所示的感官评价指标对酱牛肉进行感官评价。

表14－5　酱牛肉感官评价指标

项目	评价内容
色泽	呈现红色
形状	肉块大小均匀整齐，无异物附着
风味	味道鲜美，肉香味浓郁

五、八珍烤鸡的制作

八珍烤鸡是采用八种中药，即红参、黄花、灵芝、枸杞、天麻、丁香、砂仁和肉豆蔻配合着茴香、陈皮、花椒、桂皮、生姜等制成的一种具有补中益气、健脾固肾、壮心旺血、温胃去寒作用的滋补佳品，产品风味独特，色香味俱佳。在制作上如选料、浸泡、填料、整形和烘烤上都具有独特的方法。

（一）实验目的

1. 掌握制作烤鸡的工艺流程及操作要点。
2. 正确使用烤炉。

（二）实验材料与设备

1. 材料与配方

（1）腌制料　按100只鸡配料标准：水100kg，花椒250g，大料250g，白糖0.5kg，白酒0.5 kg，红参200g，黄芪300g，灵芝300g，枸杞子300g，天麻150g，丁香150g，山柰150g，白芷100g，陈皮100g，草扣150g，砂仁50g，豆蔻50g，桂皮50g，桂枝50g。将上述配料包在纱布袋内，放入水中，反复熬煮2h，直到料袋中药物和佐料味道很淡时便将料袋捞出弃掉，将腌制料倒入腌制缸内，冷却后备用。

（2）腹腔涂料　麻油100g，鲜辣粉50g，味精15g，拌匀后待用。上述涂料可涂25～30只鸡。

（3）腹腔填料　每只鸡放入生姜2～3片（10g），葱2～3根（15g），香菇2块（10g），姜切成片状，葱打成结，香菇预先温水泡软。

（4）皮料浸烫　涂料为水2.5kg，饴糖500g，溶解加热至100℃待浸烫用，此量够100～150只鸡用。

2. 仪器与设备

刀具，砧板，台秤，不锈钢盆，烤炉，不锈钢托盘。

（三）工艺流程

原料的选择→整形→腌制→涂放腔内涂料→填放腹内填料→浸烫涂皮料→烤制→成品

（四）操作要点

1. 原料的选择

选用体重1.5～2kg的肉用仔鸡。这样的鸡肉质香嫩，净肉率高，制成烤鸡出品率高，风味佳。

2. 整形

将全净膛光鸡，先去腿爪，再从放血处的颈部横切断，向下推脱颈皮、切断颈骨，去掉头颈，再将两翅反转成“8”字形。

3. 腌制

将整形后的光鸡，逐只放入腌制缸中，用压盖将鸡压入液面以下，腌制时间根据鸡的大小，气温高低而定，一般腌制时间在40～60min。腌制好后捞出晾干。

4. 涂放腔内涂料

把腌制好的光鸡放在砧板上，用带回头的棒具。挑约5g的涂料插入腹腔向四壁涂抹均匀。

5. 填放腹内填料

向每只鸡腹腔内填入生姜2～3片、葱2～3根、香菇2块，然后用钢针绞缝腹下开口，不让腹内汁液外流。

6. 浸烫涂皮料

将填好料缝好口的光鸡逐只放入加热到100℃的皮料液中浸烫，约0.5min，然后取出挂起，晾干待烤。

7. 烤制

接通电源，先预热至250℃，然后并闭开关，将整形好的鸡放在烤箱内挂钩上，关闭烤箱门，打开开关，待温度升至250℃时烘烤20min后，拨开排气孔，5min后关闭气孔，使水分和油烟排出烤箱。将温度降至180℃后，再烘烤30min后关闭开关，取出烤鸡即成。

（五）感官评价

按照表14－6所示的感官评价指标对八珍烤鸡进行感官评价。

表14－6 八珍烤鸡感官评价指标

项目	评价内容
色泽	肥肉金黄、透明；瘦肉深红，肉身干燥，富有光泽
形状	鸡皮脆，肉嫩，酥而不散，入口不腻，肉不粘骨
风味	鸡肉里外香味一致，烤香浓郁，油而不腻

六、培根的制作

培根由英语“Bacon”译音而来，其原意是烟熏肋条肉（即方肉）或烟熏咸背脊肉。培根是西式肉制品三大主要品种之一，其风味除带有适口的咸味之外，还具有浓郁的烟熏香味。

（一） 实验目的

1. 通过实验要求掌握培根的加工工艺。

2. 熟练掌握烟熏箱、真空包装机的操作。

（二） 实验材料与设备

1. 材料与配方

以 100kg 原料计：食盐 1.8kg，味精 0.2kg，亚硝酸钠 15g，抗坏血酸钠 150g，冰水 20kg。

2. 仪器与设备

刀具，砧板，台秤，不锈钢盆，盐水注射机，全自动烟熏箱，真空包装机。

（三） 工艺流程

新鲜五花肉→修整→腌制→整修→干燥→烟熏→冷却→切片包装→成品

（四） 操作要点

1. 原料肉的修整

将经卫生检验合格的预冷五花肉，放在案板上进行修整，修整时应把脂肪厚度超过 1cm 处进行修割。用修割方法，使其表面和四周整齐、光滑。整形决定产品的规格和形状，培根呈方形，应注意每一边是否呈直线。如果有一边不整齐，可用刀修成直线条，修去碎肉、碎油、筋膜、血块等杂物，刮尽皮上残毛，割去过高、过厚肉层。

2. 腌制液的配制

先用少量水溶解亚硝酸钠，再加入食盐、味精和水，溶解均匀，配制成 9°Bé（波美度）的盐水，腌制液最好现用现配。

3. 腌制

腌制过程需在低温库（2～4℃）中进行，先用盐水注射机注射原料肉，注射后的五花肉增重 10%～20%，随后将在盐水中低温腌制 12～20h。

4. 整修

腌好的肉浸在水中 2～3h，再用清水洗 1 次。然后刮净皮面上的细毛杂质。修整边缘和肉面的碎肉、碎油。穿绳，即在肉条的一端穿麻绳，便于串入挂杆，每杆挂肉 4～5 块，保持一定间距后熏烤。

5. 烟熏

在全自动一体化烟熏箱中进行干燥，主要技术参数如下：

干燥 1：箱温 50℃，相对湿度 0%，时间 30min，风速 2 挡；

干燥 2：箱温 60℃，相对湿度 0%，时间 15min，风速 2 挡；

烟熏 1：箱温 65℃，相对湿度 0%，时间 20min，风速 2 挡；

烟熏 2：箱温 85℃，相对湿度 0%，时间 40min，风速 2 挡；

烟熏 3：箱温 100℃，相对湿度 0%，时间 30～60min，风速 2 挡；最后测定培根温度达到 72～74℃时即可。

6. 冷却

等到培根中心温度降至 -5℃时，进行切片，真空包装。

（五） 感官评价

按照表 14-7 所示的感官评价指标对培根进行感官评价。

表 14－7　培根感官评价指标

项目	评价内容
色泽	外表油润，呈金黄色，瘦肉呈深棕色；切开后肉色鲜艳
形状	质地干硬，用手指弹击有轻度的“叶叶”声
风味	具有特殊的腌腊制品风味，无异味，无酸败味

七、 肉松的制作

肉松或称肉绒，是我国著名的特产，按形状分为绒状肉松和粉状（球状）肉松，深受大众的喜爱。肉松是将肉煮烂，再经烩制、除去水分、揉搓而成的一种营养丰富、易消化、食用方便、易于贮藏的脱水肉制品。

（一） 实验目的

1. 掌握制作肉松的工艺流程及操作要点。
2. 正确使用炒松机、搓松机等设备。

（二） 实验材料与设备

1. 材料与配方

猪瘦肉 100kg，白砂糖 10～15kg，酱油 2kg，黄酒 2kg，食盐 2kg，味精 1kg，猪油 2～3kg。

2. 仪器与设备

刀具，案板，食品箱，不锈钢盆，电子秤，天平，夹层锅，炒松机，搓松机，跳松机。

（三） 工艺流程

原料肉的选择→修整→煮制→炒松→搓松→跳松→拣松→冷却包装→成品

（四） 操作要点

1. 原料肉选择

选择经兽医卫生检验合格的猪肉作为原料，以腿肉为最好。将肉剔骨并从中间剖开，修割去除肥膘、皮、筋、碎骨和淋巴等，然后顺肌肉纤维方向切成大约 500g 的小块。用清水冲洗，并适当浸泡以除去血污。

2. 修整

剔除瘦肉中筋腱、血管、淋巴，然后洗净，沿肉的肌纤维方向切成重约 0.25kg、长 6～10cm、宽 5cm 的肉块。

3. 煮制

将处理好的原料肉块置于蒸煮锅内，加水至肉面，保持水温在 95℃左右，加热水煮 2h，直至加压时肉纤维能自行分离为止。肉煮好后关掉热源，将锅中肉汤全部舀出，用铲子将肉块顺肌肉纤维铲成细长的纤维束状，然后将先前的肉汤再倒入锅中，适量加水。打开热源大火烧煮至沸腾，然后关小阀门，当表面的浮油与水分清时进行撇油。撇油过程中应随时加水，以保证肉汤总量基本不变。当大部分油撇去后（约需 1h），将酱油、食盐放入，并随时撇油，基本无油时可加入糖。当油撇干净后开始收汤，此时应开大蒸汽阀门大火收汤，待汤浓缩至大约一半时可加入黄酒、味精等，收汤过程中应不断翻炒以免粘锅。待水分大部分蒸发完毕时，可关闭热源，利用余热将汤全部吸完。

4. 炒松

将收好汤的肉送入炒松机进行炒松。用文火炒 40 ~ 50min，当肉松水分达到 17% 左右即可进行搓松。

5. 搓松

炒好后的肉松立即送入滚筒式搓松机内进行搓松，根据肉丝的情况可灵活确定搓几次松。

6. 跳松

利用机器跳动，使肉松从跳松机上面跳出，肉粒则从下面落出，使肉松与肉粒分离。

7. 拣松

将肉松中焦块、肉块、粉粒等拣出，提高成品质量。

8. 包装贮藏

短期贮藏可选用复合膜包装，贮藏 3 个月左右；长期贮藏多选用玻璃瓶或马口铁罐，可贮藏 6 个月左右。

（五） 感官评价

按照表 14 – 8 所示的感官评价指标对肉松进行感官评价。

表 14 – 8　肉松感官评价指标

项目	评价内容
色泽	呈金黄色
形状	肉松纤维细长，品质柔软
风味	味道鲜美，入口即化，具有酥甜特色，油而不腻，香味纯正，无不良气味，无杂质

八、 牛肉干的制作

牛肉干的历史悠久，风干牛肉曾是蒙古民族独享的草原美食。具有高蛋白、低脂肪的优点。由于其风味独特、营养丰富、储存期较长，居家旅行携带方便，是人们喜爱的肉类方便食品。

（一） 实验目的

1. 掌握牛肉干加工工艺及操作要点。
2. 正确使用干燥箱等设备。

（二） 实验材料与设备

1. 材料与配方

猪牛后腿肉 100kg，白砂糖 20kg，麦芽糖 3kg，食盐 1.5kg，辣椒粉 0.5kg，五香粉 0.3kg，黄色食用色素少许。

2. 仪器与设备

刀具，砧板，台秤，不锈钢盆，蒸煮锅，电磁炉，烘烤箱，不锈钢筛网。

（三） 工艺流程

原料肉的选择 → 修整 → 水煮 → 切片 → 复煮 → 摊筛 → 烘干 → 高温烘烤 → 冷却包装 → 成品

（四）操作要点

1. 原料肉选择与处理

选择经兽医卫生检验合格的新鲜的猪肉和牛肉，以前后腿的瘦肉为最佳。先将原料肉的脂肪和筋腱剔去，然后洗净沥干，切成0.5kg左右的肉块。

2. 水煮

将肉块放入锅中，加水至没过肉表面，用清水煮开后撇去肉汤上的浮沫，浸烫20～30min，使肉发硬，然后捞出切成1.5cm^3的肉丁或切成0.5cm×2.0cm×4.0cm的肉片（按需要而定）。

3. 复煮

取出上述步骤中煮肉汤汁的20%，倒入锅中烧开，再把切好的肉片也倒入锅中，以小火不时翻炒至肉片入味，待汤汁略微收干，取出。

4. 烘烤

将肉丁或肉片铺在铁丝网上用50～55℃进行烘烤，要经常翻动，以防烤焦，需8～10h，烤到肉发硬变干，具有芳香味美时即成肉干。牛肉干的成品率为50%左右；猪肉干的成品率约为45%。

5. 包装和贮藏

肉干先用纸袋包装，再烘烤1h，可以防止发霉变质，能延长保存期。如果装入玻璃瓶或马口铁罐中，可保藏3～5个月。肉干受潮发软，可再次烘烤，但滋味较差。

（五）感官评价

按照表14－9所示的感官评价指标对牛肉干进行感官评价。

表14－9　牛肉干感官评价指标

项目	评价内容
色泽	呈褐色
形状	大小均一，软硬适度
风味	具有浓郁香气

附录 APPENDIX

透过现象看本质答案提示

第一章

1－1. 如果读者居住在东北地区，去超市会买到什么品种的猪肉?

答案提示：黑花猪、哈白猪、东北民猪、三江白猪、松辽黑猪等。

1－2. 加工干腌火腿通常选择什么品种的猪后腿?

答案提示：浙江猪（金华猪两头乌）和江苏淮猪是加工金华火腿和如皋火腿的原料，云贵猪是加工宣威火腿的良好原料。

第二章

2－1. 购买的猪肉中有时会有出血点，这是什么原因造成的?

答案提示：这主要是由于猪在屠宰前受刺激造成应激反应所致；另外，这也与击晕方式、刺杀放血不完全等屠宰工艺有关。

2－2. 猪在宰后肌肉颜色苍白、质地松软没弹性，并且肌肉表面渗出肉汁，这是什么原因造成的?

答案提示：这种猪肉就是PSE肉，其产生有遗传因素和环境因素之分。遗传因素主要包括品种和个体差异；外界环境因素较多，如机体的营养状况、饲料中的抗营养因子、生猪在宰前受到的驱赶、运输、噪声、互相撕咬、电麻以及气温等因素。

第三章

3－1. 为什么同一胴体上不同部位的牛肉的价格差别很大?

答案提示：同一胴体上的牛肉质量和品质是不一样的，所以会对胴体进行分级，按照不同等级论价。

3－2. 什么是大理石纹? 它与肉的品质有哪些关系?

答案提示：肌肉切面中可见的大理石状肌束间脂肪花纹，即大理石纹，它与肉的风味、嫩度和适口性等食用品质有密切的关系。大理石纹主要成分是脂肪，丰富的大理石纹会增加肉的风味，会稀释肌肉中的结缔组织，增加肉的嫩度和适口性。

3－3. 我们常说的五花肉是猪胴体的哪部分? 猪胴体是怎么进行分级的?

答案提示：我们常说五花肉是指猪的肋腹部（俗称软肋、五花、腰排），我国将猪胴体分割成肩颈肉、背腰肉、臀腿肉、肋腹肉、前颈肉、肘子肉六部分。

3－4. 制作菲力牛排、西冷牛排、肋眼牛排时分别选择的是牛胴体的哪些部位?

答案提示：菲力牛排选择的是腰肉最嫩的部位；西冷牛排选择的是外脊背最长肌部分；肋眼牛排选择的是第6～第12根肋骨间的肋里肌肉。

3－5. 在进行酱卤制品加工时常采用腱子肉，腱子肉有什么特点?

答案提示：一般是指动物大腿上的肌肉，腱子分为前、后两部分，主要是前肢肉和后肢肉。这部分的肉有结缔组织膜包裹，内藏筋腱，硬度适中，纹路规则，适宜制作酱卤制品。

第四章

4－1. 肉制品加工中常用到肉胴体的哪部分组织?请举例说明。

答案提示：一般肉制品加工常用的是肌肉组织和脂肪组织，比如火腿肠制品和腊肉制品，都用到瘦肉和肥肉，属于肌肉组织和脂肪组织；有的肉制品中也可用到结缔组织，如肉冻。

4－2. 肉胴体中结缔组织和骨组织可以开发成哪些产品?

答案提示：肉胴体中结缔组织主要可以开发成肉冻、明胶产品；骨组织可以开发成骨粉、骨泥等产品。

4－3. 肉及肉制品的水分活度对其保藏有何意义?

答案提示：水分活度反映了肉制品中的水分可被微生物利用的有效性，各种微生物的生长发育都有其最适的 A_w 值。一般而言，细菌生长的 A_w 下限为0.94，酵母菌为0.88，霉菌为0.8。一般 A_w 下降至0.7以下，大多数微生物不能生长发育。因此，控制肉及肉制品的 A_w 对提高肉制品的保藏性具有重要意义。

4－4. 低温肉制品加工选择的中心温度72～85℃是根据哪种蛋白质的变性温度设定?

答案提示：我国低温肉制品熟制时要求中心温度达到75℃，这是根据肉中主要蛋白质的变性温度设定的，如肌球蛋白质变性温度是55～60℃，肌动蛋白变性温度是70～80℃，所以75℃是根据肌动蛋白的变性温度设定。

第五章

5－1. 显微镜观察发现，肌肉收缩时，肌球蛋白粗丝和肌动蛋白细丝的长度不变，而肌节却比一般休息状态时变短了，这是为什么?

答案提示：肌肉收缩和松弛，并不是肌球蛋白粗丝在A带位置上的长度变化，而是I带在A带中的伸缩。肌肉收缩时肌原纤维中的肌球蛋白粗丝和肌动蛋白细丝的长度不变，只是重叠部分增加，导致肌节比一般休息状态时短。

5－2. 为什么说肌浆中的钙含量会影响动物肌肉的收缩与松弛?

答案提示：动物肌肉的收缩与松弛运动，依赖于肌浆中的 Ca^{2+} 的浓度调节，当肌原纤维接收到收缩信号时，促使肌质网将 Ca^{2+} 释放到肌浆中，从 10^{-7}mol/L 增加到 10^{-5}mol/L 时，就会形成收缩状态的肌动球蛋白，当肌浆中的 Ca^{2+} 被收回时，就会形成肌肉的松弛状态。

5－3. 为什么动物死亡后肌肉会变硬?

答案提示：动物死亡后，呼吸停止了，供给肌肉的氧气也就中断了，此时其糖原不再像有氧存在时最终氧化成 CO_2 和 H_2O，而是在缺氧情况下经糖酵解作用产生乳酸，同时ATP的供应大幅减少，而由于肌浆中ATP酶的作用ATP的消耗却继续进行，ATP的减少及pH的下降，使肌质网功能失常，发生崩解，肌质网失去钙泵的作用，内部保存的钙离子被放出，致使 Ca^{2+} 浓度增高，促使粗丝中的肌球蛋白ATP酶活化，更加快了ATP的减少，结果肌动蛋白和肌球蛋白结合形成肌动球蛋白，引起肌肉收缩表现出肉尸僵硬。

5－4. 为什么动物处于饥饿状态下或注入胰岛素屠宰后的肉会更快出现僵直？

答案提示：动物屠宰之后磷酸肌酸量与 pH 迅速下降，而 ATP 在磷酸肌酸降到一定水平之前尚维持相对的恒定，此时肌肉的延伸性几乎没有变化，只有当磷酸肌酸下降到一定程度时，ATP 开始下降，并以很快的速度进行，由于 ATP 的迅速下降，肉的延伸性也迅速消失，迅速出现僵直现象。因此处于饥饿状态下或注入胰岛素情况下屠宰的动物肉，肌肉中糖原的贮备少，ATP 的生成量则更少，这样在短时间内就会出现僵直，即僵直的迟滞期短。

5－5. 为什么刚屠宰的肉立即放在冰箱中冷藏后，烹调时会变得特别坚硬？

答案提示：刚屠宰的肉在僵直状态完成之前，温度降低到 10℃以下，肌肉就会发生冷收缩，较热收缩更强烈，可逆性更小，这种肉甚至在成熟后，在烹调中仍然是坚硬的。

5－6. 为什么成熟的肉比僵直的肉烹调后的味道更香？

答案提示：肉在成熟过程中由于蛋白质受组织蛋白酶的作用，游离的氨基酸含量有所增加，尤其是谷氨酸、精氨酸、亮氨酸、缬氨酸、甘氨酸等氨基酸的含量增高，增强了肉的滋味和香气。此外，肉在成熟过程中，ATP 分解会产生次黄嘌呤核苷酸（IMP），它是风味增强剂。所以成熟后的肉类的风味增强。

5－7. 为什么一些企业在动物宰后还要进行电刺激？

答案提示：动物宰后的机体用电流刺激可以加快生化反应过程和 pH 的下降速度，促进尸僵的进行。防止因快速冷却而产生的肌肉寒冷收缩现象，促进肉质色泽鲜明、肉质软化；特别是经过电刺激加工的热鲜肉，易于施行热剔骨，还可节省 30%～50% 的冷却能量，节省70%～80% 冷库体积。

5－8. 为什么有的动物宰后肌肉会变得苍白、柔软、有汁液渗出？

答案提示：由于受遗传因素、宰前处理、击晕等影响，应激敏感的动物体温高于正常动物，糖酵解速度快，乳酸积累和 ATP 的消耗，宰后尸僵发生更早，在正常冷却 18～24h 后，肌肉通常会变得苍白、柔软、有汁液渗出，即 PSE 肉。

5－9. 为什么有的动物宰后肌肉会变得肉色较深、切面干燥、质地粗硬？

答案提示：应激耐受性动物能够保持肌肉正常的温度和激素水平，但却要消耗大量的肌糖原，因此在糖原得到补充之前屠宰这些动物，往往会出现肌糖原缺乏，导致宰后酵解速度和程度的降低，pH 较高。肌肉组织中的 pH 影响了宰后正常的肌肉颜色变化，使肉色较深、切面干燥、质地粗硬，即所谓的 DFD 肉。

5－10. 为什么猪和禽的肌肉组织在宰后进行剔骨、分割或斩拌越快速，其熟制后出品率和多汁性也越高？

答案提示：宰后肉的食用品质和加工特性的变化与其 pH 的变化有关。尽管宰后肉的 pH 下降速度会因尸僵前对肉进行的剔骨、分割或斩拌等快速预加工而加速，但对猪和禽某些白肌纤维含量高的肌肉来说，如果糖原消耗前被斩拌，则 pH 的下降程度会变小，因为当组织遭到上述处理的破坏后，糖原的酵解作用会由于空气中的 O_2 进入组织中支持有氧代谢而减弱。肉的 pH 高，其系水力也高，在进行熟食加工时产品的出品率、多汁性也较高。

5－11. 为什么动物在运输和屠宰过程中过分疲劳或惊恐，宰后的肉不耐贮存？

答案提示：pH 对细菌的繁殖极为重要，所以肉的最终 pH 对防止肉的腐败具有十分重要的意义。生肉的最终 pH 越高，细菌越易于繁殖，而且容易腐败，所以屠宰的动物在运输和屠宰过程中过分疲劳或惊恐，肌肉中糖原少，死后肌肉最终 pH 高，肉不耐贮存。

5－12. 为什么不新鲜的肉较新鲜肉煮制时的肉汤更黏稠混浊？

答案提示：不新鲜的肉就会发生微生物对蛋白质的腐败分解，通常是先形成蛋白质的水解初产物多肽，再水解成氨基酸。多肽与水形成黏液，附在肉的表面。它与蛋白质不同，能溶于水，煮制时转入肉汤中，使肉汤变得黏稠混浊。

第六章

6－1. 为什么在加工中加盐会提高肉的溶解性？

答案提示：肌肉蛋白质的溶解性与肉中的盐浓度（离子强度）有关，在一般生理条件或低离子强度下的溶解性微乎其微，但在较高盐（NaCl）浓度（0.5 mol/L）时，其溶解性会大大增加。

6－2. 为什么斩拌时一般要加入冰或冰水？

答案提示：原料肉在斩拌时会摩擦产生大量热量，导致温度上升，温度过高就会导致盐溶性蛋白变性而失去乳化作用并造成产品出油现象。在斩拌时加入冰或冰水来吸热，才能防止蛋白质过热而达到对脂肪的乳化目的。

6－3. 为什么在大型超市购买真空包装的分割肉时，新打开包装的肉的颜色看上去反而没有打开一段时间的肉更鲜艳？

答案提示：肌红蛋白 Mb 由于 O_2 的存在可变成鲜红色的 MbO_2 或褐色的 MMb。这种比例依 O_2 的分压而定，氧气分压低，则有利于 MMb 的形成；而氧气分压高，则有利于 MbO_2 的形成。在大型超市销售的分割肉通常先进行真空包装，使其在低 O_2 分压下形成 MMb，到零售商店后打开包装，与 O_2 充分接触而形成鲜艳的 MbO_2 来吸引消费者。

6－4. 为什么大理石纹样肉的味道更香？

答案提示：牛、猪、绵羊的瘦肉所含挥发性的香味成分，主要存在于肌间脂肪中，大理石纹样肉中脂肪沉积的多且密，因而风味更好。

6－5. 为什么老牛肉没有犊牛肉嫩？

答案提示：原因在于幼龄家畜肌肉中胶原蛋白的交联程度低，易受加热作用而裂解。而成年动物的胶原蛋白的交联程度高，不易受热和酸、碱等的影响。犊牛肌肉加热时胶原蛋白的溶解度为19%～24%，而老龄牛仅为2%～3%，并且对酸解的敏感性也低。

第七章

7－1. 经屠宰后的胴体温度为何会有所上升？

答案提示：牲畜在刚屠宰完毕时，肉体温度一般在37℃左右，同时由于肉的“后熟”作用，在糖原分解时还要产生一定的热量，使肉体温度处于上升的趋势。

7－2. 经屠宰后胴体为何先进行冷却处理，不直接冷冻？

答案提示：肉类冷却的目的，在于迅速排除肉体内部的热量，降低肉体深层的温度并在肉的表面形成一层干燥膜（亦称干壳）。肉体表面的干燥膜可阻止微生物的生长和繁殖，延长肉的保藏时间，并能够减缓肉体内部水分的蒸发。此外，冷却也是冻结的准备过程，对于整胴体或半胴体的冻结，由于肉层厚度较厚，若用一次冻结（即不经冷却，直接冻结），则常是表面迅速冻结，而使内层的热量不易散发，从而使肉的深层产生“变黑”等不良现象，影响成品质量。同时一次冻结时，因温差过大，肉体表面水分的蒸发压力相应增大，引起水分大量蒸发，从而影响肉体的重量和质量变化。除小块肉及副产品之外，一般均先冷却，然后再行冻结。

7－3. 原料肉的冻结是快速冻结好还是慢速冻结好？

答案提示：冻结速度快，组织内冰层推进速度大于水移动速度时，冰晶分布越接近天然食品中液态水的分布情况，且冰晶呈针状结晶体，数量无数。冻结速度慢，由于细胞外溶液浓度低，首先在这里产生冰晶，而此时细胞内的水分还以液相残存着。同温度下水的蒸汽压总大于冰，在蒸汽压差作用下细胞内的水向冰晶移动，形成较大的冰晶且分布不均匀。所以，快速冻结是原料肉最适合的冻结速度。

7-4. 原料肉保鲜方法有哪些？

答案提示：真空包装保鲜方法；气调包装保鲜方法；活性包装保鲜方法；抗菌包装保鲜方法；涂膜保鲜方法。

第八章

8-1. 新鲜肉是鲜红色，为什么红肠的肠馅是粉红色的？

答案提示：红肠制品腌制过程中会使用亚硝酸盐作为发色剂，亚硝酸会发生一系列反应生成 NO，NO 再与肌红蛋白生成稳定的亚硝基肌红蛋白，红肠经熟制后，最后生成亚硝基血色原，使肉馅呈现粉红色。

8-2. 肉制品的保水性是肉制品加工生产的关键，那么保水剂的添加是越多越好吗？

答案提示：产品磷酸盐含量过高会导致产品风味恶化、组织粗糙、呈色不良。从保水效果角度出发，在原料肉本底磷酸盐含量增高的前提下，最大使用量控制在 0.4%（以磷酸根 PO_4^{3-} 计）即可满足生产需要。在肉制品加工中使用量一般为肉重的 0.2%～0.4%。

8-3. 抗坏血酸和异抗坏血酸及其钠盐属于抗氧化剂，但为何又称为发色助剂？

答案提示：抗坏血酸和异抗坏血酸及其钠盐与呈色剂配合使用可以明显提高呈色效果，同时可以降低护色剂的用量而提高安全性，因此，这类物质又称发色助剂。L-抗坏血酸及其钠盐是最常用的护色助剂。

第九章

9-1. 慕尼黑白香肠为什么是白色的而不是红色呢？

答案提示：慕尼黑白香肠加工中不添加硝酸盐和亚硝酸盐等发色剂，不会形成亚硝基肌红蛋白的鲜红色；肌红蛋白经加热后形成熟肉的典型颜色为灰白色。

9-2. 短时间腌制大块肉时为什么中心部位味道较淡，采用什么方法改进？

答案提示：短时间腌制时，腌制液没能到达大块肉的中心部位，故风味较淡，可以通过盐水注射腌制法改善这一问题，同时结合滚揉按摩效果会更好。

9-3. 经过烟熏加工过的肉制品为什么与其他肉制品风味不同？

答案提示：烟熏成分中含有有机酸（甲酸和醋酸）、醛、醇、酯、酚类等，特别是酚类中的愈创木酚和4-甲基愈创木酚是最重要的风味物质，赋予了熏烟产品特有的风味。

9-4. 为什么烟熏的肉制品比较耐贮存？

答案提示：烟熏成分中含有有机酸和酚类等抑菌成分，其聚积在制品的表面，呈现一定的防腐作用。

9-5. 为什么常吃烟熏肉制品不利于身体健康？

答案提示：熏烟成分中含有苯并蒽、二苯并蒽、苯并芘等有害物质，具有致癌性。

第十章

10-1. 腌腊肉制品为什么不能直接食用，需怎样加工后方可食用？

答案提示：腌腊肉制品加工中主要经过烘烤或烟熏两个热加工过程，但温度较低，没有使产品完全熟制，故不能直接食用，需经高温蒸煮熟制后方可食用。

10－2. 中式腊肉和西式培根在工艺上有很多共同之处，但风味差异很大，为什么？

答案提示：中式腊肉制品通常加工时间较长，且在贮藏和流通过程中没有采用低温保藏，从而使肉中脂肪发生氧化产生许多风味成分，而西式培根加工过程较短且贮藏中均采用冷藏甚至冷冻的方法保藏和流通，很少发生脂肪氧化，因此二者虽然工艺过程相近但风味差异很大。

10－3. 金华火腿加工中第一次和第二次上盐间隔多久，为什么？

答案提示：第二次上盐也称上大盐，一定要在出血水盐的次日，因为鲜肉经过出血水盐后，已开盐路，这时盐分渗透最快，若误期就易导致变质。

10－4. 干腌火腿现代化加工中主要强化了什么新的工艺技术？

答案提示：强化高温成熟新技术，采用此工艺，温度高于国际同类干腌火腿工艺水平，工艺时间更短，风味香气更加浓郁。

第十一章

11－1. 为什么大部分中式香肠在加工过程中要经过晾晒的过程？

答案提示：在中式香肠加工中，晾晒的过程也是香肠自身后熟过程，尤其是在一些微生物的分解作用下（分解蛋白和脂肪），能够赋予产品良好的风味。

11－2. 红肠加工过程中为什么要首先进行烤制？

答案提示：烤制的目的主要是经烘烤的蛋白质肠衣发生凝结并使其灭菌，肠衣表面干燥柔韧，增强肠衣的坚固性；而且还可以使肌肉纤维相互结合起来提高固着能力；另外，烘烤时肠馅温度升高，可进一步促进亚硝酸盐的呈色作用。

11－3. 法兰克福香肠、慕尼黑白肠、维也纳香肠加工中为什么会用到乳化皮？

答案提示：事先斩拌的乳化皮在肉糜乳化过程中添加能够使斩拌以后的肉糜组织结构更加细腻，而且在香肠蒸煮以后可以大大提高产品的弹性和口感。

第十二章

12－1. 为什么酱卤制品在煮制时温度超过75℃以后，失水量反而有所降低？

答案提示：因为肉煮制时随着温度的升高和煮制时间的延长，肉中的部分胶原转变成明胶，要吸收一部分水分，而弥补了肉中所流失的水分。

12－2. 为什么说食用过多油炸食品不益于身体健康？

答案提示：肉制品高温油炸产生大量的苯并芘、杂环胺以及反式脂肪酸。其中，苯并芘和许多杂环胺类化合物具有致癌致突变性。油炸在使肉品受到污染的同时，其有害物还以油脂挥发物和烟雾的形式进入空气中，造成环境污染，威胁人类健康。

12－3. 传统烧烤过程中会对产品有哪些影响？

答案提示：烧烤和烟熏的肉中天然成分肌酐、肌酸与氨基酸和糖类在热加工过程中可以形成杂环胺类化合物。长期摄入过多的熏制及木炭烧烤牛肉、羊肉、猪肉等，可使摄入致癌物质如多环芳香烃类、杂环胺化合物等的几率大大增加。另外，烟熏可导致3，4－苯并芘和甲醛在产品表层的沉积。

第十三章

13－1. 干肉制品得以长期保藏的原因何在？

答案提示：较低的食品水分活度和较低的酶活力。

13－2. 肉干有多种风味，不同的风味是如何进入肉块的？

答案提示：煮制入味；腌制入味；黏附上味。

13－3. 为什么肉脯薄、且能形成完整的片状而不破碎？

答案提示：腌制使肉中盐溶性蛋白质溶出，使肉片之间粘连在一起。

13－4. 为什么肉制品经过发酵以后，货架期一般较长？

答案提示：发酵肉制品因其较低的 pH 和较低的 A_w 使其得以长期保藏。

参考文献

[1] Cross H R, Vrerby A J. World Animal Science, B_3. Meat Science and Technology [M]. Elsevier Science Publishers B V, 1988.

[2] Lawrie R A. Lawrie's Meat Science [M]. Eighth Edition. Woodhead Publishing, 2017.

[3] Lawrie R A. Developments in Meat Science - 4 [M]. Elsevier Applied Science, London, 1988.

[4] Ranken M D. Handbook of Meat Product Technology [M]. Blankwell Science Ltd Editorial Officers: Osney Mead, Oxford, 2000.

[5] Romans J R, Costello W J, Jones K W. The Meat We Eat. 12th [M]. The Interstete Publisher, Inc. Danville, Illinois, 1977.

[6] Xiong Y L. Structure - Functionality relationships of muscle proteins [M]. In Food Proteins and Their Applications, Damoradan, S and Paraf, A (Eds.), Chapter 12, pp. 341 -392. Marcel Dekker, Inc, New York, 1997.

[7] Xiong Y L, Ho C T, Shahidi F (Eds.). Quality Attributes of Muscle Foods [M]. Kluwer Academic/Plenum Publishers, New York. 1999.

[8] Hu Y H, Nip W K, Rogers R W, Young O A. Meat Science and Applications [M]. Marcel Dekker, Inc. New York, 2001.

[9] Kerry J P, Ledward D. Improving the Sensory and Nutritional Quality of Fresh Meat [M]. Woodhead Publishing Limited, Abington Hall, Granta Park, CRC Press, 2009.

[10] Shahidi 著，李洁，朱国富译．肉制品与水产品的风味 [M]．北京：中国轻工业出版社，2001.

[11] 陈明造．肉品加工理论与应用（第二版）[M]．台湾：艺轩图书出版社，2004.

[12] 陈伯祥．肉与肉制品工艺学 [M]．南京：江苏科学技术出版社，1993.

[13] 冯志哲．食品冷冻工艺学 [M]．上海：上海科学技术出版社，1984.

[14] 葛长荣，马美湖．肉与肉制品工艺学 [M]．北京：中国轻工业出版社，2002.

[15] 韩剑众．肉品品质及其控制 [M]．北京：中国农业科学技术出版社，2005.

[16] 韩青荣．肉制品加工机械设备 [M]．北京：中国农业出版社，2013.

[17] 胡国华．功能性食品胶 [M]．北京：化学工业出版社，2004.

[18] 黄德智，张向生．新编肉制品生产工艺与配方 [M]．北京：中国轻工业出版社，1998.

[19] 黄德智．肉制品添加物的性能与应用 [M]．北京：中国轻工业出版社，2001.

[20] 黄来发．食品增稠剂 [M]．北京：中国轻工业出版社，2000.

[21] 李春保，张万刚．冷却猪肉加工技术 [M]．北京：中国农业出版社，2014.

[22] 凌关庭．食品添加剂手册（第三版）[M]．北京：化学工业出版社，2003.

[23] 罗欣．冷却牛肉加工技术 [M]．北京：中国农业出版社，2014.

[24] 骆承庠．畜产品加工学 [M]．哈尔滨：黑龙江朝鲜民族出版社，1985.

[25] 孔保华，张兰威．肉制品加工技术 [M]．哈尔滨：黑龙江科学技术出版社，1996.

［26］孔保华，罗欣．肉制品工艺学［M］．哈尔滨：黑龙江科学技术出版社，1996.
［27］孔保华，孟祥晨．肉品消费指南［M］．北京：农村读物出版社，2000.
［28］孔保华．畜产品加工储藏新技术［M］．北京：科学出版社，2008.
［29］孔保华．西式低温肉制品加工技术［M］．北京：中国农业出版社，2013.
［30］孔保华，于海龙．畜产品加工［M］．北京：中国农业科学技术出版社，2008.
［31］李怀林．食品安全控制体系（HACCP）通用教程［M］．北京：中国标准出版社，2002.
［32］马长伟，曾明勇．食品工艺学导论［M］．北京：中国农业大学出版社，2002.
［33］莫重文．蛋白质化学与工艺学［M］．北京：化学工业出版社，2006.
［34］南庆贤．肉类工业手册［M］．北京：中国轻工业出版社，2003.
［35］石永福，张才林，黄德智．肉制品配方 1800 例［M］．北京：中国轻工业出版社，1999.
［36］王守伟．中国肉类工业科技发展前景分析［J］．肉类研究，2010（9）：3－5.
［37］王卫，韩青荣．肉类加工工程师培养理论与实践［M］．北京：科学出版社，2017.
［38］吴永宁．现代食品安全科学［M］．北京：化学工业出版社，2003.
［39］夏文水．肉制品加工原理与技术［M］．北京：化学工业出版社，2003.
［40］徐幸莲．冷却禽肉加工技术［M］．北京：中国农业出版社，2014.
［41］徐岩，张继民，汤丹剑．现代食品微生物学［M］．北京：中国轻工业出版社，2001.
［42］曾洁，刘骞．酱卤食品生产工艺和配方［M］．北京：化学工业出版社，2014.
［43］张柏林．畜产品加工学［M］．北京：化学工业出版社［M］，2007.
［44］张春晖．发酵肉制品加工技术［M］．北京：中国农业出版社，2014.
［45］赵改名．酱卤肉制品加工［M］．北京：化学工业出版社，2008.
［46］周光宏．畜产品加工学（第二版）［M］．北京：中国农业出版社，2011.
［47］周光宏．肉品加工学［M］．北京：中国农业出版社，2009.